塔里木叠合盆地构造沉积演化与油气勘探图集

漆立新　李宗杰　吕海涛　等 著

科 学 出 版 社
北 京

内 容 简 介

本书是作者总结最新研究成果的基础上，首次系统、整体、有序、全新编撰了塔里木盆地油气勘探方向的图集。全书分为三章：第一部分，不同构造演化阶段相关图件，主要包括首次系统编制的加里东中期Ⅰ幕、加里东中期Ⅲ幕、海西早期、海西晚期及喜山早期5个构造演化关键期的古构造图、断裂分布图、古隆起分布图等。第二部分，不同沉积演化阶段岩相古地理图，主要包括寒武纪—新近纪沉积演化过程中不同岩石地层单元沉积期岩相古地理图，以及与之配套的典型野外剖面或钻井沉积相综合柱状图、对比图、古水深图、古地貌图及沉积模式图等；第三部分，油气地质条件及油气成藏相关图件，主要包括烃源岩分布及演化图、储层分布图、油气成藏模式图等。

本书适合广大基础地质工作者、油气地质工作者、矿产地质工作者及相关人员阅读。

图书在版编目（CIP）数据

塔里木叠合盆地构造沉积演化与油气勘探图集 / 漆立新等著．—北京：科学出版社，2020.1

ISBN 978-7-03-060201-5

Ⅰ．①塔…　Ⅱ．①漆…　Ⅲ．①塔里木盆地—叠加褶皱—含油气盆地—地质构造—沉积演化—图集 ②塔里木盆地—叠加褶皱—含油气盆地—油气勘探—图集　Ⅳ．①P618.130.2

中国版本图书馆 CIP 数据核字（2018）第 292680 号

责任编辑：冯　铂　刘　琳 / 责任校对：彭　映

责任印制：罗　科 / 封面设计：蓝创视界

科学出版社 出版

北京东黄城根北街 16 号

邮政编码：100717

http：//www.sciencep.com

四川煤田地质制图印刷厂 印刷

科学出版社发行　各地新华书店经销

*

2020 年 1 月第　一　版　开本：889 × 1194　1/8

2020 年 1 月第一次印刷　印张：29 1/4

字数：700 000

定价：998.00 元

（如有印装质量问题，我社负责调换）

编　委　会

Preface 序

塔里木盆地作为我国第一大含油气盆地，盆地内油气资源丰富，勘探领域众多。塔里木盆地油气勘探自1952年的中苏石油公司开始至今已有六十六年的历史，在这个过程中伴随着油气勘探理论的不断完善、勘探技术的不断提高，油气勘探领域不断扩大，从戈壁进入沙漠，从山前到盆地腹部，从陆相中新生界到海相古生界，从前陆盆地到克拉通，遍及整个盆地。目前，塔里木盆地已经成为我国油气增储上产最为重要的盆地之一。

《塔里木叠合盆地构造沉积演化与油气勘探图集》是漆立新、李宗杰、吕海涛等同志依托中石化西北油田分公司“十一五”、“十二五”以及“十三五”以来油气勘探最新成果、利用最新资料、采用最新方法，首次从基础性、整体性、系统性、全面性出发编绘的一套全面反映塔里木盆地构造演化、沉积演化、油气演化的基础性图册。

在该图集编撰过程中体现了新的学术思想和相关学科新的理论体系，诸如：对于陆源碎屑岩沉积，采用“源渠貌汇”学术思想开展研究，按照“构造控盆、地貌控坡、坡折控相、源渠控砂”的岩相古地理编图思路进行编图；对于碳酸盐岩沉积主要采用“构造控盆、地貌控缘、水深控界、气候控性”的学术思想开展研究，按照“井点标定、井间对比、地震约束、平面展开、关注岩相、重视相序”的程序进行编图。因此，《塔里木叠合盆地构造沉积演化与油气勘探图集》又充分展示了科学性的学术思想在油气勘探实际中的具体应用。

《塔里木叠合盆地构造沉积演化与油气勘探图集》包括了三大部分。第一部分：不同构造演化阶段相关图件，主要包括首次系统编制的加里东中期Ⅰ幕、加里东中期Ⅲ幕、海西早期、海西晚期及喜山早期5个构造演化关键期的古构造图、断裂分布图、古隆起分布图等。第二部分：不同沉积演化阶段岩相古地理图，主要包括寒武纪—新近纪沉积演化过程中不同岩石地层单元沉积期岩相古地理图，以及与之配套的典型野外剖面或钻井沉积相综合柱状图、对比图、古水深图、古地貌图及沉积模式图等；第三部分：油气地质条件及油气成藏相关图件，主要包括烃源岩分布及演化图、储层特征图、盖层特征、油气成藏特征图等。

作为塔里木盆地首套整体、系统的图集全面体现了新资料的充分利用、新理论的有效实践、新方法的实际应用、新成果的具体体现。这套图集的编辑出版不仅对于进一步深化塔里木盆地的相关研究具有重要的理论意义，而且对于进一步指导塔里木盆地的油气勘探、开发具有重要的实际应用价值。

总之，由漆立新、李宗杰、吕海涛等同志首次系统、全面编绘的《塔里木叠合盆地构造沉积演化与油气勘探图集》是近年来塔里木盆地油气地质理论、勘探技术和勘探实践最新进展、创新成果荟萃的好图集，具有里程碑意义，进一步丰富和完善了塔里木盆地基础油气地质理论和系列基础图件。它的出版不仅为塔里木盆地进一步的油气勘探提供了最新的可参考的图集，也可为从事基础地质、矿产地质、油气地质研究的科研人员提供重要的参考。在该图集出版之际，特为其作序以示祝贺。并希望图集成果能在塔里木盆地未来油气勘探生产实践中发挥重要的指导作用。

中国科学院院士：刘宝珺

2018年11月

Foreword 前　言

位于青藏高原北侧、新疆维吾尔自治区南部的塔里木盆地，是一个位于天山、昆仑山和阿尔金山之间的大型叠合盆地，地理坐标为东经74°00′～91°00′，北纬36°00′～42°00′，盆地面积为56×10^4 km²。作为东亚地区大型含油气盆地和我国陆上最大的含油气盆地，塔里木盆地是由前震旦的基底、古生代克拉通原型盆地与中生代、新生代前陆盆地叠合而成。

盆地内油气资源丰富，勘探领域众多。目前，塔里木盆地已经成为我国油气增储上产最为重要的盆地之一。油气勘探自1952年的中苏石油公司开始至今已有六十多年的历史，从戈壁进入沙漠，从盆缘山前到盆地腹部，从陆相中新生界到海相古生界，从前陆盆地到克拉通，勘探工作遍及整个盆地。在这个过程中，伴随着油气的不断新发现，勘探理论的不断完善、勘探技术的不断提高，油气勘探领域不断扩大。

中石化西北油田分公司及其前身于1978年进入新疆开展油气勘探工作以来，已经发现了塔河油气田、顺北油气田、顺托油田、顺南气田、雅克拉气田、轮台油气田、大涝坝气田、丘里气田、巴什托油田、亚松迪气田、玉北油气田、跃进油气田、桥古气田等13个大、中、小型油气田及一批含油气构造。截至2017年年底，中石化西北油田分公司在塔里木盆地保有油气三级地质储量共计18.19亿吨油当量，其中探明地质储量15.72亿吨油当量，控制地质储量2.05亿吨油当量，预测地质储量3.92亿吨油当量。

回顾这40年的勘探历程，可概括为三大转移与里程碑式的发现：

（1）从塔西南向塔北转移，取得以沙参2井为代表的海相油气的重大突破，实现了勘探从山前带到台盆区的重大战略转移，创新和发展了中国海相克拉通成油理论。

（2）从古潜山向古隆起、古斜坡转移，取得了以塔河油气田为代表的碳酸盐岩岩溶缝洞型油气藏的重大突破，创新和发展了海相碳酸盐岩油气成藏理论。

（3）从古岩溶向低洼深埋断裂成储区转移，取得了以顺北油气田为代表的碳酸盐岩断溶体型油气藏的重大突破，创新和发展了海相碳酸盐岩油气勘探理论。

纵观塔里木盆地油气勘探历史进程可以看出，不同时期、不同单位、不同学者针对不同地区、不同层位开展了不同方面的系统、深入的研究，取得了一系列研究成果，为油气勘探不断获得重大突破做出了贡献，为进一步深化研究奠定了重要基础。进入新时代，为了进一步总结前期勘探成果，夯实基础研究，找准未来勘探方向，中石化西北油田分公司组织专家和技术骨干开展了新一轮塔里木盆地基础编图工作，并总结最新研究成果，首次系统、整体、有序、全新编撰了《塔里木叠合盆地构造沉积演化与油气勘探图集》。

在图集编撰过程中力图体现“四新”：

（1）新资料——充分利用新的钻井资料、新的测试资料、新的地震资料。据不完全统计，共使用区域性钻井地质资料600余口井，重新解释二维地震剖面近5.4万平方公里。

（2）新方案——建立新的地层划分方案、新的沉积体系划分方案等。以盆地主体部位地层系统为框架，以组为单位重新确定了不同地层分区的对比关系，为开展38层构造图、岩相古地理图编制提供了基础。

（3）新图件——编绘新的构造图、新的古地貌图、新的岩相古地理图等。对于陆源碎屑岩沉积，采用“源渠貌汇”学术思想开展研究，采用“构造控盆、地貌控坡、坡折控相、源渠控砂”的岩相古地理编图思路进行编图；对于碳酸盐岩沉积主要采用“构造控盆、地貌控缘、水深控界、气候控性”的学术思想开展研究，采用“井点标定、井间对比、地震约束、平面展开、关注岩相、重视相序”的程序进行编图。

（4）新成果——总结新的科研成果、勘探开发成果。诸如前寒武系地层系统建立、连续沉积充填模式、走滑断裂控藏等新认识；以玉尔吐斯组为主力烃源岩的寒武系—中下奥陶统海相烃源岩研究新进展；各个主要区带油气成藏模式的新认识；主要领域的油气勘探方向新认识。

前言 Foreword

通过对《塔里木叠合盆地构造沉积演化与油气勘探图集》的编绘，最终实现了“六性”目标：（1）基础性——即系统编绘不同构造演化阶段关键时期古构造编图和岩相古地理编图；（2）整体性——即把盆地作为一个整体，展示盆地不同构造演化阶段盆内沉积演化特征；（3）系统性——即系统展示了不同构造演化阶段、不同时期古地理面貌；（4）交叉性——即多学科交叉、多资料交叉、多方法交叉开展综合研究和系统编图；（5）新颖性——即图件编绘所用资料的新颖、所编绘图件的新颖、所取得成果的新颖；（6）实用性——即图集将指导未来的基础地质和油气地质研究，指导未来塔里木盆地进一步的油气勘探实践。

为了使广大基础地质工作者、油气地质工作者、矿产地质工作者及相关人员方便阅读和使用，我们将众多基础研究图件之精华按三大部分结集成册：

第一部分：不同构造演化阶段相关图件，主要包括首次系统编制的加里东中期Ⅰ幕、加里东中期Ⅲ幕、海西早期、海西晚期及喜山早期5个构造演化关键期的古构造图、断裂分布图、古隆起分布图等。

第二部分：不同沉积演化阶段岩相古地理图，主要包括寒武纪—新近纪沉积演化过程中不同岩石地层单元沉积期岩相古地理图，以及与之配套的典型野外剖面或钻井沉积相综合柱状图、对比图、古水深图、古地貌图及沉积模式图等。

第三部分：油气地质条件及油气成藏相关图件，主要包括烃源岩分布及演化图、储层分布图、油气成藏模式图等。

总之，本图集是在前人几十年来艰苦奋斗、勇于实践、不断创新，以及油气勘探开发不断取得突破的基础上，进一步结合中石化西北油田分公司“十二五”以来油气勘探所取得的重大成果，按照新的学术思想、采用新的基础资料，通过全面总结、系统编图、综合升华形成的全面反映塔里木盆地基础地质和油气地质的最新研究成果。

塔里木盆地基础编图研究工作，从开始策划到基本完成，历时近十年，中石化西北油田分公司先后投入了大量人力、物力和财力开展相关工作。漆立新全面负责整个项目的组织实施和技术思路，并最终审订所有图件。李宗杰主要负责地球物理方面图件的组织和审核。吕海涛主要负责地质方面图件的组织和审核。先后参加编图的技术人员多达百余人，分列在编委会参加人员名单中。

在图集编制过程中，得到了中国石油化工股份有限公司西北油田分公司、中国地质大学（武汉）、成都理工大学、中国科学院地质与地球物理研究所等有关领导和专家的关心、支持和帮助，在此表示衷心的感谢。

同时，在图集完成过程中，参考和引用了中国石油天然气集团公司塔里木油田分公司相关钻井、地震资料；同时也参考了大量相关学者、专家的研究成果，在此对相关单位和专家、学者表示诚挚的感谢。本图集封面照片由中国石油化工集团有限公司西北油田分公司勘探开发研究院谢大庆提供，在此表示衷心感谢。最后，还要特别感谢刘宝珺院士在百忙之中审阅本图集并作序。

作　者

2018年11月于乌鲁木齐

Contents 目录

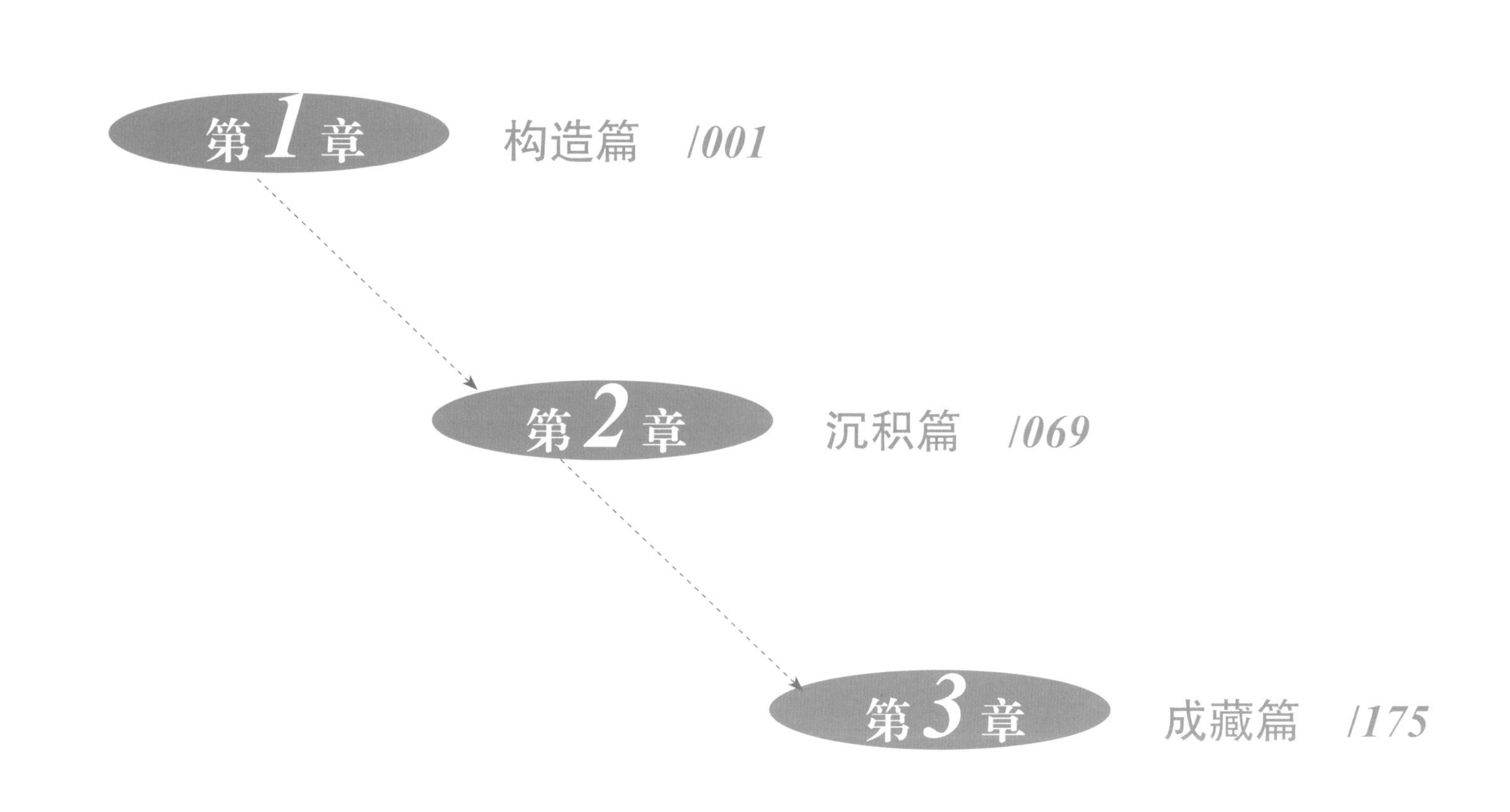

第1章 Chapter 1

构造篇

图件清单

塔里木盆地构造及断裂特征

塔里木盆地主干测线及资料点分布图
塔里木盆地现今二级构造单元划分平面图
塔里木盆地地层区划图
塔里木盆地地层系统格架

塔里木盆地骨干地质地震剖面图

塔里木盆地过巴楚隆起 - 卡塔克隆起 - 顺托果勒低隆 - 沙雅隆起地震与地质结构剖面图
塔里木盆地过塘古巴斯拗陷 - 卡塔克隆起 - 顺托果勒低隆 - 沙雅隆起地震与地质结构剖面图
塔里木盆地过麦盖提斜坡 - 巴楚隆起 - 阿瓦提断陷地震与地质结构剖面图
塔里木盆地过阿瓦提拗陷 - 顺托果勒低隆 - 古城墟隆起地震与地质结构剖面图
塔里木盆地过沙西凸起 - 顺托果勒低隆 - 满加尔拗陷 - 塔东凸起地震与地质结构剖面图

塔里木盆地地层展布图

塔里木盆地下寒武统残留地层厚度图
塔里木盆地中 - 下奥陶统残留地层厚度图
塔里木盆地下志留统柯坪塔格组残留地层厚度图
塔里木盆地下石炭统卡拉沙依组残留厚度图
塔里木盆地侏罗系残留地层厚度图
塔里木盆地寒武系底面等深度图
塔里木盆地下寒武统顶面等深度图
塔里木盆地中寒武统顶面等深度图
塔里木盆地寒武系顶面等深度图
塔里木盆地下奥陶统蓬莱坝组（突尔沙克塔格组）顶面等深度图
塔里木盆地中 - 下奥陶统顶面等深度图
塔里木盆地奥陶系顶面等深度图
塔里木盆地志留系柯坪塔格组顶面等深度图
塔里木盆地泥盆系克孜尔塔格组顶面等深度图
塔里木盆地石炭系巴楚组顶面等深度图
塔里木盆地二叠系沙井子组顶面等深度图
塔里木盆地三叠系柯吐尔组顶面等深度图
塔里木盆地中 - 上侏罗统顶面等深度图

塔里木盆地古构造特征及演化

塔里木盆地古构造系列图

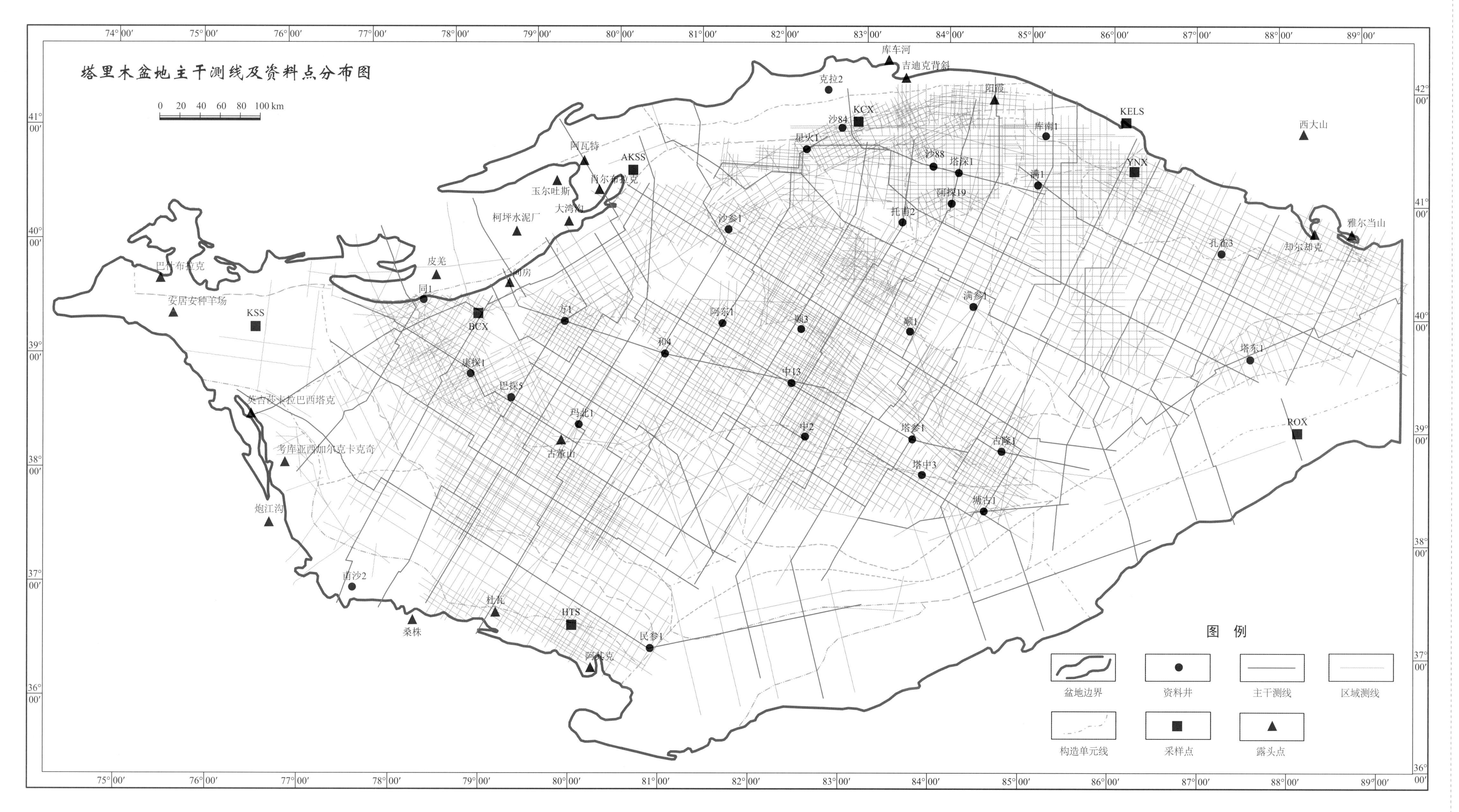
塔里木盆地主干测线及资料点分布图
0 20 40 60 80 100 km
库车河
吉迪克背斜
克拉2
阳霞
KCX
沙84
KELS
西大山
库南1
星火1
阿瓦特
AKSS
沙88
塔深1
YNX
玉尔吐斯
肖尔布拉克
满1
阿探19
柯坪水泥厂
大湾沟
托甫2
沙参1
雅尔当山
孔雀3
却尔却克
巴什布拉克
皮羌
三间房
同1
满参1
安居安种羊场
KSS
BCX
方1
阿东1
顺3
顺1
和4
塔东1
康探1
中13
巴探5
英吉莎卡拉巴西塔克
玛北1
ROX
中2
塔参1
古隆1
古董山
考库亚西加尔克卡克奇
塔中3
炮江沟
塘古1
甫沙2
杜瓦
HTS
桑株
民参1
阿其克
图 例
盆地边界
资料井
主干测线
区域测线
构造单元线
采样点
露头点

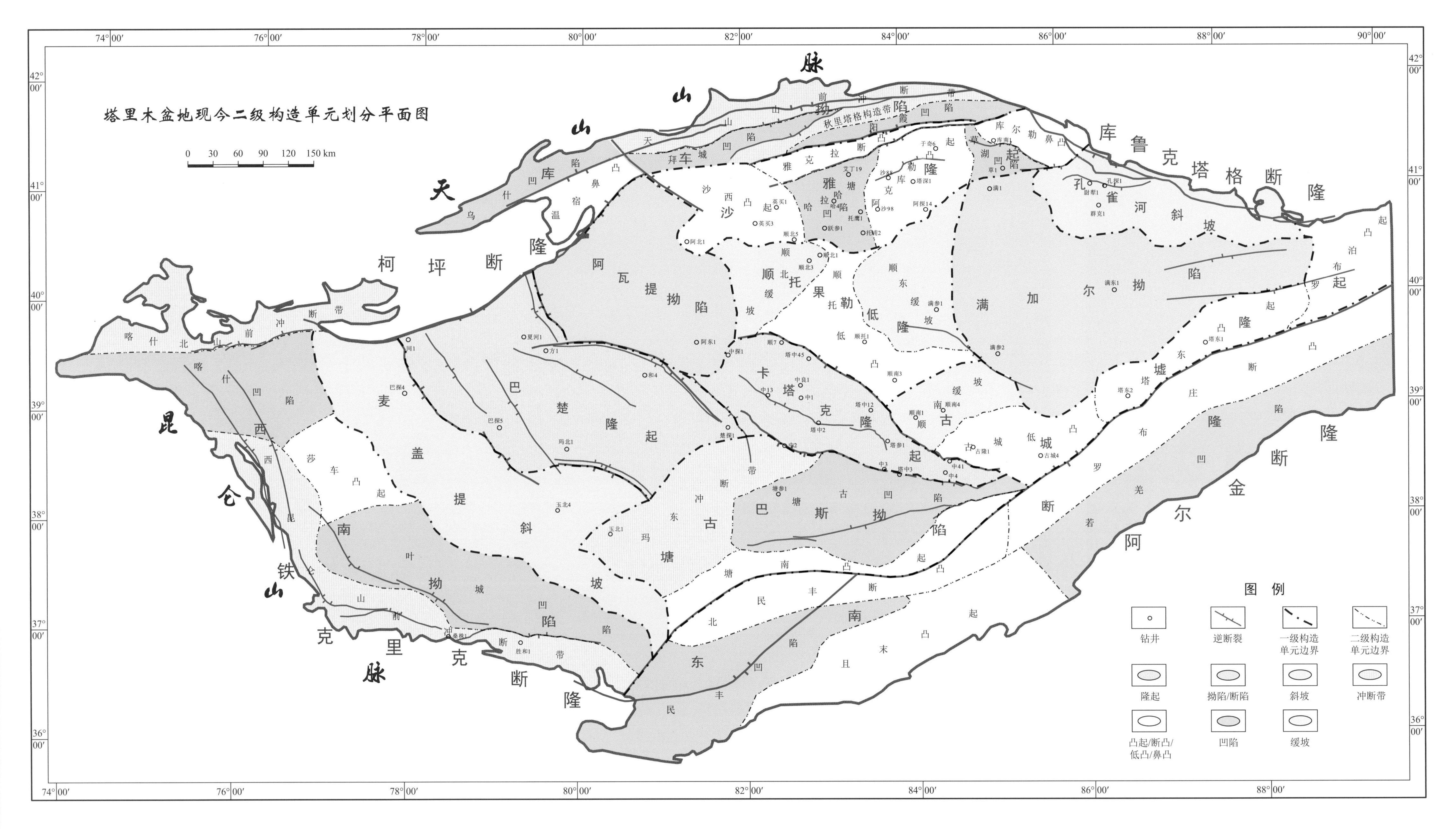

本图集所提出的新的构造单元划分方案是在参考前人相关划分方案的基础上，依据中石化西北油田勘探开发研究院新编的全盆构造图、残余地层厚度图、基底和主要勘探目的层的起伏状态，综合考虑盆地原型和构造演化研究成果，注重于理论研究与勘探实践结合而建立的。

台盆区的构造单元划分重点参考中-下奥陶统顶面（T_7^4地震反射波）构造图，前陆区重点参考白垩系顶面（T_3^0地震反射波）构造图。新的划分方案将塔里木盆地划分为13个一级构造单元、31个二级构造单元：（1）库车拗陷（①乌什凹陷、②温宿鼻凸、③拜城凹陷、④阳霞凹陷、⑤天山山前冲断带）；（2）沙雅隆起（①沙西凸起、②哈拉哈塘凹陷、③阿克库勒凸起、④草湖凹陷、⑤库尔勒鼻凸、⑥雅克拉断凸）；（3）阿瓦提拗陷；（4）顺托果勒低隆（①顺北缓坡、②顺托低凸、③顺东缓坡）；（5）满加尔拗陷；（6）孔雀河斜坡；（7）巴楚隆起；（8）卡塔克隆起；（9）古城墟隆起（①顺南缓坡、②古城低凸、③塔东凸起、④罗布泊凸起）；（10）麦盖提斜坡；（11）西南拗陷（①喀什凹陷、②莎车凸起、③叶城凹陷、④喀什北山前冲断带、⑤西昆仑山前冲断带）；（12）塘古巴斯拗陷（①玛东冲断带、②塘古凹陷、③塘南凸起）；（13）东南断隆（①北民丰断凸、②罗布庄断凸、③民丰凹陷、④且末凸起、⑤若羌凹陷）。

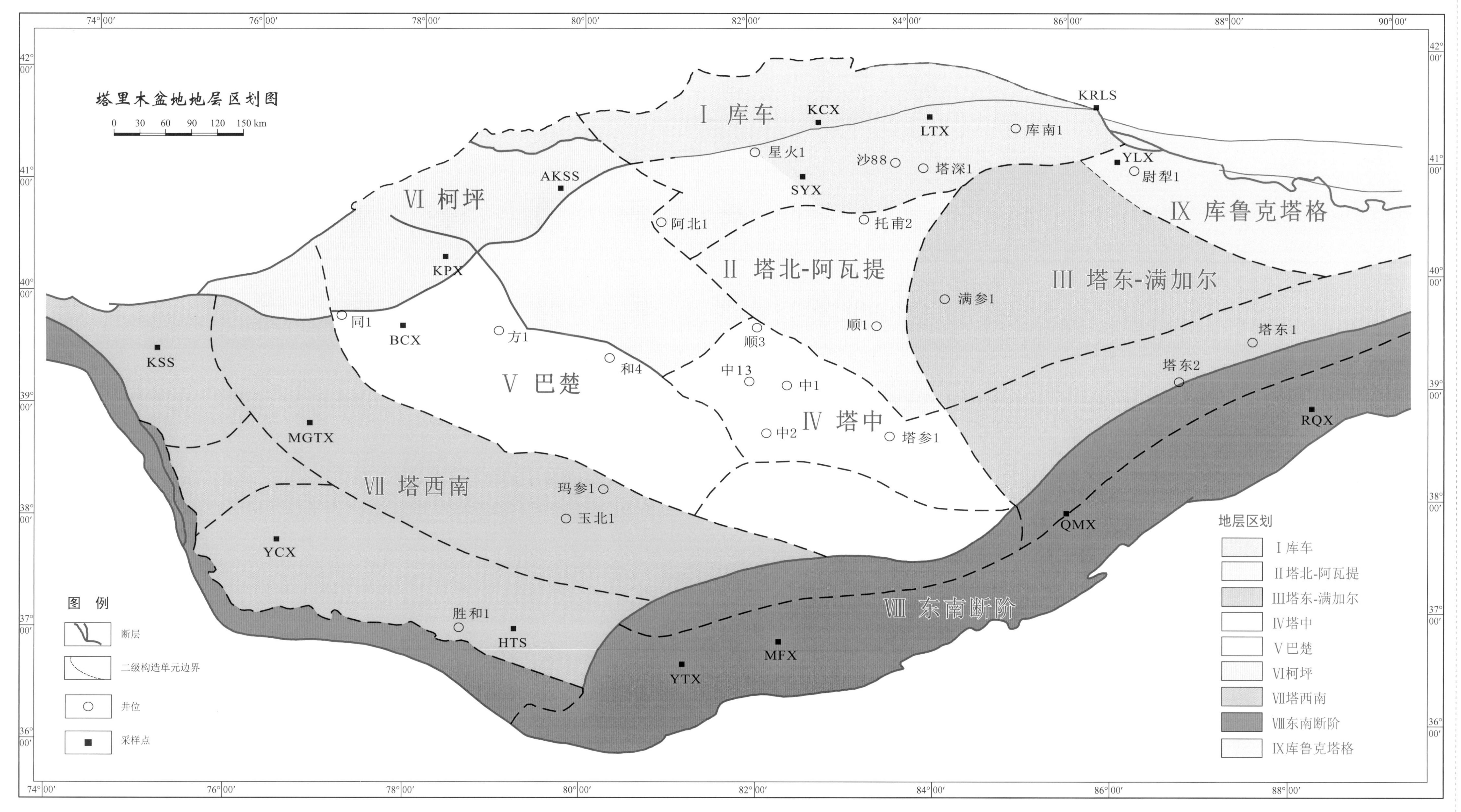

地层分区就是把地层总体特征类似的地区归入同一地层区。地层分区的目的是为了反映各区地层发育的总特征，以利于区域地质和矿产资源的调查研究、并进行区域地层对比，同时也为划分区域地质构造单元和研究区域地质发展史提供重要依据。

塔里木盆地地层发育齐全，根据《中国地层指南及中国地层指南说明书》(2001)“地层发育的沉积类型、生物区系、层序特征和构造关系”等地层区划原则，将塔里木盆地划分为库车、塔北 - 阿瓦提、塔东 - 满加尔、塔中、巴楚、柯坪、塔西南、东南断阶和库鲁克塔格 9 个地层分区。其中，塔北 - 阿瓦提、塔中、巴楚和塔东 - 满加尔 4 个地层分区位于塔里木盆地主体区，库车、柯坪、塔西南、东南断阶和库鲁克塔格 5 个地层分区分别位于塔里木盆地北缘、西北缘、西南缘、东南缘和东北缘。

塔里木盆地地层系统格架

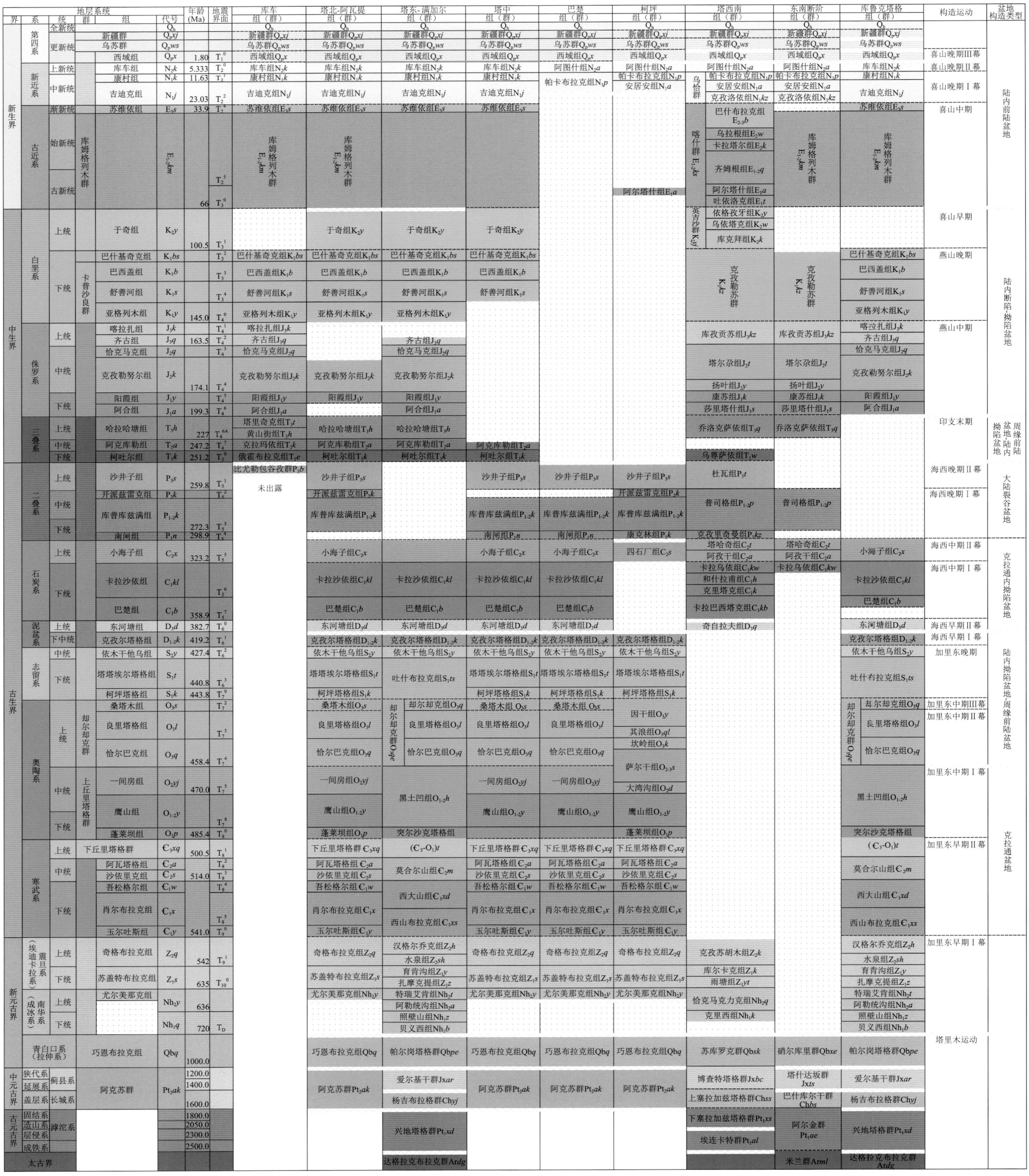

地层系统						年龄(Ma)	地震界面	库车	塔北-阿瓦提	塔东-满加尔	塔中	巴楚	柯坪	塔西南	东南断阶	库鲁克塔格	构造运动	盆地构造类型
界	系	统	群	组	代号			组（群）	组（群）	组（群）	组（群）	组（群）	组（群）	组（群）	组（群）	组（群）		
新生界	第四系	全新统			Q_h			Q_h	Q_h	Q_h	Q_h	Q_h	Q_h	Q_h	Q_h	Q_h		
		更新统	新疆群		Q_pxj			新疆群Q_pxj	新疆群Q_pxj	新疆群Q_pxj	新疆群Q_pxj	新疆群Q_pxj	新疆群Q_pxj	新疆群Q_pxj	新疆群Q_pxj	新疆群Q_pxj		
			乌苏群		Q_pws			乌苏群Q_pws	乌苏群Q_pws	乌苏群Q_pws	乌苏群Q_pws	乌苏群Q_pws	乌苏群Q_pws	乌苏群Q_pws	乌苏群Q_pws	乌苏群Q_pws		
				西域组	Q_px	1.80	T_1^0	西域组Q_px	西域组Q_px	西域组Q_px	西域组Q_px	西域组Q_px	西域组Q_px	西域组Q_px	西域组Q_px	西域组Q_px	喜山晚期Ⅲ幕	陆内前陆盆地
	新近系	上新统		库车组	N_2k	5.333	T_2^0	库车组N_2k	库车组N_2k	库车组N_2k	库车组N_2k	阿图什组N_2a	阿图什组N_2a	阿图什组N_2a	阿图什组N_2a	库车组N_2k	喜山晚期Ⅱ幕	
		中新统		康村组	N_1k	11.63	T_2^1	康村组N_1k	康村组N_1k	康村组N_1k	康村组N_1k	帕卡布拉克组N_1p	帕卡布拉克组N_1p	乌恰群：帕卡布拉克组N_1p	帕卡布拉克组N_1p	康村组N_1k		
				吉迪克组	N_1j	23.03	T_2^2	吉迪克组N_1j	吉迪克组N_1j	吉迪克组N_1j	吉迪克组N_1j		安居安组N_1a	安居安组N_1a 克孜洛依组N_1kz	安居安组N_1a 克孜洛依组N_1kz	吉迪克组N_1j	喜山晚期Ⅰ幕	
	古近系	渐新统		苏维依组	E_3s	33.9	T_2^4	苏维依组E_3s	苏维依组E_3s	苏维依组E_3s	苏维依组E_3s			喀什群$E_{1-2}ks$：巴什布拉克组$E_{2-3}b$		苏维依组E_3s	喜山中期	
		始新统 古新统	库姆格列木群		$E_{1-2}km$	66	T_2^5 T_3^0	库姆格列木群$E_{1-2}km$	库姆格列木群$E_{1-2}km$				阿尔塔什组E_1a	乌拉根组E_2w 卡拉塔尔组E_2k 齐姆根组$E_{1-2}q$ 阿尔塔什组E_1a 吐依洛克组E_1t	库姆格列木群$E_{1-2}km$	库姆格列木群$E_{1-2}km$		
中生界	白垩系	上统		于奇组	K_2y	100.5	T_3^1		于奇组K_2y	于奇组K_2y	于奇组K_2y			英吉沙群K_2yj：依格孜牙组K_2y 乌依塔克组K_2w 库克拜组K_2k			喜山早期	
		下统		巴什基奇克组	K_1bs		T_3^2	巴什基奇克组K_1bs	巴什基奇克组K_1bs	巴什基奇克组K_1bs	巴什基奇克组K_1bs			克孜勒苏群K_1kz	克孜勒苏群K_1kz	巴什基奇克组K_1bs	燕山晚期	陆内断陷-拗陷盆地
			卡普沙良群	巴西盖组	K_1b		T_3^3	巴西盖组K_1b	巴西盖组K_1b	巴西盖组K_1b	巴西盖组K_1b					巴西盖组K_1b		
				舒善河组	K_1s		T_3^4	舒善河组K_1s	舒善河组K_1s	舒善河组K_1s	舒善河组K_1s					舒善河组K_1s		
				亚格列木组	K_1y	145.0	T_4^0	亚格列木组K_1y	亚格列木组K_1y	亚格列木组K_1y						亚格列木组K_1y		
	侏罗系	上统		喀拉扎组	J_3k		T_4^1	喀拉扎组J_3k						库孜贡苏组J_3kz	库孜贡苏组J_3kz	喀拉扎组J_3k	燕山中期	
				齐古组	J_3q	163.5	T_4^2	齐古组J_3q		齐古组J_3q						齐古组J_3q		
		中统		恰克马克组	J_2q		T_4^3	恰克马克组J_2q		恰克马克组J_2q				塔尔尕组J_2t	塔尔尕组J_2t	恰克马克组J_2q		
				克孜勒努尔组	J_2k	174.1	T_4^4	克孜勒努尔组J_2k	克孜勒努尔组J_2k	克孜勒努尔组J_2k				扬叶组J_2y	扬叶组J_2y	克孜勒努尔组J_2k		
		下统		阳霞组	J_1y		T_4^5	阳霞组J_1y	阳霞组J_1y	阳霞组J_1y				康苏组J_1k	康苏组J_1k	阳霞组J_1y		
				阿合组	J_1a	199.3	T_4^6	阿合组J_1a		阿合组J_1a				莎里塔什组J_1s	莎里塔什组J_1s	阿合组J_1a		
	三叠系	上统		哈拉哈塘组	T_3h	227	T_4^{6A}	塔里奇克组T_3t 黄山街组T_3h	哈拉哈塘组T_3h	哈拉哈塘组T_3h				乔洛克萨依组T_3q	乔洛克萨依组T_3q		印支末期	周缘前陆盆地-陆内拗陷盆地
		中统		阿克库勒组	T_2a	247.2	T_4^7	克拉玛依组T_2k	阿克库勒组T_2a	阿克库勒组T_2a	阿克库勒组T_2a							
		下统		柯吐尔组	T_1k	251.2	T_5^0	俄霍布拉克组T_1e	柯吐尔组T_1k	柯吐尔组T_1k	柯吐尔组T_1k			乌尊萨依组T_1w				
古生界	二叠系	上统		沙井子组	P_3s	259.8	T_5^1	比尤勒包谷孜群P_3b 未出露	沙井子组P_3s		沙井子组P_3s	沙井子组P_3s	沙井子组P_3s	杜瓦组P_3t			海西晚期Ⅱ幕	大陆裂谷盆地
		中统		开派兹雷克组	P_2k		T_5^2		开派兹雷克组P_2k				开派兹雷克组P_2k	普司格组$P_{1-2}p$	普司格组$P_{1-2}p$		海西晚期Ⅰ幕	
				库普库兹满组	$P_{1-2}k$				库普库兹满组$P_{1-2}k$		库普库兹满组$P_{1-2}k$	库普库兹满组$P_{1-2}k$	库普库兹满组$P_{1-2}k$					
		下统		南闸组	P_1n	272.3 298.9	T_5^3 T_5^4				南闸组P_1n	南闸组P_1n	康克林组P_1k	克孜里奇曼组P_1kz				
	石炭系	上统		小海子组	C_2x	323.2	T_5^5		小海子组C_2x		小海子组C_2x	小海子组C_2x	四石厂组C_2s	塔哈奇组C_2t 阿孜干组C_2a	塔哈奇组C_2t 阿孜干组C_2a	小海子组C_2x	海西中期Ⅱ幕	克拉通内拗陷盆地
		下统		卡拉沙依组	C_1kl		T_5^6		卡拉沙依组C_1kl	卡拉沙依组C_1kl	卡拉沙依组C_1kl	卡拉沙依组C_1kl		卡拉乌依组C_1kw 和什拉甫组C_1h 克里塔克组C_1k	卡拉乌依组C_1kw	卡拉沙依组C_1kl	海西中期Ⅰ幕	
				巴楚组	C_1b	358.9	T_5^7		巴楚组C_1b	巴楚组C_1b	巴楚组C_1b	巴楚组C_1b		卡拉巴西塔克组C_1kb		巴楚组C_1b		
	泥盆系	上统		东河塘组	D_3d	382.7	T_6^0		东河塘组D_3d	东河塘组D_3d	东河塘组D_3d	东河塘组D_3d		奇自拉夫组D_3q		东河塘组D_3d	海西早期Ⅱ幕	
		下中统		克孜尔塔格组	$D_{1-2}k$	419.2	T_6^1		克孜尔塔格组$D_{1-2}k$	克孜尔塔格组$D_{1-2}k$	克孜尔塔格组$D_{1-2}k$	克孜尔塔格组$D_{1-2}k$	克孜尔塔格组$D_{1-2}k$			克孜尔塔格组$D_{1-2}k$	海西早期Ⅰ幕	陆内拗陷盆地-周缘前陆盆地
	志留系	中统		依木干他乌组	S_2y	427.4	T_6^2		依木干他乌组S_2y	依木干他乌组S_2y	依木干他乌组S_2y	依木干他乌组S_2y	依木干他乌组S_2y			依木干他乌组S_2y	加里东晚期	
		下统		塔塔埃尔塔格组	S_1t	440.8	T_6^3		塔塔埃尔塔格组S_1t	吐什布拉克组S_1ts	塔塔埃尔塔格组S_1t	塔塔埃尔塔格组S_1t	塔塔埃尔塔格组S_1t			吐什布拉克组S_1ts		
				柯坪塔格组	S_1k	443.8	T_7^0		柯坪塔格组S_1k		柯坪塔格组S_1k	柯坪塔格组S_1k	柯坪塔格组S_1k					
	奥陶系	上统	却尔却克群	桑塔木组	O_3s		T_7^2		桑塔木组O_3s	却尔却克群O_3qe：却尔却克组O_3q	桑塔木组O_3s	桑塔木组O_3s	因干组O_3y			却尔却克群O_3qe：却尔却克组O_3q	加里东中期Ⅲ幕	
				良里塔格组	O_3l		T_7^3		良里塔格组O_3l	良里塔格组O_3l	良里塔格组O_3l	良里塔格组O_3l	其浪组O_3ql 坎岭组O_3k			良里塔格组O_3l	加里东中期Ⅱ幕	
				恰尔巴克组	O_3q	458.4	T_7^4		恰尔巴克组O_3q	恰尔巴克组O_3q	恰尔巴克组O_3q	恰尔巴克组O_3q	萨尔干组$O_{2-3}s$			恰尔巴克组O_3q		
		中统	上丘里塔格群	一间房组	O_2yj	470.0	T_7^5		一间房组O_2yj	黑土凹组$O_{1-2}h$	一间房组O_2yj	一间房组O_2yj	大湾沟组O_2d			黑土凹组$O_{1-2}h$	加里东中期Ⅰ幕	
				鹰山组	$O_{1-2}y$		T_7^8		鹰山组$O_{1-2}y$		鹰山组$O_{1-2}y$	鹰山组$O_{1-2}y$	鹰山组$O_{1-2}y$					
		下统		蓬莱坝组	O_1p	485.4	T_8^0		蓬莱坝组O_1p	突尔沙克塔格组			蓬莱坝组O_1p			突尔沙克塔格组		
	寒武系	上统	下丘里塔格群		$\in_3xq$	500.5	T_8^1		下丘里塔格群$\in_3xq$	$(\in_3-O_1)t$	下丘里塔格群$\in_3xq$	下丘里塔格群$\in_3xq$	下丘里塔格群$\in_3xq$			$(\in_3-O_1)t$	加里东早期Ⅱ幕	克拉通盆地
		中统		阿瓦塔格组	$\in_2a$		T_8^2		阿瓦塔格组$\in_2a$	莫合尔山组$\in_2m$	阿瓦塔格组$\in_2a$	阿瓦塔格组$\in_2a$	阿瓦塔格组$\in_2a$			莫合尔山组$\in_2m$		
				沙依里克组	$\in_2s$	514.0	T_8^3		沙依里克组$\in_2s$		沙依里克组$\in_2s$	沙依里克组$\in_2s$	沙依里克组$\in_2s$					
		下统		吾松格尔组	$\in_1w$		T_8^4		吾松格尔组$\in_1w$	西大山组$\in_1xd$	吾松格尔组$\in_1w$	吾松格尔组$\in_1w$	吾松格尔组$\in_1w$			西大山组$\in_1xd$		
				肖尔布拉克组	$\in_1x$		T_8^5		肖尔布拉克组$\in_1x$	西山布拉克组$\in_1xs$	肖尔布拉克组$\in_1x$	肖尔布拉克组$\in_1x$	肖尔布拉克组$\in_1x$			西山布拉克组$\in_1xs$		
				玉尔吐斯组	$\in_1y$	541.0	T_9^0		玉尔吐斯组$\in_1y$		玉尔吐斯组$\in_1y$	玉尔吐斯组$\in_1y$	玉尔吐斯组$\in_1y$					
新元古界	震旦系（埃迪卡拉系）	上统		奇格布拉克组	Z_2q	542	T_9^1		奇格布拉克组Z_2q	汉格尔乔克组Z_2h 水泉组Z_2sh	奇格布拉克组Z_2q	奇格布拉克组Z_2q	奇格布拉克组Z_2q	克孜苏胡木组Z_2k		汉格尔乔克组Z_2h 水泉组Z_2sh	加里东早期Ⅰ幕	
		下统		苏盖特布拉克组	Z_1s	635	T_{10}^0		苏盖特布拉克组Z_1s	育肯沟组Z_1y 扎摩克提组Z_1z	苏盖特布拉克组Z_1s	苏盖特布拉克组Z_1s	苏盖特布拉克组Z_1s	库尔卡克组Z_1k 雨塘组Z_1yt		育肯沟组Z_1y 扎摩克提组Z_1z		
	南华系（成冰系）	上统		尤尔美那克组	Nh_2y	636			尤尔美那克组Nh_2y	特瑞艾肯组Nh_2t 阿勒统沟组Nh_2a	尤尔美那克组Nh_2y	尤尔美那克组Nh_2y	尤尔美那克组Nh_2y	恰克马克力克组Nh_2q		特瑞艾肯组Nh_2t 阿勒统沟组Nh_2a		
		下统			Nh_1q	720	T_D			照壁山组Nh_1z 贝义西组Nh_1b				克里西组Nh_1k		照壁山组Nh_1z 贝义西组Nh_1b		
	青白口系（拉伸系）			巧恩布拉克组	Qbq	1000.0			巧恩布拉克组Qbq	帕尔岗塔格群$Qbpe$	巧恩布拉克组Qbq	巧恩布拉克组Qbq	巧恩布拉克组Qbq	苏库罗克群$Qbsk$	硝尔库里群$Qbxe$	帕尔岗塔格群$Qbpe$	塔里木运动	
中元古界	狭代系 延展系	蓟县系		阿克苏群	Pt_2ak	1200.0 1400.0			阿克苏群Pt_2ak	爱尔基干群$Jxar$	阿克苏群Pt_2ak	阿克苏群Pt_2ak	阿克苏群Pt_2ak	博查特塔格群$Jxbc$	塔什达坂群$Jxts$	爱尔基干群$Jxar$		
	盖层系	长城系				1600.0				杨吉布拉格群$Chyj$				上塞拉加兹塔格群$Chss$	巴什库尔干群$Chbs$	杨吉布拉格群$Chyj$		
古元古界	固结系 造山系 层侵系 成铁系	滹沱系				1800.0 2050.0 2300.0 2500.0				兴地塔格群Pt_1xd				下塞拉加兹塔格群Pt_1xs 埃连卡特群Pt_1al	阿尔金群Pt_1ae	兴地塔格群Pt_1xd		
太古界										达格拉克布拉克群$Ardg$					米兰群$Arml$	达格拉克布拉克群$Ardg$		

补充说明：

（1）年龄及填色根据国际地层委员会《国际年代地层表》（2017）；

（2）塔里木晚白垩世沉积发育问题：2011 年西北分公司在于奇地区多口钻井中，在原划分的早白垩世巴什基奇克组中上部层位发现晚白垩世典型的轮藻化石，经区域对比将该段地层定名为"于奇组"，时代为晚白垩世。从化石产出层位看，该套地层可能直接与古近系渐新统苏维依组呈上下叠置接触关系，缺失古新统-始新统库姆格列木群沉积。考虑与已有方案一致，暂将上部划分界限置于原巴什基奇克顶。层位实际位置与中石油塔里木油田分公司所命名的晚白垩世古城组基本相当，地震波组界面介于 T_3^0 与 T_3^1 之间。

（3）T_5^0 界面的标定：该界面是塔里木地区海陆沉积转换面。沙井子组及在库车河剖面的比尤勒包谷孜群均为一套由东向西逐渐海退沉积环境过程中的退积充填沉积。因此，T_5^0 界面位于二叠系上统沙井子组顶面。

（4）石炭系下统巴楚组在全盆地的区域对比：经生物地层专题研究成果，巴楚—塔中地区巴楚组顶面界限位于生屑灰岩段顶面，而塔北地区巴楚组顶面界限位于双峰灰岩段顶面，造成目前岩石地层划分与生物地层划分相矛盾。从塔里木地区石炭纪的区域上由西部向东部的不断海侵的沉积-构造发展演化过程分析，巴楚—塔中地区生屑灰岩与塔北地区双峰灰岩时代相当，均作为巴楚组顶界，地震波组统一命名为 T_5^6。

（5）克孜尔塔格组的地质时代归属问题：克孜尔塔格组在早期创组时，其地质时代定义为晚泥盆世。2004 年至今，该组的地质时代变更为晚志留世-早中泥盆世，由于缺乏有力的古生物化石证据进行明确的分解定位，因此地质延续时间存在跨纪跨世问题。目前从该组的沉积序列、岩石组构特征，地震波组特征上可进行区域追踪对比，因此将克孜尔塔格组地质时代归属处理为早-中泥盆世，T_6^1 界面亦为泥盆纪与志留纪沉积的地震波组划分界面。

（6）奥陶系上统地层划分：由于塔北、中西部地区与塔里木东部明显的差异性沉积，明确以塔北和中西部地区地层系统及名称为统一劈分对比基线，分解东部地质层位跨度较大的原奥陶系上统却尔却克群（中奥陶统一间房组-上奥陶统桑塔木组），经钻井-地震剖面标定追踪解释，分别对应于一间房组、恰尔巴克组、良里塔格组、桑塔木组。层位相当于桑塔木组的地层，以却尔却克组称之。

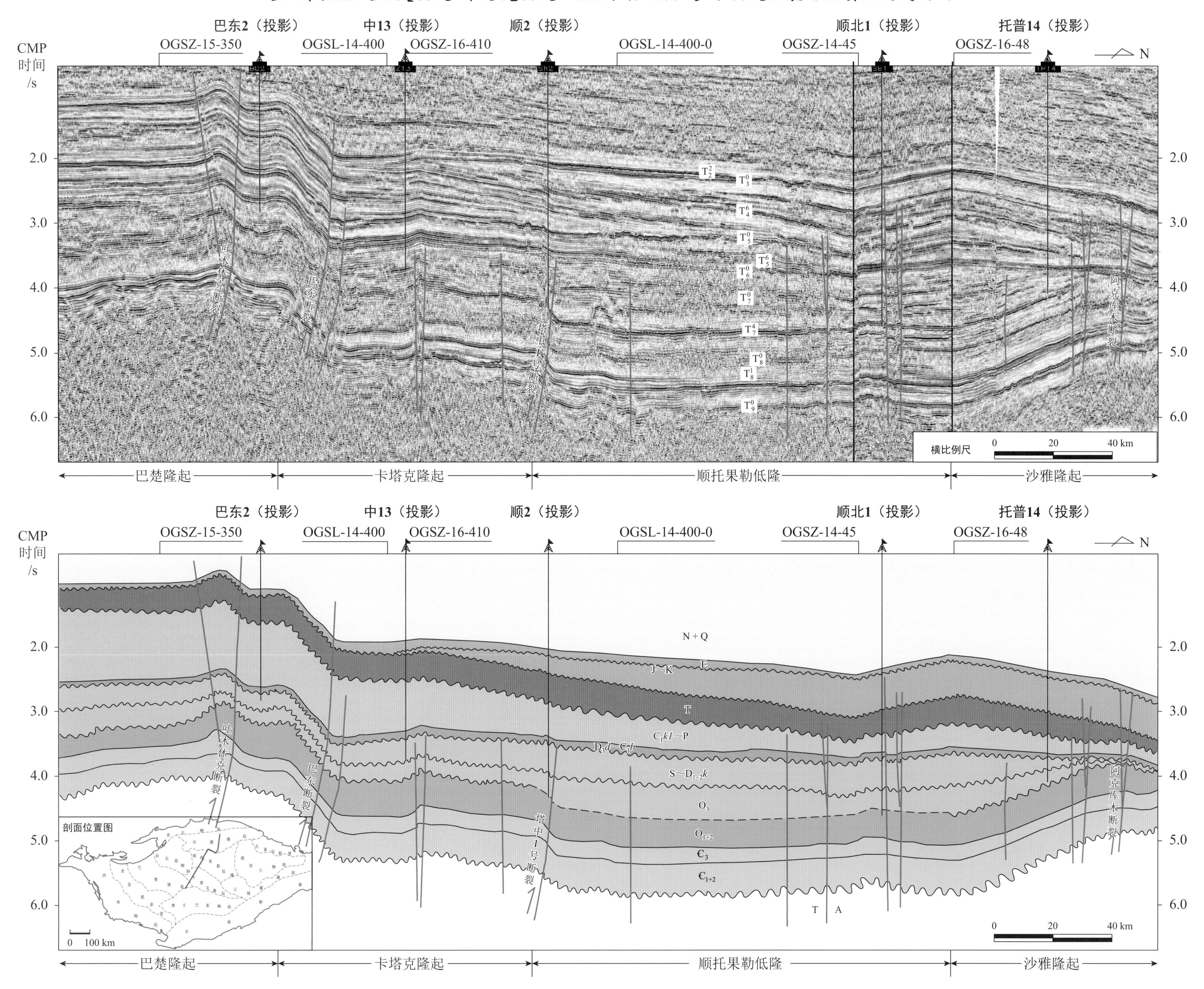

OGSZ-16-500-48是塔里木盆地中部的一条NE-SW向区域地震剖面图，从东北向西南依次经过巴楚隆起、卡塔克隆起、顺托果勒低隆和沙雅隆起。剖面上，T_7^4不整合面向沙雅隆起有微弱的削蚀现象，可能代表沙雅隆起雏形的形成时代。T_7^0向沙雅隆起清晰地削蚀下伏的奥陶系，造成奥陶系向隆起方向的减薄，代表了沙雅隆起和卡塔克隆起的一个重要的构造演化阶段，是沙雅加里东古隆起的重要证据。T_6^0不整合面是剖面上最显著的不整合面之一，不整合向沙雅隆起方向下削上超，是沙雅隆起初步定型的时间。T_5^0不整合面向沙雅隆起方向下削上超，代表沙雅隆起的定型期。这一角度不整合几乎覆盖了整个顺托果勒低隆，说明三叠系沉积前的沙雅古隆起的范围大大超出了现今沙雅隆起的南界。此后，沙雅隆起侏罗纪调整改造，白垩纪-古近纪均匀沉降，新近纪-第四纪大幅度快速沉降，最终成为目前的深埋古隆起。本剖面上，T_5^0不整合向巴楚方向削蚀的现象不明显，说明巴楚隆起东部隆起时间可能较晚。T_3^0不整合证明前新生代巴楚古隆起的范围可能比现今巴楚隆起大得多。剖面经过卡塔克隆起的西北倾没端，隆起幅度不大。T_6^0不整合代表卡塔克隆起定型时间。

OGSZ-14-50是塔里木盆地中部的一条NE-SW向区域地震剖面图，从东北向西南依次经过塘古巴斯坳陷、卡塔克隆起、顺托果勒低隆和沙雅隆起。T_7^4不整合面在塔中I号断裂处发育一坡折带，显示出塔中I号断裂-坡折带的特征。该不整合面向沙雅隆起和卡塔克隆起方向有微弱的削蚀现象，可能代表沙雅隆起和卡塔克隆起雏形的形成。T_7^0向沙雅隆起和卡塔克隆起两个方向都清晰地削蚀下伏的奥陶系，造成奥陶系向两个隆起方向的减薄，代表了沙雅隆起和卡塔克隆起的一个重要的演化期。同时，T_7^0不整合面也代表了塘古巴斯坳陷内褶皱冲断带的形成时间。T_6^0不整合面是剖面上最显著的不整合面之一，不整合向沙雅隆起方向下削上超，是沙雅隆起基本定型的时间。卡塔克古隆起在东河砂岩沉积前定型，此后均匀沉降，仅发生一定程度的构造调整改造。T_5^0不整合面向沙雅隆起方向下削上超，代表沙雅隆起的定型期。此后，沙雅隆起侏罗纪调整改造，白垩纪-古近纪均匀沉降，新近纪-第四纪大幅度快速沉降，最终成为目前的深埋古隆起。断裂活动在早古生代卡塔克强、中-新生代沙雅隆起强。二叠纪岩浆活动在本剖面上不活跃。

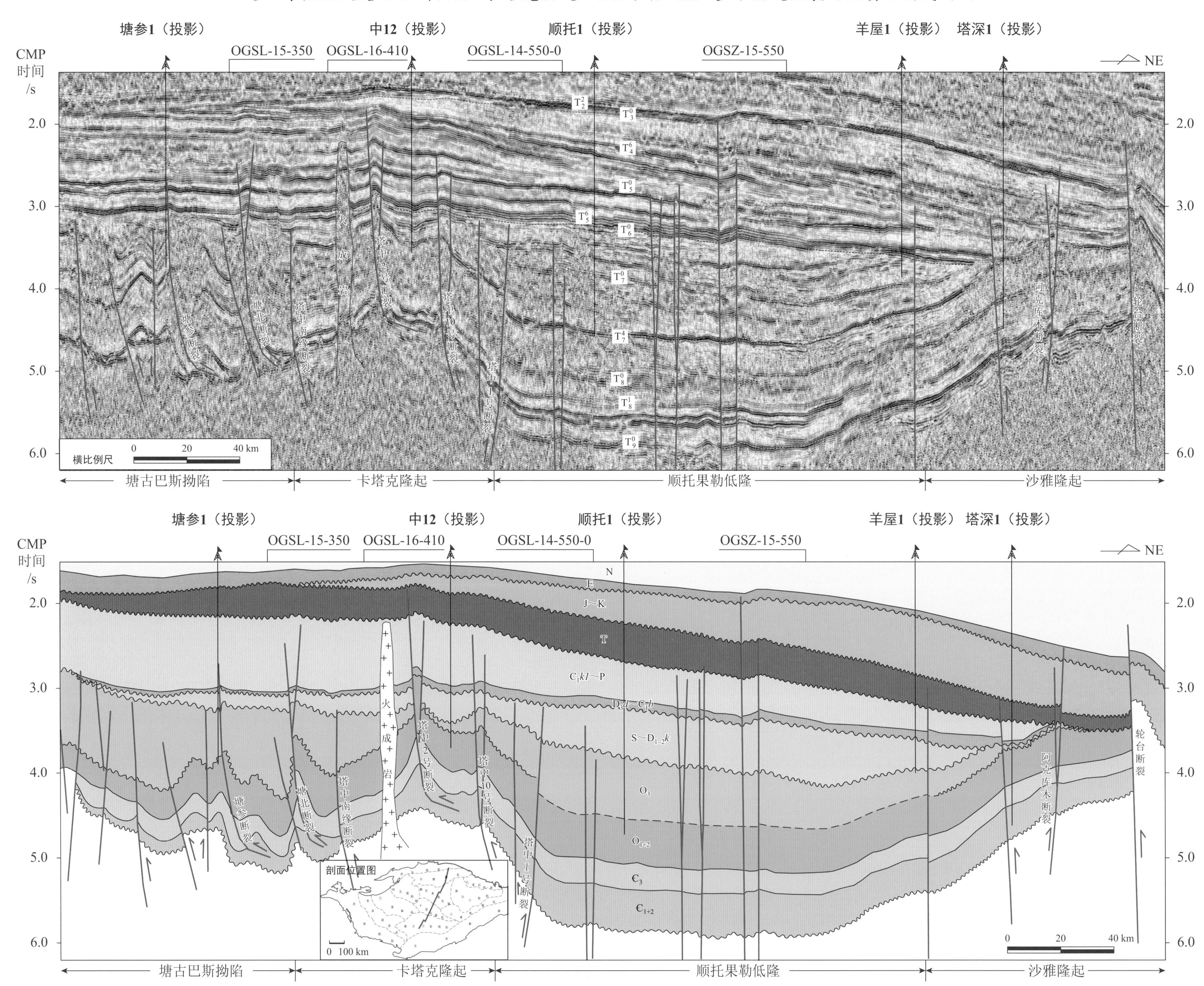

塔里木盆地过塘古巴斯坳陷–卡塔克隆起–顺托果勒低隆–沙雅隆起地震与地质结构剖面图

塔里木盆地过麦盖提斜坡–巴楚隆起–阿瓦提拗陷地震与地质结构剖面图

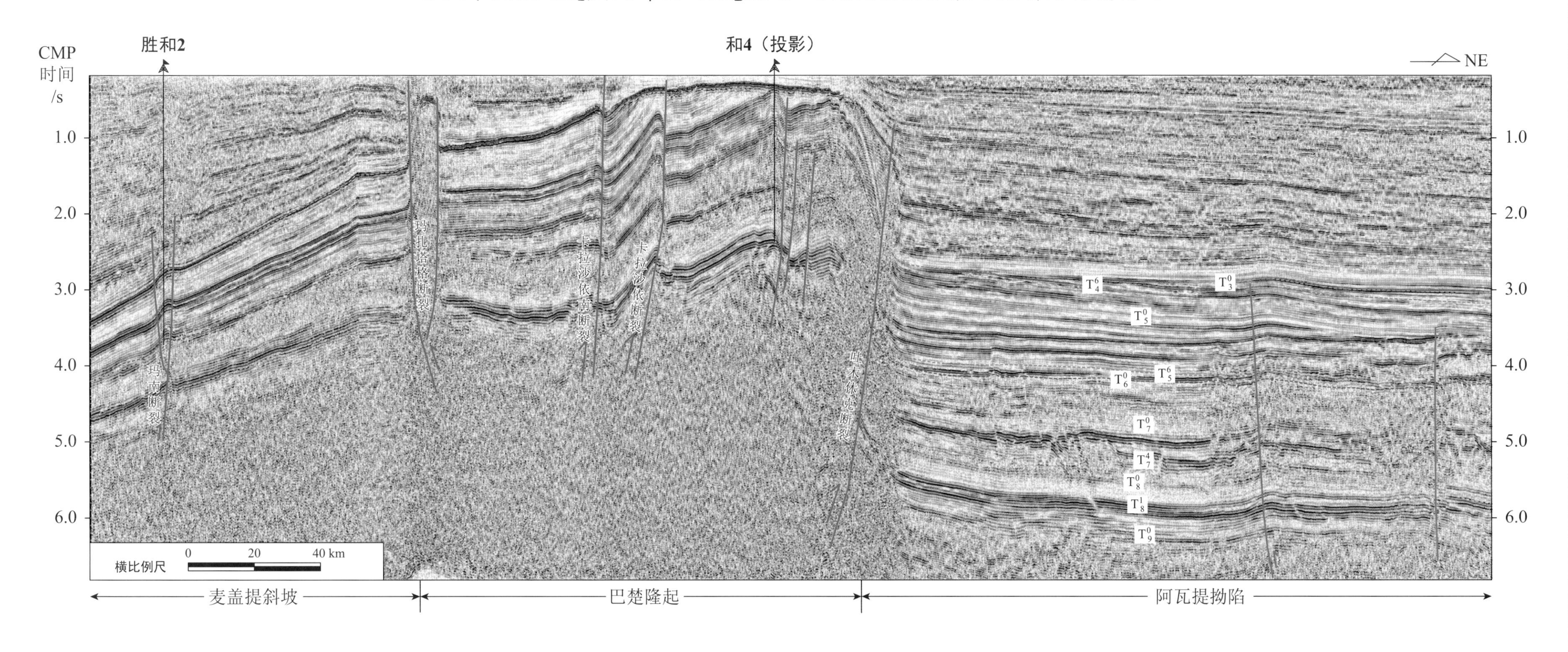

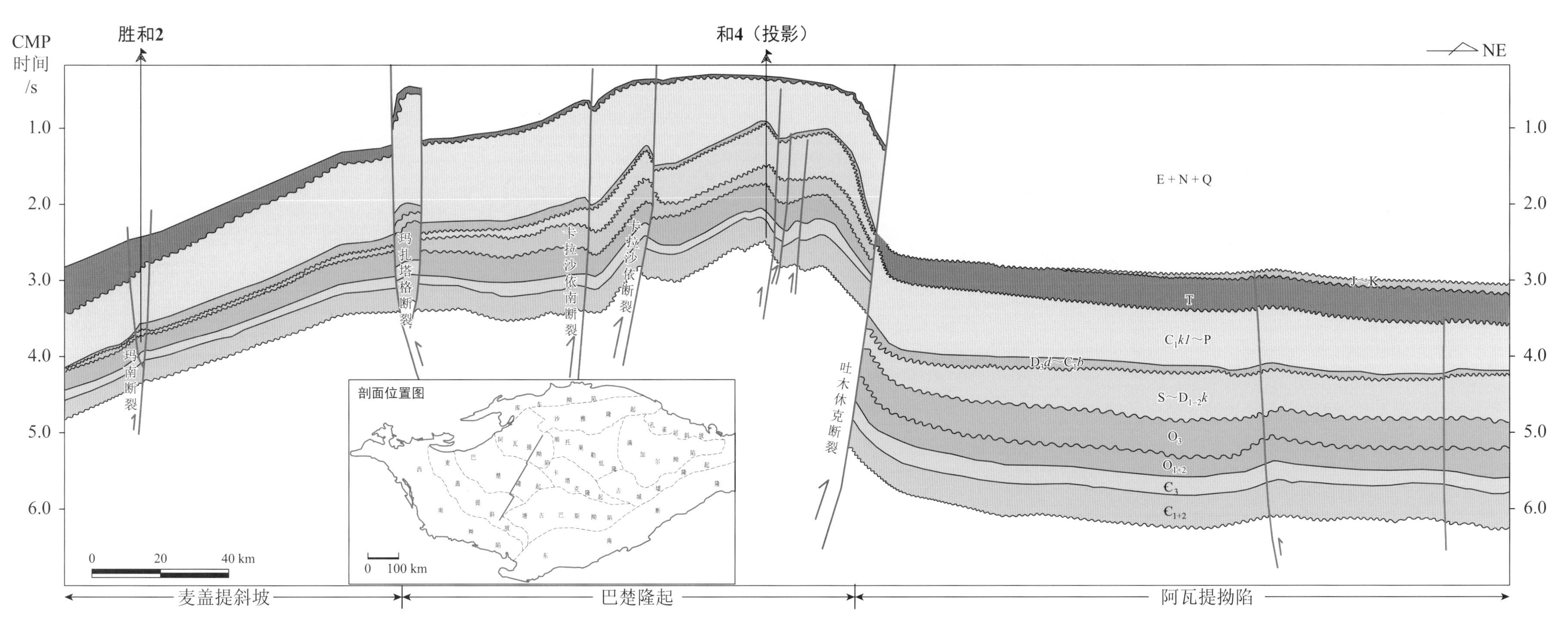

OGSZ-15-35是塔里木盆地西部的一条NE-SW向区域地震剖面图从东北向西南依次经过麦盖提斜坡、巴楚隆起和阿瓦提拗陷。该区域地震剖面主要显示的是巴楚隆起的构造轮廓和形成演化过程。巴楚隆起断裂构造发育，向上断至新生界的底或进入新生界，甚至断至地表，显示新构造异常活跃，是塔里木盆地台盆区新构造最活跃的构造单元。巴楚隆起两侧的边界断裂（吐木休克断裂、麻扎塔格断裂）在前中生代的构造活动是通过断裂两侧的地层厚度变化推测的。巴楚隆起两侧的麦盖提斜坡和阿瓦提拗陷断裂少且老。断裂控制巴楚隆起的形成演化，显示出断隆的构造特征。巴楚隆起-麦盖提斜坡向东北抬升，向西南倾没，显示的是新生代陆内前陆盆地前缘隆起-前缘斜坡的剖面特征。由阿瓦提向巴楚方向，中生界底面和新生界底面的削蚀不整合，显示了巴楚隆起的两次构造演化阶段。巴楚隆起高部位第四系不整合于下伏地层之上，以及断裂向上断至地表，证明巴楚隆起定型与第四纪，具有活动性古隆起特征。

OGSL-14-500-a 是塔里木盆地中部的一条 NW-SE 向的区域地震剖面，从西北到东南一次穿过阿瓦提拗陷、顺托果勒低隆和古城墟隆起。剖面显示了塔里木盆地中部从西北到东南的区域性隆拗格局和构造变形特征。根据断裂、褶皱、不整合等方面的特征，可以判读阿瓦提拗陷 - 顺托果勒低隆 - 古城墟隆起的构造演化过程。寒武系向古城墟隆起超覆尖灭，显示出东南高西北低特征。中下奥陶统在古城断裂附近为一坡折带，分隔东边的盆地区和西边的台地区。T_7^0 向西削蚀奥陶系，造成奥陶系向阿瓦提拗陷方向的减薄，显示塔里木盆地 NW-SE 方向的一次翘顷运动，由东南高西北低转变为西北高东南低。T_6^0 不整合面是剖面上最显著的不整合面之一，向东南削蚀下伏奥陶系，显示 NW-SE 方向的又一次翘顷运动，由前期的西北高东南低转变为东南高西北低。这一不整合也代表古城墟隆起的形成时间。T_4^6 不整合面向东南方向削蚀下伏地层，代表古城墟隆起的再次隆升，这也是古城墟隆起的定型期。侏罗纪 - 白垩纪均匀沉降，新生代阿瓦提拗陷大幅度快速沉降。顺托果勒低隆一直处于翘顷运动的轴部。断裂活动西强东弱，西新东老。二叠纪岩浆活动主要集中于顺托果勒低隆以西。

塔里木盆地过阿瓦提拗陷–顺托果勒低隆–古城墟隆起地震与地质结构剖面图

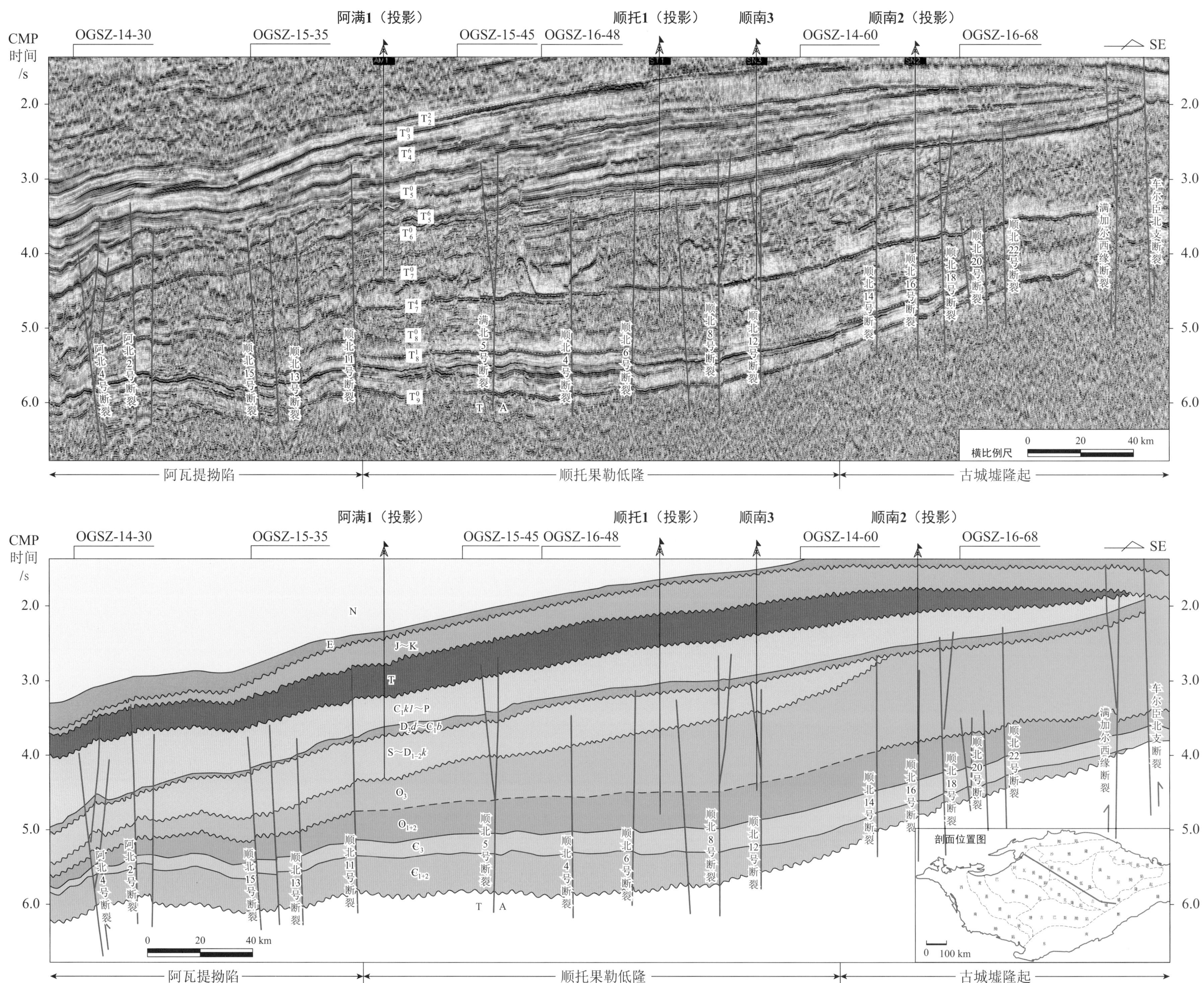

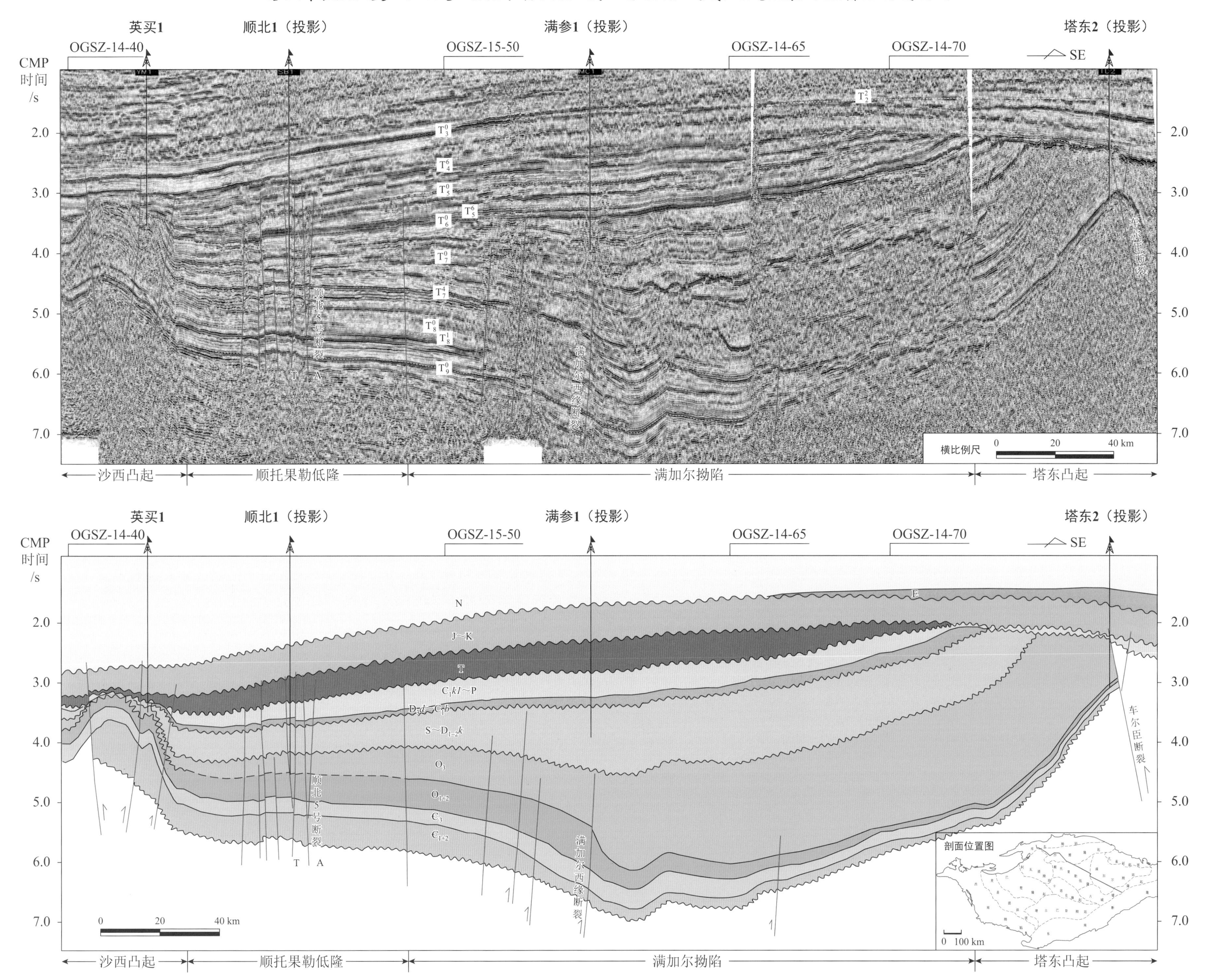

OGSL-15-550 是过沙西凸起、顺托果勒低隆、满加尔坳陷和塔东低凸起的一条 NW-SE 向的区域地震剖面。T_9^0 向塔东低凸起方向削蚀下伏震旦系地层，说明塔东地区可能存在一个前寒武纪的古隆起剥蚀区。寒武系向古城墟隆起超覆尖灭，显示出东南高西北低的特征。T_7^4 不整合面向塔东低凸起方向削蚀下伏地层，代表塔东低凸起雏形的形成时间，这可能也是古城墟隆起雏形的形成时间。在满加尔坳陷满参 1 井附近发育一坡折带，分隔东部盆地相和西部台地相。T_7^0 向西削蚀奥陶系，造成奥陶系向阿瓦提坳陷方向的减薄，显示塔里木盆地 NW-SE 方向的一次翘顷运动，由东南高西北低转变为西北高东南低。这一不整合面显示出沙西凸起加里东古隆起的构造特征。T_6^0 不整合面是剖面上最显著的不整合面之一，向东南和西北两个方向削蚀下伏奥陶系，说明沙西凸起和塔东低凸起在早海西期同时隆升，剖面上显示出两隆夹一坳的隆坳格局。中生界向沙西方向超覆减薄，三叠系不整合超覆尖灭，代表沙西凸起的基本定型期。T_4^6 不整合面向东南和西北方向削蚀下伏地层，代表塔东低凸起和沙西凸起的再次隆升，这也是它们的定型期。侏罗纪 - 白垩纪均匀沉降；新生代沙西凸起大幅度快速沉降，代表陆内前陆盆地的沉降过程。断裂活动西强东弱，西新东老。二叠纪岩浆活动在沙西凸起异常活跃。

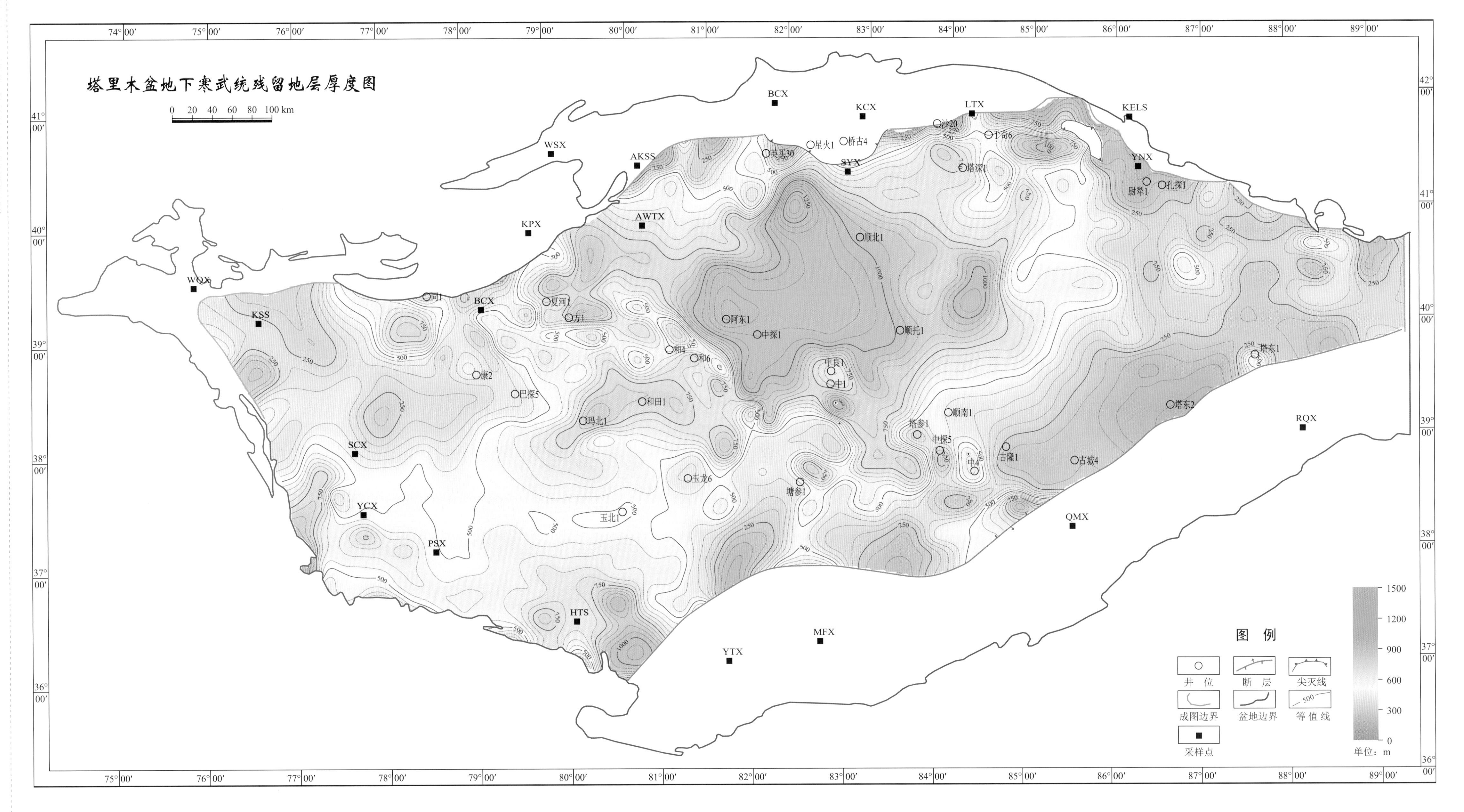
塔里木盆地下寒武统残留地层厚度图
0 20 40 60 80 100 km
图 例
井 位
断 层
尖灭线
成图边界
盆地边界
等值线
采样点
单位：m

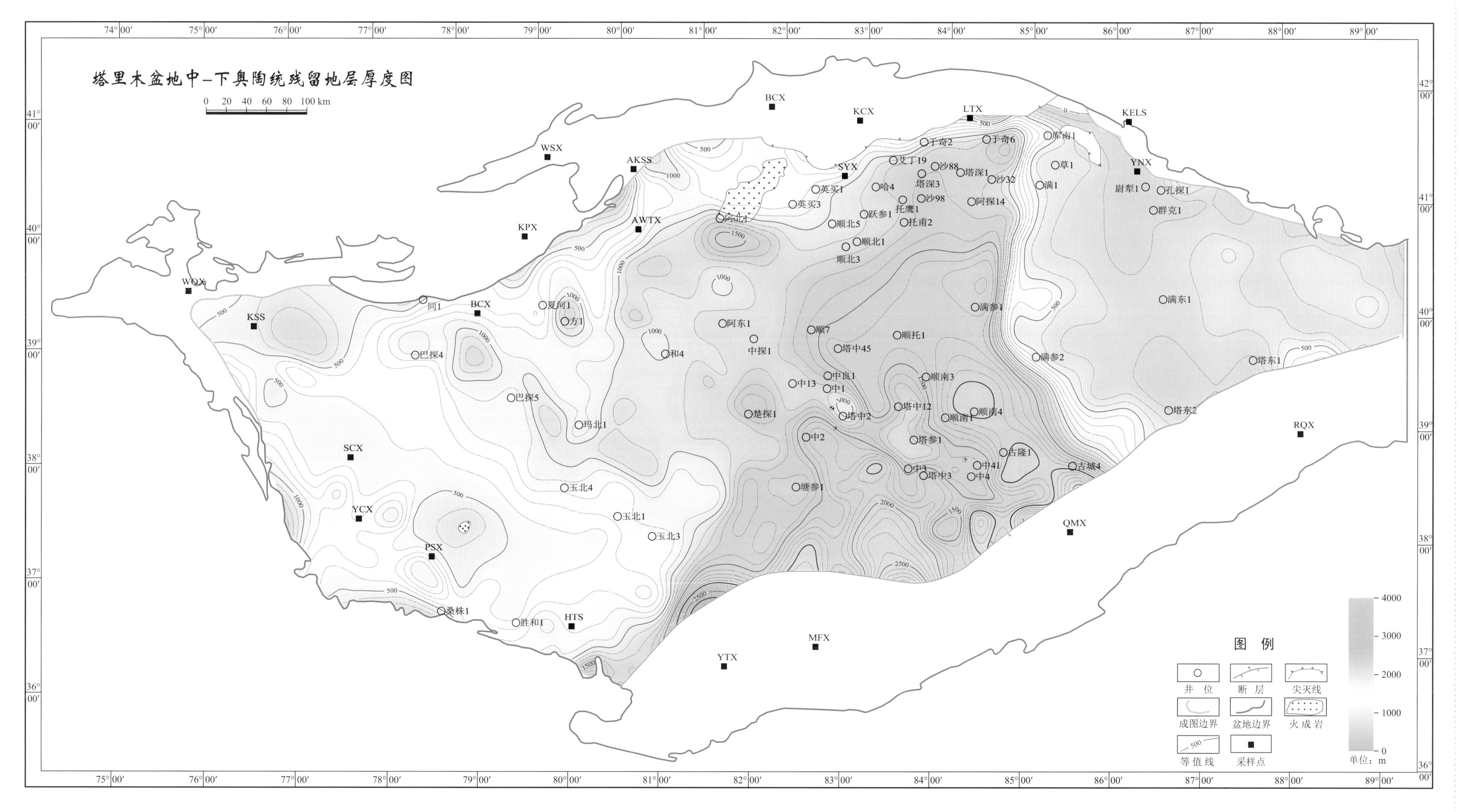
塔里木盆地中–下奥陶统残留地层厚度图
0 20 40 60 80 100 km
图 例
井 位
断 层
尖灭线
成图边界
盆地边界
火 成 岩
等 值 线
采样点
单位：m

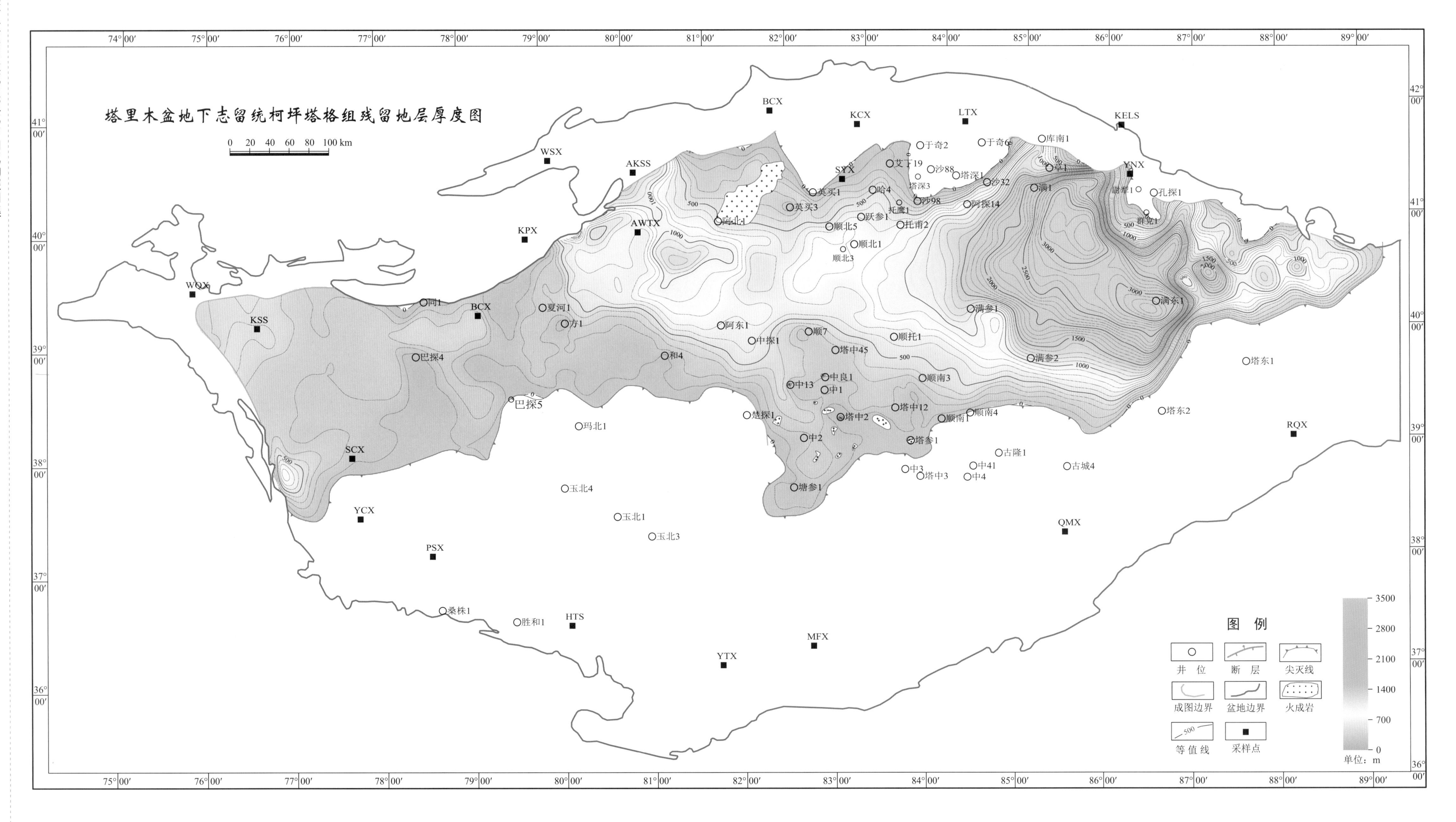
塔里木盆地下志留统柯坪塔格组残留地层厚度图
0 20 40 60 80 100 km
图 例
井 位
断 层
尖灭线
成图边界
盆地边界
火成岩
等值线
采样点
单位：m

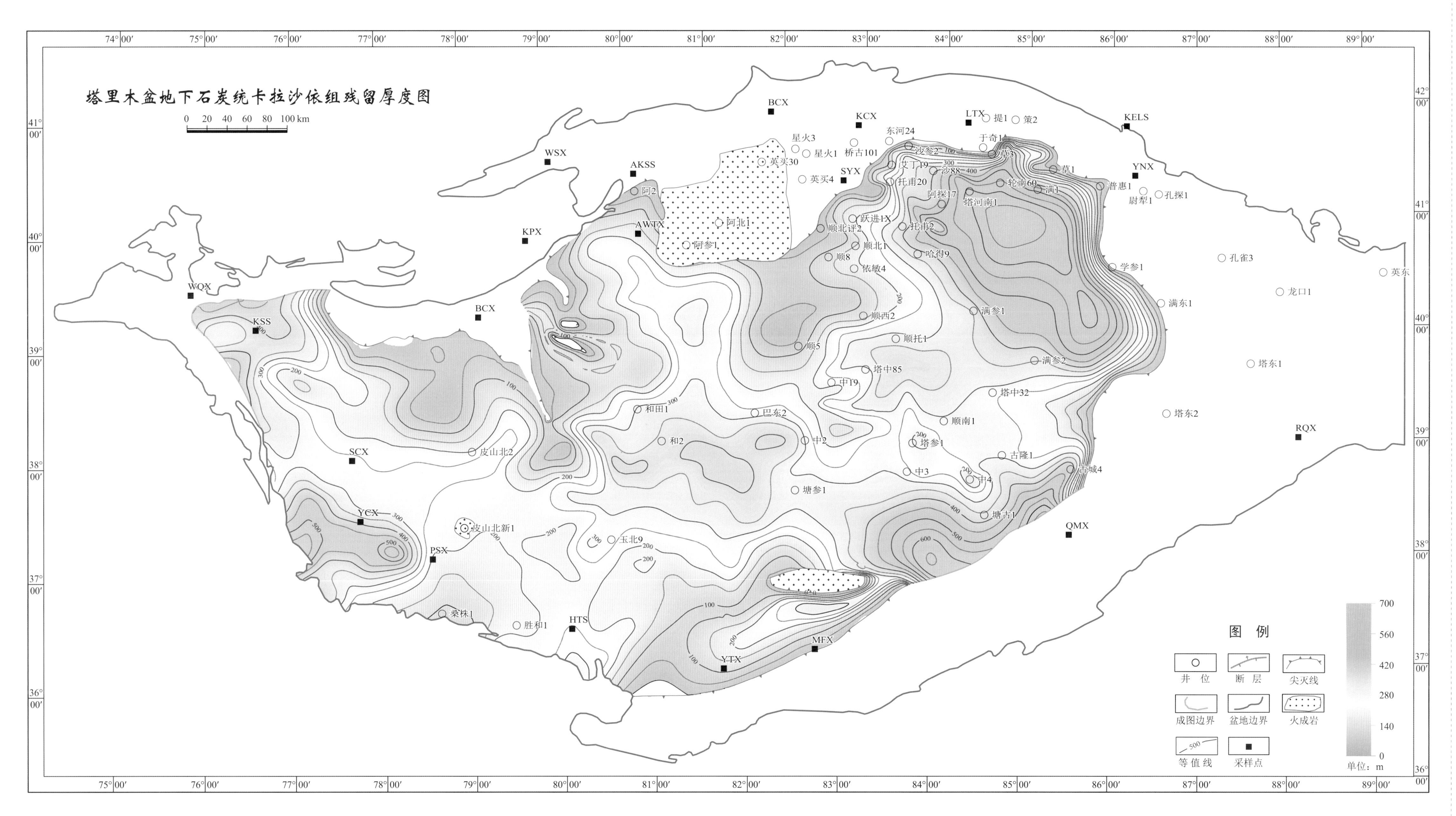
塔里木盆地下石炭统卡拉沙依组残留厚度图
0 20 40 60 80 100 km
图 例
井 位
断 层
尖灭线
成图边界
盆地边界
火成岩
等 值 线
采样点
单位：m

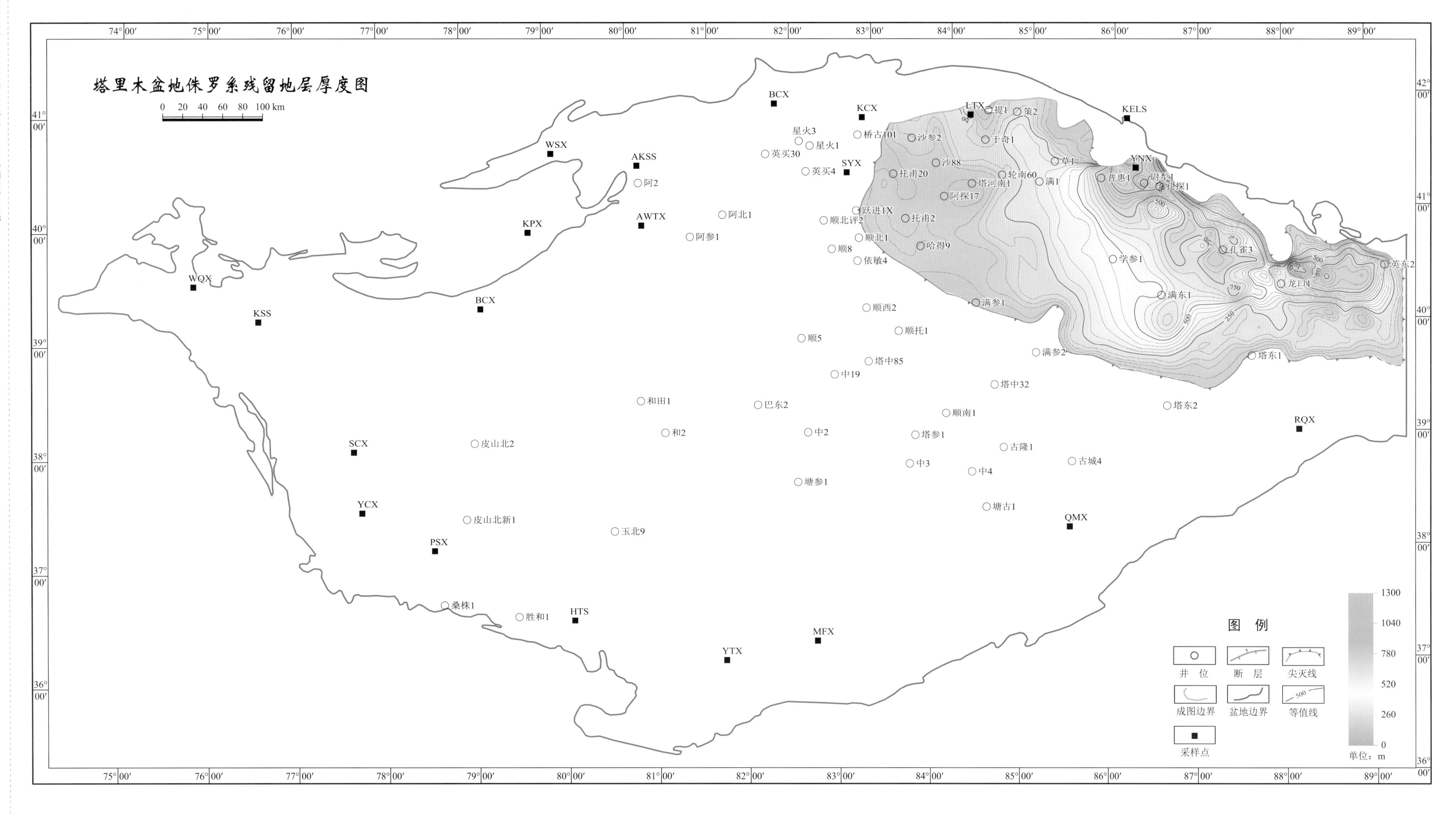

塔里木盆地侏罗系残留地层厚度图
0 20 40 60 80 100 km
图例
井位
断层
尖灭线
成图边界
盆地边界
等值线
采样点
单位：m

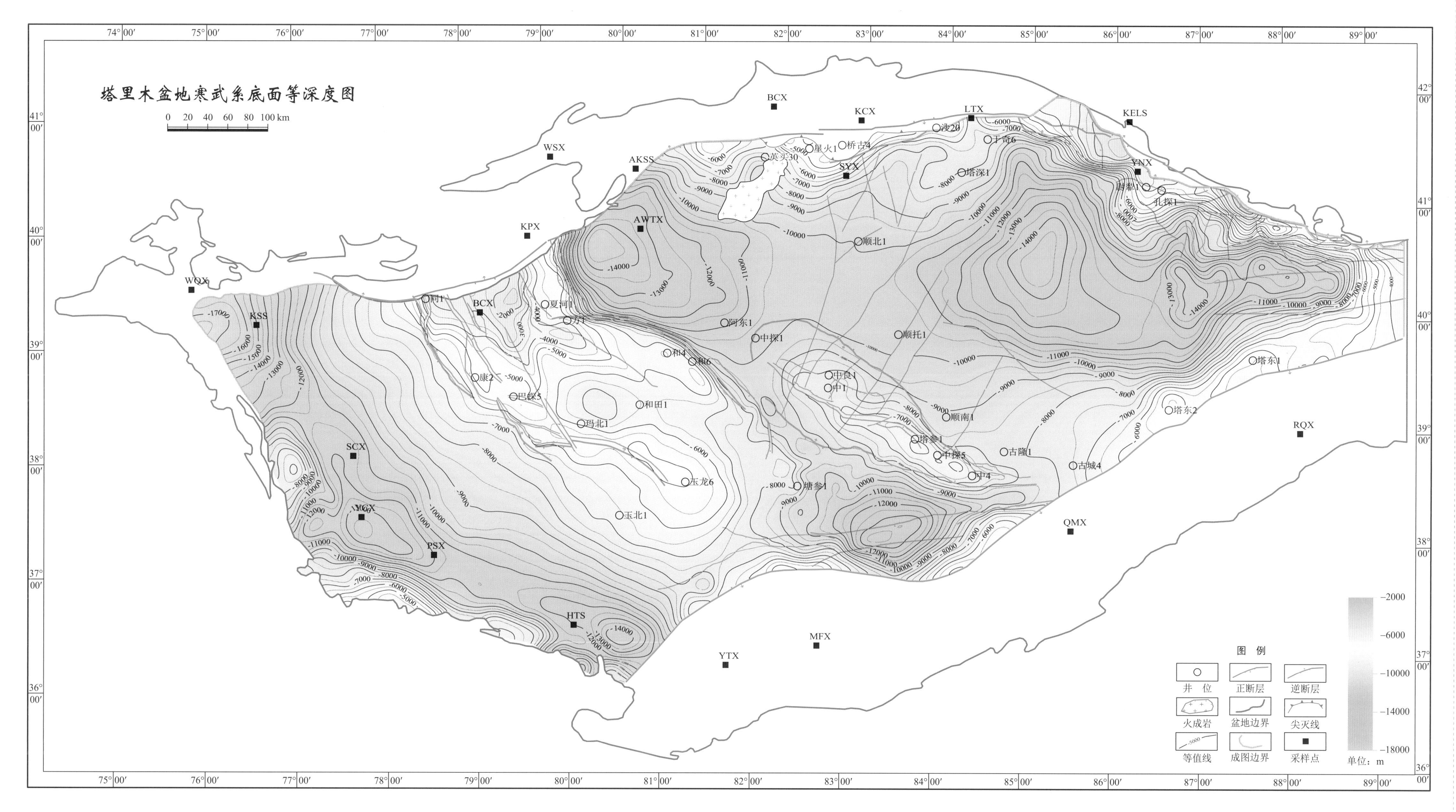

寒武系底面，对应的地震反射波组为 T_9^0，在塔里木盆地广泛分布。塔东南、孔雀河斜坡高部位、雅克拉凸起的高部位及马纳岩体分布区缺失。东南边界为车尔臣断裂，东北边界为孔雀河断裂，北部边界是雅克拉凸起的南部地层尖灭线。寒武系底面的构造形态总体隆拗相间，可以划分出三隆四拗二斜坡，分别是巴楚隆起区、卡塔克隆起区、塔东隆起区、满加尔拗陷区、阿瓦提拗陷区、西南拗陷区、塘古巴斯拗陷区、塔北斜坡区和孔雀河斜坡区。

巴楚隆起区包括巴楚隆起和麦盖提斜坡的上倾部位，总体西北高东南低，南、北高中间低，形成多个构造高点，最高点在巴楚县城北。沿阿恰-吐木休克断裂带存在一埋深等值线密集。卡塔克隆起区为一长轴 NW-SE 向的的复式长轴背斜，沿背斜轴形成数个构造高点。塔东隆起区包括古城墟隆起和罗布泊以东地区，总体呈 NE-SW 向延伸的大型背斜构造。西南拗陷区包括西南拗陷和麦盖提斜坡下倾部位，向昆仑山前倾伏，等值线平行于昆仑造山带。存在喀什、叶城、和田-策勒三个拗陷中心。其中，喀什拗陷中心埋深最大。阿瓦提拗陷区大致相当于现今的阿瓦提拗陷，受沙井子、阿恰和吐木休克断裂控制。拗陷最低部位位于西部。满加尔拗陷区主要包括现今的满加尔拗陷，向东延伸至罗布泊地区，有三个拗陷中心。其中，西部的拗陷中心埋深最大。塘古巴斯拗陷区的拗陷中心位于拗陷中东部。塔北斜坡区主要包括沙雅隆起和满加尔拗陷的西北部，呈由北向南逐渐加深的斜坡构造特征。孔雀河斜坡区与库鲁克塔格断隆的分界是孔雀河断裂，向北抬升，向南倾伏。

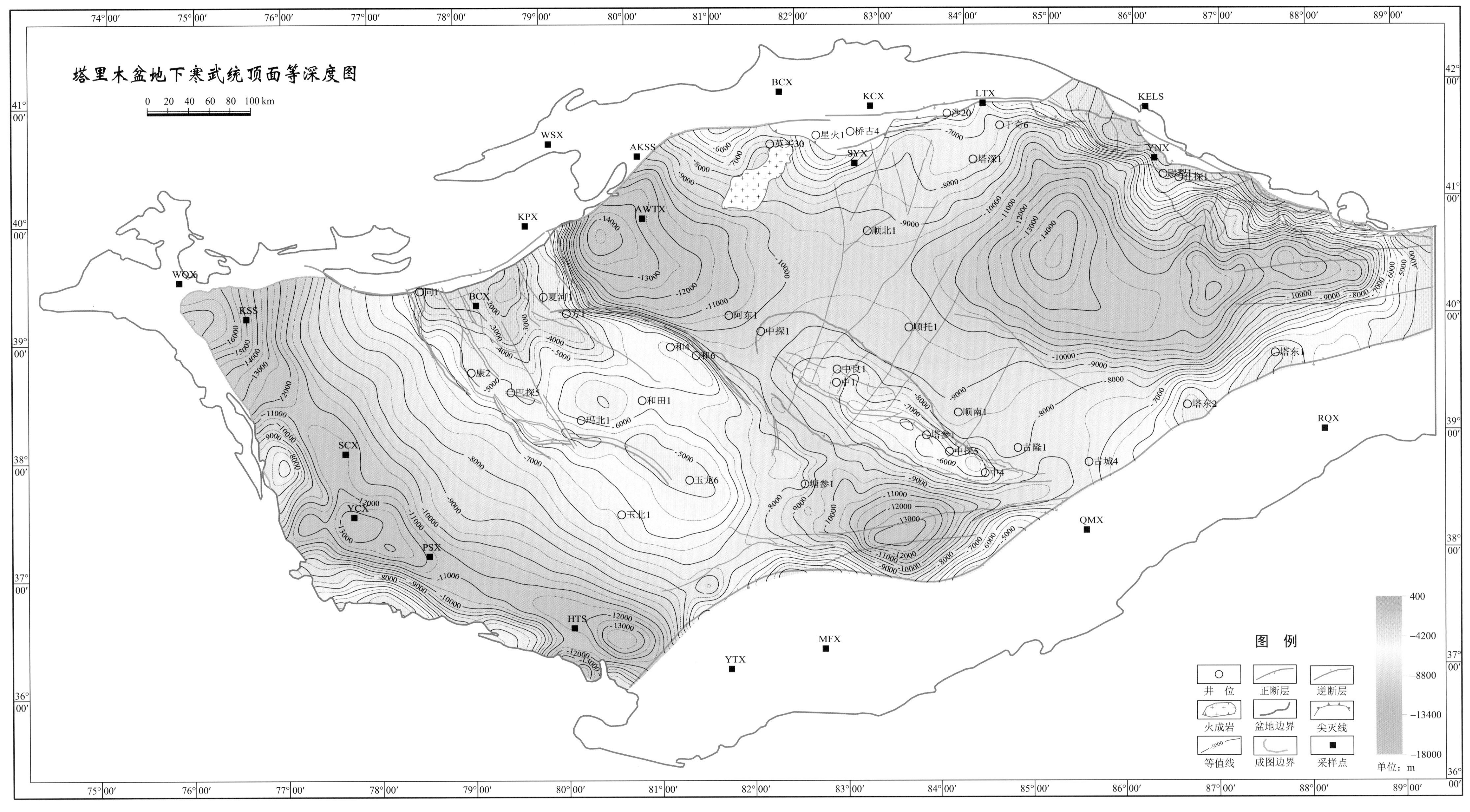

下寒武统顶面对应 T_8^2 地震反射波，在塔里木盆地广泛分布。塔东南地区、孔雀河斜坡高部位和雅克拉凸起的高部位缺失该界面，沙雅隆起西部的马纳岩体分布范围内也缺失寒武系。车尔臣断裂为东南边界，孔雀河断裂为东北边界，北部边界是雅克拉凸起南缘的尖灭线。总体构造形态呈隆坳相间，可以划分出三隆四坳二斜坡。三隆是巴楚隆起区、卡塔克隆起区和塔东隆起区。四坳是满加尔坳陷区、阿瓦提坳陷区、西南坳陷区和塘古巴斯坳陷区。二斜坡是塔北斜坡区和孔雀河斜坡区。各构造单元的形态也与寒武系底面基本一致。巴楚隆起区包括巴楚隆起和麦盖提斜坡的上倾部位。总体西北高东南低，南、北高中间低。有多个构造高点，最高点在巴楚县城北。隆起区北缘，与阿瓦提坳陷的分界为一寒武系下统顶面的埋深陡变带；隆起区南缘，向麦盖提斜坡逐渐过渡。卡塔克隆起区继续为一长轴 NW-SE 向的复式长轴背斜。NW-SE 向分布着 4 个构造高点。塔东隆起区包括古城墟隆起和罗布泊以东地区。南部受车尔臣断裂控制，总体呈 NE-SW 向延伸的大型条带状基底卷入型背斜构造，存在塔东 1 和塔东 2 两个构造高点。西南坳陷区主要包括西南坳陷和麦盖提斜坡的下倾部位，向昆仑山前埋深加大，向巴楚隆起方向埋深减小，为一长轴平行于昆仑造山带的轴状复式向斜构造。存在喀什、叶城、和田 - 策勒三个坳陷中心。阿瓦提坳陷区西北缘受沙井子断裂控制，西南缘受阿恰断裂控制，南缘受吐木休克断裂控制。坳陷最低部位位于西部，总体呈近于等轴状大型不规则向斜构造。满加尔坳陷区主要包括现今的满加尔坳陷，向东延伸至罗布泊地区，有三个坳陷中心。坳陷区的长轴方向与局部坳陷中心的长轴方向不一致，可能是多期构造叠加的结果。塘古巴斯坳陷区的形态与寒武系底面基本一样。塔北斜坡区主要包括沙雅隆起和满加尔坳陷的西北部，继承寒武系底面的构造特征，三个向南倾伏的鼻状构造更加清晰。盆地东北缘的孔雀河斜坡区也维持了寒武系底面的几何形态。

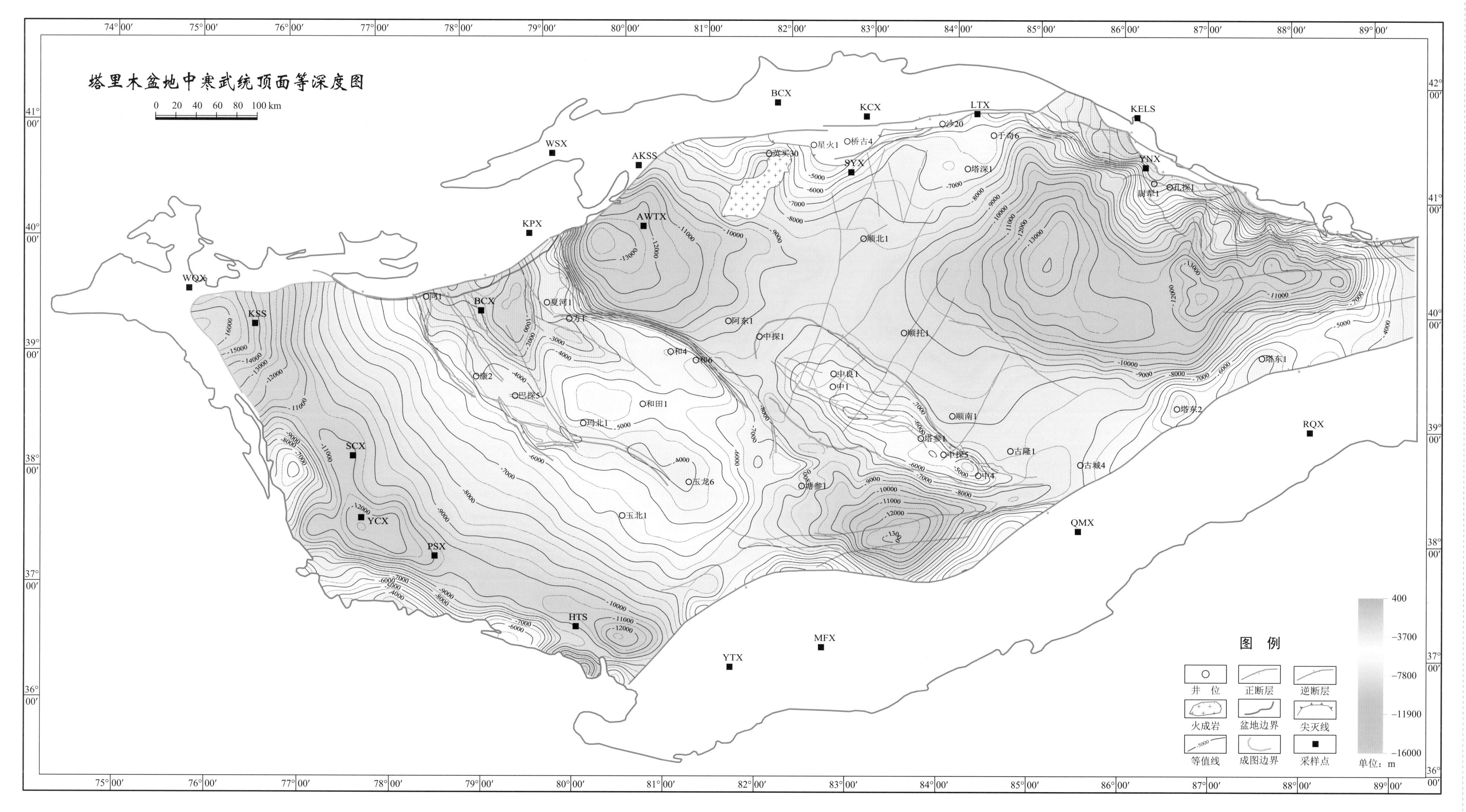

塔里木盆地中寒武统顶面，对应的地震反射波组为 T_8^1。该界面在塔里木盆地的分布状况与寒武系中统顶面相同。车尔臣断裂以南、孔雀河断裂以北、雅克拉凸起的高部位以及沙雅隆起西部的马纳岩体分布区缺失该界面，库车坳陷的寒武系中统顶面无法落实。

寒武系中统顶面的构造形态总体继承寒武系下统顶面隆坳相间的格局，可以划分出三隆四坳二斜坡。巴楚隆起区包括巴楚隆起和麦盖提斜坡的上倾部位。总体西北高东南低，南北高中间低。多个构造高点，最高点在巴楚县城东，埋深不足500m。隆起区北缘以寒武系中统顶面的埋深陡变带与阿瓦提坳陷区分隔。该陡变带与阿恰 - 吐木休克断裂带相吻合。隆起区南缘向麦盖提斜坡逐渐过渡，陡变带不明显。卡塔克隆起区虽然仍然为一长轴 NW-SE 向的大型复式长轴背斜，但是明显宽缓了许多。塔东隆起区的构造形态与寒武系下统顶面几乎完全一样，塔东 1 和塔东 2 两个构造高点更加完成。西南坳陷区的埋深向昆仑山前加大，向巴楚隆起方向减小，长轴平行于昆仑造山带。喀什、叶城、和田 - 策勒三个坳陷中心更加明显，规模略有缩小。阿瓦提坳陷区也在继承寒武系下统顶面形态的基础上有所减小，其与巴楚隆起区之间的埋深等值线密集分布带沿阿恰断裂和吐木休克断裂分布。满加尔坳陷区的范围较寒武系下统顶面略有缩小，总体变化不大。多期构造叠加造成坳陷区的长轴方向与局部坳陷中心的长轴方向不协调。塘古巴斯坳陷区的形态与寒武系下统顶面基本一样，坳陷最低部位和坳陷形态都变化不大，只是坳陷规模有一定的缩小。塔北斜坡区的三个向南倾伏的鼻状背斜变得宽缓了许多，一体化特征更明显。孔雀河斜坡区继承寒武系下统顶面的构造状态，维持几个大小不等的向盆地倾伏的背斜构造。西边尉犁县附近的鼻状背斜规模最大。

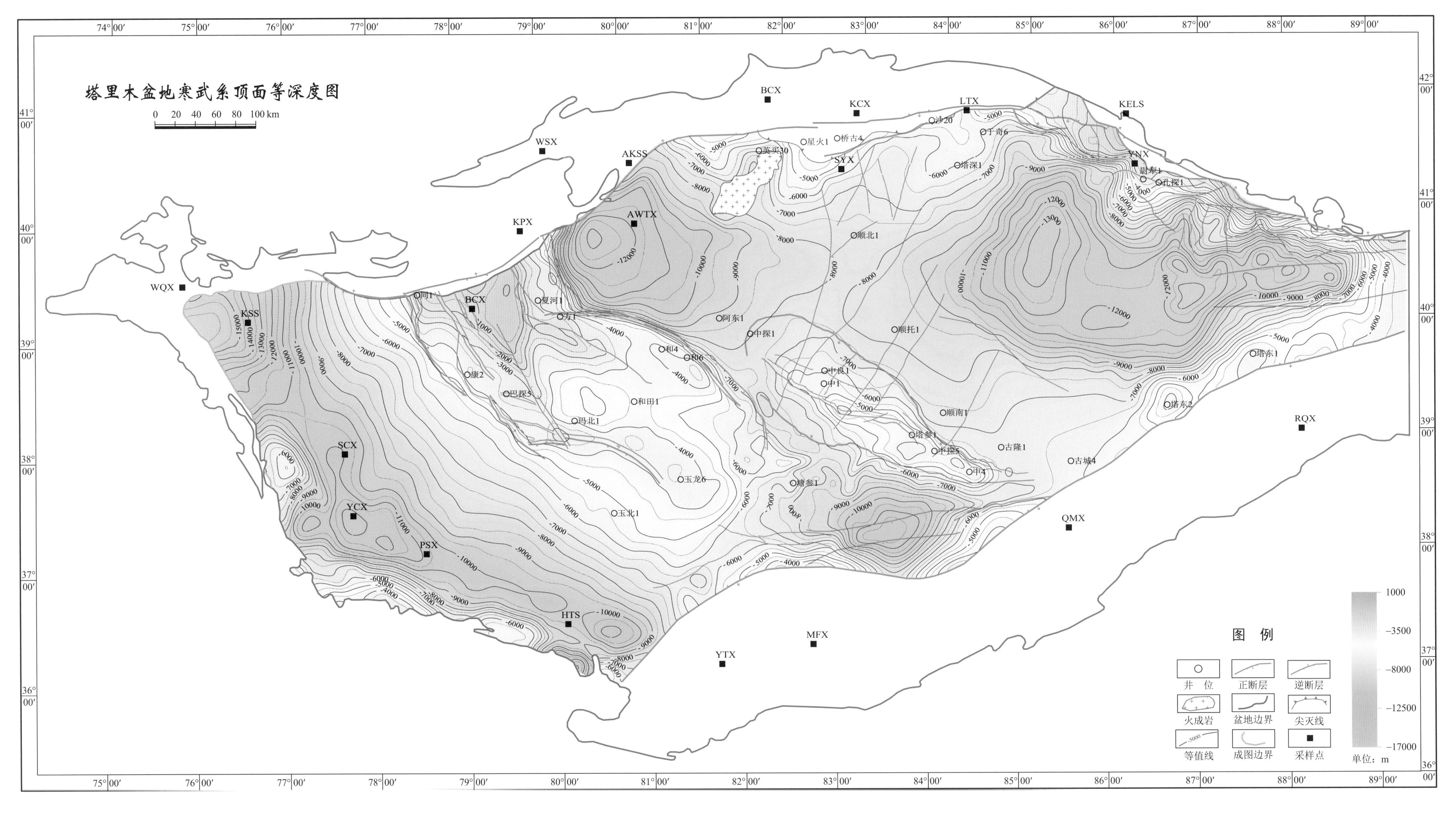

塔里木盆地寒武系顶面，地震上对应的是 T_8^0 反射波组。该界面在塔里木盆地的分布状况与寒武系其他界面相同。车尔臣断裂以南、孔雀河断裂以北、雅克拉凸起的高部位以及沙雅隆起西部的马纳岩体分布区缺失寒武系；库车坳陷的寒武系无法落实。另外，巴楚隆起西北部局部见寒武系出露地表。

寒武系顶面的构造形态仍保持寒武系隆坳格局的一致性。三隆四坳二斜坡的隆坳格局持续演化，只是各构造单元的形态有一定的调整、变化。阿瓦提坳陷区和孔雀河斜坡区的构造形态基本没有变化。塔东隆起区也没有明显的变化，只是古城鼻隆的形态开始显现出来。巴楚隆起区的构造形态变化很小，总体西北高东南低，南北高中间低，北缘陡南缘缓的特征维持不变。构造最高部位进一步向巴楚县城靠拢，且最高部位的寒武系顶面出露地表，埋深为 0。形成卡塔克隆起区的大型复式基底背斜更加宽缓，隆起区的范围有所扩大，塔中 I 号断裂 - 坡折带的特征清晰显现。西南坳陷区在总体构造格局不变的前提下，喀什、叶城、和田 - 策勒三个坳陷中心进一步分化，且和田 - 策勒坳陷中心的规模明显缩小。塘古巴斯坳陷区的总体构造形态没有改变，只是坳陷中心的规模进一步缩小。满加尔坳陷区的范围和构造格局在总体继承性发展的前提下，内部复杂化，形成多个坳陷中心，且在坳陷区中部出现一个“坳中隆”的构造。塔北斜坡区的三个向南倾伏的鼻状背斜更加宽缓，一体化特征更加明显。

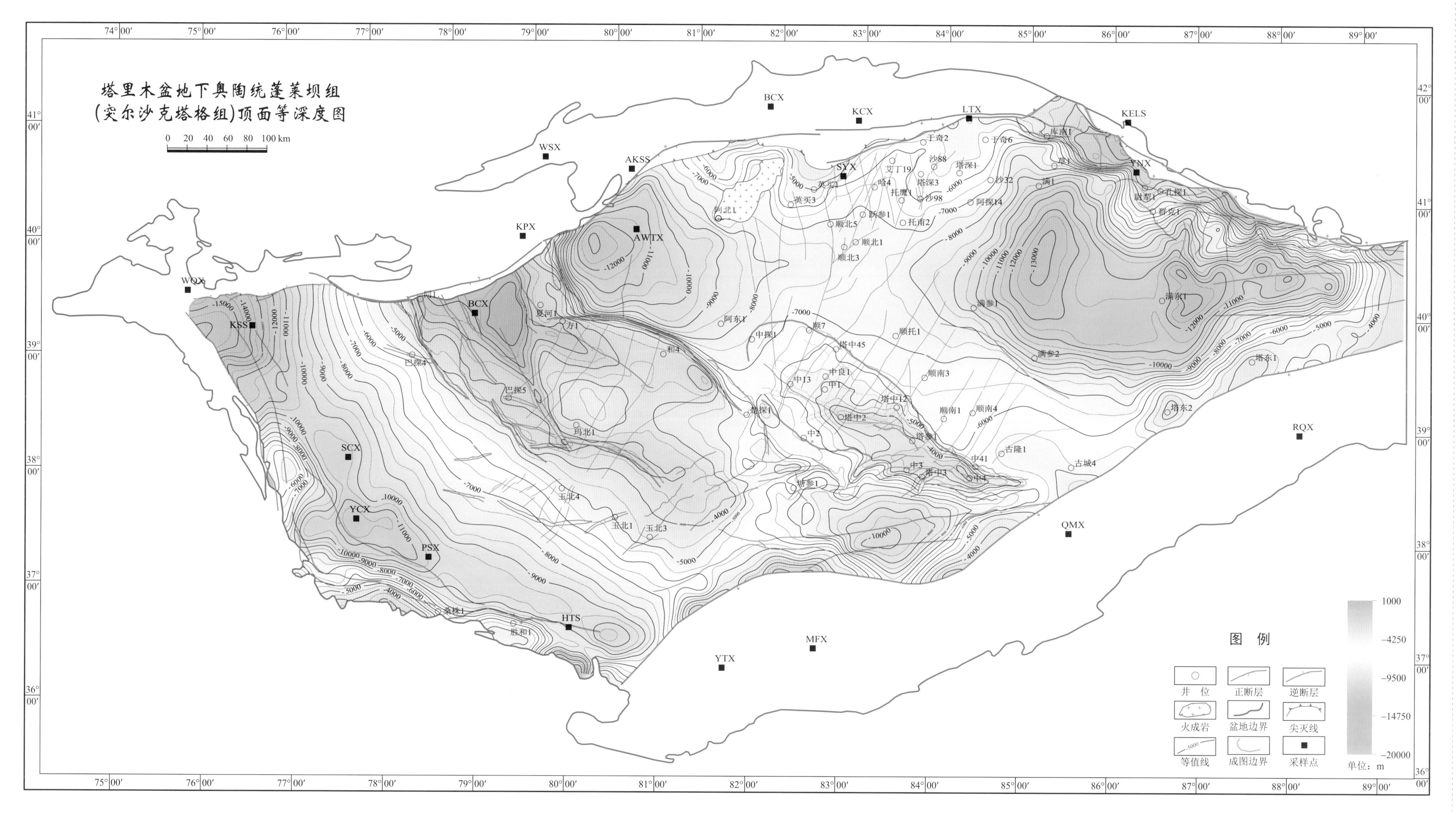

下奥陶统顶面在塔里木盆地的分布状况与下伏寒武系各界面相同。分布范围限于车尔臣断裂以北、孔雀河断裂以南、雅克拉凸起南缘尖灭线以南、马纳岩体分布范围之外。雅克拉凸起西段出现一块不大的下奥陶统削蚀尖灭区；巴楚隆起西北部奥陶系下统出露地表的范围明显扩大。库车拗陷的下奥陶统的分布情况仍不清楚。

由于寒武系-奥陶系连续沉积，下奥陶统顶面继承了寒武系三隆四拗二斜坡的隆拗格局，只是在几何形态和隆、拗幅度上有一定的变化。阿瓦提拗陷区、塔北斜坡区和孔雀河斜坡区的构造形态与寒武系顶面基本一致，没有明显的变化。塔东隆起区仅古城鼻隆的形态进一步清晰并定型。巴楚隆起区的下奥陶统顶面的构造形态在总体变化不大的前提下，受断裂控制的各构造带逐渐凸显，特别是麻扎塔格构造带和古董山构造带。隆起区西北部的构造最高部位的规模有所扩大，且较大面积的下奥陶统顶面出露地表。卡塔克隆起区的大型复式基底背斜更加宽缓；受断裂控制，向东南收敛，向西北撒开的帚状构造特征开始较清晰地显现出来。西南拗陷区的总体构造格局与寒武系顶面保持一致，只是叶城、和田-策勒两个拗陷中心明显缩小，和田-策勒拗陷中心明显变浅。塘古巴斯拗陷区的范围缩小，且整体东移。满加尔拗陷区的范围和构造格局与寒武系顶面基本一致，区别只是拗陷区中部的“拗中隆”消失。

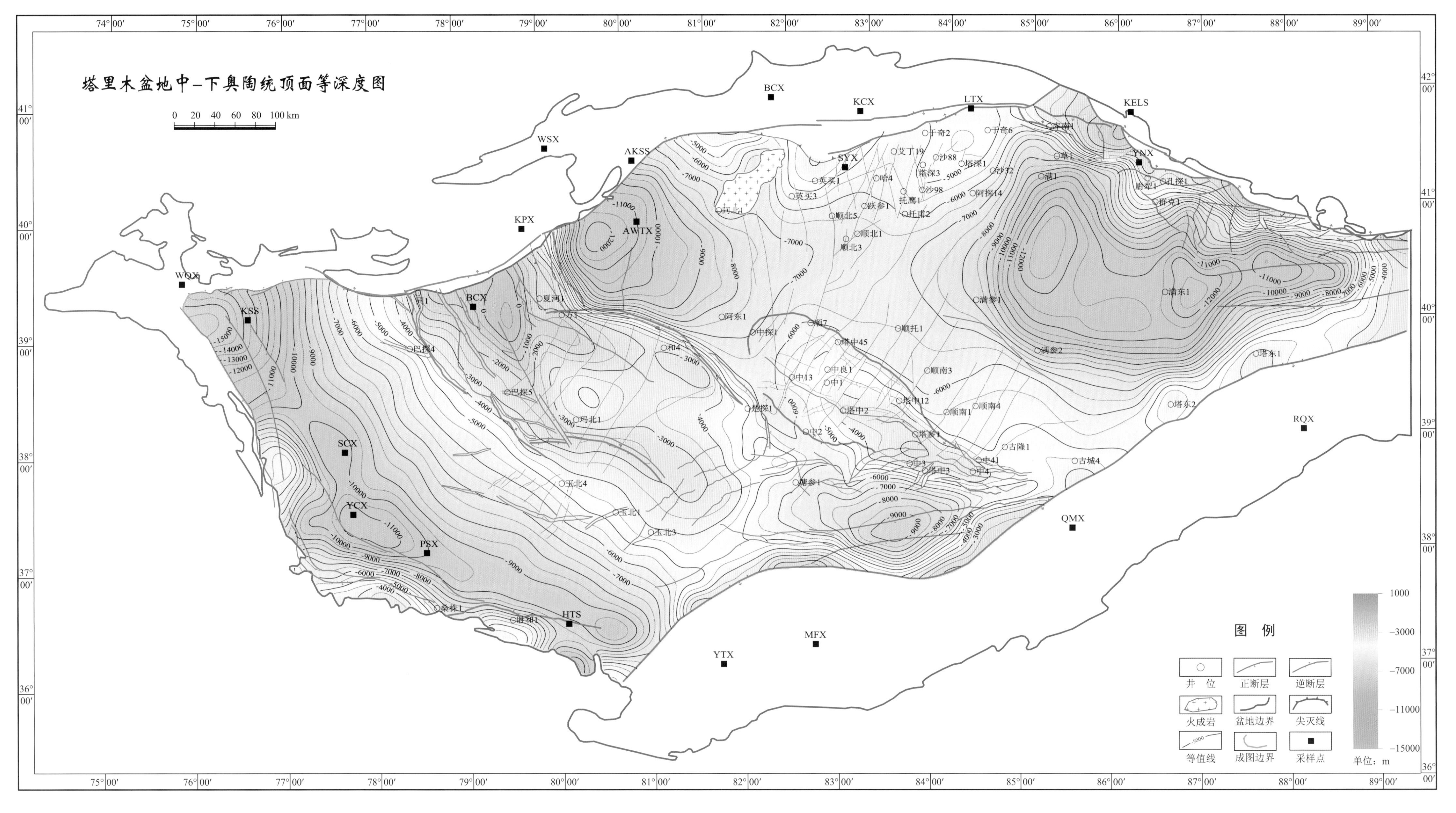

中-下奥陶统顶面在地震上对应的是 T_7^4 反射波组，是塔里木盆地台盆区油气勘探非常关键的一个不整合面。它是塔里木盆地台盆区构造单元划分的主要依据之一。该界面在塔里木盆地的分布范围与下伏寒武系和中-下奥陶统基本一致，在车尔臣断裂以南、孔雀河断裂以北、巴楚隆起西北部的高部位、雅克拉凸起的高部位以及沙雅隆起西部的马纳岩体分布区缺失；库车拗陷情况不明。

中-下奥陶统顶面的构造形态继承了下奥陶统顶面的三隆四拗二斜坡的隆拗格局，部分构造单元在几何形态上有一些调整。塔北斜坡区、孔雀河斜坡区、阿瓦提拗陷区、满加尔拗陷区和塔东隆起区的构造形态基本没有变化。阿瓦提拗陷与满加尔拗陷之间的低梁带——顺托果勒低隆进一步强化并定型。巴楚隆起区维持西高东低的构造格局，受断裂控制的条带状构造进一步强化；西北部构造最高部位，巴楚县城东侧中-下奥陶统出露地表的面积明显扩大，较大范围内 T_7^4 埋深为0。卡塔克隆起区的大型复式基底背斜较宽缓，规模减小，主要是西北端明显倾没，构造高点向东南迁移，帚状构造的平面展布特征进一步强化并定型。塔中Ⅰ号断裂-坡折带定型。西南拗陷区变化不大，只是和田-策勒拗陷中心进一步缩小、变浅。塘古巴斯拗陷区的西部发生一定规模的沉降，拗陷中心向东北方向迁移。

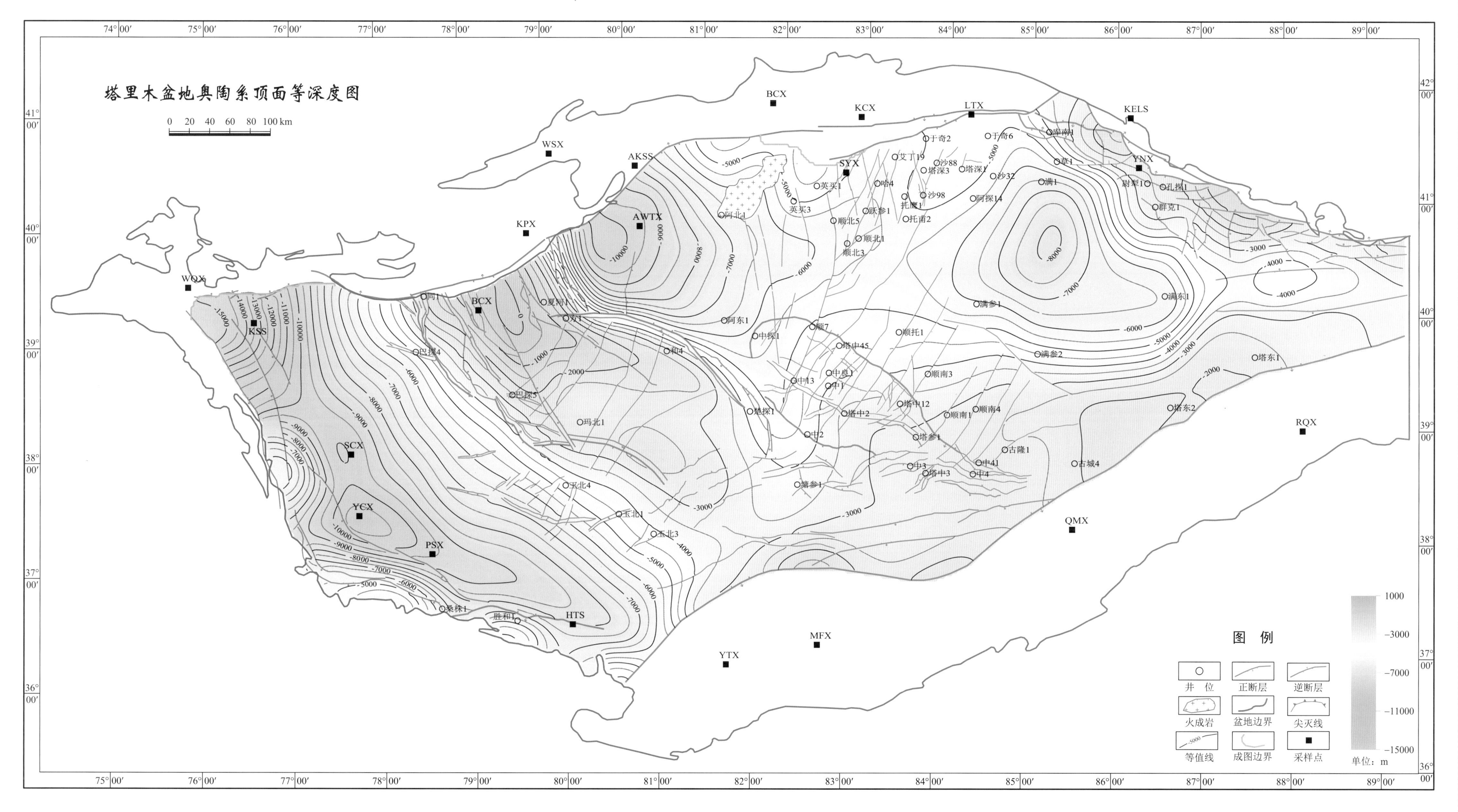

奥陶系顶面在地震上对应的是T_7^0反射波组。该界面在塔里木盆地的分布范围与下伏寒武系 - 奥陶系其他界面基本一致。车尔臣断裂和孔雀河断裂分布构成了东南边界和东北边界，巴楚隆起西北部的高部位、雅克拉凸起的高部位以及沙雅隆起西部的马纳岩体分布区缺失；库车坳陷的分布情况不明。

奥陶纪末发生的加里东中期 III 幕运动对塔里木盆地台盆区的构造格局有一定的改造作用，在T_7^0等深度图上呈现二隆三拗二斜坡的隆拗格局，分别是巴楚隆起区、塔中 - 塔东隆起区、西南拗陷区、阿瓦提拗陷区、满加尔拗陷区、塔北斜坡区和孔雀河斜坡区。其中，阿瓦提拗陷区变化最小，继承T_7^4等深度构造图的构造状态，几何形态和拗陷中心位置都没有明显变化。塔北斜坡区的隆起幅度明显减小，三个向南倾伏的鼻状背斜再次分化，相互独立性加强；东部的阿克库勒凸起演化为一个向西南方向倾伏的大型倾伏背斜，而且形成两个构造高点。孔雀河斜坡区的变化相对较小。尉犁县南的鼻状构造的构造高点向南迁移至群克 1 井附近；斜坡区中部的鼻状构造规模明显扩大，形成斜坡区最高的构造部位。满加尔拗陷区大幅度向西收缩至满东 1 井以西地区，原先的中部和东部两个拗陷中心基本消失，整个拗陷区只保留西部一个大型拗陷中心。阿满低梁带的西斜坡部位演化出一个次级小型凹陷中心。卡塔克隆起区和塔东隆起区连为一体，形成塔中 - 塔东隆起区。卡塔克隆起演变为一个向西北倾伏的大型宽缓鼻状构造；塔东地区的塔东 1、塔东 2 两个构造高点的幅度降低，构造宽缓；古城鼻状背斜与塔东 2 构造演化为一个大的正向构造。塔中 I 号断裂、塔中南缘断裂等对构造的控制作用微弱，巴楚隆起区变化不大。受断裂控制的条带状构造继承性演化；西北部构造最高部位继续扩大，T_7^0的 0 埋深区范围明显增大。西南拗陷区在继承早期构造轮廓的前提下，西部的喀什拗陷中心继承性发展；中部的叶城拗陷中心演化出三个次一级的拗陷中心；东部的和田 - 策勒拗陷中心消失，成为叶城拗陷中心向东南延伸的一个凹槽。

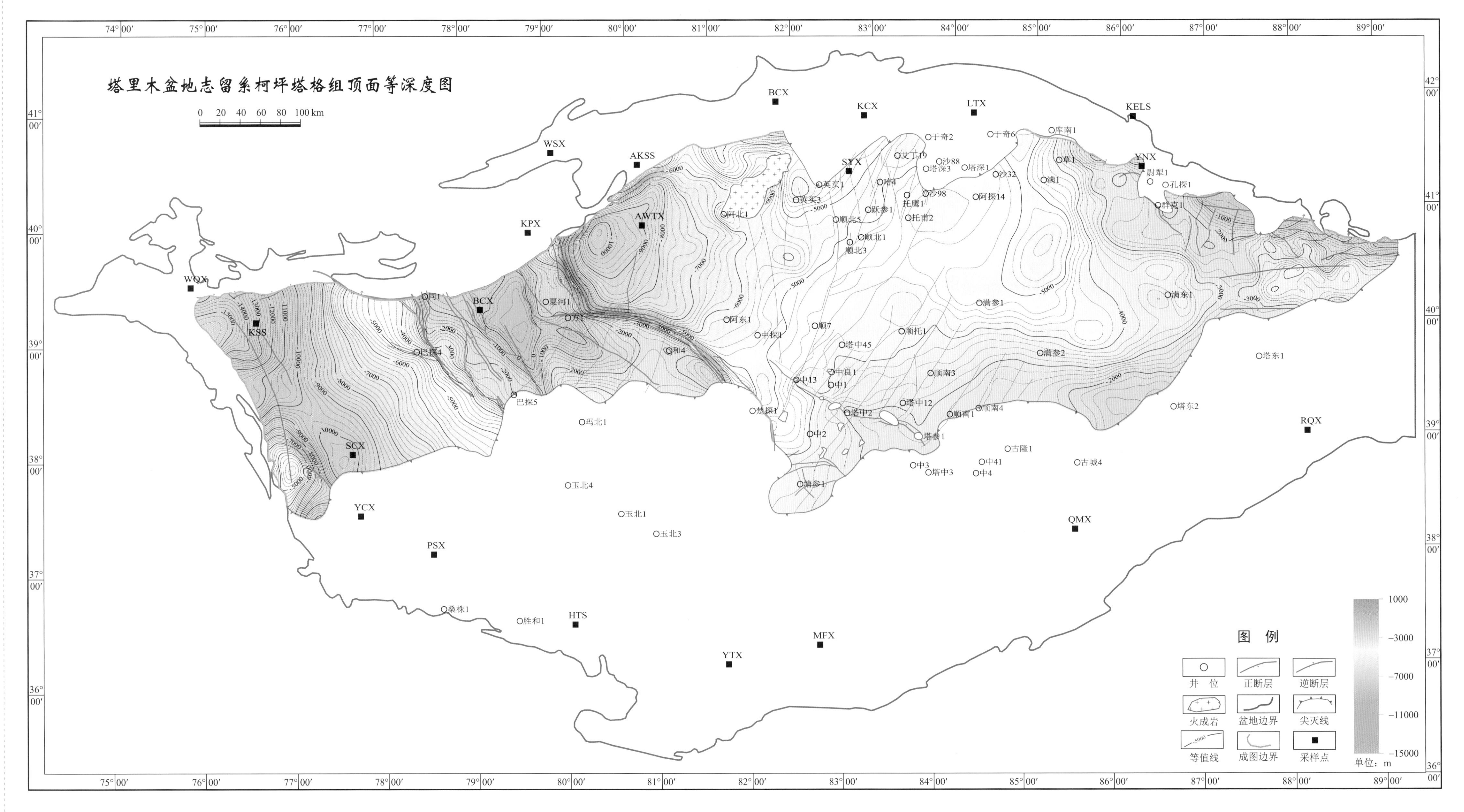

志留系柯坪塔格组顶面对应的是地震 T_6^3 反射波组。该界面在塔里木盆地的分布范围发生了很大的变化。总体呈东西向分布于塔里木盆地中部，分布范围涵盖西南拗陷西部、阿瓦提拗陷、顺托果勒低隆、卡塔克隆起、满加尔拗陷、沙雅隆起南缘、塘古巴斯拗陷北部和古城墟隆起的北缘。分布区南、北边界都是地层尖灭线；车尔臣断裂超出了分布区的东南边界，全部位于地层缺失区；分布区的东北缘，孔雀河断裂的大部分也位于地层缺失区内，仅东南段构成地层分布区的边界；西北缘的沙井子断裂限定地层分布区的西北边界。

志留系柯坪塔格组顶面等深度图上，柯坪塔格组顶面分布范围内呈现一隆三拗二斜坡的隆拗格局，分别是巴楚隆起区、西南拗陷区、阿瓦提拗陷区、满加尔拗陷区、塔中 - 塔东斜坡区和孔雀河斜坡区。

巴楚隆起区虽然在志留系柯坪塔格组顶面等深度构造图上仅显示西北部，东南部缺失，仍然显示出继承性演化的构造特点。构造最高部位位于巴楚东侧，近地表或出露地表。

阿瓦提拗陷区变化最小，继承 T_7^0 等深度构造图的构造状态，几何形态和拗陷中心位置都没有本质变化。受沙井子断裂、阿恰断裂和吐木休克断裂的控制，阿瓦提拗陷区的西北缘、西南缘和南缘均发育志留系柯坪塔格组顶面埋深等值线密集带；拗陷区向东、东北方向为逐渐抬升的斜坡。满加尔拗陷区的规模进一步收缩、深度变浅。西南拗陷区也仅显示西北部，东南部缺失，也显示出继承性演化的构造特点。分布区内存在两个拗陷中心，分别是喀什拗陷中心和莎车拗陷中心。西部的喀什拗陷中心继承性发展，规模大、埋藏深；东部的莎车拗陷中心规模小、埋藏浅，是原叶城拗陷中心的一个次级凹陷中心。

塔中—塔东斜坡区东南边缘为地层尖灭线，相对于桑塔木组顶面，分布范围大幅度向西北退缩，早期的隆起区在柯坪塔格组顶面等深度构造图上显示为斜坡区。卡塔克隆起东南段缺失，剩余部分继承向西北倾伏鼻状背斜构造特征；塔东 2 西侧的构造高显示为向 NWW 方向倾伏的鼻状构造。孔雀河斜坡区因地层缺失而变小。早期鼻状构造的轮廓仍隐约可见。

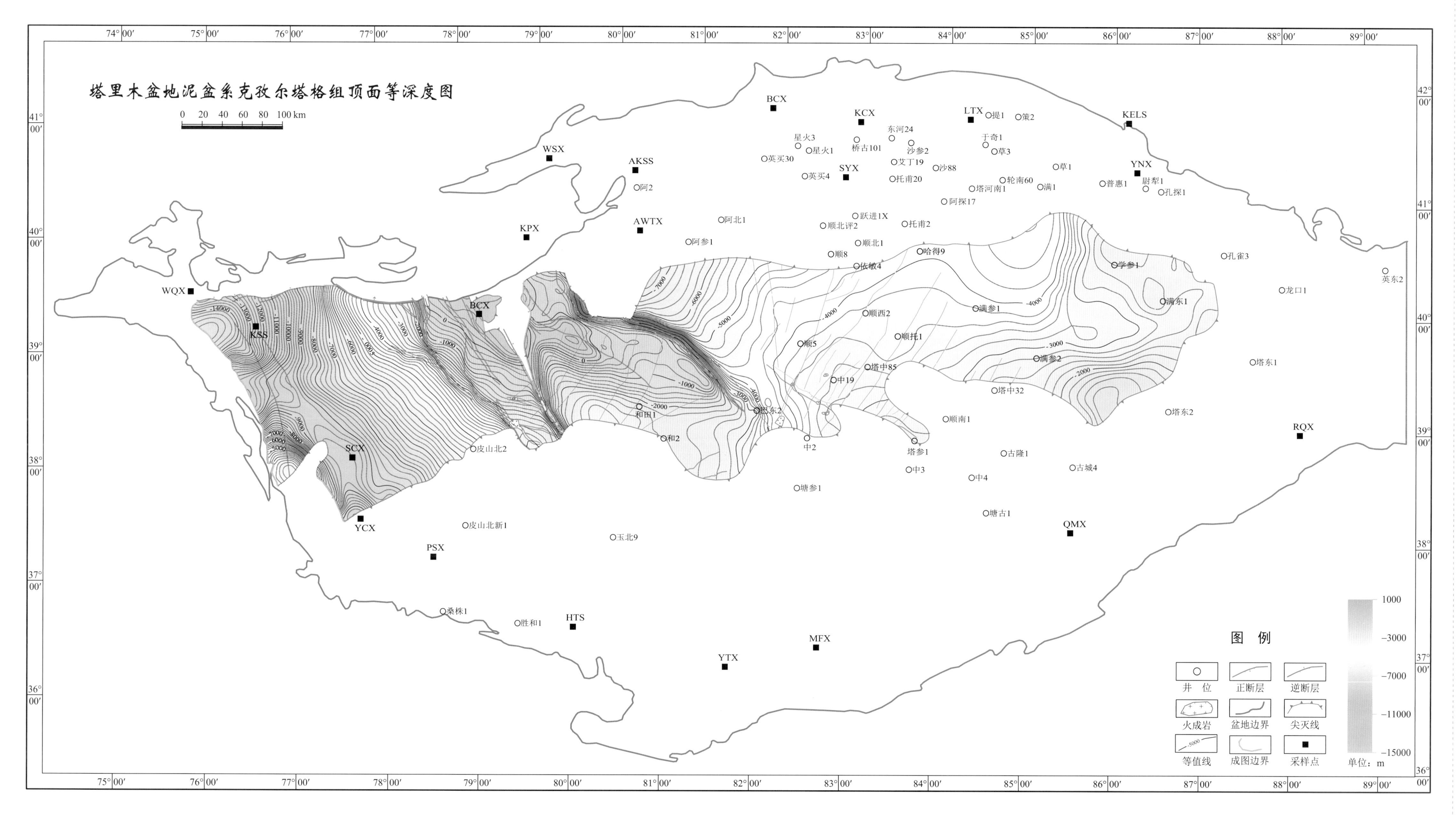

泥盆系克孜尔塔格组顶面对应地震上的 T_6^0 反射波组。该界面在塔里木盆地分布进一步萎缩，沿西南拗陷西北部 - 巴楚隆起 - 阿瓦提拗陷西南部 - 顺托果勒低隆 - 卡塔克隆起西北部 - 满加尔拗陷，呈以近 E-W 向条带状分布。分布区四周基本上都是以地层尖灭线为边界。泥盆系克孜尔塔格组顶面的分布状态显示沉积时期塔里木盆地总体为两隆一拗的古地理格局，南、北两个大型隆起剥蚀区，中间一个长轴状沉积拗陷区。

塔里木盆地泥盆系克孜尔塔格组顶面等深度图上，分布区内显示一隆一拗一斜坡的隆拗格局，分别是巴楚隆起区、西南拗陷区、中部斜坡区。巴楚隆起区包括巴楚隆起和麦盖提斜坡西北部的上倾部位；西南拗陷区主要包括西南拗陷西部和麦盖提斜坡西部的下倾部位；中部斜坡区包括吐木休克断裂以东的全部克孜尔塔格组顶面分布区。

巴楚隆起区总体维持西北高东南低，南、北高中间低的构造格局。构造最高部位位于巴楚县城东侧，形成一个倒三角型隆起剥蚀区。隆起区东南缘因剥蚀尖灭而向里收缩；隆起区东北缘，沿阿恰 - 吐木休克断裂带的埋深等值线密集带，反映泥盆系克孜尔塔格组顶面埋深的急剧变化，地层陡倾。吐木休克断裂和卡拉沙依断裂上盘分别形成一个局部构造高点。

西南拗陷区向昆仑山前方向倾没，向巴楚隆起方向抬升，为一大型不对称拗陷。拗陷深部位靠近昆仑山前，呈长轴状平行于昆仑造山带。西北部的喀什拗陷中心继承性演化，东部的叶城拗陷中心受地层尖灭制约，仅显示一半。

中部斜坡区从西向东包括了阿瓦提拗陷西南部、顺托果勒低隆、卡塔克隆起西北部、满加尔拗陷主体和古城墟隆起北部。整个残余地层分布区呈现一向西北倾没向东南抬升的大型斜坡。

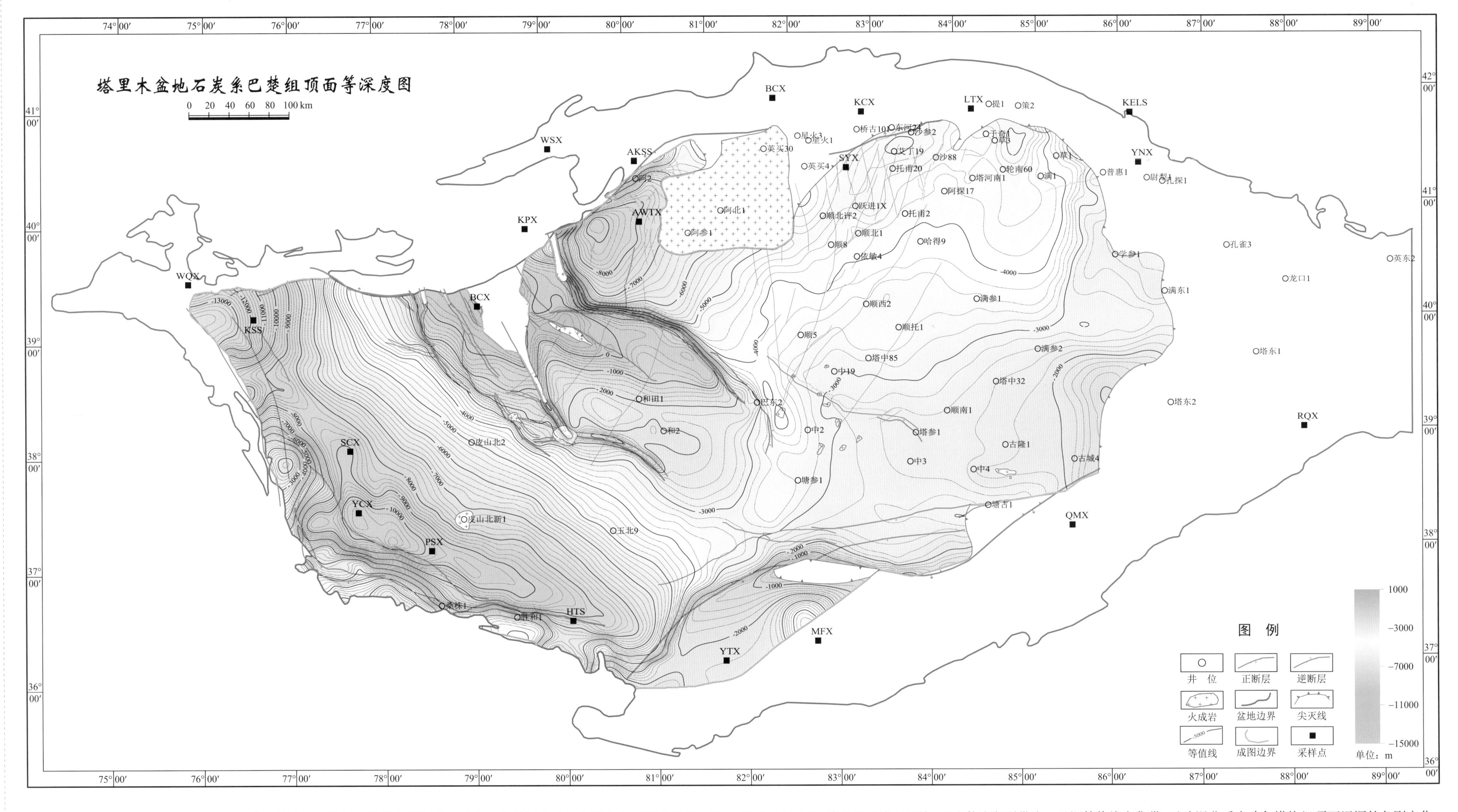

石炭系巴楚组顶面对应地震上的 T_5^6 反射波组。该界面的分布范围明显扩大，在塔里木盆地广泛分布于西南拗陷、巴楚隆起、塘古巴斯拗陷、阿瓦提拗陷、顺托果勒低隆、卡塔克隆起、沙雅隆起南部、满加尔拗陷西部、东南断隆西南端和古城墟隆起的西南端；分布区边界主要是地层尖灭线。

石炭系巴楚组顶面等深度图上呈现一隆二拗一斜坡的隆拗格局，分别是巴楚隆起区、西南拗陷区、阿瓦提拗陷区和中部斜坡区。巴楚隆起区包括巴楚隆起和麦盖提斜坡的上倾部位；西南拗陷区主要包括西南拗陷和麦盖提斜坡的下倾部位；阿瓦提拗陷区大致相当于现今的阿瓦提拗陷；中部斜坡区包括阿瓦提拗陷区 - 巴楚隆起区以东分布区。

巴楚隆起区总体维持西北高东南低，南、北高中间低的构造格局。构造最高部位位于巴楚县城东侧，形成一个倒三角型隆起剥蚀区。另外在卡拉沙依断裂和阿恰断裂上盘的构造高点分别存在一个小型隆起剥蚀区；古董 1 井区有一小型岩体造成地层缺失。隆起区北缘沿阿恰 - 吐木休克断裂带为一埋深等值线密集带，反映泥盆系克孜尔塔格组顶面埋深的急剧变化，地层陡倾。沿古董山断裂和麻扎塔格断裂的长条状构造带持续演化。隆起区中间的次级凹陷的几何形态有一定的复杂化。

西南拗陷区剖面上为向昆仑山前方向倾没的大型不对称拗陷。拗陷深部位靠近昆仑山前，并呈长条状平行于昆仑造山带。存在喀什、叶城、莎车等多个拗陷中心。其中喀什拗陷中心埋深最大，接近 14000m。阿瓦提拗陷区西北边界为沙井子断裂，西南边界为阿恰断裂，南界为吐木休克断裂，向东呈逐渐抬升的斜坡状，东北部被马纳岩体破坏。沿阿恰 - 吐木休克断裂带发育一埋深等值线密集带。拗陷最低部位位于拗陷区西部，靠近沙井子断裂，埋深超过 9300m。

中部斜坡区包括卡塔克隆起、顺托果勒低隆、沙雅隆起南部、满加尔拗陷西部和古城墟隆起西南端，总体呈现一向西北倾伏的大型斜坡构造。其中，发育 2 个鼻状构造，一个位于卡塔克隆起，另一个位于塔东 2 井西侧。

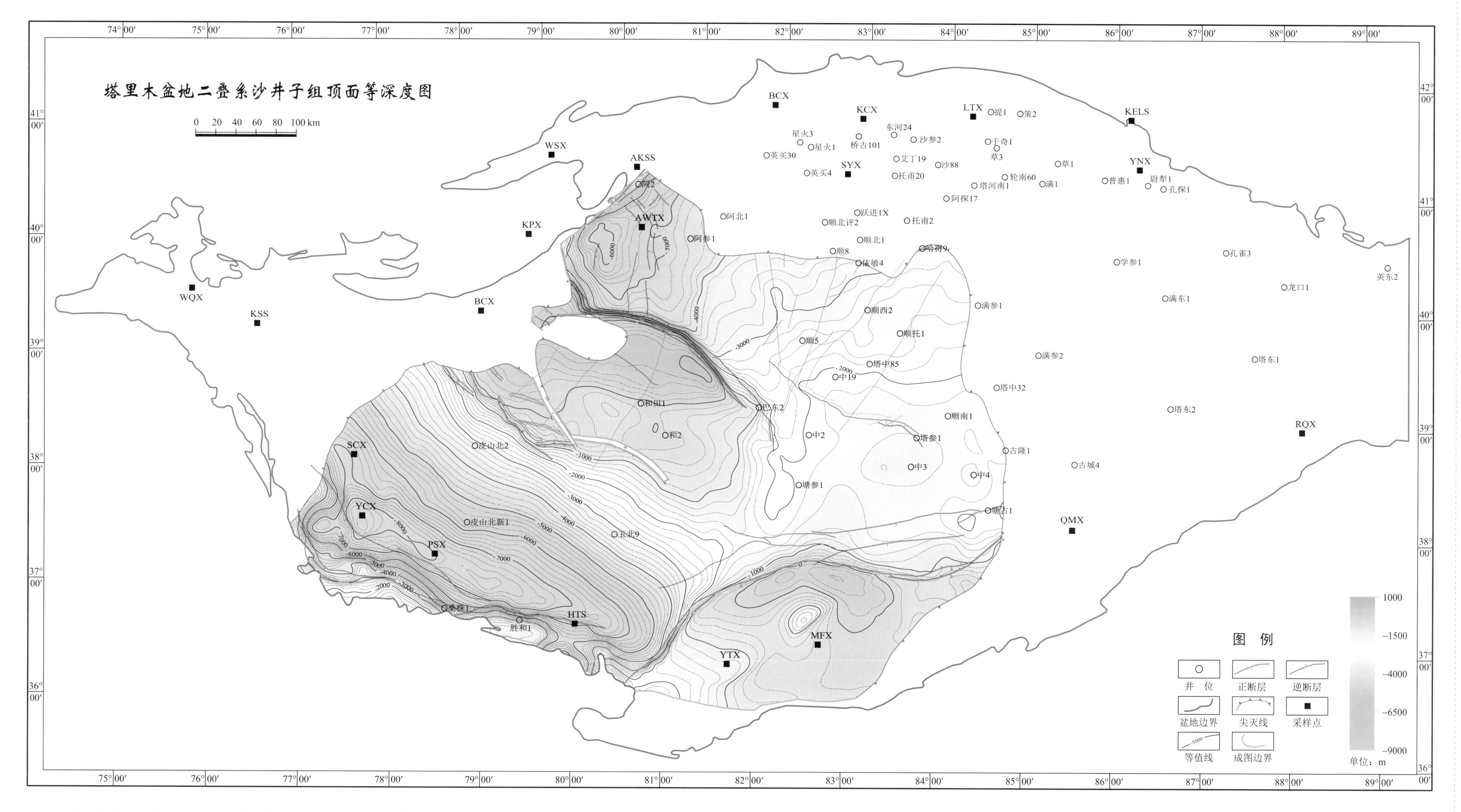

三叠系列井字组顶面对应地震上的 T_5^0 反射波组。该界面在塔里木盆地的分布范围集中于中 - 西部，包括阿瓦提拗陷主体、顺托果勒低隆大部、卡塔克隆起塘古巴斯拗陷、巴楚隆起东南部、西南拗陷东南部和东南断隆的西南端。塔里木盆地前中生界侵蚀顶面等深度图上呈现二隆二拗的隆拗格局，分别是巴楚隆起区、南部隆起区、西南拗陷区和阿瓦提拗陷区。

巴楚隆起区包括巴楚隆起东南和麦盖提斜坡东南部的上倾部位，总体维持西北高东南低。构造最高部位位于隆起区北部；沿麻扎塔格断裂形成一条带状局部构造高。巴楚隆起西北部大面积地层缺失；受古董山断裂控制形成一 NW-SE 向窄的地层缺失条带，说明断裂活动很新。隆起区中间的次级凹陷中心向南迁移，靠近麻扎塔格断裂。南部隆起区位于东南断隆的西南段，受车尔臣断裂和阿尔金山前断裂控制，具有断隆性质。隆起最高部位靠近车尔臣断裂；中部存在一个小型凹陷；西南部为向西南倾伏的斜坡。

阿瓦提拗陷区西北边界是沙井子断裂、西南边界是阿恰断裂，南界为吐木休克断裂，东北边界为地层尖灭线。拗陷区东南部位一向卡塔克隆起方向抬升的斜坡。拗陷最低部位位于拗陷区西部，靠近沙井子断裂和阿恰断裂，埋深超过 6100m。沿阿恰断裂、吐木休克断裂带和沙井子断裂均为前中生界侵蚀顶面埋深等值线密集带，代表前中生界侵蚀顶面埋深的急剧变化带。西南拗陷区主要包括西南拗陷东南部和麦盖提斜坡东南部的下倾部位。剖面上，向昆仑山前方向倾伏，向巴楚隆起方向抬升。拗陷深部位靠近且平行于昆仑山前。存在叶城、叶城西、皮山和皮山东四个拗陷中心。叶城拗陷中心最深，埋深达 8700m。

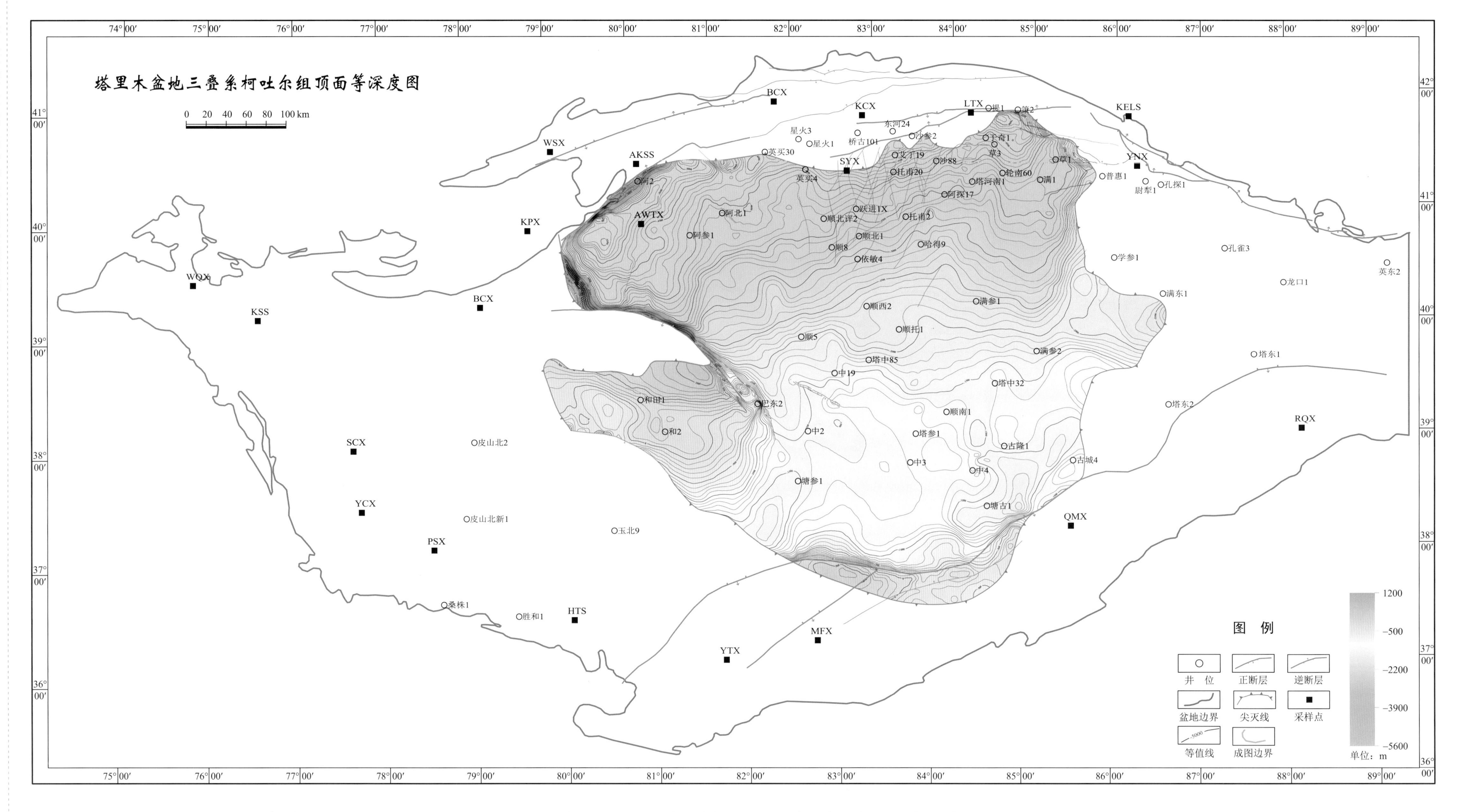

三叠系柯吐尔组顶面对应地震上的 T_4^6 反射波组。该界面在塔里木盆地的分布范围很小，仅见于盆地的东北部。分布范围跨沙雅隆起、顺托果勒低隆和满加尔拗陷。分布区四周均被地层尖灭线限制。反映柯吐尔组顶面沉积时期，塔里木盆地大面积隆起剥蚀，仅在盆地东北部存在一个小型沉积区，为一小型陆内拗陷盆地。

塔里木盆地三叠系柯吐尔组顶面等深度图上显示的构造格局为一简单斜坡区。斜坡向南抬升，向北倾伏。

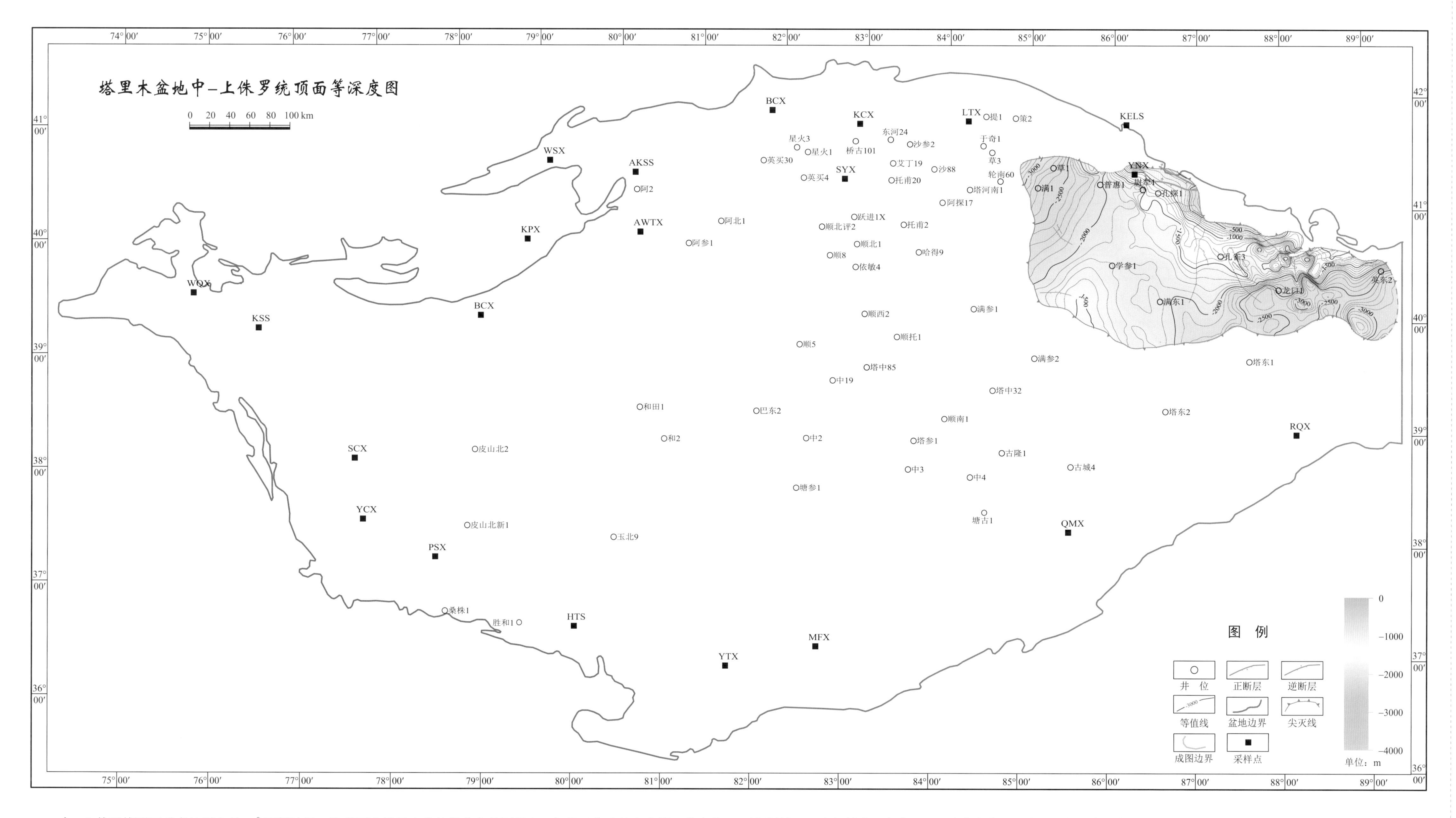

中 - 上侏罗统顶面对应地震上的 T_4^0 反射波组。该界面在塔里木盆地的分布范围很小，仅见于盆地的东北部。分布范围东移至孔雀河斜坡和满加尔拗陷东北部，还包括沙雅隆起草湖凹陷和库尔勒鼻状凸起的一部分。反映侏罗系中 - 上统顶面沉积时期，塔里木盆地大面积隆起剥蚀，仅在盆地东北部存在一个小型沉积区，具有小型陆内拗陷的性质。

塔里木盆地侏罗系中 - 上统顶面等深度图上显示的构造格局为一隆一拗一斜坡区。分别是中部低隆区、东部拗陷区和西部斜坡区。中部低隆区由南、北两个鼻状构造组成。北部的鼻状构造（孔雀河鼻状凸起）向西南倾伏，南部的鼻状构造向东北倾伏，构成一低梁带，分隔东部拗陷区和西部斜坡区。东部拗陷区可以称为罗布泊拗陷区，拗陷最深部位位于龙口1井东南，埋深达3100m。西部斜坡区为一向东南抬升，向西北倾伏的斜坡。

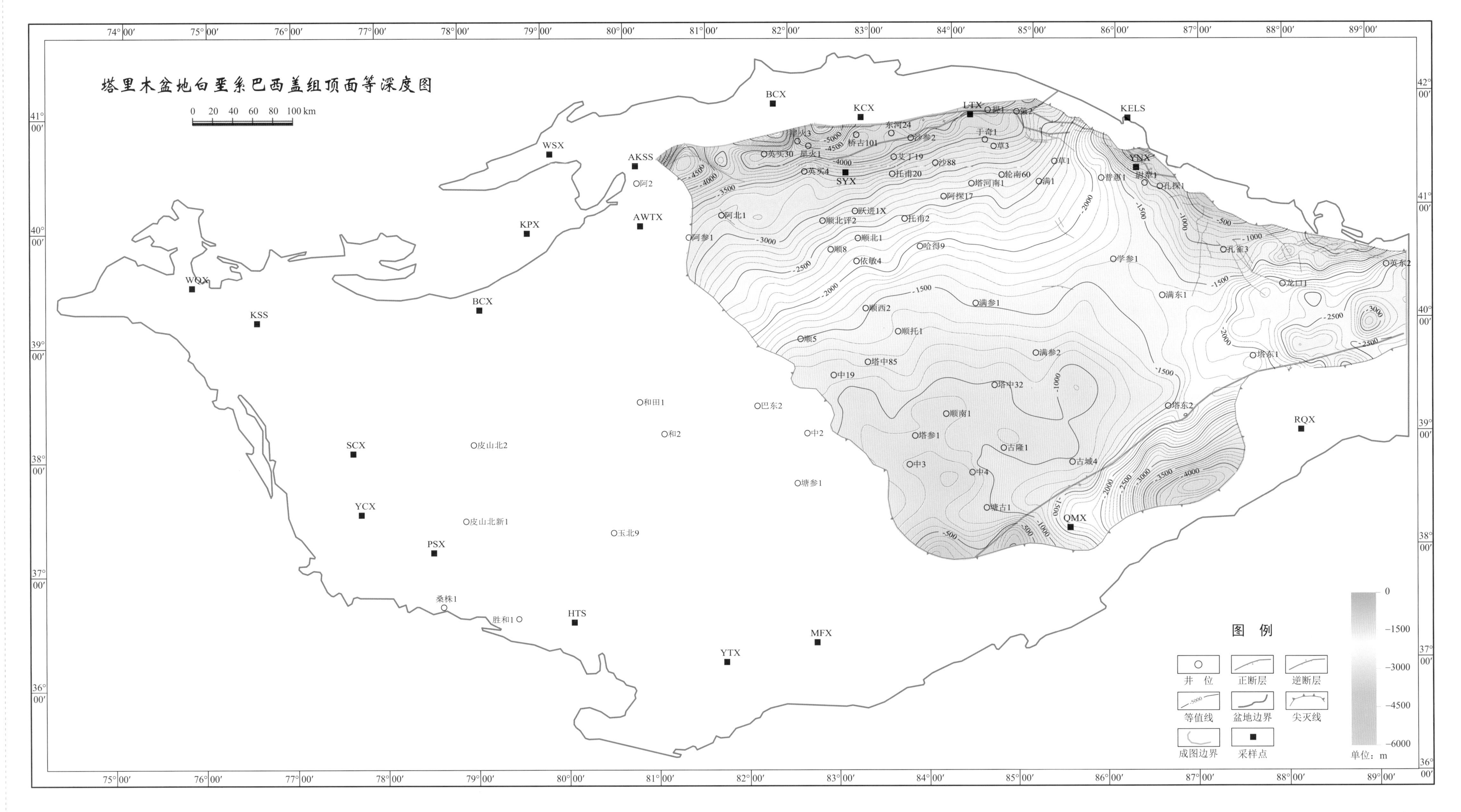

白垩系巴西盖组顶面对应地震上的 T_3^2 反射波组。该界面分布于塔里木盆地的东北部近半个盆地的范围内。分布范围包括沙雅隆起主体、阿瓦提拗陷东北部、顺托果勒低隆、卡塔克隆起大部、古城墟隆起、满加尔拗陷、孔雀河斜坡以及东南断隆部分。巴西盖组顶面的分布状况反映沉积时期，塔里木盆地西南部整体隆起剥蚀，东北部大面积沉降接受沉积；总体显示西南高东北低的古地理格局。

白垩系巴西盖组顶面等深度图上显示一隆三拗的构造格局。分别是塔中-孔雀河低隆区、塔北拗陷区、罗布泊拗陷区和瓦石峡拗陷区。塔中-孔雀河低隆区由塔中和孔雀河两个鼻状构造组成。孔雀河鼻状构造向西南倾伏，塔中鼻状构造向东北倾伏，构成一低梁带，分隔东南部的瓦石峡拗陷区、罗布泊拗陷区和西北部的塔北拗陷区。塔北拗陷区包括沙雅隆起、阿瓦提拗陷东北部、顺托果勒低隆北部和满加尔拗陷西北部；向北应该还包括库车拗陷。总体为一长轴NEE-SWW向延伸的长槽状，拗陷区的长轴平行于南天山山脉的走向。其中发育多个沉降中心，向东南方向（塔中-孔雀河低隆区方向）逐渐抬升，呈斜坡状。罗布泊拗陷区位于塔里木盆地东部的罗布泊地区，规模相对较小，有多个拗陷中心，埋藏最深可达3300m。瓦石峡拗陷区位于东南断隆，且末与若羌之间的瓦石峡一带，为一长轴平行于阿尔金山脉走向的凹槽，埋藏最深达4500m。

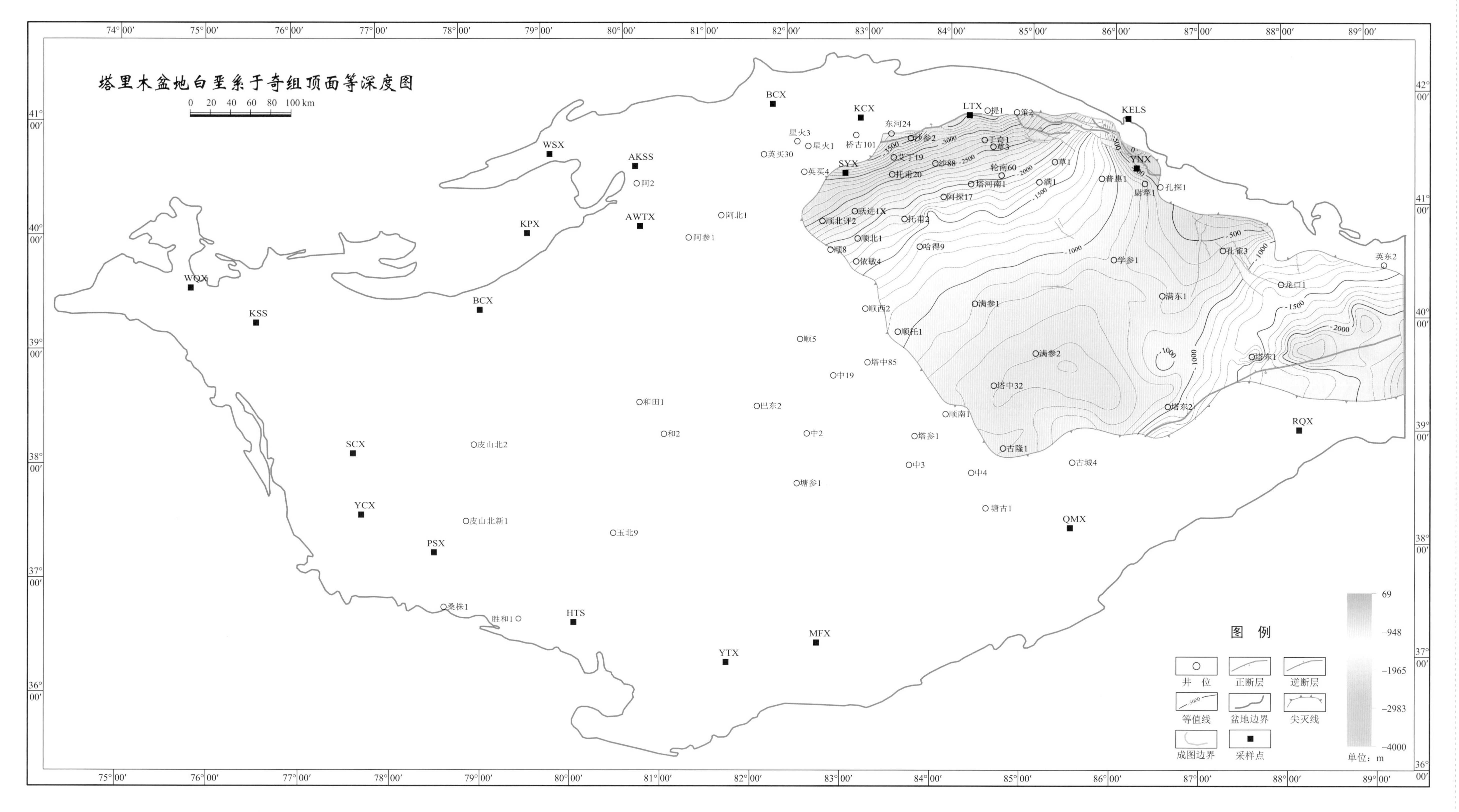

白垩系于奇组顶面对应地震上的 T_3^0 反射波组。该界面分布于塔里木盆地的东北部近 1/3 的盆地范围内，相对于白垩系巴西盖组顶面明显向东萎缩。分布范围包括沙雅隆起东部、顺托果勒低隆东部、满加尔拗陷、古城墟隆起主体、孔雀河斜坡以及东南断隆东北端。巴西盖组顶面的分布状况反映了巴西盖组沉积时期，塔里木盆地西南部隆起剥蚀范围进一步扩大，东北部沉积有所缩小；总体显示西南高东北低的古地理格局。

塔里木盆地白垩系于奇盖组顶面等深度图上显示一隆一拗一斜坡的构造格局。分别是塔中 - 孔雀河低隆区、罗布泊拗陷区和塔北斜坡区。早期的瓦石峡拗陷区由于地层缺失而消失。隆拗格局基本上继承性演化。塔中 - 孔雀河低隆区由塔中 - 古城凸起和孔雀河鼻状构造组成。孔雀河鼻状构造向西南倾伏；塔中 - 古城凸起的构造高点位于满参 2 井东南侧，凸起东北部位一向东北倾伏的鼻状构造；塔中 - 古城凸起与孔雀河鼻状构造相连，构成一低梁带，分隔东南部的罗布泊拗陷区和西北部的塔北拗陷区。塔北斜坡区包括沙雅隆起东部、顺托果勒低隆北部和满加尔拗陷西北部；向北应该还包括库车拗陷。构造线走向 NEE-SWW。白垩系于奇盖组顶面分布范围内呈现为一斜坡构造，向西北倾伏，向东南（塔中 - 孔雀河低隆区方向）逐渐抬升。罗布泊拗陷区位于塔里木盆地东部的罗布泊地区，跨满加尔拗陷东端、罗布泊凸起和罗布庄凸起，规模有所扩大。拗陷中心位于塔东 1 井东侧，埋藏最深可达 2300m。

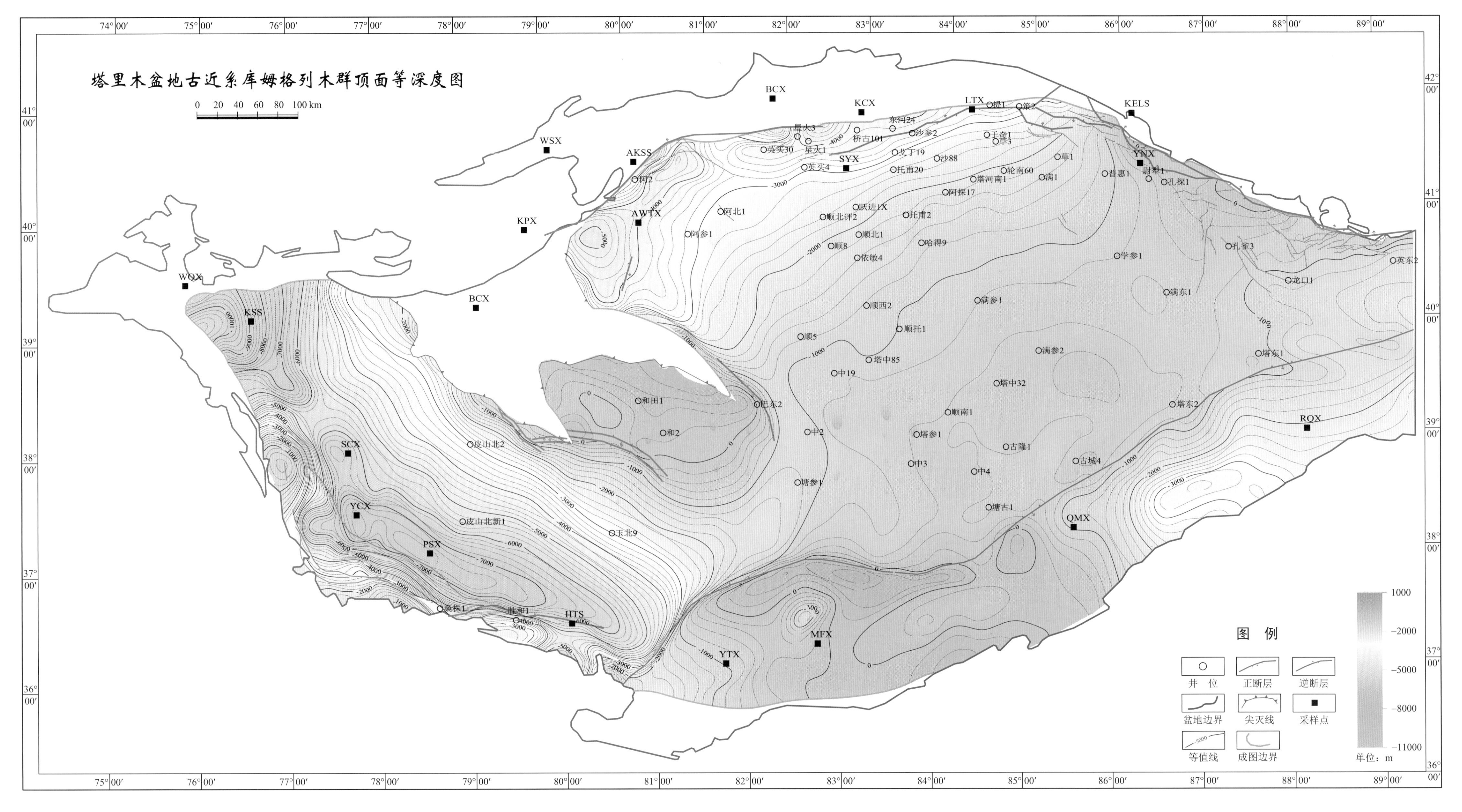

古近系库姆格列木群顶面对应地震上的 T_2^4 反射波组。该界面在塔里木盆地广泛分布。巴楚隆起西北部尖灭缺失。库车拗陷的空白区是成图范围原因造成的，不代表库姆格列木群顶面的缺失。塔里木盆地库姆格列木群顶面等深度图上呈现二隆三拗一斜坡的隆拗格局，分别是巴楚隆起区、塔中 - 孔雀河隆起区、西南拗陷区、阿瓦提拗陷区、东南拗陷区和塔北斜坡区。

巴楚隆起区包括巴楚隆起和麦盖提斜坡的上倾部位，总体西北高东南低。巴楚隆起西北部大面积削蚀尖灭；姆格列木群顶面分布于巴楚隆起东南部。沿阿恰 - 吐木休克断裂带的埋深等值线密集带，代表姆格列木群顶面埋深的急剧变化带，但是落差有所减小。断裂对局部构造（如麻扎塔格）的控制作用有所减弱。

塔中 - 孔雀河低隆区由安迪尔凸起、塔中 - 古城凸起和孔雀河鼻状构造组成，总体显示为一 NE-SW 向延伸的大型隆起构造，将东南拗陷区与其他构造单元（塔北斜坡区、阿瓦提拗陷区、巴楚隆起区和西南拗陷区）分隔开。低隆区上分布多个构造高点；在民丰北还有一个小型凹陷。

塔北斜坡区是因成图范围显示出来的。总体向 SSE 抬升，向 NNW 倾伏，显示斜坡构造特征。

阿瓦提拗陷区大致相当于阿瓦提拗陷的范围。拗陷区西南缘削蚀尖灭。阿瓦提拗陷区西北缘受沙井子断裂控制，南界为吐木休克断裂。存在 2 个拗陷中心，最低部位位于拗陷区西部，柯坪县与阿瓦提县之间，埋深超过 5000m。西南拗陷区主要包括西南拗陷和麦盖提斜坡的下倾部位。向昆仑山前方向倾没，向巴楚隆起方向抬升；拗陷深部位靠近且平行于昆仑山前。存在喀什和叶城 2 个拗陷中心，均继承性演化。其中，叶城拗陷中心演化出叶城、莎车和皮山三个次级中心；喀什拗陷中心埋藏最深，达 14000m。

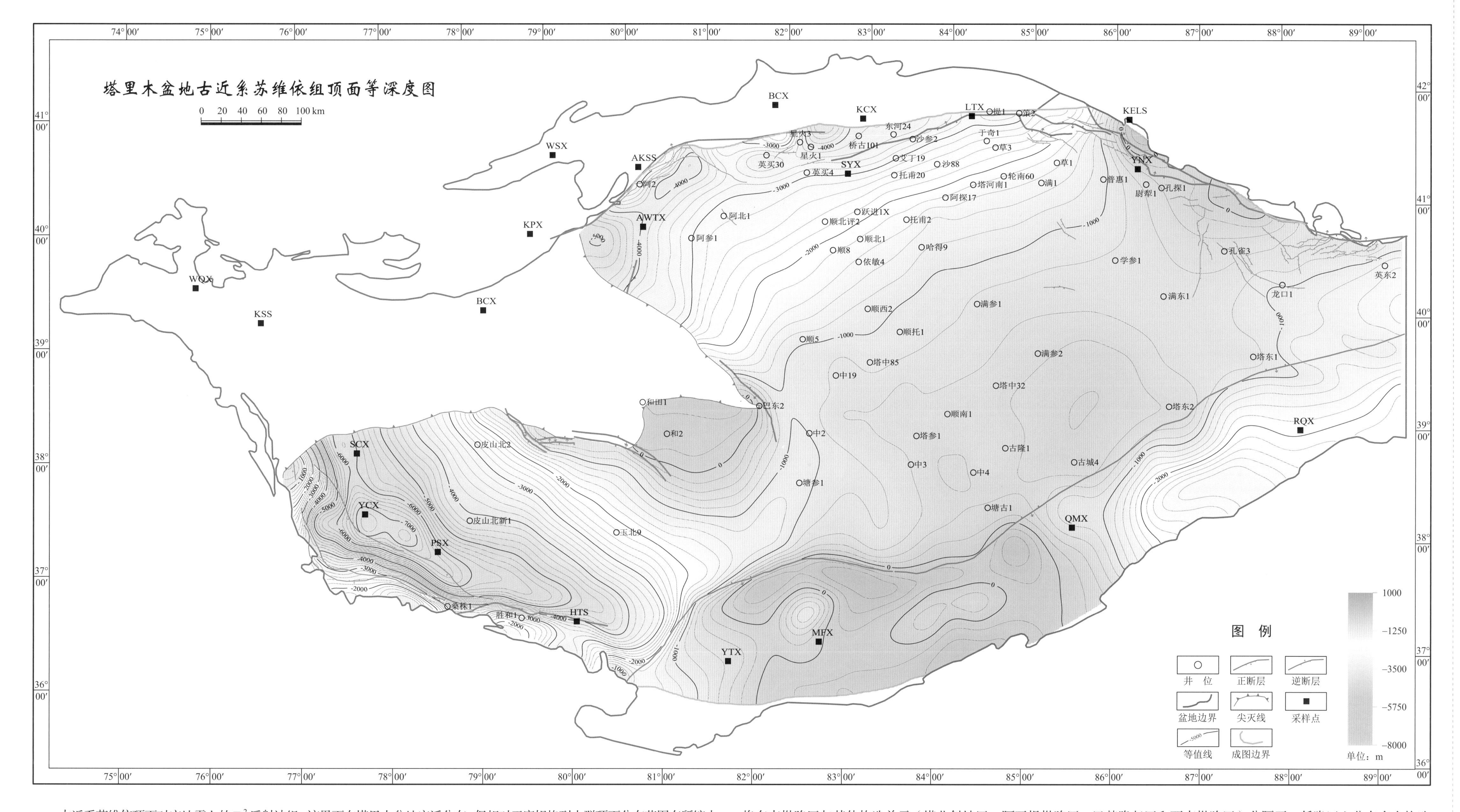

古近系苏维依顶面对应地震上的 T_2^2 反射波组。该界面在塔里木盆地广泛分布，但相对于库姆格列木群顶面分布范围有所缩小。巴楚隆起西北部的隆起缺失区向西大幅度扩大，包括了西南拗陷 - 麦盖提斜坡的西北部；向阿瓦提拗陷方向和东南方向也有一定的扩张。库车拗陷的空白区是成图 范围原因造成的，不代表苏维依顶面的缺失。塔里木盆地苏维依顶面等深度图上呈现二隆三拗一斜坡的隆拗格局，分别是巴楚隆起区、塔中 - 孔雀河隆起区、西南拗陷区、阿瓦提拗陷区、东南拗陷区和塔北斜坡区。

巴楚隆起区包括巴楚隆起（东南端）和麦盖提斜坡（东南部）的上倾部位。西北高东南低，西北部大面积剥蚀尖灭。沿阿恰 - 吐木休克断裂带的埋深等值线密集带，代表苏维依顶面顶面埋深的急剧变化带，但是落差进一步减小。断裂对局部构造（如麻扎塔格）的控制作用进一步减弱。

塔中 - 孔雀河低隆区由民丰凸起、塔中 - 古城凸起和孔雀河鼻状构造组成，总体显示为一 NE-SW 向延伸的大型隆起构造，将东南拗陷区与其他构造单元（塔北斜坡区、阿瓦提拗陷区、巴楚隆起区和西南拗陷区）分隔开。低隆区上分布多个构造高点；民丰凸起是最高构造单元，其中在民丰北还发育一个小型凹陷。

塔北斜坡区是因成图范围显示出来的。总体向 SSE 抬升，向 NNW 倾伏，显示斜坡构造特征。

阿瓦提拗陷区大致相当于阿瓦提拗陷的范围，范围有所减小。拗陷区西南缘的削蚀尖灭带有所扩大。阿瓦提拗陷区西北缘受沙井子断裂控制，南界为土木休克断裂，向东南呈斜坡状逐渐抬升。存在 2 个拗陷中心，最低构造部位位于拗陷区西部，柯坪县与阿瓦提县之间，埋深超过 5000m。西南拗陷区主要包括西南拗陷（东南部）和麦盖提斜坡（东南部）的下倾部位。向昆仑山前方向倾没，向巴楚隆起方向抬升；拗陷深部位靠近且平行于昆仑山前。早期的喀什拗陷中心因地层缺失而消失。叶城拗陷中心，均继承性演化，分化出叶城、莎车和皮山三个次级中心。埋藏最深部位位于叶城南，达 7300m。

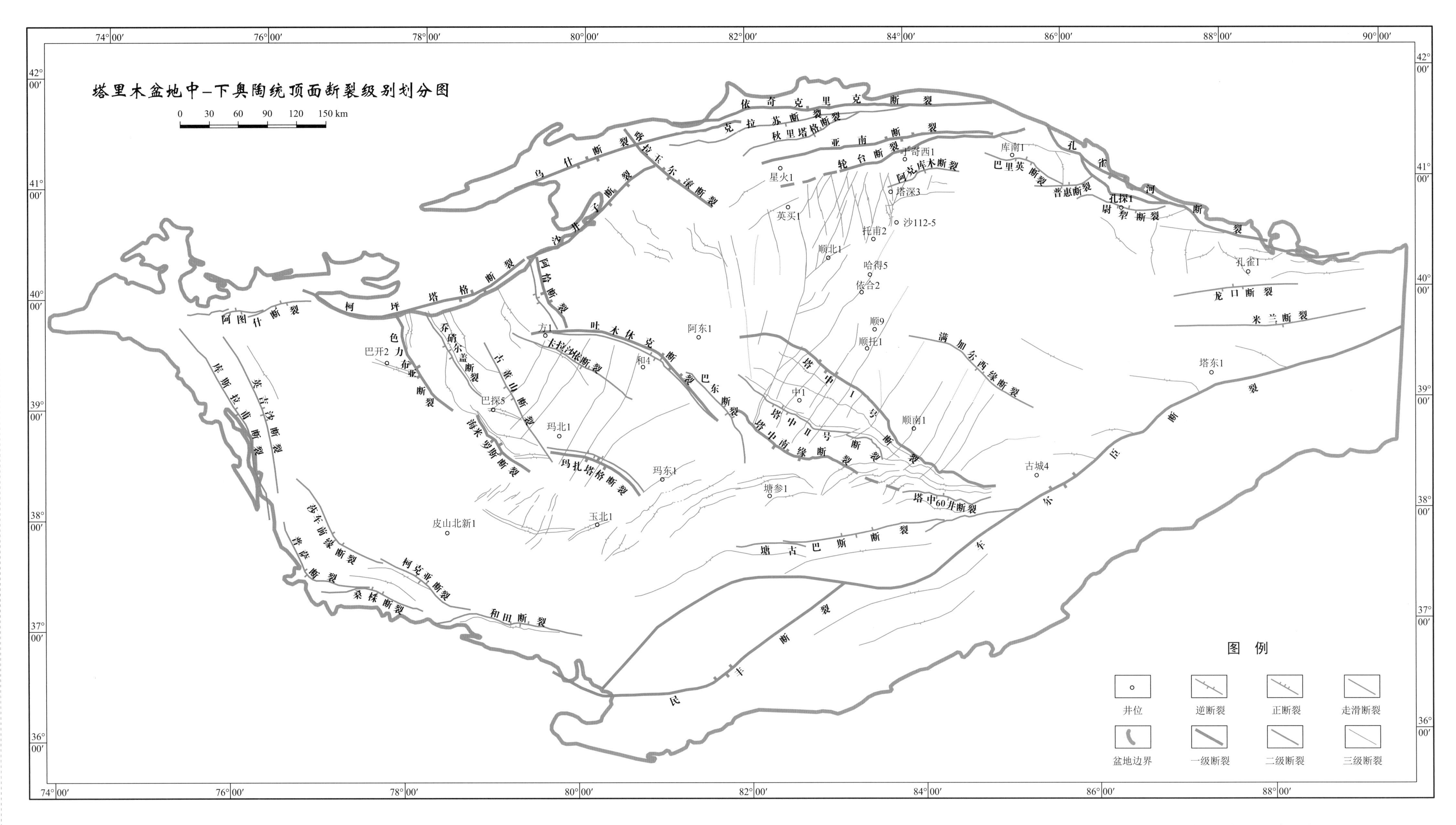

中-下奥陶统顶面是塔里木盆地油气勘探至关重要的一个不整合面，对应 T_7^4 地震反射波组。该不整合是加里东中期I幕运动形成的，代表了昆仑加里东碰撞造山作用的开始。理论上来说，中-下奥陶统沉积之后的所有断裂活动都有可能记录在该界面上，也就是说，中-下奥陶统顶面的断裂是加里东中期I幕及其以后活动的断裂。中-下奥陶统顶面断裂分布图展示了塔里木盆地三级断裂分布情况，其中包括车尔臣断裂、塔中I号断裂、色力布亚断裂、轮台断裂等一级断裂19条，塔中II号断裂、古董山断裂、阿克库木断裂等二级断裂21条。断裂走向以NE-SW和NW-SE为主，少量E-W和N-S方向的断裂。根据断裂的活动历史、成因、空间展布和构造演化，还可以划分出南天山山前断裂系、昆仑山前断裂系、阿尔金山前断裂系、塔中断裂系、巴楚断裂系、塔北断裂系和塔河-顺托断裂系。

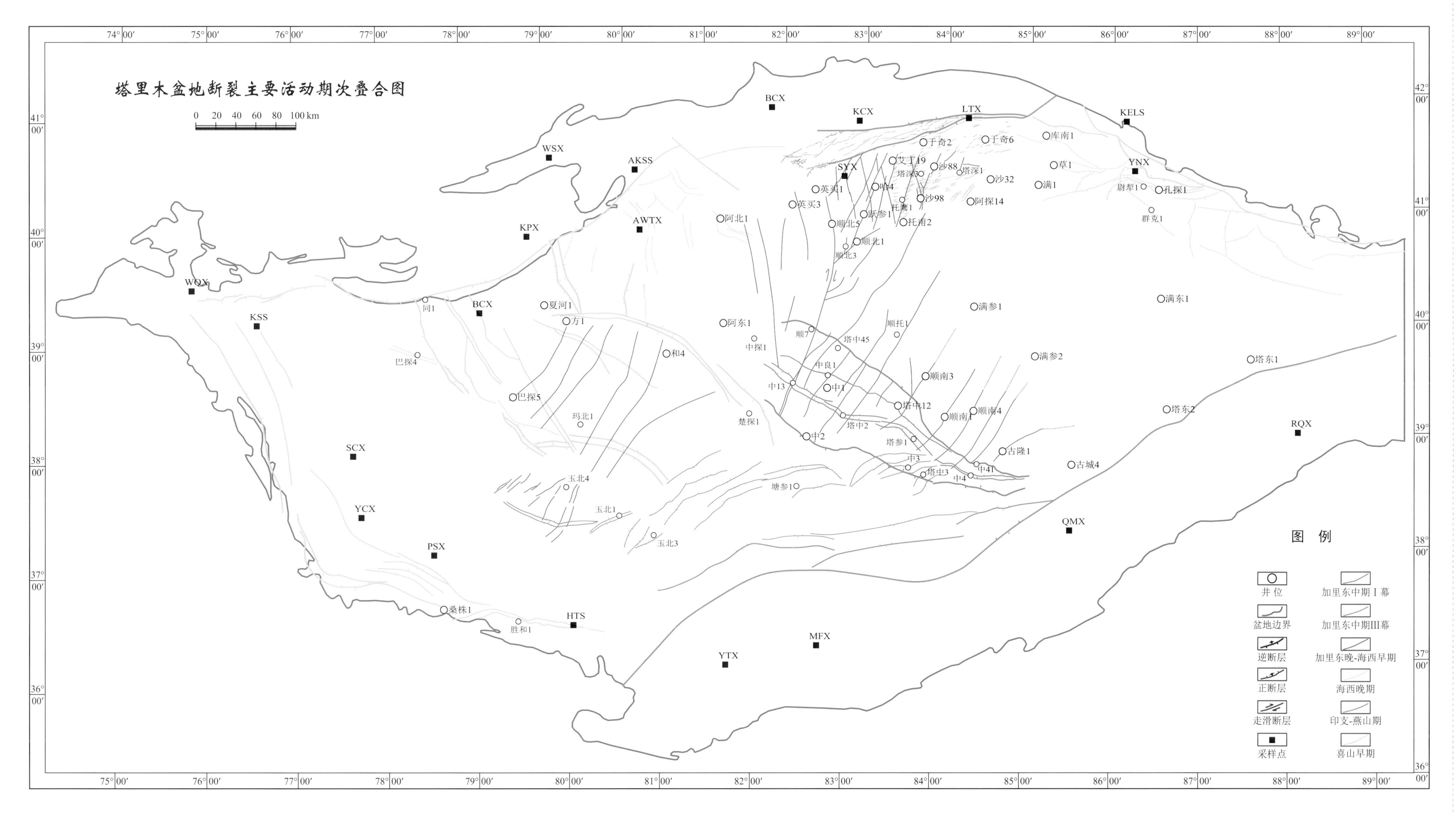
塔里木盆地断裂主要活动期次叠合图
0 20 40 60 80 100 km
图 例
井位
盆地边界
逆断层
正断层
走滑断层
采样点
加里东中期Ⅰ幕
加里东中期Ⅲ幕
加里东晚-海西早期
海西晚期
印支-燕山期
喜山早期

塔里木盆地构造旋回与演化阶段划分图

旋回	阶段	年代	区域大地构造格局	盆地类型及沉积特征
喜马拉雅旋回	7	E—Q	陆内造山，陆内前陆盆地阶段 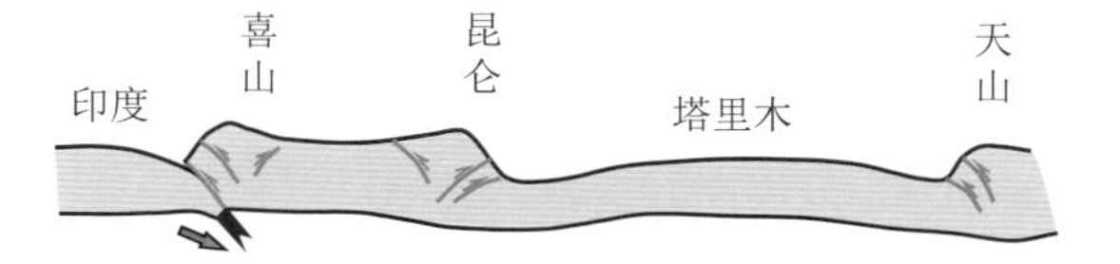	陆内前陆盆地 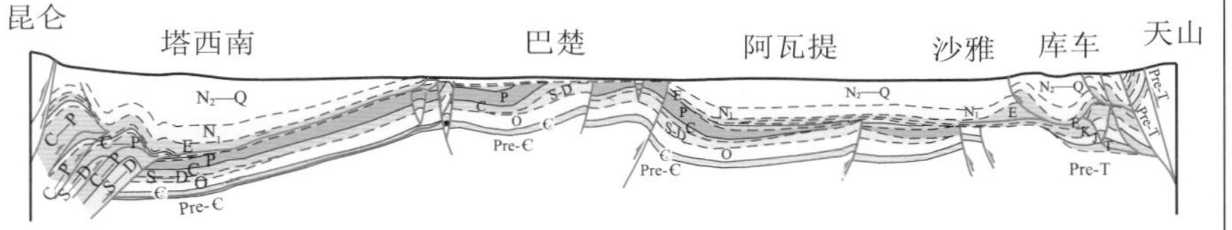
燕山旋回	6	J—K	构造稳定，弱变形，陆内断陷-拗陷阶段 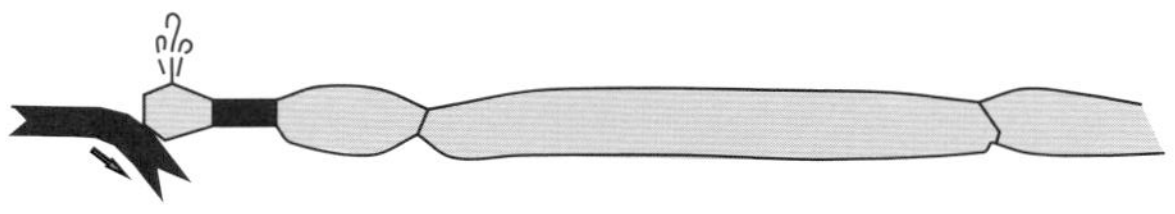	陆内断陷-拗陷盆地 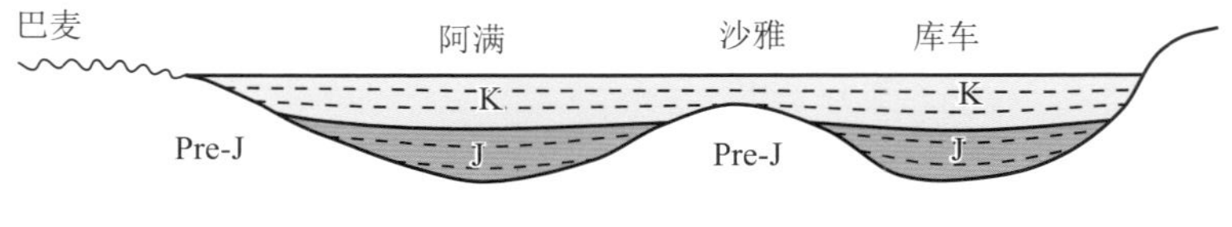
印支旋回	5	T	南天山碰撞造山，周缘前陆盆地-陆内拗陷阶段 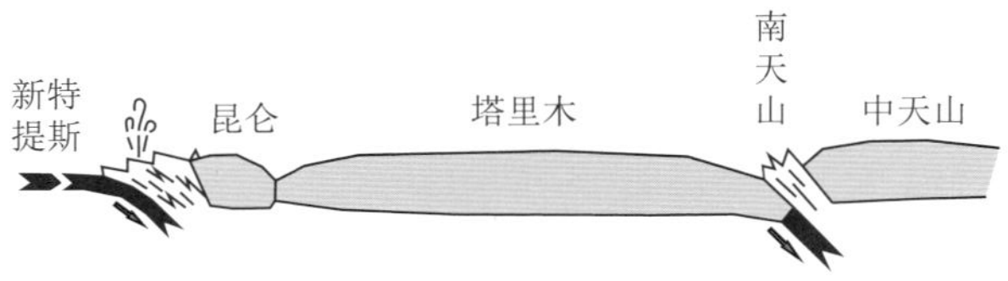	周缘前陆盆地+陆内拗陷盆地 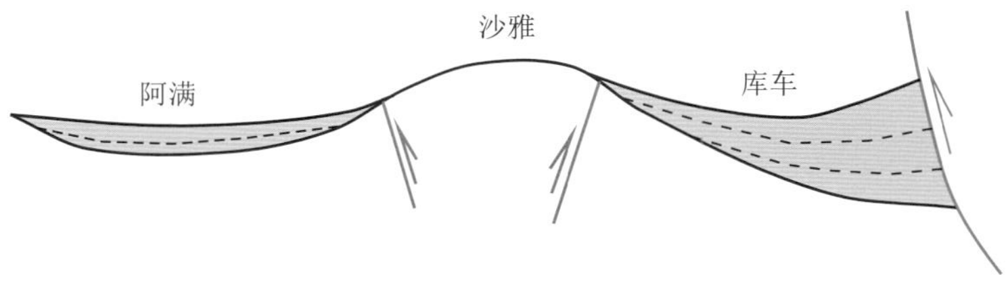
海西旋回	4	P_{2+3}	大陆裂谷阶段 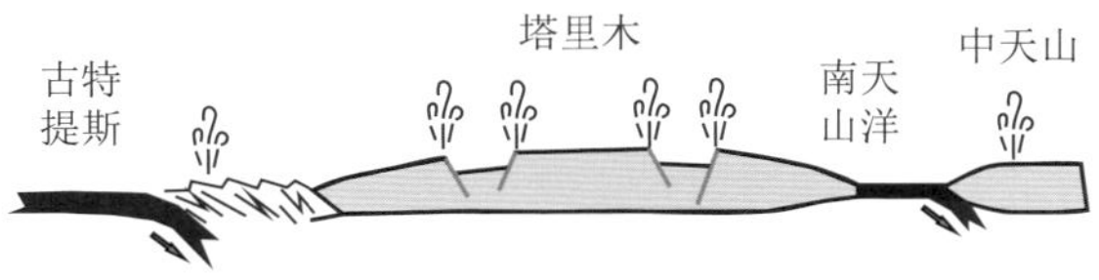	大陆裂谷盆地+被动大陆边缘盆地 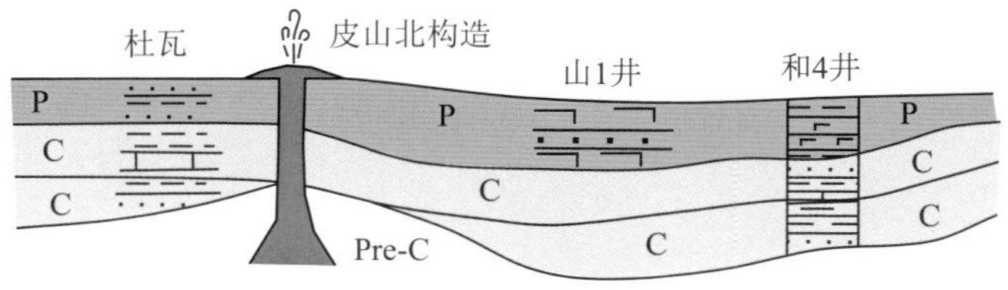
	3	D_3—P_1	南天山洋向北俯冲形成中天山岛弧，古特提斯洋形成，塔里木板块内部造山后应力松弛 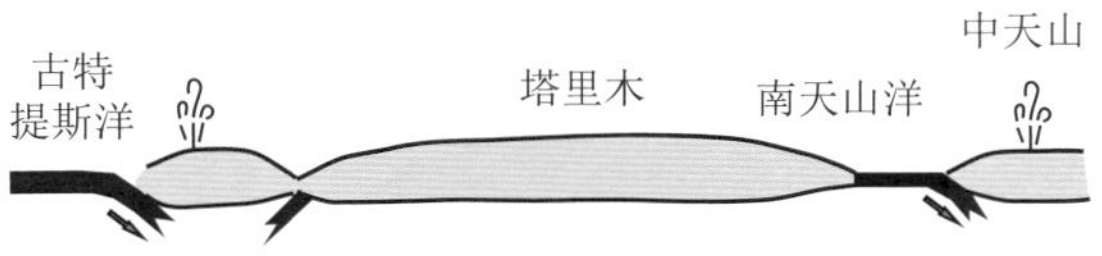	克拉通盆地+被动大陆边缘盆地 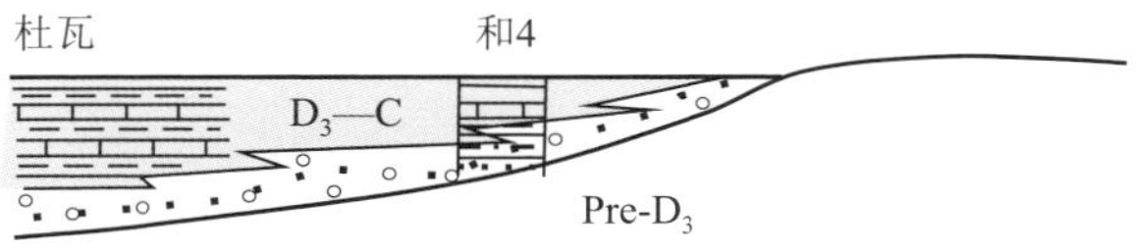
加里东旋回	2	O_3—D_{1+2}	中昆仑-阿尔金碰撞造山，南天山洋持续扩张，塔里木板块南压北张 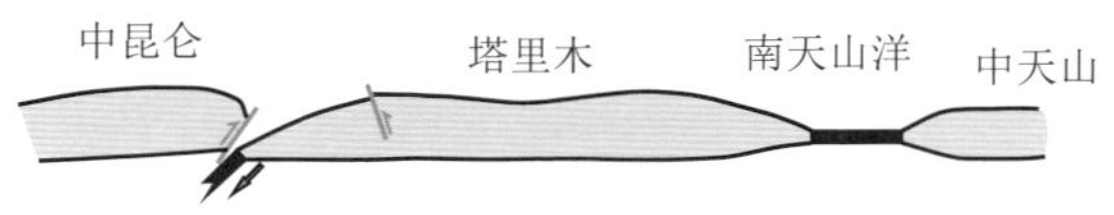	周缘前陆盆地+克拉通盆地+被动大陆边缘盆地 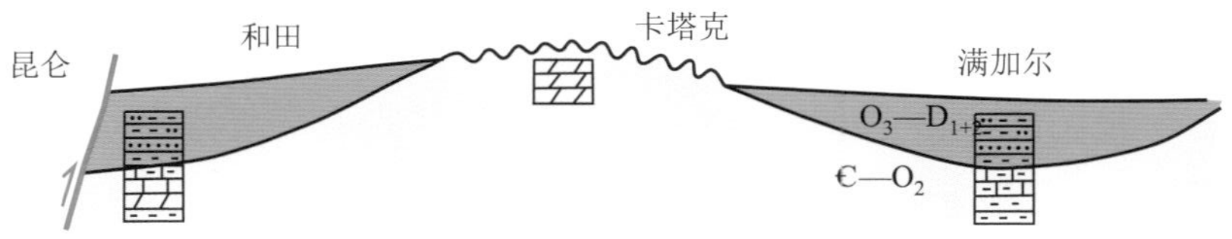
	1	Є—O_2	塔里木古陆游离于始特提斯多岛洋中，O_2末昆仑洋开始聚敛闭合 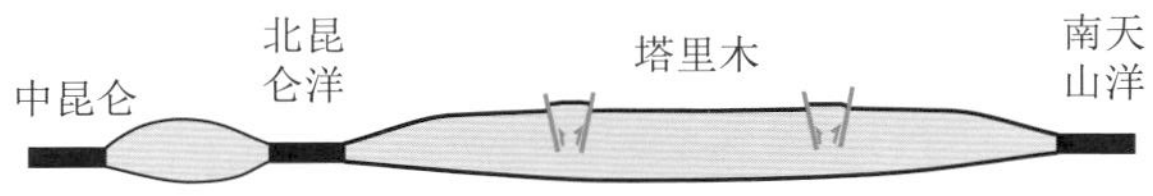	克拉通盆地+被动大陆边缘盆地 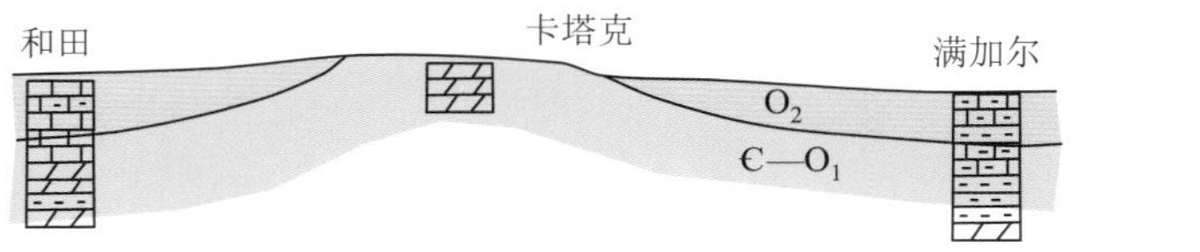
	0	Nh—Z	塔里木克拉通统一基底形成，逐步从Rodinia古陆裂解 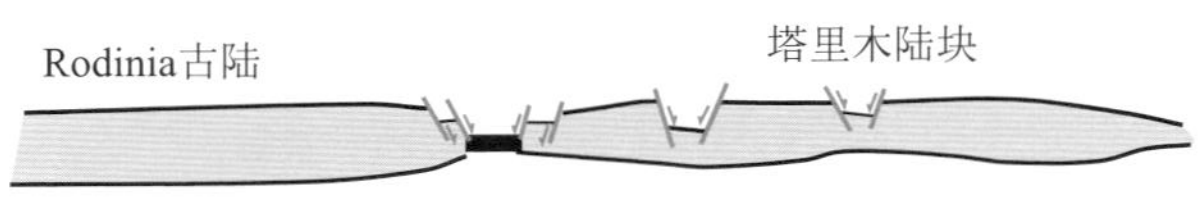	裂谷-拗陷盆地 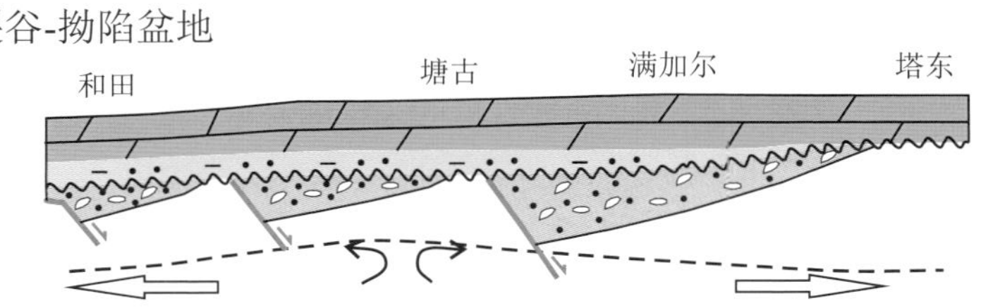

本图集根据塔里木盆地油气勘探实践及众多研究成果，将塔里木盆地显生宙地质演化历史划分为 5 个构造旋回：加里东旋回、海西旋回、印支旋回、燕山旋回以及喜马拉雅旋回，7 个构造演化阶段阶段：寒武纪 - 中奥陶世克拉通盆地演化阶段、晚奥陶世 - 中泥盆世周缘前陆盆地 - 陆内拗陷盆地阶段、晚泥盆世 - 早二叠世克拉通内拗陷盆地阶段、中 - 晚二叠世大陆裂谷盆地阶段、三叠纪周缘前陆盆地 - 陆内拗陷盆地阶段、侏罗纪 - 白垩纪陆内断陷 - 拗陷盆地阶段、新生代陆内前陆盆地阶段。7 个构造演化段的划分和命名强调了盆地构造类型的演化。构造运动是一个改变岩石组构的幕式过程，最明显的证据就是不整合，传统上来说，每一个构造运动都是有一个具体的不整合来命名。塔里木盆地的各个构造运动也都是用不整合命名的。中石化西北油田分公司常用的构造运动名称有：加里东中期 I 幕运动、加里东中期 III 幕运动、海西早期运动、海西晚期运动、印支运动、燕山早期运动、燕山晚期运动、喜山（早期）运动等。

塔里木盆地过东南断隆–塘古巴斯坳陷–卡塔克隆起–顺托果勒低隆–满加尔坳陷–沙雅隆起构造演化剖面图

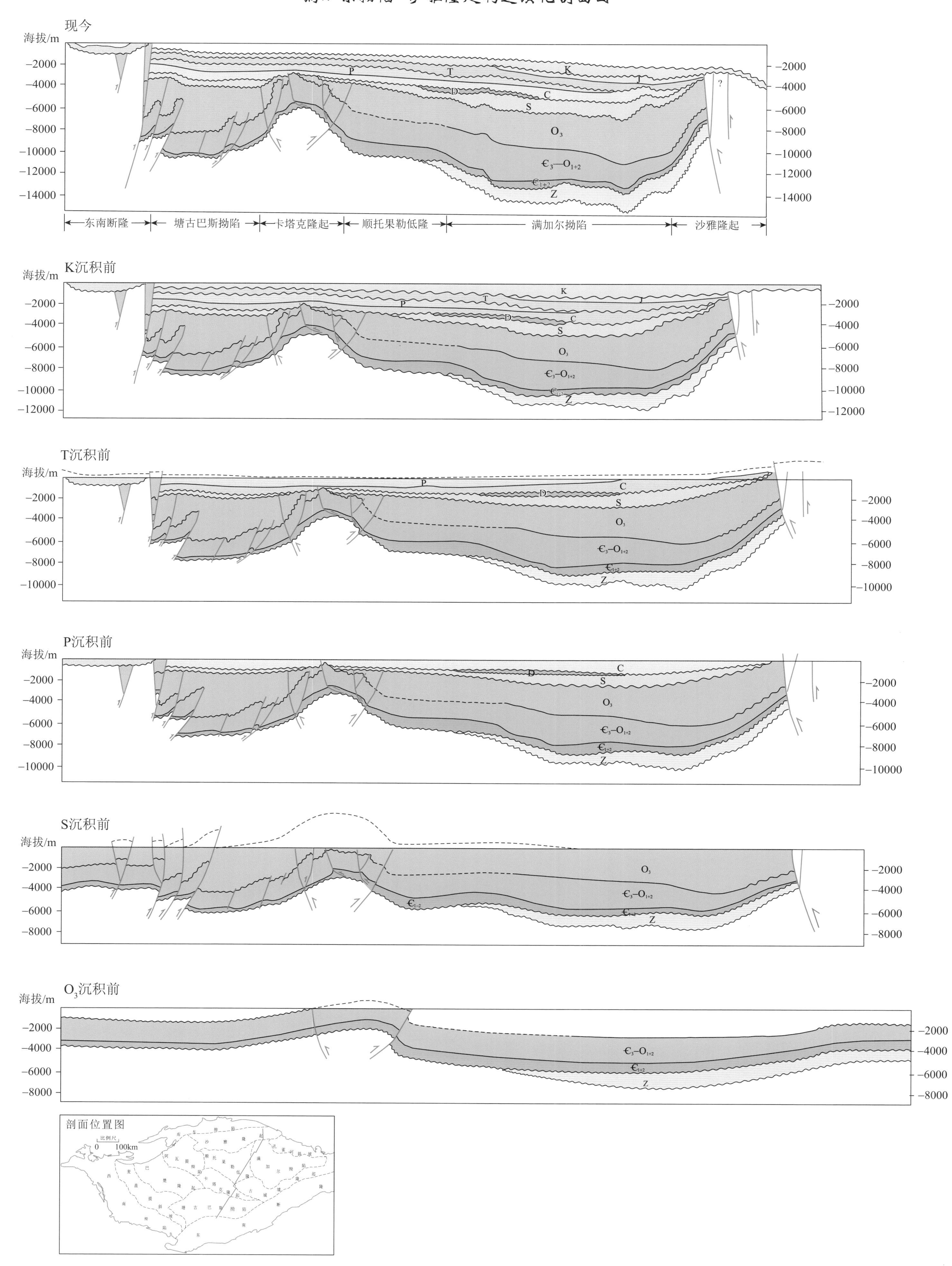

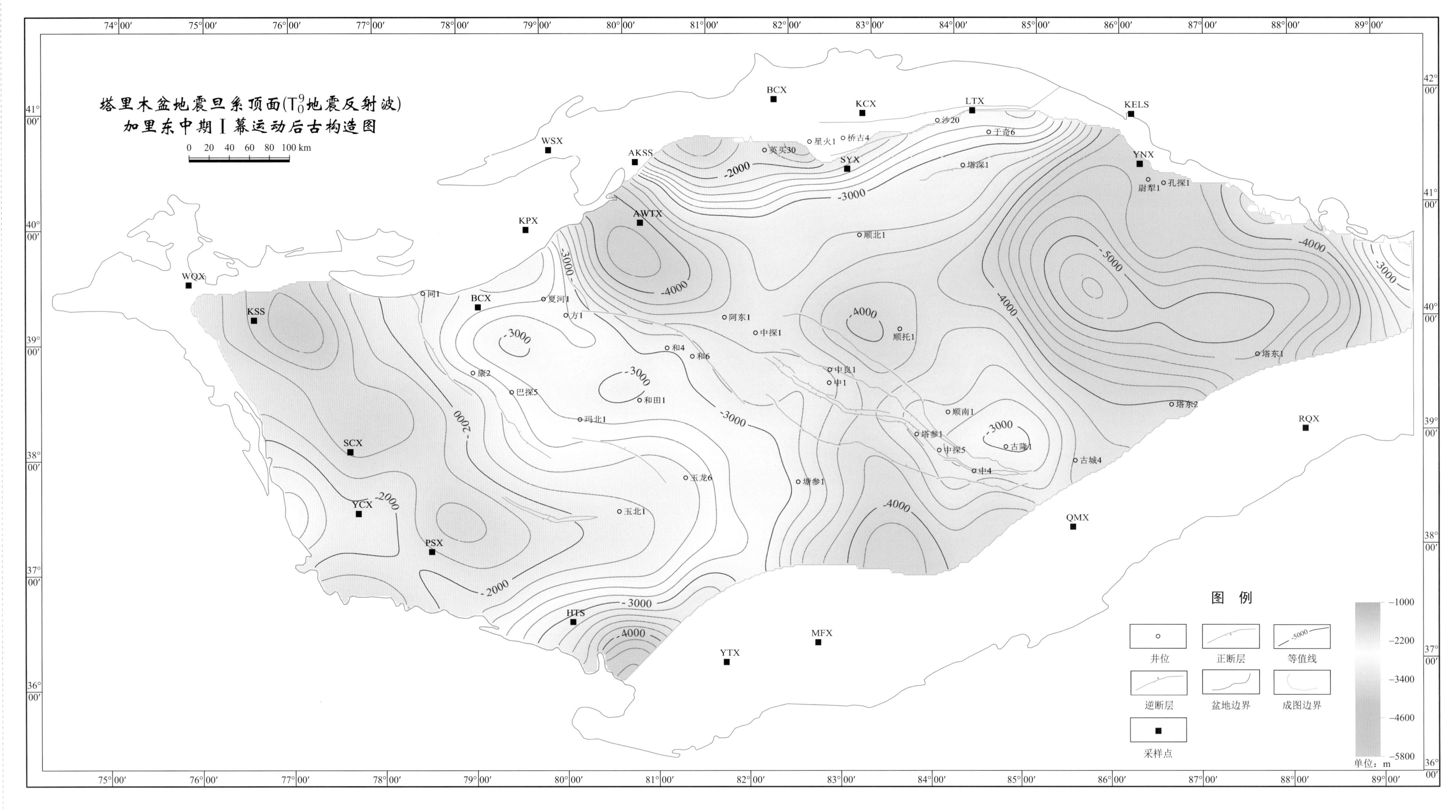

震旦系顶面（T_9^0 反射波）在塔里木盆地广泛分布。塔东南地区、孔雀河斜坡高部位、雅克拉凸起的高部位，因寒武系地层缺失，较新的地层直接不整合于前寒武系结晶岩系之上，不存在寒武系底面；库车拗陷因地震资料问题，中生界之下的地层不清楚，震旦系顶面无法落实；另外，沙西凸起的马纳岩体分布范围内也缺失寒武系。

加里东中期Ⅰ幕运动前后，整个震旦系顶面呈现出“西台东盆”的构造格局。满参 1- 古城 4 近南北向连线以东主要为斜坡 - 深盆相拗陷。早寒武世由于南天山洋持续稳定扩张，使得塔里木古克拉通东部库满坳拉槽为稳定的碳酸盐岩建造为主的沉积盆地。中 - 晚寒武世与早寒武世古地理格局基本一致，由于库满坳拉槽的逐步充填，其斜坡相带的位置有所改变。早奥陶世库满坳拉槽在早期断陷盆地奠定的基地斜坡基础上，发育台缘斜坡 - 深海 - 半深海相碳酸盐岩、碎屑岩。西部广大地区发育碳酸盐岩台地，由局限台地 - 半局限台地 - 开阔台地组成；塔西南的和田古隆起平面呈 NW-SE 向展布，已经开始发育雏形，而在塔中和塔北大部分地区为平缓稳定的碳酸盐岩台地。

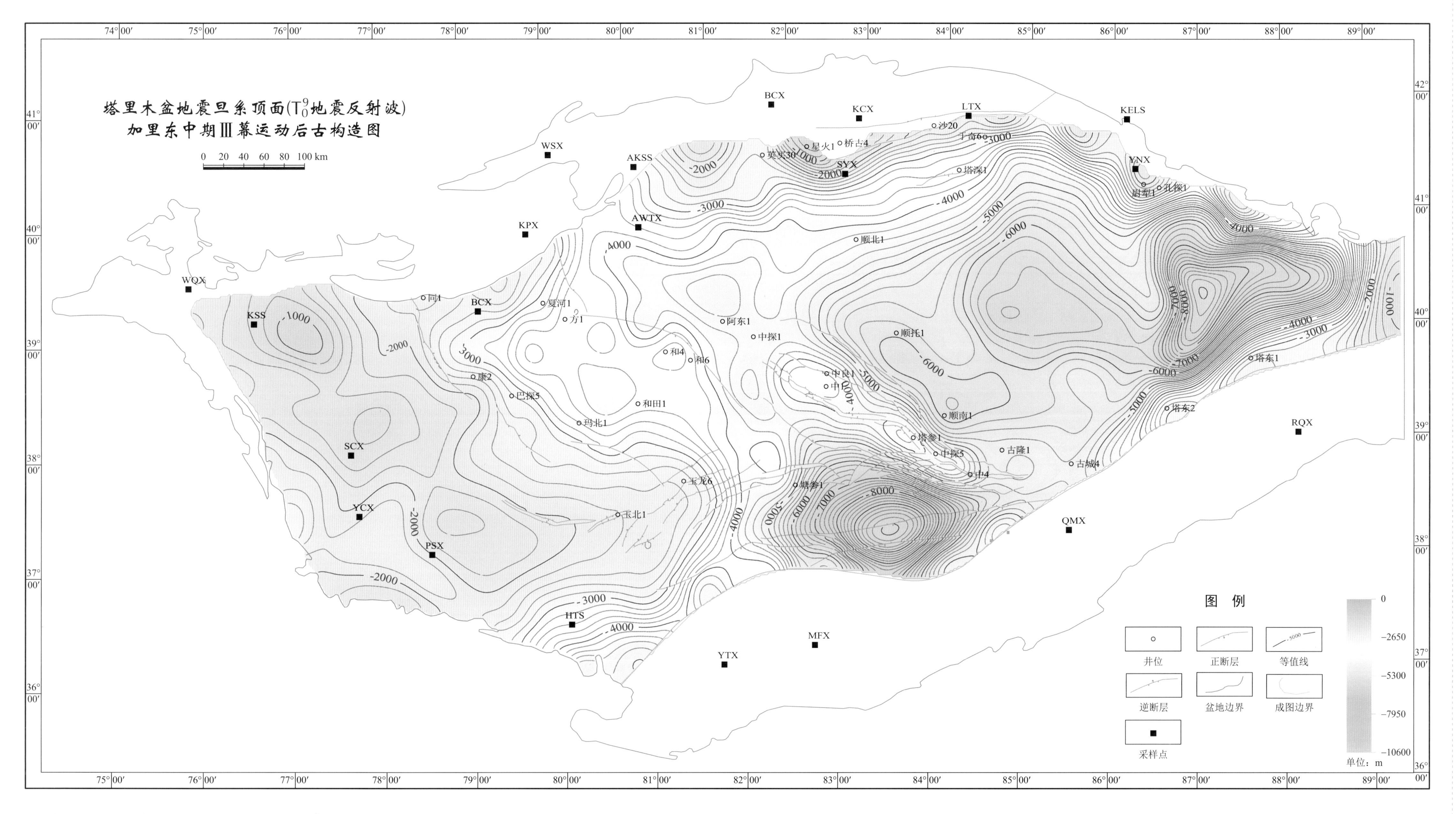

加里东中期Ⅲ幕运动前后，震旦系顶面（T_9^0地震反射波）构造形态与前期相比发生了一些改变，“西台东盆”的古地理格局未发生明显的变化。塘古巴斯地区已经形成明显的沉积拗陷，构成塔里木盆地最深的构造单元，埋深达10000m。塔西南地区整体隆升较强，古隆起此时处于发育巅峰期，展布方向仍以NW为主；塔中卡塔克地区古隆起雏形已经较明显，为NW向的隆起，闭合幅度近2000m；沙雅地区形成近EW向的隆起，尚未出现隆坳相间的格局；顺北—阿东—阿瓦提地区，此时整体处于斜坡位置，向东往满加尔拗陷倾伏。古城墟隆起形成雏形。满加尔拗陷的沉积范围及沉降幅度变大，形成东、西两个拗陷中心，东拗陷中心埋藏最深，达9000m。

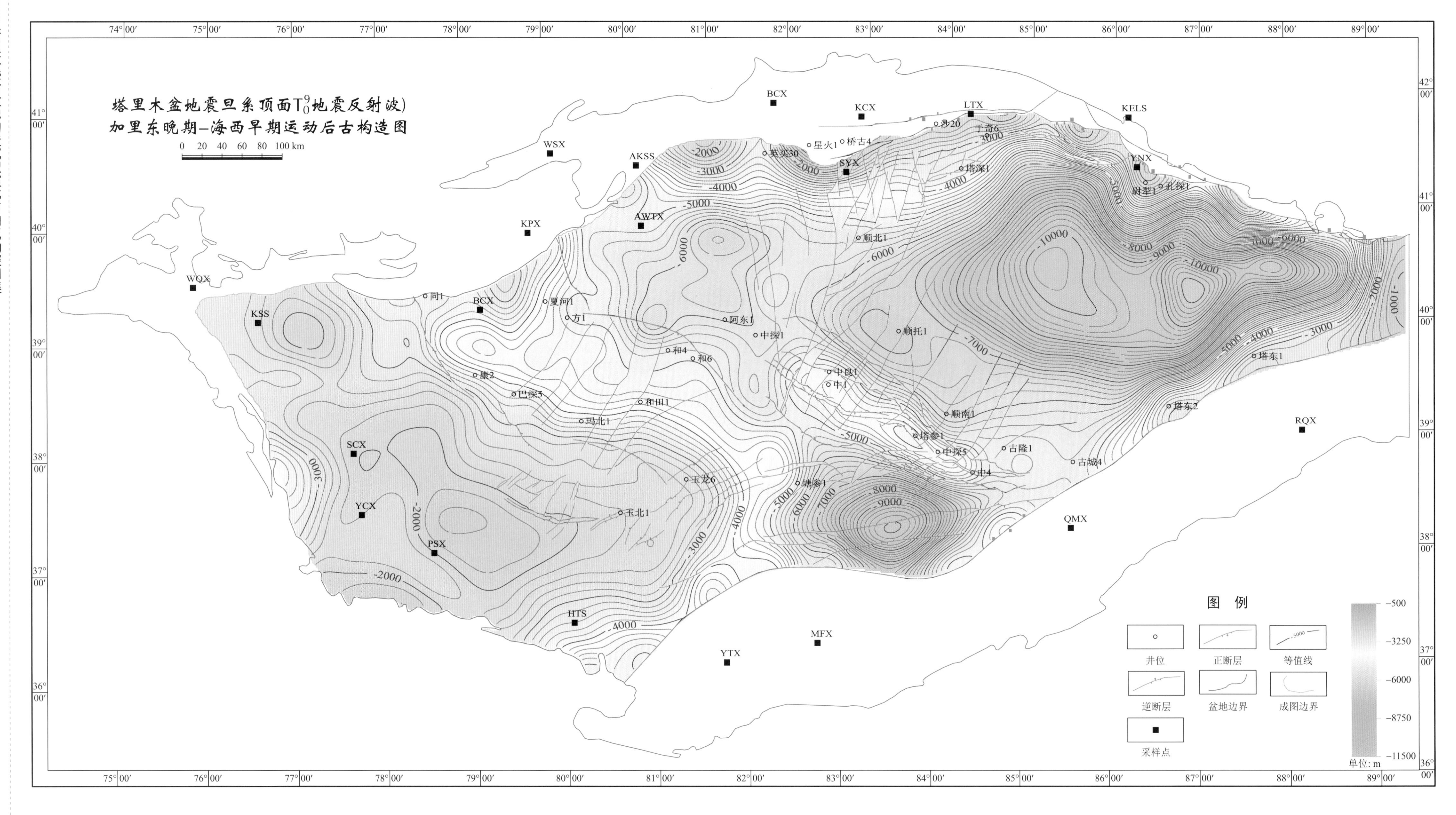

加里东晚期 - 海西早期运动后，震旦系顶面（T_9^0 地震反射波）整体继承前期的构造格局，但局部地区仍发生了一些较大改变，如满加尔拗陷的沉积范围及规模变大，分化出 3 个沉降中心，沉降中心埋深超过 11000m，是全盆地埋藏最深的构造部位；塘古巴斯拗陷的规模相对萎缩，但是埋深也达到了 10000m。塔西南和田古隆起的形态、范围及幅度均发生了重大变化，首先隆起高部位往南偏移，隆起幅度变小，隆起方向由 NW 转为 NE 向。沙雅隆起隆起向北抬升，范围也相比前期扩大。卡塔克古隆起相对前期变化不大，整体仍呈 NWW 向隆起展布。阿瓦提地区开始形成宽浅的拗陷，并显示出顺托果勒低隆的形态。

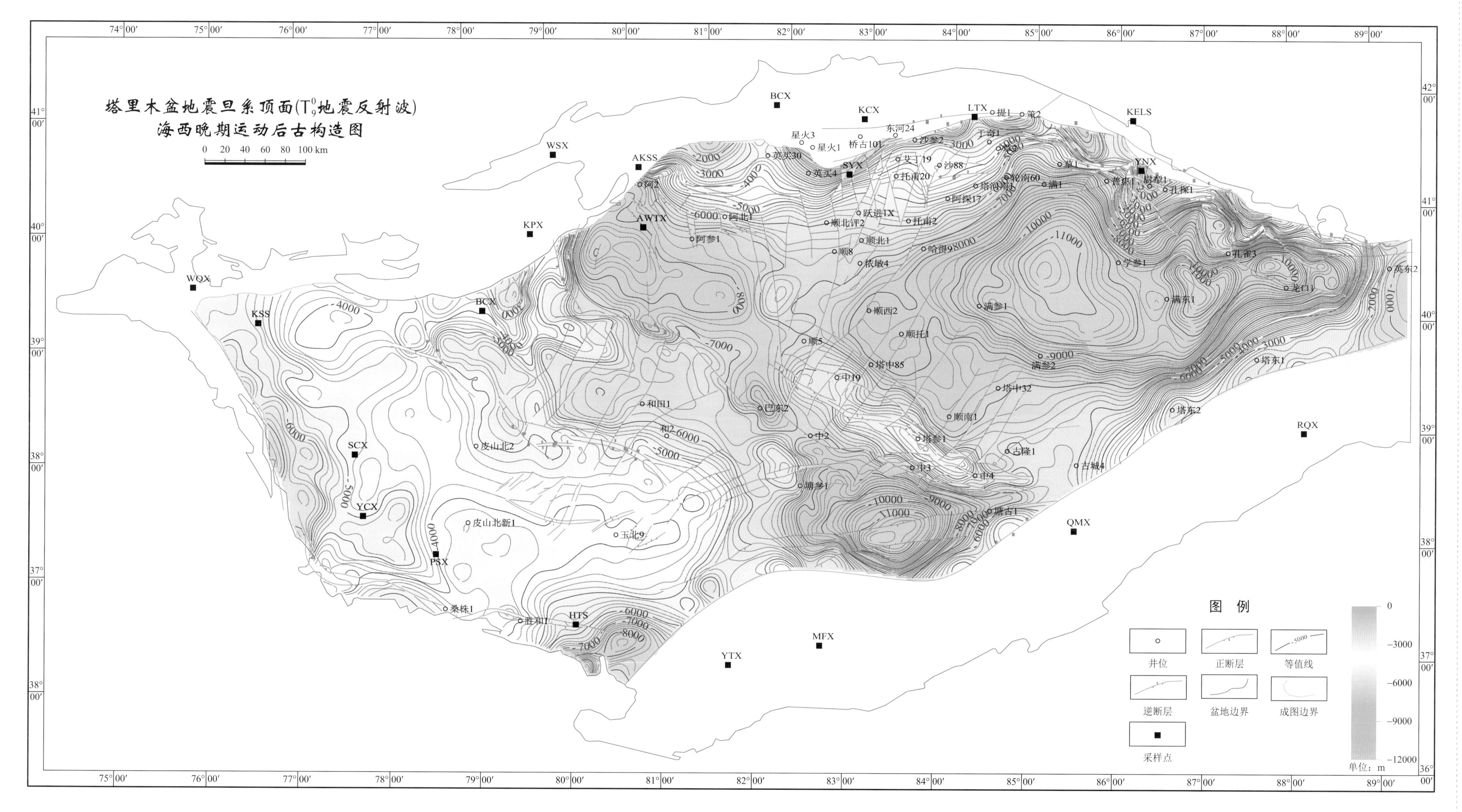

海西晚期运动后，塔里木盆地震旦系顶面（T_9^0 地震反射波）与前期的构造形态发生较大改变，主要表现为“拗扩隆缩”的特征。满加尔拗陷、塘古巴斯拗陷分布范围及沉积幅度较海西早期明显扩大和变深；塘古巴斯拗陷和满加尔拗陷的最大埋深超过 11500m，这也是全盆地的最大埋深。同时，阿瓦提拗陷进一步演化并基本成型。塔西南和田古隆起范围及隆升幅度大幅度减小。隆起总体呈 NW-SE 向展布；巴楚隆起东南部位于隆起的东北翼，叶城 - 喀什地区处于隆起的西南翼。卡塔克隆起西北部基本已经沉没，仅中央主垒带表现为窄条状的构造高，且主要集中在东部地区。沙雅隆起范围向北大幅度收缩，沙雅隆起主体已经演变为斜坡，且 EW 方向上出现隆凹相间的格局，表明受到 EW 向构造挤压应力的作用。巴楚隆起构造范围变大，构造幅度升高；塔东古城墟隆起范围及隆升幅度变化不大。

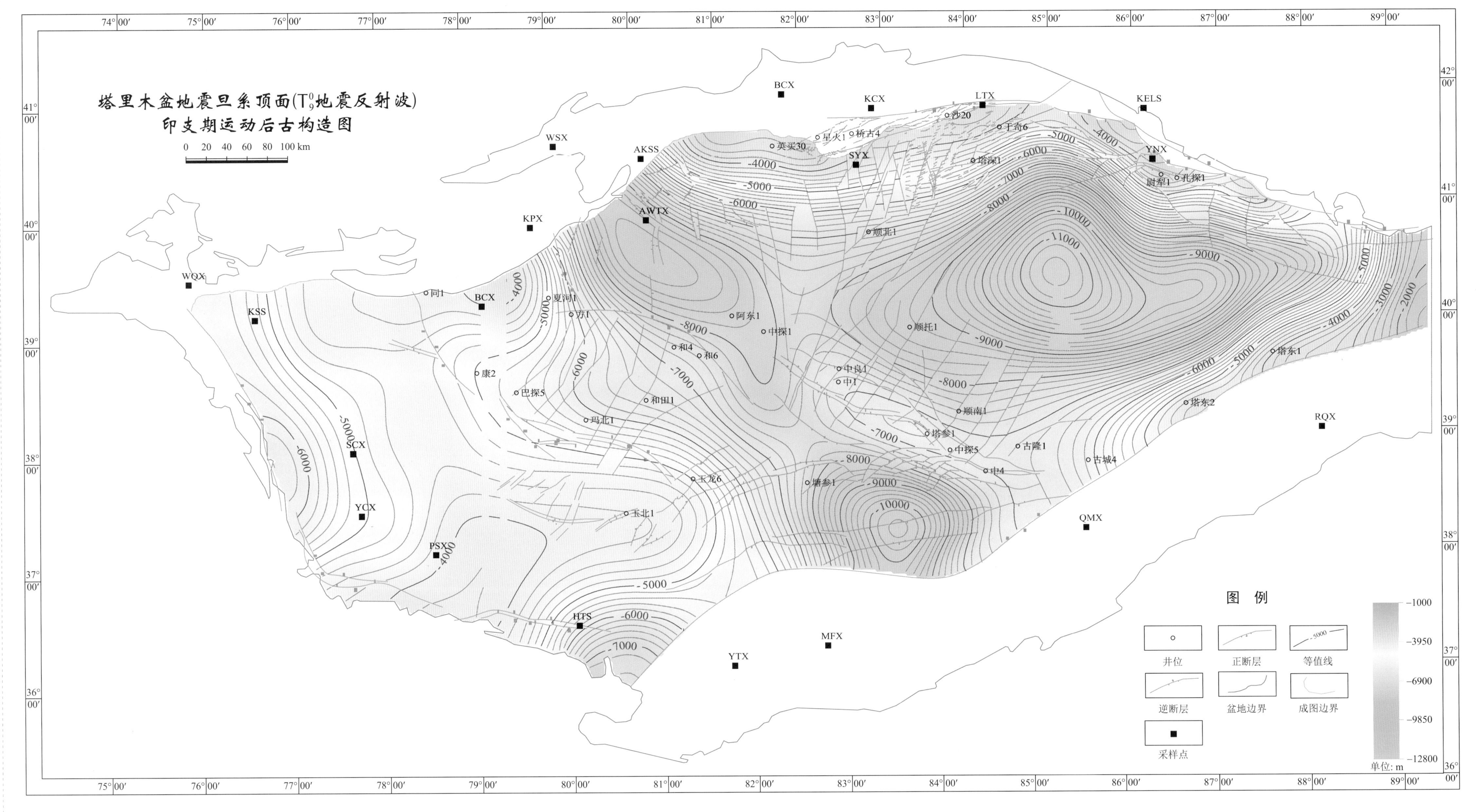

印支运动后，塔里木盆地震旦系顶面（T_9^0 地震反射波）基本继承前期的构造格局，各构造单元的形态变得舒缓，显示各构造单元构造演化整体性都得到了明显的加强。塔西南古隆起变得更加宽缓，西北、东南两个构造高范围扩大，明显宽缓了许多；构造最高点位于巴楚隆起的西北部，埋深不足 3500m。塔北沙雅隆起范围有一定的向北收缩的趋势，隆起主要集中在雅克拉断凸一线，其余大部分地区为缓坡，从东到西分布四个向南倾伏的宽缓的鼻状构造。塔中卡塔克隆起形态逐渐沉没，NW-SE 向延伸的长轴状背斜逐渐宽缓。古城墟地区隆起范围及幅度也有一定的缩小；构造高部位位于古城墟隆起的东北端。满加尔拗陷的一体化进程更明显，整个拗陷演化为东、西 2 个次级沉降中心；西沉降中心是拗陷的主体，规模巨大，埋深大，约 12000m；东拗陷中心规模较小，埋深也较小，约 105m。阿瓦提拗陷的一体化进程与满加尔拗陷相似，整个拗陷基本连为一体，为一长轴 NW-SE 向延伸的向斜构造，拗陷的范围也有所扩大。阿满低梁带的形态更加清晰，分隔东侧的满加尔拗陷和西侧的阿瓦提拗陷。

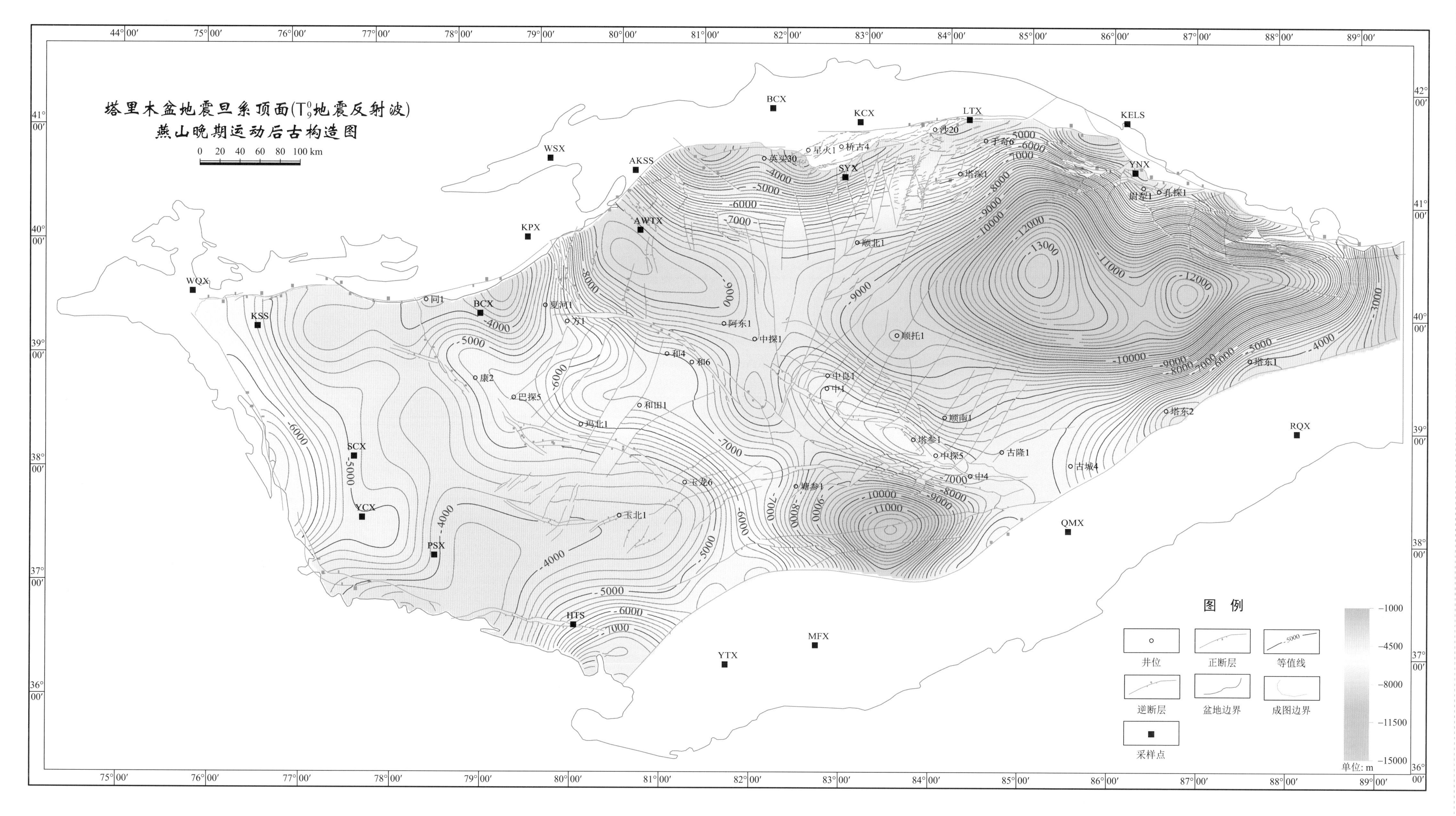

燕山晚期运动后，塔里木盆地震旦系顶面（T_9^0 地震反射波）的隆拗格局基本继承前期的构造形态。同时塔西南古隆起有明显的扩大，包括了几乎全部西南拗陷、麦盖提斜坡和巴楚隆起，还覆盖了塘古巴斯拗陷的西部。沙雅古隆起基本上继承印支期的构造形态，变化较小。孔雀河斜坡有所强化，尉犁1鼻状构造的规模有所扩大。阿瓦提拗陷在继承前期整体轮廓的前提下，沉降中心有所收缩，构造最低点向西迁移至阿瓦提县以南。满加尔拗陷东、西两个次级沉降中心的格局持续演化，东沉降中心明显强化，西沉降中心相对收缩，仍是全盆地埋深最深的构造部位，达13500m。古城墟隆起的构造最高点位于东北端，塔东1和塔东2两个构造高点更加清晰。卡塔克古隆起维持NW-SE向长轴状背斜形态，背斜高点位于塔参1井附近。塘古巴斯拗陷继承早期轮廓，规模略有收缩。

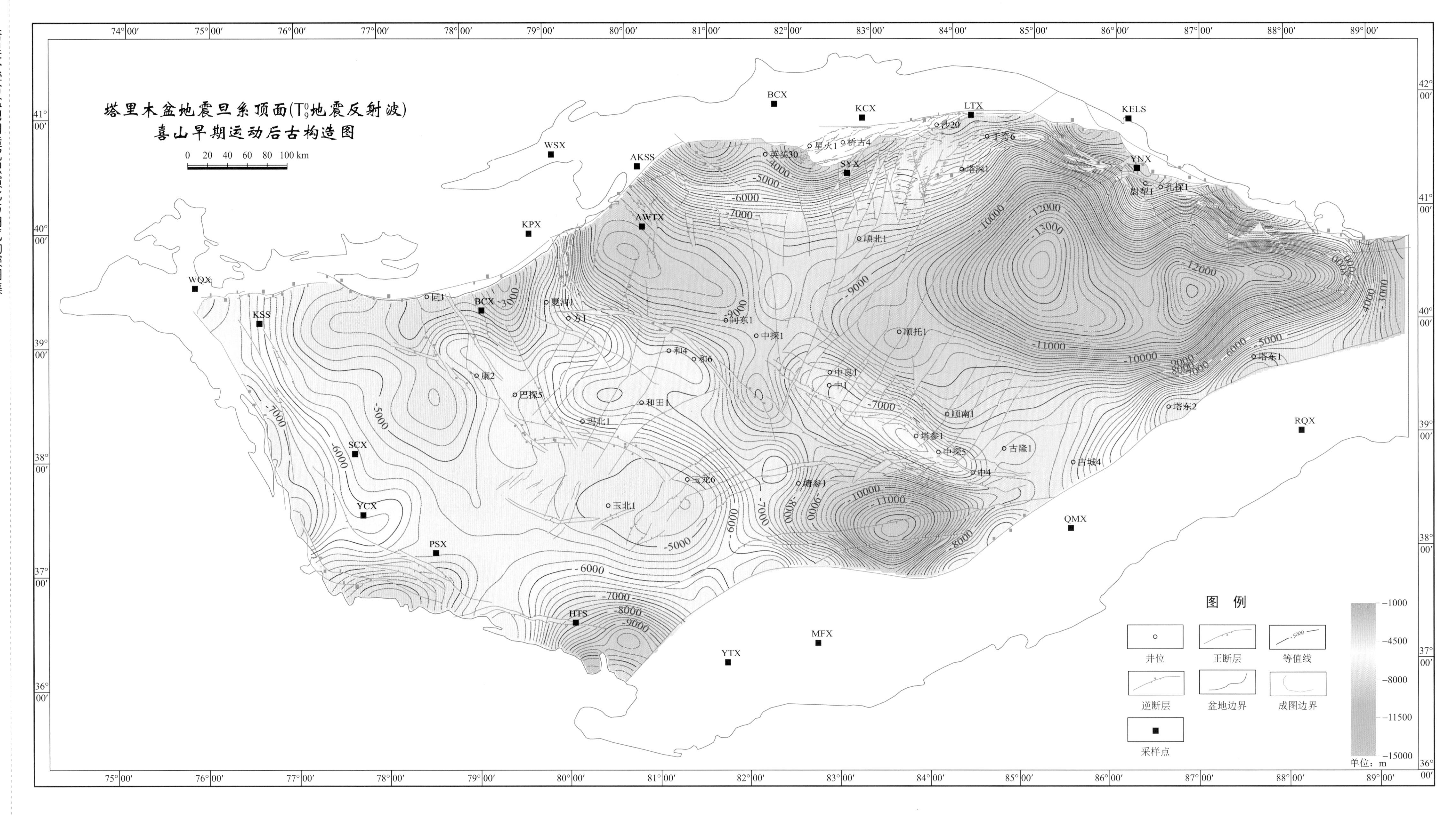

喜山早期运动后，塔里木盆地震旦系顶面（T_9^0 地震反射波）的隆拗格局，在基本继承前期的构造形态的基础上，有明显的复杂化趋势。塔西南古隆起的规模，包括了西南拗陷、麦盖提斜坡和巴楚隆起的全部，以及塘古巴斯拗陷的西部。古隆起形态复杂化，分化出多个构造高点，巴楚隆起中部的次级凹陷清晰化，策勒地区演化出一个次级凹陷构造单元，成为塔西南古隆起的最低构造部位。满加尔拗陷在早期的两个次级沉降中心东侧，演化出第三个沉降中心；三个沉降中心的埋深从东向西依次加深，西沉降中心埋深最大，也是全盆地埋深最大的构造部位，达 14000m。沙雅古隆起基本上继承前期的构造形态，轮南 - 塔河鼻状倾伏背斜的轮廓更清晰。阿瓦提拗陷在继承前期整体轮廓的前提下，NW-SE 向长轴向斜，沉降中位于阿瓦提县以南埋深 10000m。塘古巴斯拗陷规模略有扩大。孔雀河斜坡三个向南倾伏的鼻状构造更加清晰。古城墟隆起的构造最高点位于东北端，在塔东 1 和塔东 2 两个构造高点之外，演化出古城构造高点。卡塔克古隆起 NW-SE 向长轴状复式背斜的特征不变，只是有一定的复杂化，分化出多个构造高点；构造最该部位位于塔参 1 井附近。

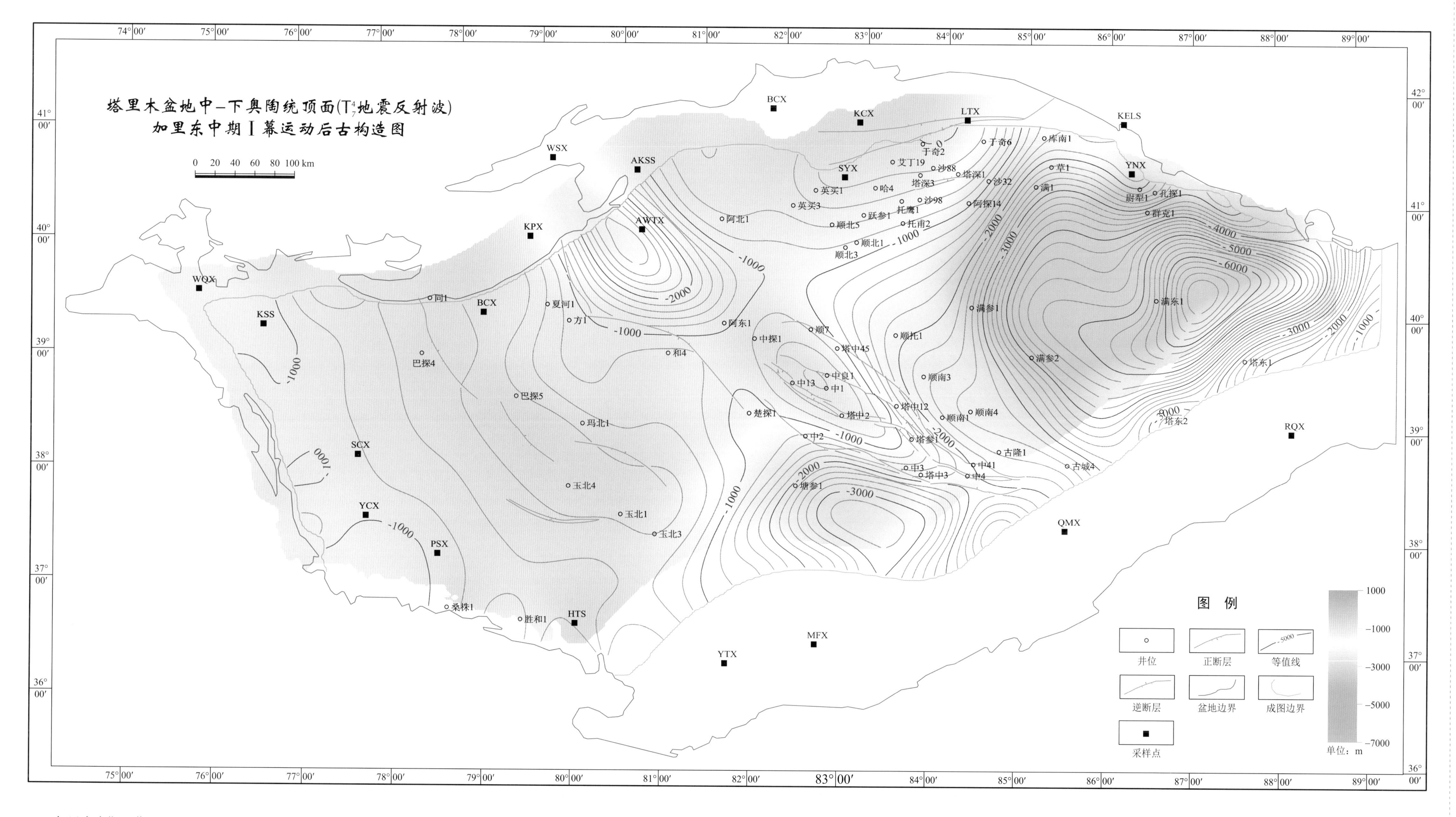

加里东中期Ⅰ幕运动后，塔里木盆地中-下奥陶统顶面（T_7^4地震反射波）呈现出“西高东低、三隆三拗”的构造格局。隆起有塔西南古隆起、卡塔克古隆起和沙雅古隆起。其中塔西南古隆起规模最大，范围包括现今的西南拗陷、麦盖提斜坡和巴楚隆起，平面呈不规则多边形；总体呈现一大型复式背斜的特征，背斜轴线NW-SE延伸，为向西南凸出的弧形，在巴楚隆起西端和罗斯塔格一带形成两个构造高点，埋深不足250m。卡塔克古隆起位于克拉通中部形成孤立的古隆起，平面呈NW-SE向、西部宽缓东部陡窄，为一大型长轴状背斜构造，构造高点埋深约250m。沙雅古隆起平面呈近E-W向展布，闭合高度可达500m，隆起北翼较陡，南翼宽缓，总体呈现一大型复式鼻状背斜的构造特征；构造最高点位于轮台县附近，埋深很浅，接近地表，也是全盆地最高构造部位。沙雅古隆起与卡塔克古隆起之间由宽缓的顺托果勒低隆起连接。满加尔拗陷为巨型负向构造单元，埋深达7250m，为全盆地最低构造部位。塘古巴斯拗陷和阿瓦提拗陷是两个规模较小的负向构造单元，规模和埋深都远不及满加尔拗陷。

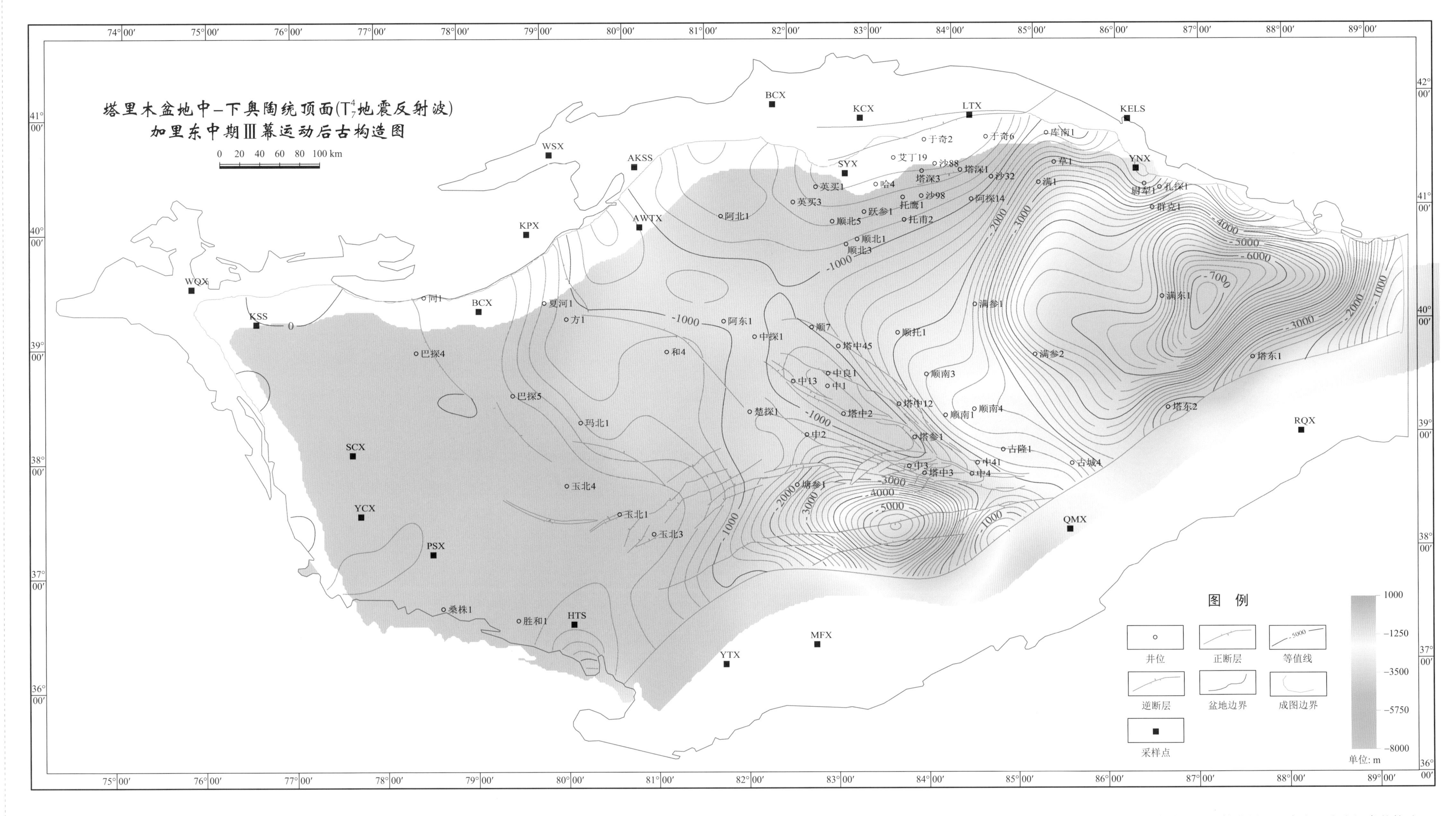

塔里木盆地加里东中期Ⅲ幕运动之后，中-下奥陶统顶面（T_7^4地震反射波）呈现出“西高东低、三隆两拗”的构造格局。塔西南古隆起此时处于发育巅峰期，古隆起的范围覆盖全部西南拗陷、麦盖提斜坡和巴楚隆起，甚至涵盖了阿瓦提拗陷的西南部和塘古巴斯拗陷的西部；整个古隆起的形态呈现为一巨型隆起平台和东北侧缓坡。阿瓦提拗陷作为一个独立的拗陷构造单元消失，是该期构造图最显著的变化。卡塔克古隆起于该期定型，表现为NW向的大型长轴状背斜构造，闭合幅度近2000m。沙雅古隆起继承性演化，NEE-SWW向展布；大型向南倾伏的鼻隆构造总体背景下，存在三个次级鼻状构造，以中间的鼻状构造规模最大。满加尔拗陷的规模略有收缩，沉降中心向东集中，最低构造部位埋深达7500m，是全盆地最低的构造部位。此时古城墟地区形成隆起的雏形，塔东1和塔东2构造形成。塘古巴斯拗陷继承性演化，沉降中心向东迁移、集中，最大埋深达6000m。

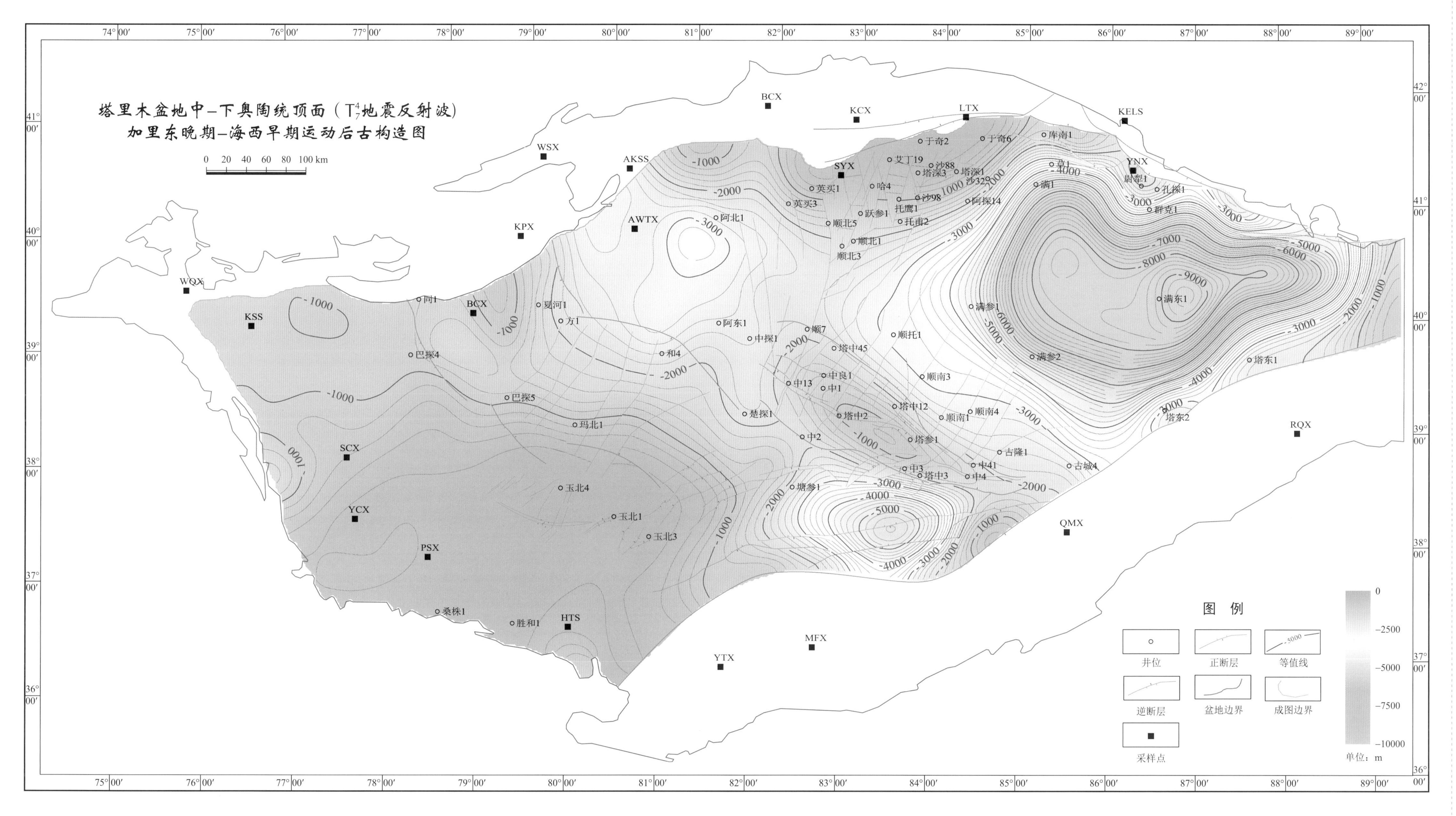

塔里木盆地加里东晚期 - 海西早期运动后，中 - 下奥陶统顶面（T_7^4 地震反射波）古隆起的范围扩大，而古坳陷的范围继续缩小；盆地总体构造形态呈现三隆二坳的隆坳格局。塔西南古隆起的形态、范围及幅度均发生了重大变化，首先隆起高部位往南偏移，存在多个构造高点，隆起主体的构造走向方向由 NW-SE 转向于 NE-SW 向。塔北沙雅隆起继承性演化，三个鼻状凸起进一步清晰，隆起幅度加大。卡塔克古隆起的 NW-SE 向延伸的长轴状背斜构造的特征维持不变，隆起幅度明显加大，构造向东南迁移、集中。古城墟隆起呈向西北倾伏的斜坡构造特征，存在塔东 1 和塔东 2 两个鼻状构造。阿瓦提再次出现宽浅坳陷的构造特征。满加尔坳陷的规模有所扩大、加深，最大埋深超过 9800m，是全盆地埋深最大的构造部位。由于阿瓦提地区的沉降，分隔阿瓦提坳陷和满加尔坳陷的顺托果勒低隆的构造特征也再次显现出来。

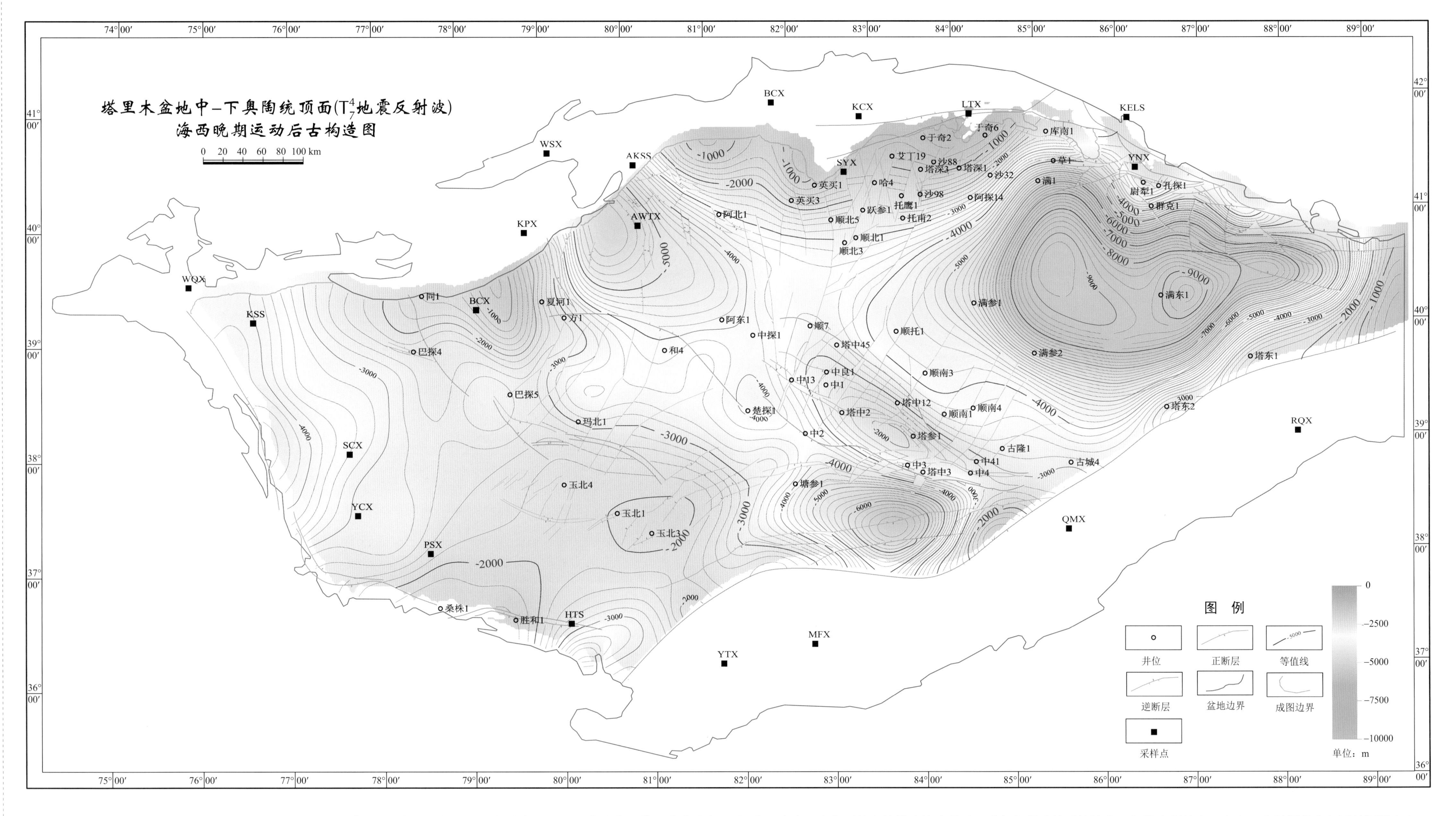

海西晚期运动后，塔里木盆地中-下奥陶统顶面（T_7^4地震反射波）构造格局较前期发生了显著变化。塔西南古隆起可以划分出和田凸起、巴楚凸起、西南斜坡和东北斜坡四个次级构造单元。和田凸起长轴方向为NE-SW向，存在多个构造高点，规模有所缩小；巴楚凸起是塔西南古隆起的最高构造单元，最高构造部位位于巴楚县东侧，呈向南倾伏的鼻状背斜构造特征。卡塔克古隆起为NW-SE向延伸的长轴状背斜构造，隆起幅度降低，背斜变得宽缓许多。阿瓦提拗陷进一步沉降，成为一个名副其实的拗陷构造单元。满加尔拗陷继承性演化，规模有所扩大，存在2个埋深基本相同的沉降中心，最大埋深达9500m，是塔里木盆地最大埋深部位。古城墟隆起和孔雀河斜坡分别构成满加尔拗陷东南缘和东北缘的斜坡构造。顺托郭勒低隆为分隔阿瓦提拗陷和满加尔拗陷的低梁带，近南北向展布。塘古巴斯拗陷继承性演化，没有本质变化。

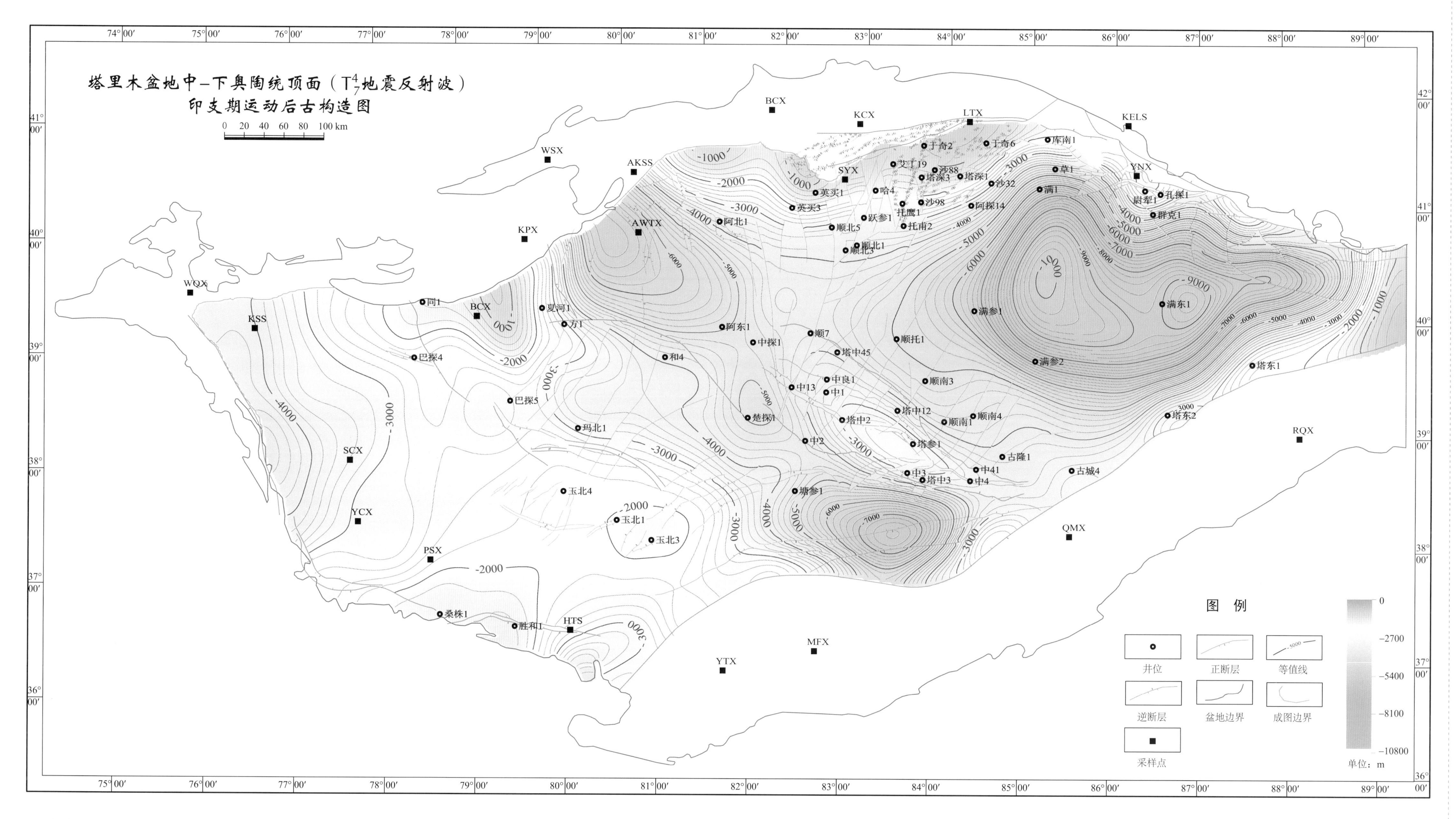

印支运动后，塔里木盆地中 - 下奥陶统顶面（T_7^4 地震反射波）构造形态继承了海西晚期运动后形成的隆拗格局，总体呈三隆三拗的隆拗格局。塔西南古隆起几乎完全继承前期的构造格局，没有明显变化。阿瓦提拗陷进一步发育，形成两个次级沉降中心；西北沉降中心是拗陷的主体，也是拗陷最大埋深点所在位置，最大埋深达 7000m；东南拗陷中心位于楚探 1 附近，是阿瓦提古拗陷向东南发育，楔入巴楚和塔中之间的一个负向构造。塘古巴斯拗陷继承性发育，且有一定扩大的趋势，最大埋深达 7500m。沙雅古隆起、卡塔克古隆起、顺托果勒低隆、孔雀河斜坡、古城墟隆起等构造单元的构造特征都没有明显变化，继承海西晚期的构造格局。满加尔拗陷范围的规模明显扩大，无论是拗陷的范围还是拗陷的埋深，都显著加大；东、西两个沉降中心，以西沉降中心为主，埋深也是西沉降中心带，最大埋深超过 10000m，这也是全盆地的最大埋深构造部位。

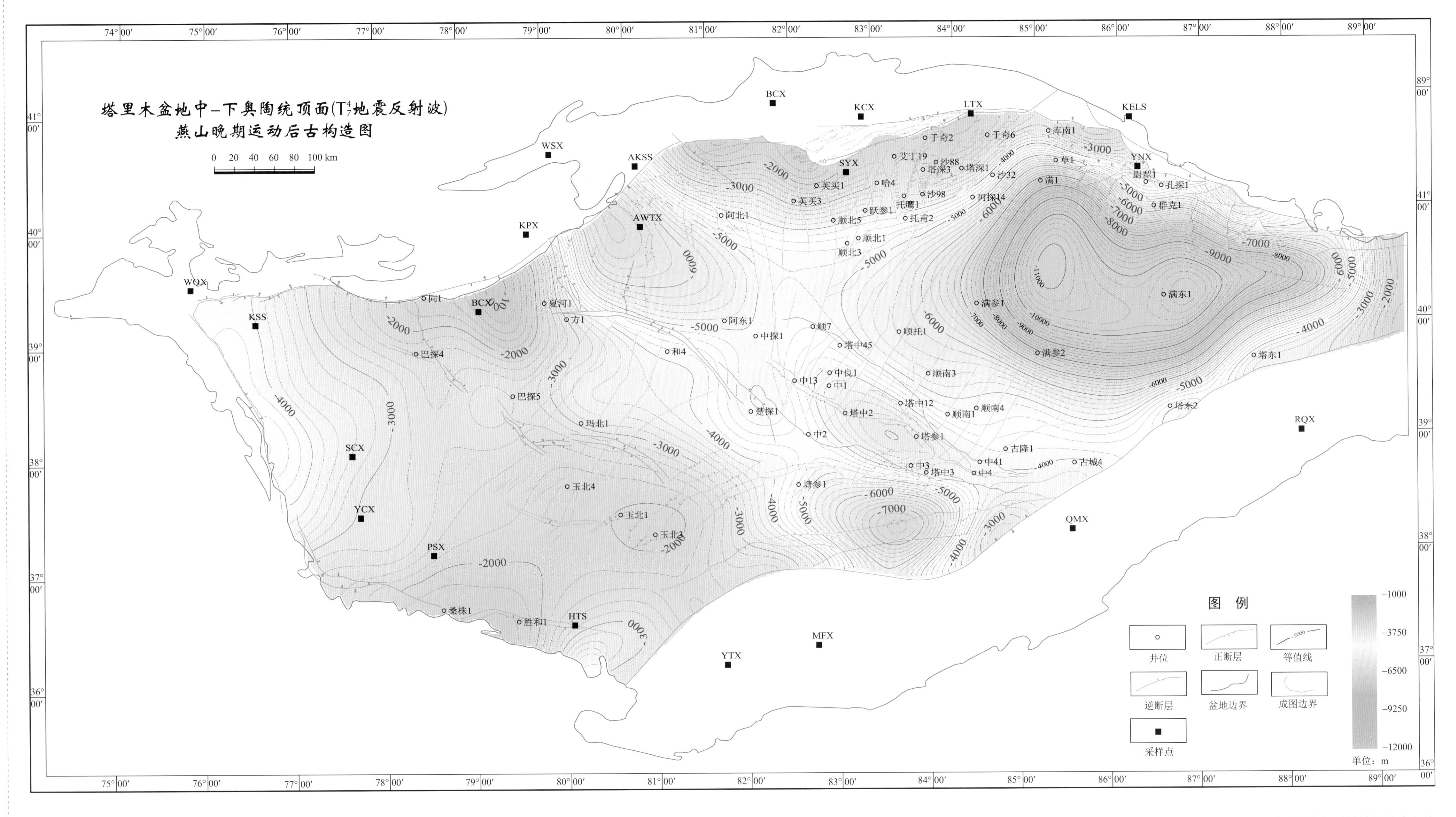

燕山晚期运动后，塔里木盆地中-下奥陶统顶面的构造特征继承了前期（印支期运动后）的构造格局，总体维持三隆三坳的隆坳格局。沙雅隆起继承向南倾伏的大型鼻状隆起的构造特征，包括三个次级鼻状凸起。另外，还有沙雅隆起东端的库尔勒鼻状凸起，与孔雀河古斜坡一体化演化，可以归入孔雀河古斜坡的范畴。塔西南古隆起的构造特征基本没有变化，存在巴楚、和田河两个次级的古凸起以及西南和东北两个斜坡，构造最高部位位于巴楚县东侧，埋深不足1000m。卡塔克古隆起无论是分布范围还是构造幅度都与印支运动后一致。塘古巴斯坳陷只是埋深有所加大，最大埋深达8000m。阿瓦提坳陷西北边界为沙井子断裂，西南边界是阿恰断裂，南边界为吐木休克断裂，向东、东北分别以斜坡向顺托果勒低隆和沙雅隆起方向逐渐抬升；沿阿恰-吐木休克断裂带的埋深陡变带基本消失；沉降中心靠近沙井子断裂，最大埋深达7000m。满加尔坳陷的规模和形态都没有明显变化，持续保持东、西两个沉降中心；最大埋深达11500m，也是塔里木盆地埋深最大的部位。满加尔坳陷东南的古城墟隆起和东北的孔雀河斜坡维持古斜坡构造特征。

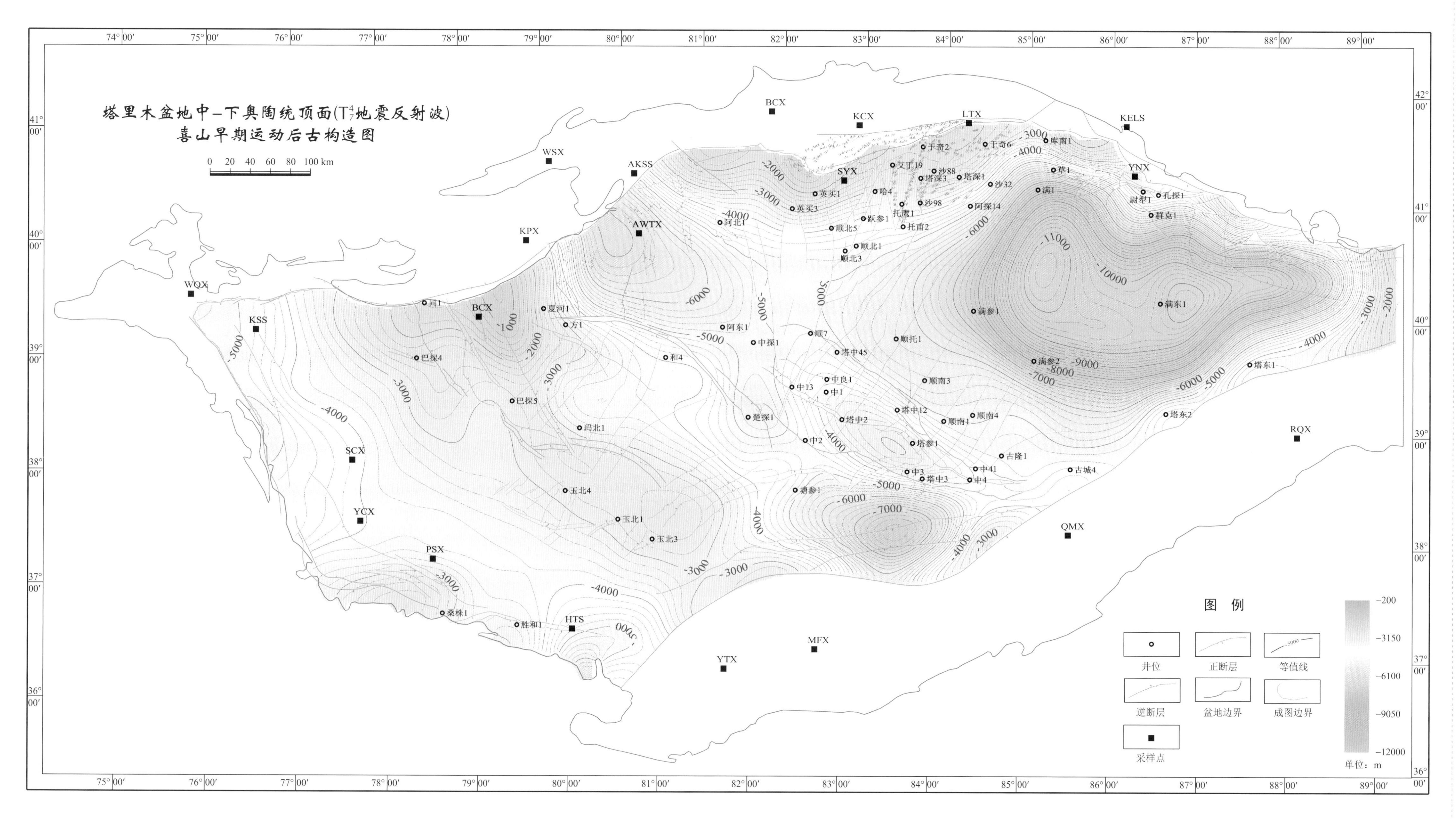

喜山早期运动后，塔里木盆地中 - 下奥陶统顶面的构造特征，在继承前期总体隆坳格局的前提下发生了较明显的调整和变化。最大的变化发生于塔西南地区，长期演化的塔西南古隆起开始逐渐向巴楚古隆起转变，古隆起呈 NW-SE 向展布，存在巴楚和玉北两个构造高点，隆起最高部位在巴楚县东侧，埋深不足 1000m。巴楚古隆起东北侧继承斜坡构造特征，西南侧开始出现拗陷的雏形，存在喀什、莎车、和田三个沉降中心，和田沉降中心埋深最大，达 6000m。沙雅古隆起和卡塔克古隆起的分布范围、隆起幅度都继承燕山晚期运动后的特征，基本没有变化。阿瓦提拗陷变化也很小，连埋深也维持在 7000m。塘古巴斯拗陷的分布范围有所扩大，拗陷中心的位置和埋深维持不变，最大埋深 8000m。满加尔拗陷为塔里木盆地最大的负向构造单元，东、西两个拗陷中心，埋深均为 11500m，构成塔里木盆地埋深最大的构造部位。

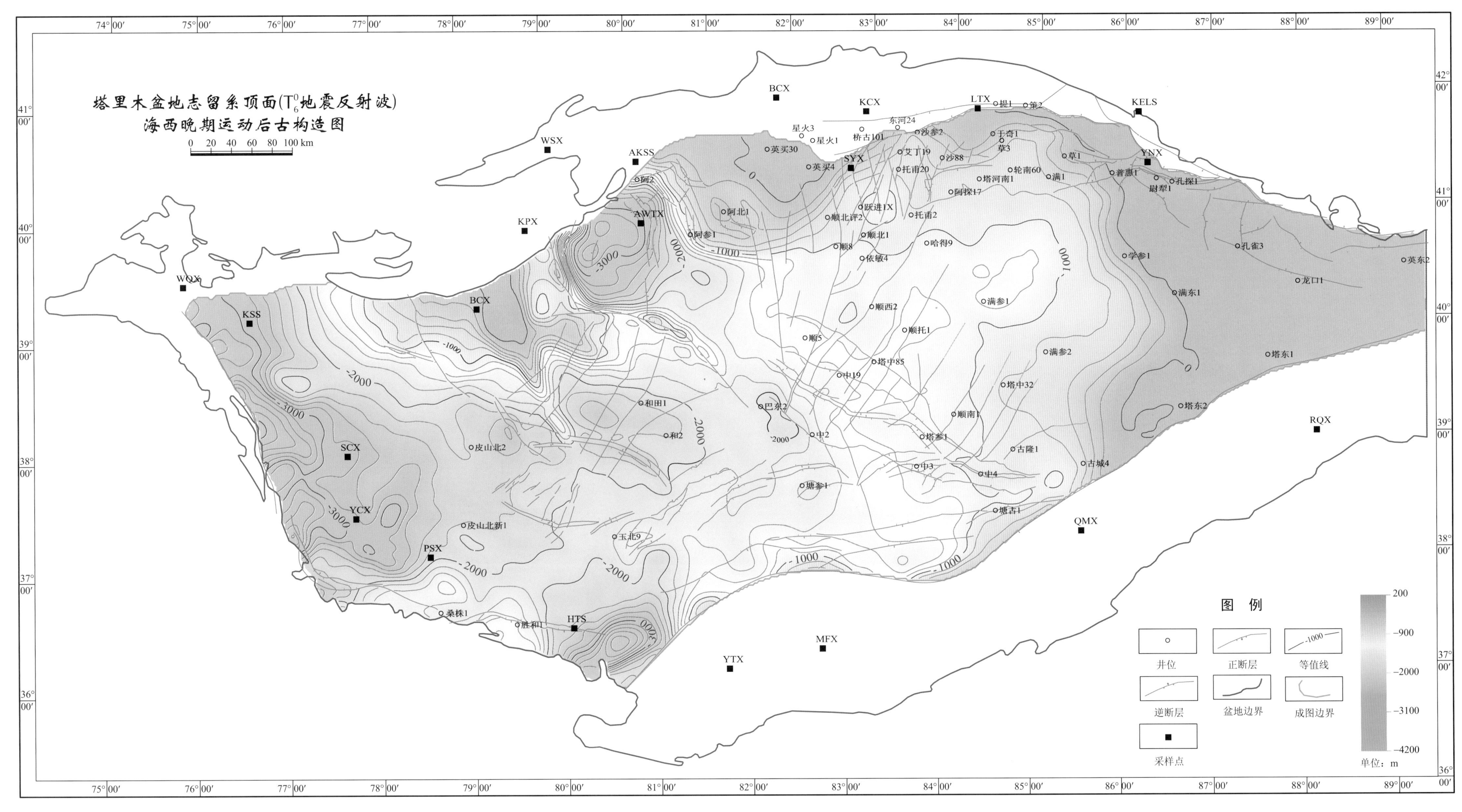

海西晚期运动后，塔里木盆地志留系顶面（T_6^0 地震反射波）整体形态呈“东高西低、南北高中间低”的隆拗格局。塔里木盆地北部、东北部、东部、东南部，以及西北部的巴楚一带大幅度隆升；西南部大范围沉降。沙雅古隆起的规模明显扩大，形成东部阿克库勒和西部英买力两个向南倾伏的鼻状凸起，西部的英买力鼻状凸起规模大、隆起高，大面积出露地表（0 埋深）。满加尔拗陷结束大型拗陷构造演化历史，整体抬升；东部构成塔东古隆起的组成部分，西部与顺托果勒低隆一起构成向阿瓦提拗陷倾没的大型宽缓斜坡。阿瓦提拗陷是变化最小的构造单元之一，维持大型拗陷构造特征，范围与现今的阿瓦提拗陷基本一致。沉降中心位于拗陷西部，靠近沙井子断裂，最大埋深 3400m。巴楚古隆起的雏形开始显现，位于巴楚隆起西北部，包括麦盖提斜坡的西北部，整体呈一向东南倾伏的大型鼻状隆起；隆起最高部位位于巴楚县东侧，志留系顶面直接出露地表（0 埋深）。塔里木盆地西南部大面积沉降为拗陷区，西南拗陷形成，包括现今的西南拗陷、麦盖提斜坡大部、巴楚隆起东南部和塘古巴斯拗陷主体，存在多个沉降中心，英吉沙拗陷中心最大埋深 4200m，和田 - 策勒拗陷中心最大埋深 3800m。

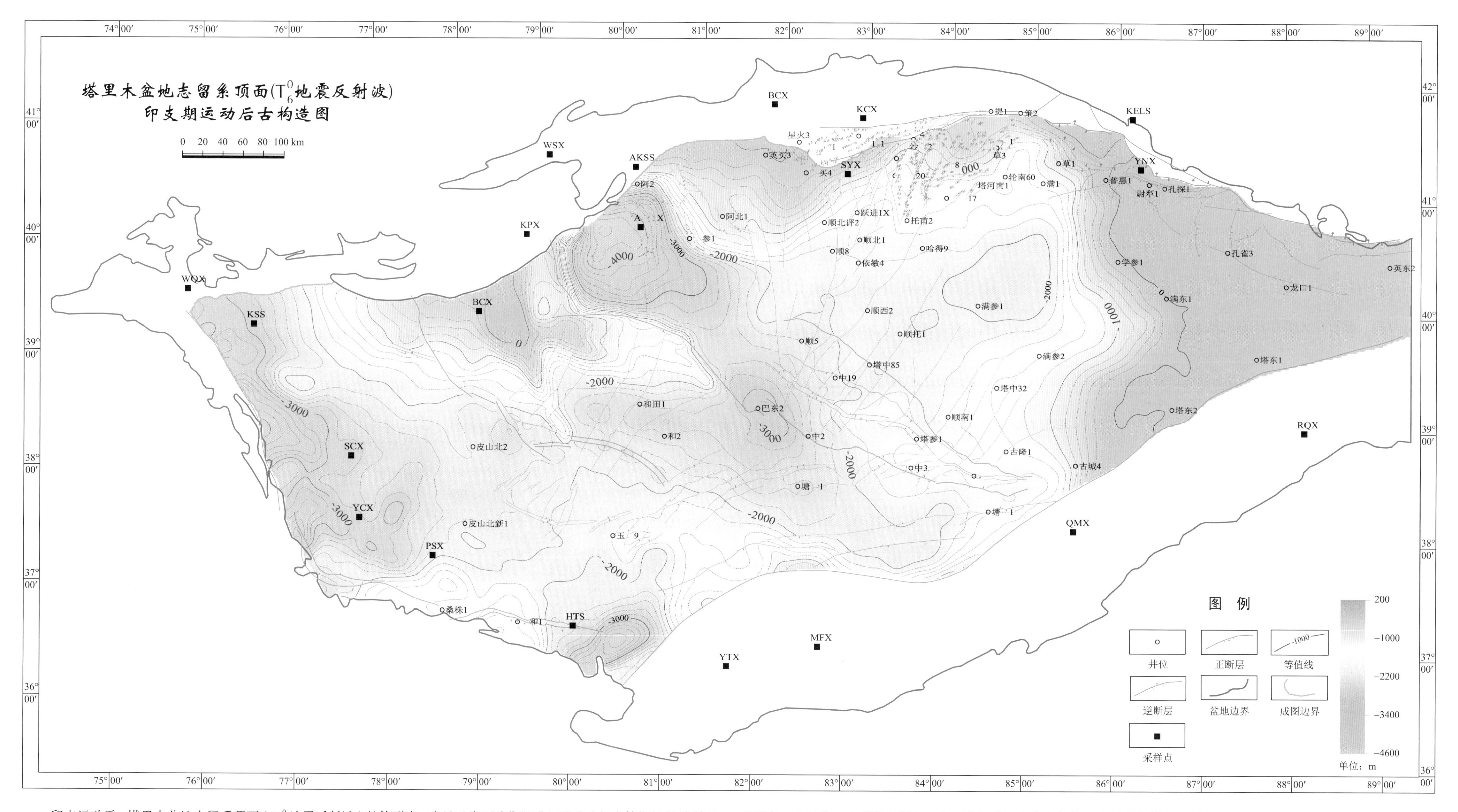

印支运动后，塔里木盆地志留系顶面（T_6^0地震反射波）整体形态，在继承海西晚期运动后所形成的总体格局的前提下，发生了较明显的调整。沙雅古隆起和塔东古隆起的构造格局变化不大。阿瓦提坳陷持续演化，范围稍有扩大，埋深明显加大，最大埋深为4400m。阿瓦提坳陷向塘古巴斯坳陷方向延伸，在巴东2井一带形成一个大的沉降中心，埋深达3000m。满加尔坳陷西部再次沉降，形成一个宽缓的新的坳陷雏形。卡塔克古隆起为一向西北倾伏的鼻状隆起构造。巴楚隆起进一步演化，总体为一大型鼻状隆起，向西北抬升，向东南倾伏；受断裂控制，形成古董山、卡拉沙依等鼻状构造。西南坳陷继承性演化，地形起伏多变，存在多个沉降中心和多个局部构造高；英吉沙沉降中心最大埋深4000m，和田-策勒沉降中心最大埋深3800m。在塘古巴斯坳陷南部，车尔臣断裂下盘发育大型鼻状构造。

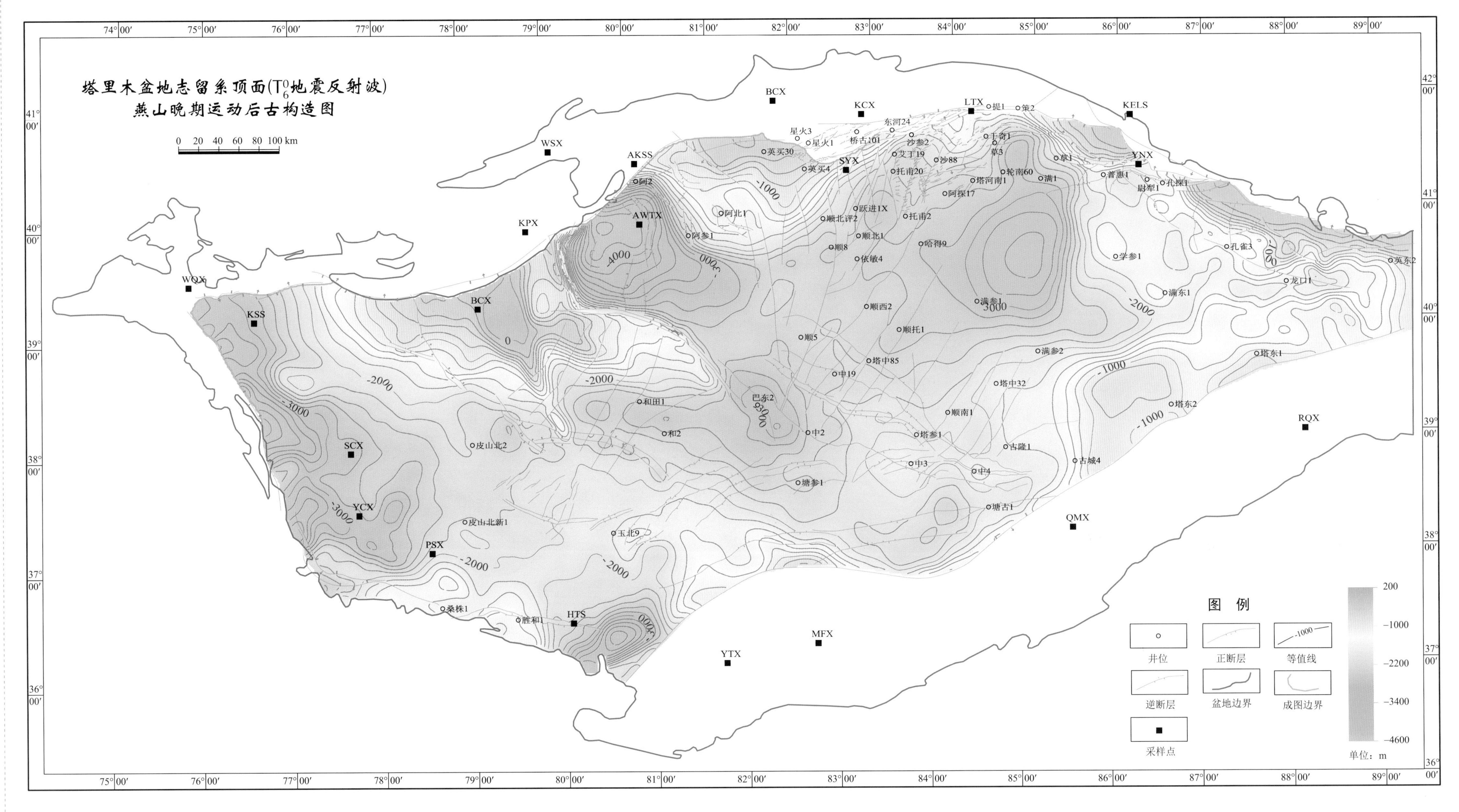

燕山晚期运动后，塔里木盆地志留系顶面（T_6^0 地震反射波）整体形态，继承了印支运动后的隆坳格局，且变化加大。总体，坳陷范围扩大，隆起范围缩小。沙雅隆起显著萎缩，塔东古隆起分界为东北部的孔雀河斜坡和东南部的古城墟隆起（雏形）；卡塔克隆起沉降，成为一个非常宽缓的低幅度鼻状构造；唯有巴楚古隆起基本维持早期的规模和隆起幅度。满加尔坳陷的范围和沉降幅度明显加大；阿瓦提坳陷最大埋深达 4200m，构成全盆地最低构造部位；阿瓦提、塘古巴斯和满加尔三大坳陷相连，组合成塔里木盆地中部的一个大型坳陷区。西南坳陷继承性演化，发育多个坳陷中心；其中，英吉沙坳陷中心最大埋深 4000m，和田 - 策勒坳陷中心最大埋深约 3800m。昆仑山前和车尔臣断裂下盘的多个鼻状构造持续演化。

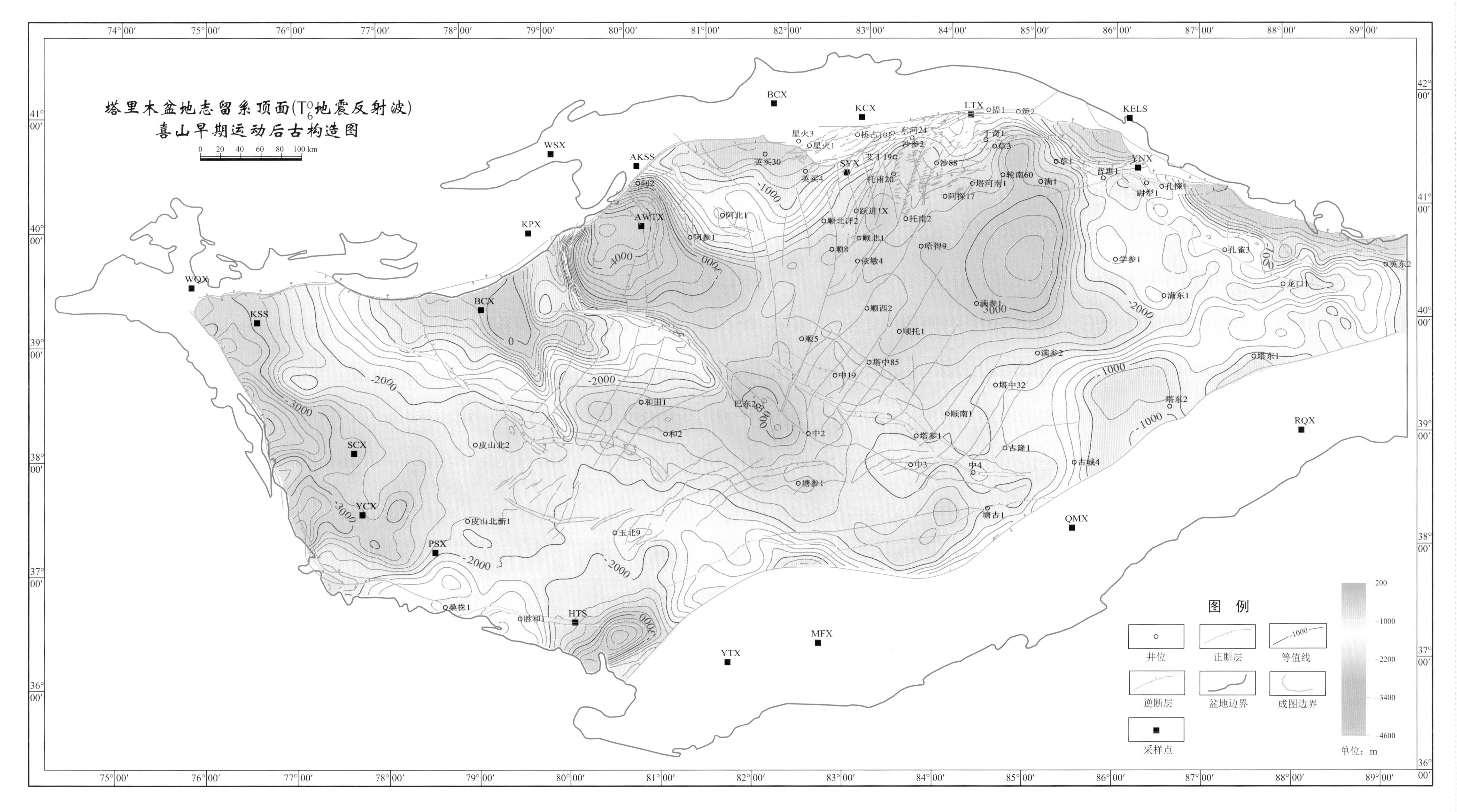

喜山早期运动后，塔里木盆地志留系顶面（T_6^0 地震反射波）的构造形态继承了燕山晚期运动后的隆拗格局，变化较小。巴楚古隆起继承早期轮廓的同时又进一步扩展的趋势，总体为一向东南倾伏的复杂的大型鼻状隆起，最高构造部位位于巴楚县东侧，志留系顶面出露地表。受阿恰断裂和吐木休克断裂控制，巴楚隆起与阿瓦提拗陷之间出现一清晰的埋深陡变带。塔里木盆地东北部的孔雀河斜坡和东南部的古城墟隆起（雏形）的构造特征与燕山晚期运动后基本一致，两者之间为一近E-W向窄且浅的凹槽。卡塔克隆起演变为一个宽缓低幅度背斜。满加尔拗陷的范围和沉降幅度进一步发展；阿瓦提拗陷沉降幅度加大，最大埋深达4400m；阿瓦提拗陷、塘古巴斯拗陷和满加尔拗陷连通，组合成塔里木盆地中部的一个大型拗陷区。西南拗陷持续演化，发育多个拗陷中心；其中，和田-策勒拗陷中心最大埋深达5600m，构成塔里木盆地盆地最低构造部位。昆仑山前的鼻状构造衰退，车尔臣断裂下盘的鼻状构造继承性演化。

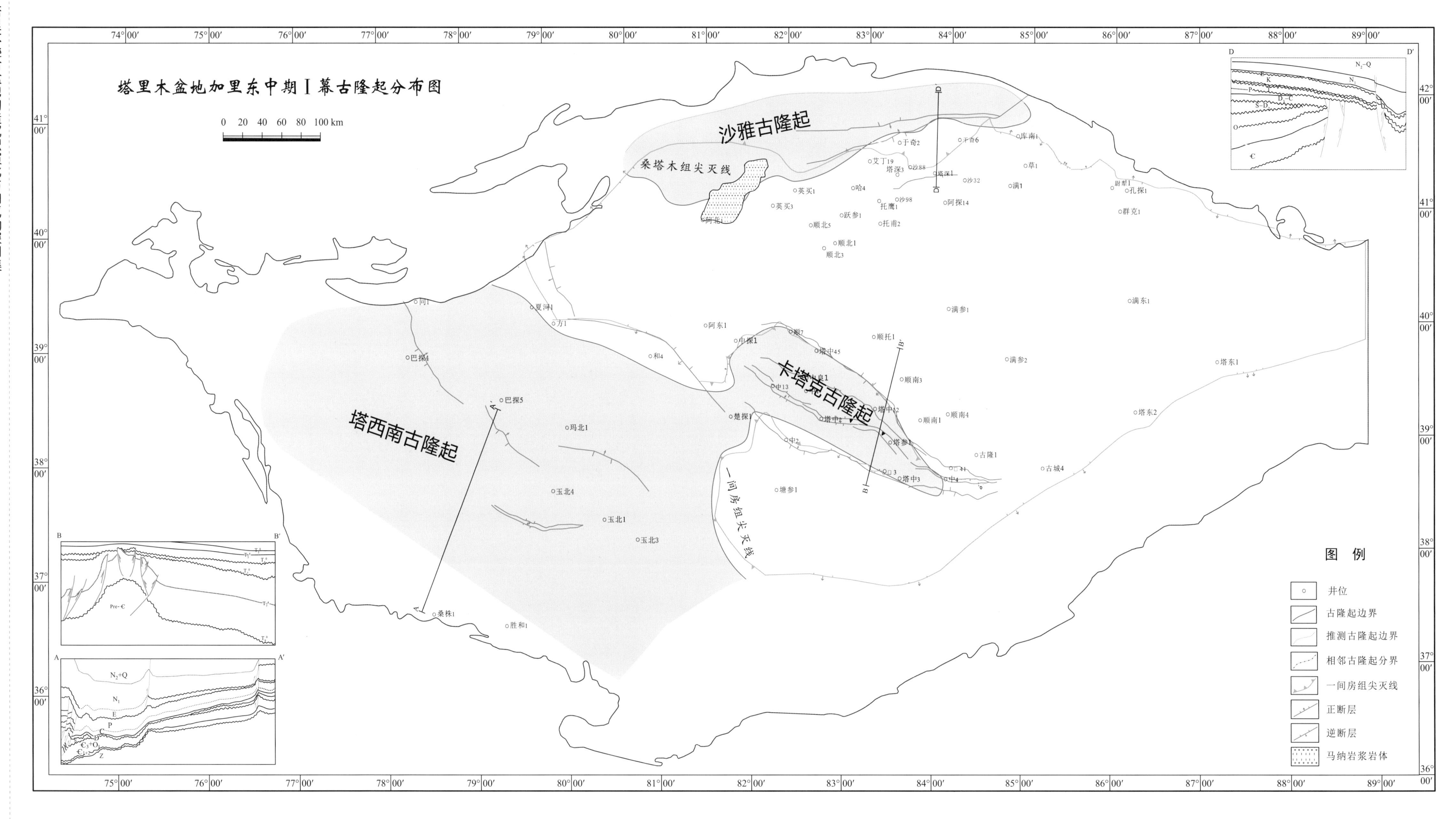

加里东中期Ⅰ幕构造运动结束了塔里木盆地此前长期的区域性拉张构造背景，盆地的构造应力状态由区域性拉张转变为区域性挤压。受控于昆仑-阿尔金碰撞造山作用所产生的强大的区域性挤压构造应力场，沙雅、卡塔克和塔西南拉开了古隆起演化的帷幕。NW-SE向延伸的卡塔克古隆起和塔西南古隆起，主要反映了昆仑碰撞造山作用由SW向NE的挤压构造应力；长轴近E-W向展布的沙雅古隆起，显示昆仑碰撞造山作用产生的由SW向NE的挤压构造应力和阿尔金碰撞造山作用产生的由SE向NW的挤压构造应力，在塔北地区交汇形成的近N-S向合应力。卡塔克古隆起与东侧的古城墟隆起及西侧的和田河（塔西南）古隆起，可能同属于昆仑-阿尔金碰撞造山带周缘前陆盆地的前隆带。当时，巴楚隆起位于该前隆带的北部斜坡部位。

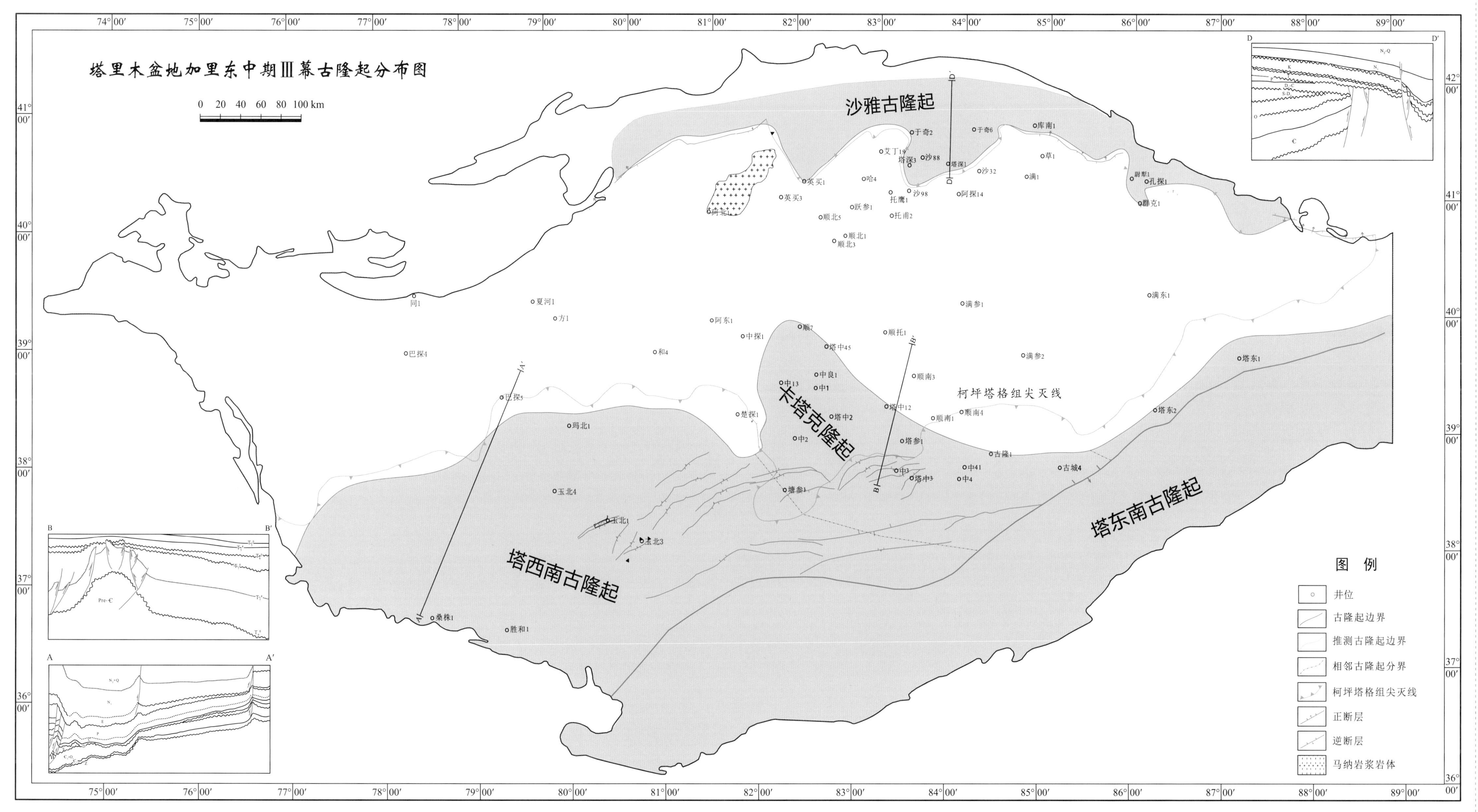

晚奥陶世末 - 志留纪初的加里东中期 III 幕构造运动中，西部的昆仑碰撞造山作用逐渐减弱，东部的阿尔金碰撞造山作用明显加强。塔西南古隆起隆升速度明显减慢，古隆起范围向东逐渐萎缩。现今巴楚隆起的主体几乎全部沦为沉积区。卡塔克古隆起的隆升速率也衰退，古隆起范围缩小，成为一向西北倾伏的鼻状隆起。沙雅古隆起持续隆升。晚奥陶世 - 志留纪地层显示出明显的生长地层特征，是塔北沙雅古隆起持续隆升的重要证据。在这个隆升过程中，古隆起的高部位会发生部分暴露，遭受风化剥蚀，从而形成了志留系与下伏地层之间的不整合，即 T_7^0 不整合。东部阿尔金碰撞造山作用产生的强大的构造挤压应力，造成塔东南地区的大面积隆升，形成塔东南古隆起。由于塔东南地区大面积缺失古生代地层，中 - 新生界直接不整合于前南华系结晶基底之上，因此塔东南古隆起的确切形态和隆升过程难以准确刻画。

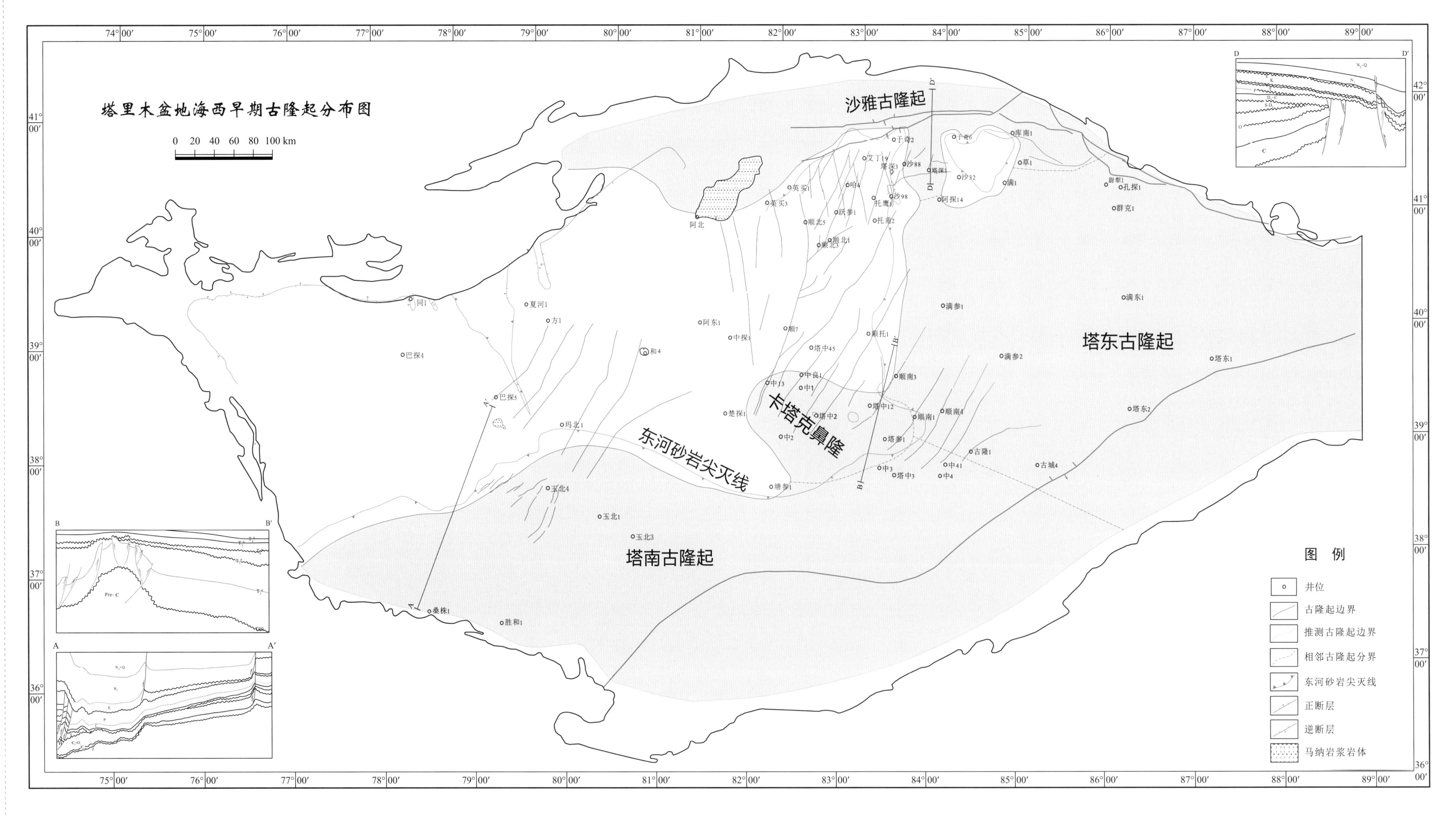

以东河砂岩与下伏地层之间的不整合为标志，昆仑 - 阿尔金碰撞造山作用结束，进入造山后应力松弛阶段，卡塔克古隆起定型；沙雅古隆起基本定型；塔西南古隆起继承加里东中期 III 幕的构造格局，塔东南和塔东连为一片，构成大型塔东古隆起。

雅克拉凸起和阿克库勒低凸起继续一体演化，没有分异。塔河 - 轮南向西南方向倾伏的大型鼻状背斜基本定型。英买力地区可能仍然没有成为沙雅古隆起的一部分，或者仅处于沙雅古隆起的边坡部位。早海西期是卡塔克古隆起的定型期。晚泥盆世 - 石炭纪时期，海水从西南向东北侵入，卡塔克隆起大面积沉降，接受了沉积，成为埋藏古隆起。塔东古隆起包括孔雀河斜坡、满加尔拗陷、古城墟隆起和东南断隆。巨型的塔东古隆起的形成，可能反应了阿尔金造山作用的加强。塔东古隆起的最直接证据是上古生界的大面积缺失。

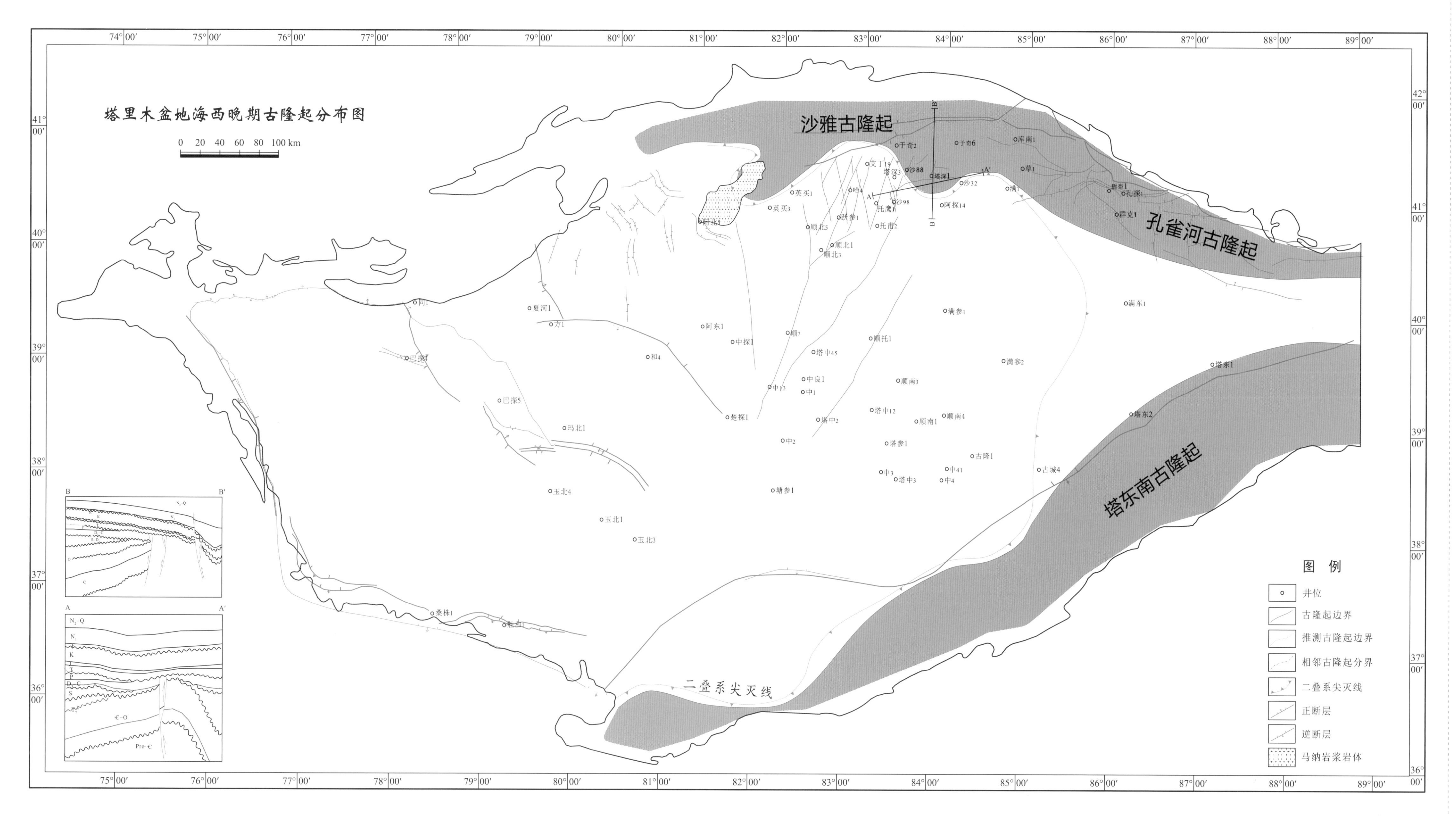

海西晚期古隆起受二叠纪大陆裂谷作用和二叠纪末发生的南天山碰撞造山作用的双重控制。受二叠纪大陆裂谷作用控制，塔里木盆地大面积沉降，接受火山岩-火山碎屑岩沉积，卡塔克古隆起、塔西南古隆起和巴楚古隆起均发生沉降，成为盆地沉积区。塔东南古隆起也严重萎缩，呈NE-SW向的条带状分布于阿尔金山前。南天山碰撞造山作用维持了沙雅地区的古隆起状态，并在库鲁克塔格山前地区形成孔雀河古隆起。塔北地区二叠纪强烈的岩浆活动及其相关的断裂构造见于英买力地区，其他地区的岩浆活动都比较弱。二叠纪大陆裂谷作用及其伴生的大陆裂谷型岩浆活动，对卡塔克古隆起起到了一定的改造作用。古隆起西部岩浆活动较明显。这一阶段，卡塔克的隆起在地貌上已不具备隆起特征。巴楚隆起和塔西南古隆起全部沉降接受火山岩-火山碎屑岩为代表的沉积建造。其中，巴楚地区是塔里木盆地二叠纪岩浆活动最强烈的地区之一。

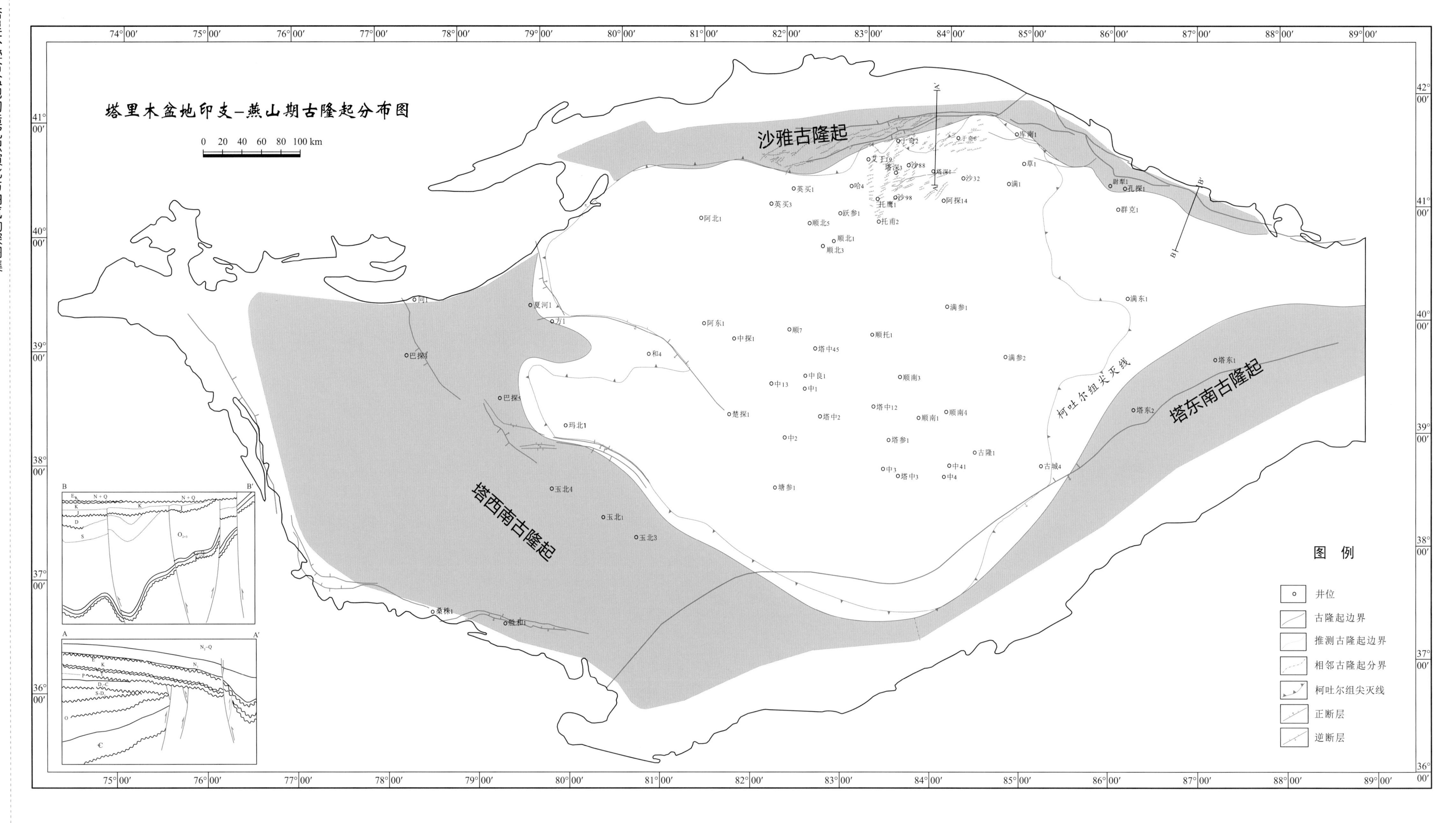

印支-燕山期是南天山从碰撞造山到造山后的一个完整的构造旋回。中天山与塔里木发生的碰撞造山作用，形成南天山造山带。造山带南缘进入库车周缘前陆盆地演化阶段。塔北沙雅隆起受轮台和亚南断裂大规模冲断作用的控制，再次大规模隆升，成为库车周缘前陆盆地的前缘隆起。沙雅隆起的主干断裂基本上都形成于这一构造演化阶段或者在这一构造演化阶段复活。轮台断裂的大规模冲断，将此前一直一体演化的雅克拉凸起和阿克库勒凸起一分为二。侏罗纪时期，南天山造山带进入造山后应力松弛阶段，区域性构造伸展。塔北地区继承三叠纪的古地理格局，沙雅古隆起继续存在，侏罗系逐渐向隆起高部位超覆。至白垩纪，沙雅古隆起最终完全沉降于水下；白垩系广泛分布，掩覆于沙雅古隆起之上；沙雅古隆起成为埋藏古隆起。卡塔克古隆起均匀沉降，为埋藏古隆起。巴楚隆起西南部与西南拗陷主体、柯坪断隆一同构成了塔西南中生代古隆起。塔西南古隆起整体隆升，大面积缺失几乎全部中生代地层形成古近系与下伏地层之间的不整合。

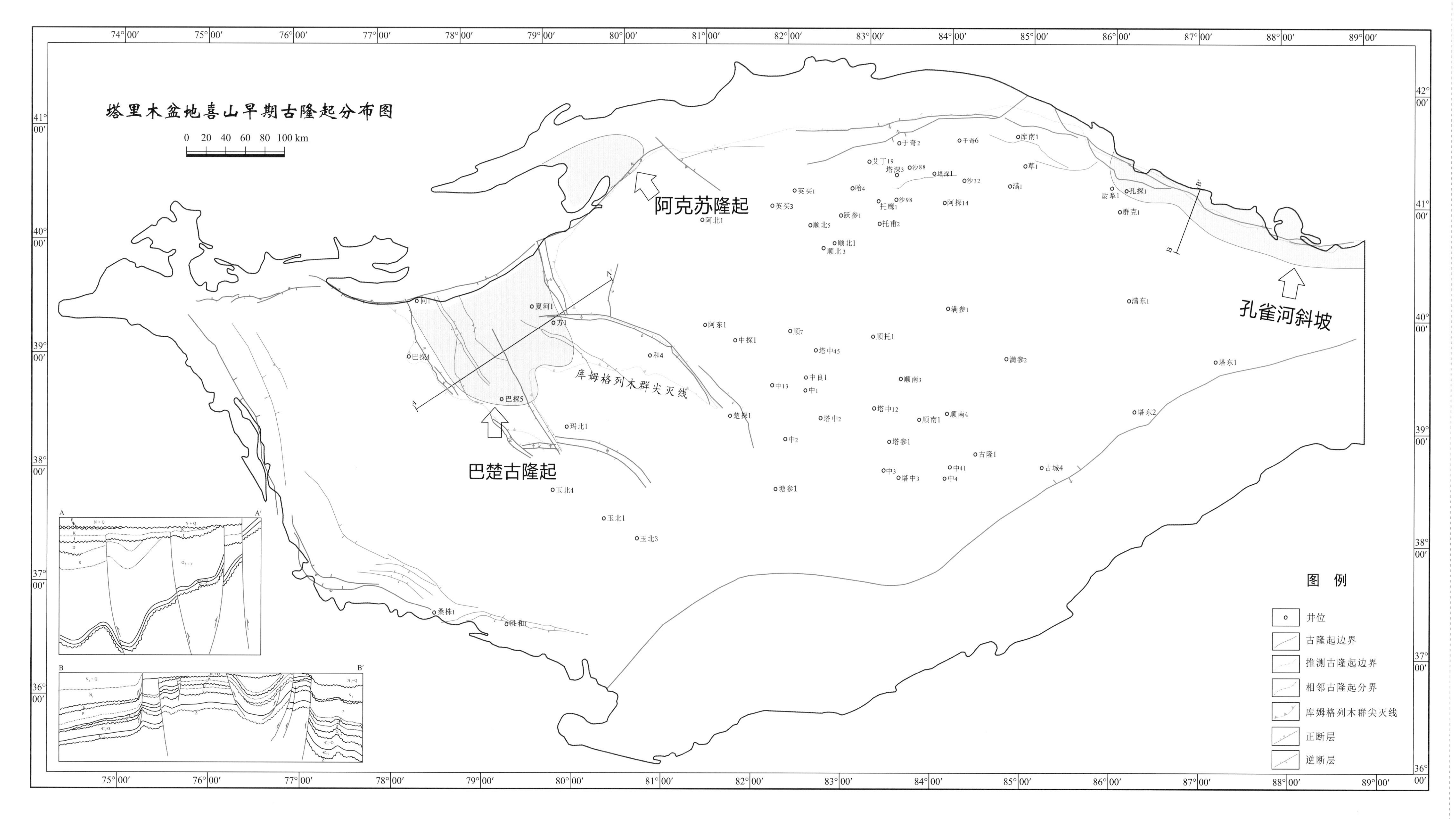

新生代时期，喜马拉雅造山作用的远程效应，引起南天山、昆仑和阿尔金造山带的复活，发生陆内造山作用。造山楔向塔里木盆地推进，在南天山山前形成库车褶皱冲断带、柯坪褶皱冲断带和北塔里木前陆盆地；在昆仑山前形成昆仑山前褶皱冲断带和塔西南陆内前陆盆地。塔里木盆地进入陆内前陆盆地演化阶段。随着岩石圈的挠曲沉降，塔北和塔西南地区大幅度快速沉降，沙雅古隆起和塔西南古隆起的主体部位分别演变为北塔里木和塔西南陆内前陆盆地的前渊带，被巨厚的新生代地层覆盖，成为深埋古隆起。受控于色力布亚、麻扎塔格、阿恰、吐木休克等边界断裂的大规模冲断作用和塔西南陆内前陆盆地形成过程中的岩石圈挠曲变形，巴楚隆起大规模快速隆升，成为塔西南陆内前陆盆地的前隆。喜马拉雅早期，陆内造山作用和陆内前陆盆地演化刚刚拉开序幕，巴楚隆起的隆升刚刚开始，仅西北部呈现古隆起状态。这一构造演化阶段，塔里木盆地的隆起构造单元还有阿克苏鼻隆和孔雀河斜坡。

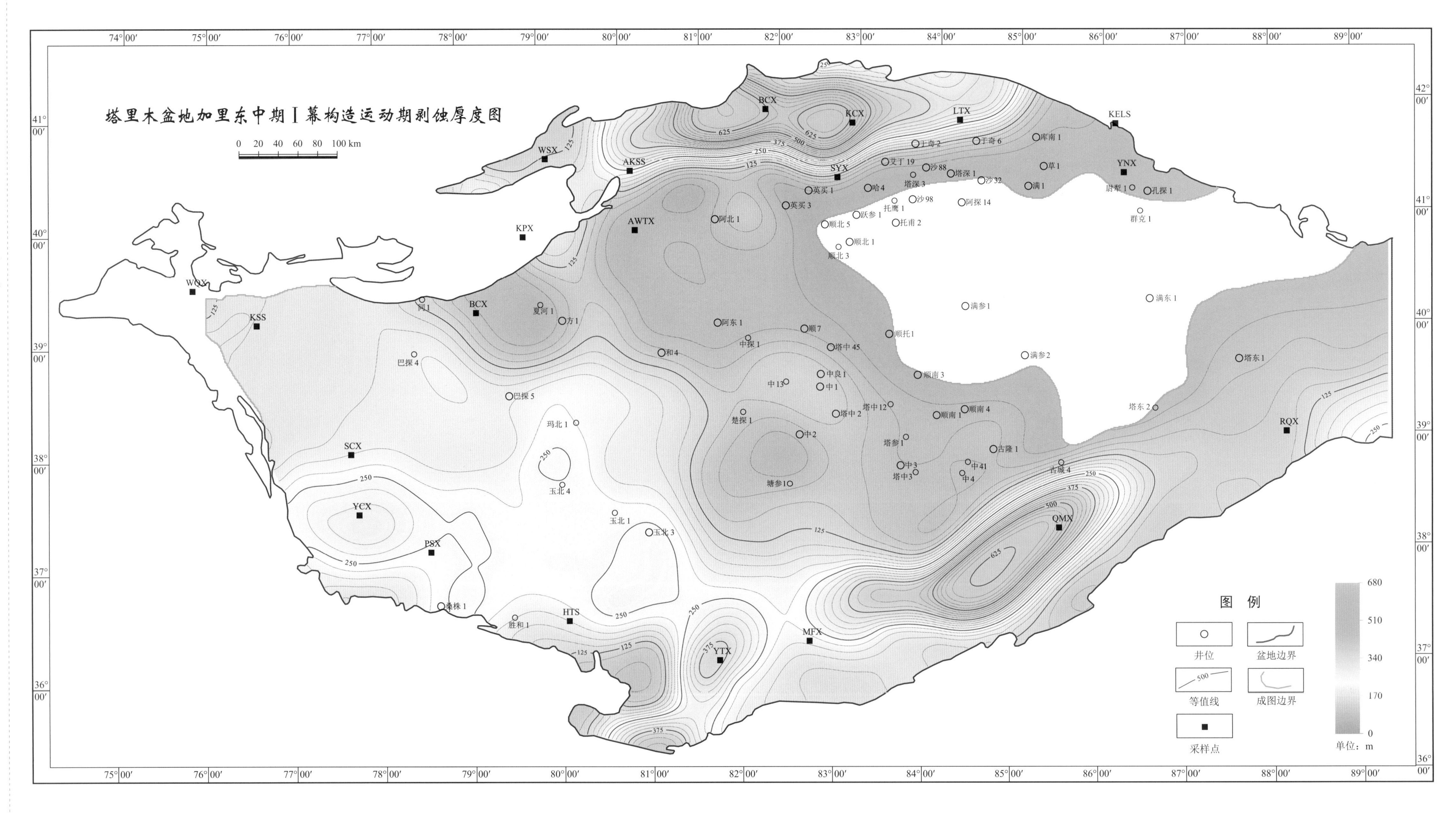

加里东中期Ⅰ幕剥蚀量主要集中在塔西南、沙雅、卡塔克和塔东南几个隆起区，剥蚀厚度为100 ~ 500m。受控于昆仑-阿尔金昆仑碰撞造山作用，古隆起剥蚀带的分布具有NW向与NE向叠加的特点，在塔西南、塔中形成NW向剥蚀带，塔北形成近EW向剥蚀带，塔东南形成NE向剥蚀带。沙雅隆起在加里东中期Ⅰ幕运动后呈近EW向展布，最大剥蚀厚度位于隆起区北缘，可达440m，向南剥蚀厚度逐渐减小；塔西南隆起包括现今西南拗陷、麦盖提斜坡和巴楚隆起，剥蚀厚度等值线总体呈NW-SE向分布，面积较大，与塔东南隆起连通，塔西南古隆起最大剥蚀厚度见于叶城一带，达300m；塔东南隆起呈NE-SW向展布，平行于现今的车尔臣河断裂，剥蚀厚度向东南加大、向西北减小，最大剥蚀厚度为450m。在满加尔拗陷基本未遭受剥蚀区，阿瓦提拗陷、塘古巴斯拗陷和卡塔克隆起剥蚀厚度一般小于100m。

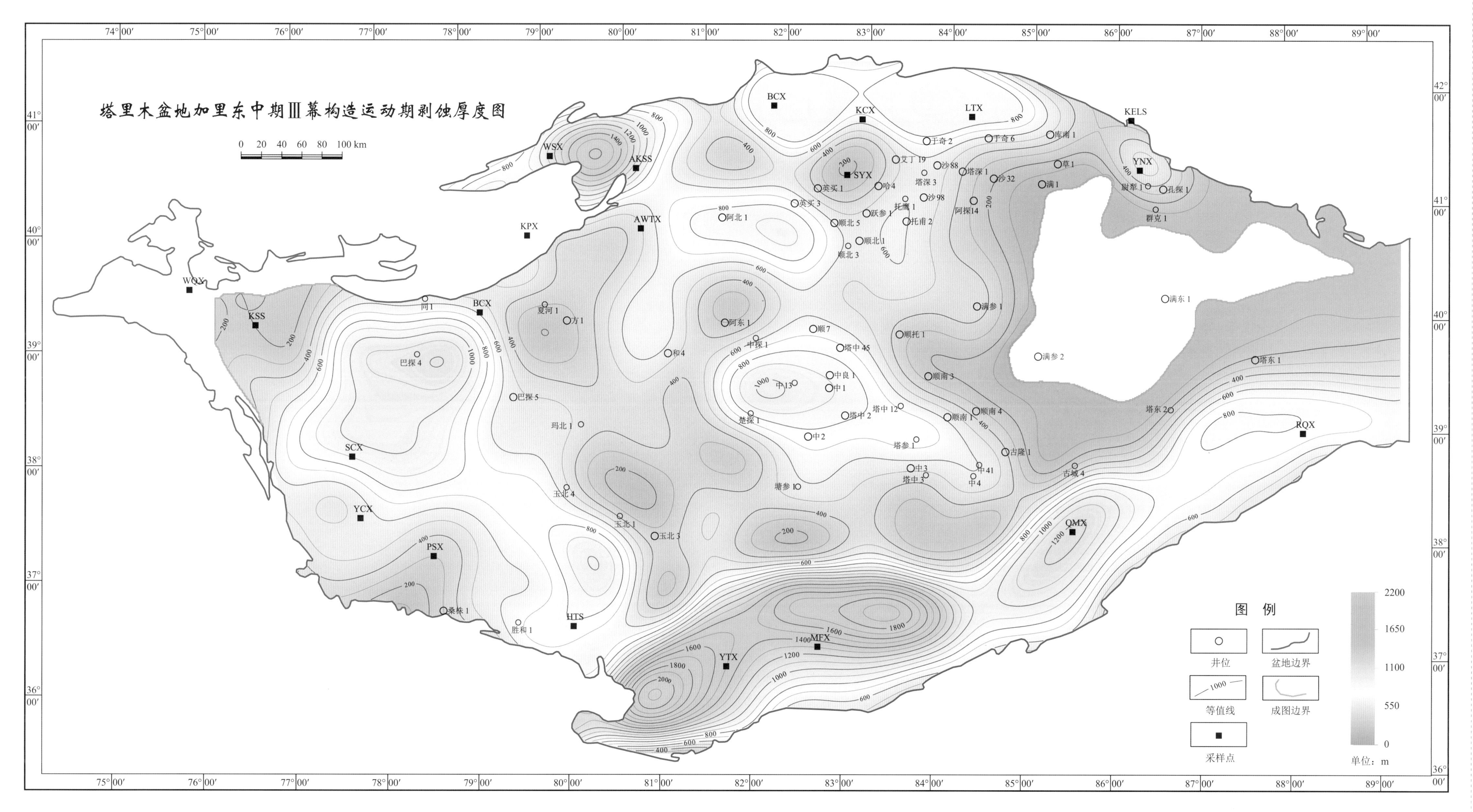

加里东中期Ⅲ幕运动是昆仑-阿尔金碰撞造山作用的一幕，也可以说是昆仑-阿尔金碰撞造山作用的持续。塔里木盆地加里东中期Ⅲ幕的剥蚀范围有所扩大，满加尔拗陷零剥蚀区的范围明显缩小；剥蚀量大幅度加大，剥蚀厚度分布情况也发生了明显的变化。最大剥蚀厚度见于盆地南缘策勒地区，达1400m；盆地内最大剥蚀厚度见于色力布亚断裂带中部的巴探4井附近，达1200m。

几个古隆起仍然是剥蚀中心，塔西南隆起包括现今的南拗陷、麦盖提斜坡和巴楚隆起仍然发育，剥蚀厚度在1000~1200m。在麦盖提斜坡西北和东南部形成2个大的剥蚀中心，最大剥蚀厚度分别是1200m和1000m。剥蚀厚度等值线呈NW方向展布。塔东南古隆起仍然呈NE向展布，剥蚀量向东南加厚，向西北减薄。卡塔克古隆起的大规模剥蚀是加里东中期Ⅲ幕剥蚀厚度分布图的一个显著的变化。剥蚀中西位于卡塔克古隆起的西北端，最大剥蚀量为1000m，显示卡塔克古隆起西北高东南低的特点。沙雅古隆起的地层剥蚀厚度大幅度降低，是加里东中期Ⅲ幕剥蚀厚度分布图的又一个显著的变化。一个很引人注目的奇特现象是，阿瓦提拗陷存在一个较大的剥蚀中心，地层剥蚀厚度最大达900m。

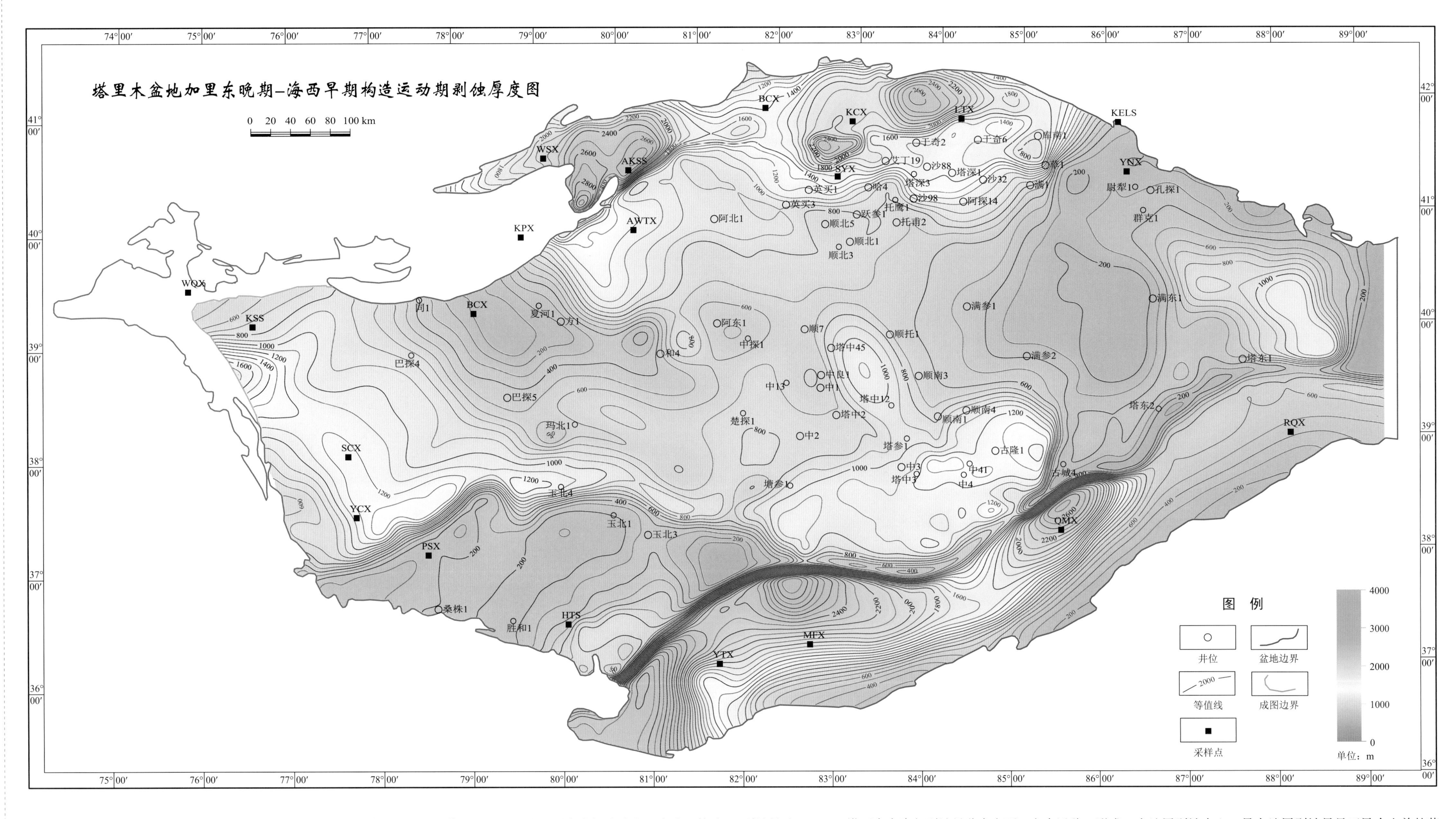

加里东晚 - 海西早期构造运动是昆仑 - 阿尔金碰撞造山作用的最后一幕，此后进入造山后应力松弛阶段。在这一构造演化阶段，塔里木盆地剥蚀区范围扩大至全盆地，满加尔零剥蚀区消失。地层剥蚀厚度分布情况发生明显的调整、变化，最大剥蚀厚度见于沙雅北和阿克苏一带，可达 2000m。

沙雅古隆起的地层剥蚀量大幅度加大，显示古隆起大规模的隆升；卡塔克隆起持续演化，剥蚀中心向东南迁移，最大剥蚀量达 1100m。塔西南古隆起剥蚀量分布向西、向南迁移，形成 3 个地层剥蚀中心，最大地层剥蚀量见于昆仑山前的英吉沙西侧，可达 1800m。塔东南古隆起形成东北和西南 2 个剥蚀量分布中心。东北中心位于塔东 1 井以东，最大剥蚀厚度 1100m。西南剥蚀中心位于古城地区，最大剥蚀量达 1400m。阿瓦提拗陷西部剥蚀量分布中心最大剥蚀量达 1700m。

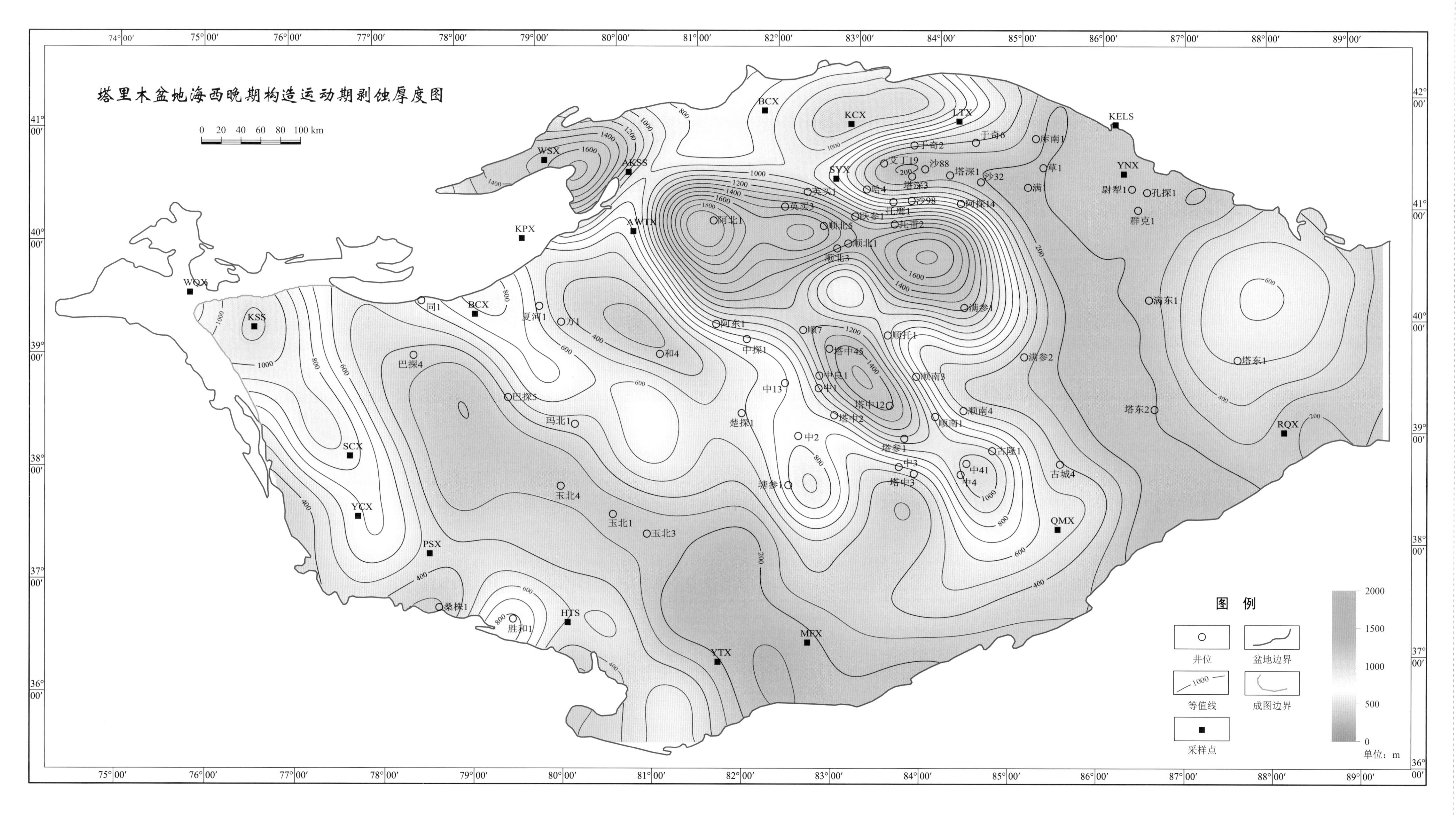

海西晚期，塔里木盆地在区域性挤压构造应力的作用下，发生了遍布全盆地的广泛的剥蚀作用，没有零剥蚀区。隆升-剥蚀造成沉积间断，形成三叠系与下伏地层之间的不整合。南天山山前的下三叠统俄霍布拉克组平行或微角度不整合在上二叠统比尤勒包谷孜群之上，在塔里木盆地北部和东部地区可见三叠系地层角度不整合于前中生界不同层位地层之上；在沙雅隆起南坡和东南隆起北坡的三叠系分别由北向南和由南向北超覆，与前三叠系不同时代的地层呈角度不整合接触；在满加尔及卡塔克地区，与下伏上二叠统地层呈低角度不整合-侵蚀不整合接触。隆起剥蚀中心向塔里木盆地中部集中，形成中间剥蚀量大，东、西剥蚀量降低的格局。塔里木盆地中部，阿瓦提拗陷、顺托果勒低隆和卡塔克隆起形成3个隆起剥蚀中心。全盆地最大地层剥蚀量见于阿瓦提剥蚀中心，最大剥蚀厚度接近2000m。顺托果勒剥蚀中心的最大地层剥蚀厚度为1700m。卡塔克剥蚀中心呈NW-SE向的长轴状，最大剥蚀厚度为1500m。巴楚隆起存在一个NW-SE向的相对高剥蚀带，最大剥蚀厚度见于巴楚县西北，达800m。麦盖提斜坡和草湖-古城一带形成2个低剥蚀带，最小地层剥蚀量小于200m。

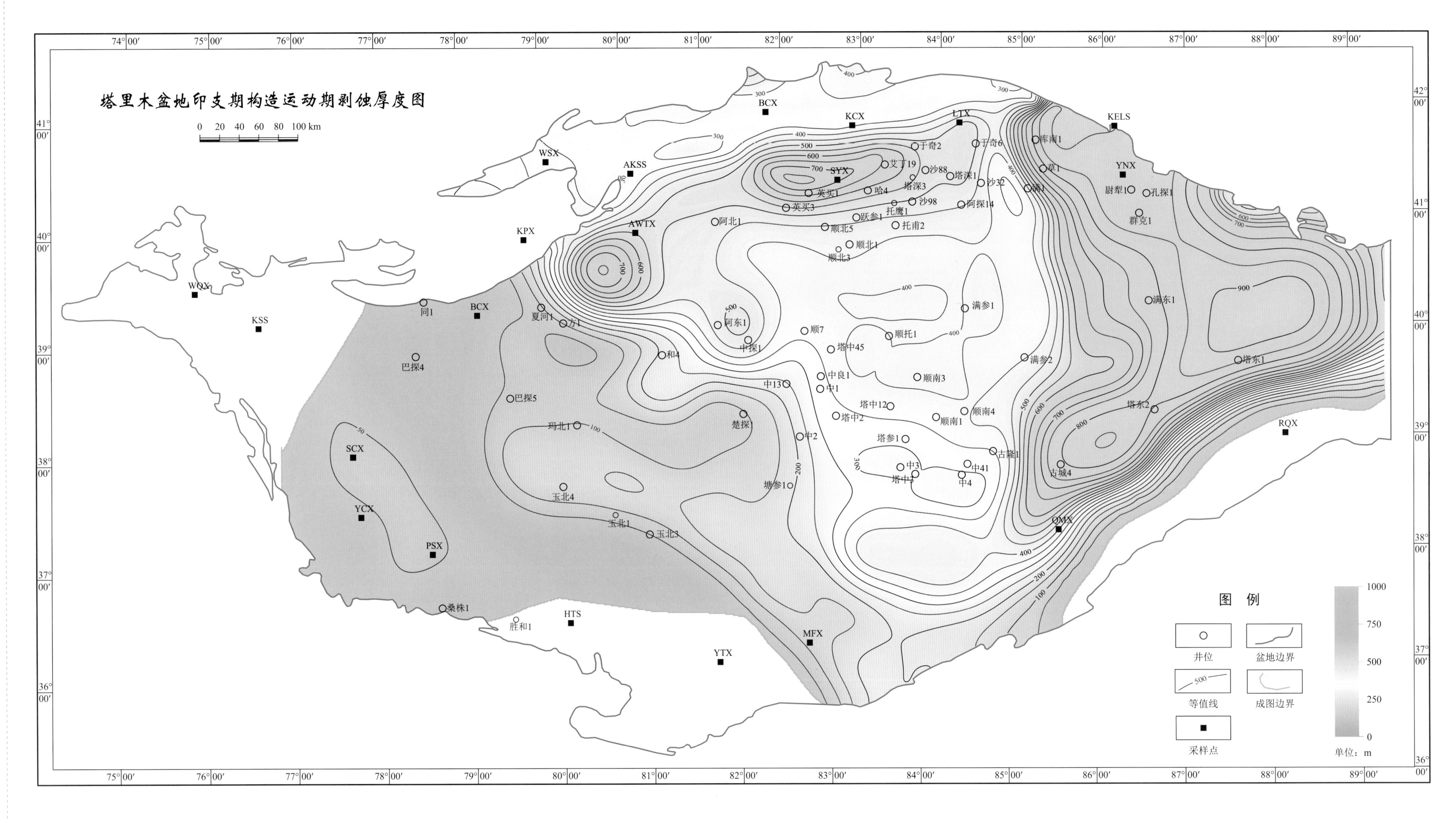

印支期构造演化阶段，塔里木盆地内部，特别是东部地区发生大面积隆升剥蚀，形成了侏罗系与三叠系及下伏地层广泛的区域不整合。塔里木盆地印支期地层剥蚀强度，东部明显强于西部。盆地东部大面积隆升-剥蚀，形成一个大规模的隆起剥蚀区，最大地层剥蚀厚度超过900m。沙雅古隆起存在一个长轴近东西向的地层剥蚀中心，最大剥蚀量可达850m，见于英买力。阿瓦提坳陷形成一个穹隆状地层剥蚀中心，最大地层剥蚀厚度可达750m。一个很有意思的现象是，阿瓦提地层剥蚀中心与现今阿瓦提坳陷最深构造部位基本一致。自阿瓦提坳陷-卡塔克隆起一线向西南，地层剥蚀量迅速减小到不足100m。巴楚隆起大面积地层剥蚀厚度小于100m；西南坳陷和麦盖提斜坡大部，地层剥蚀厚度小于50m，可能存在相当规模的零剥蚀区。

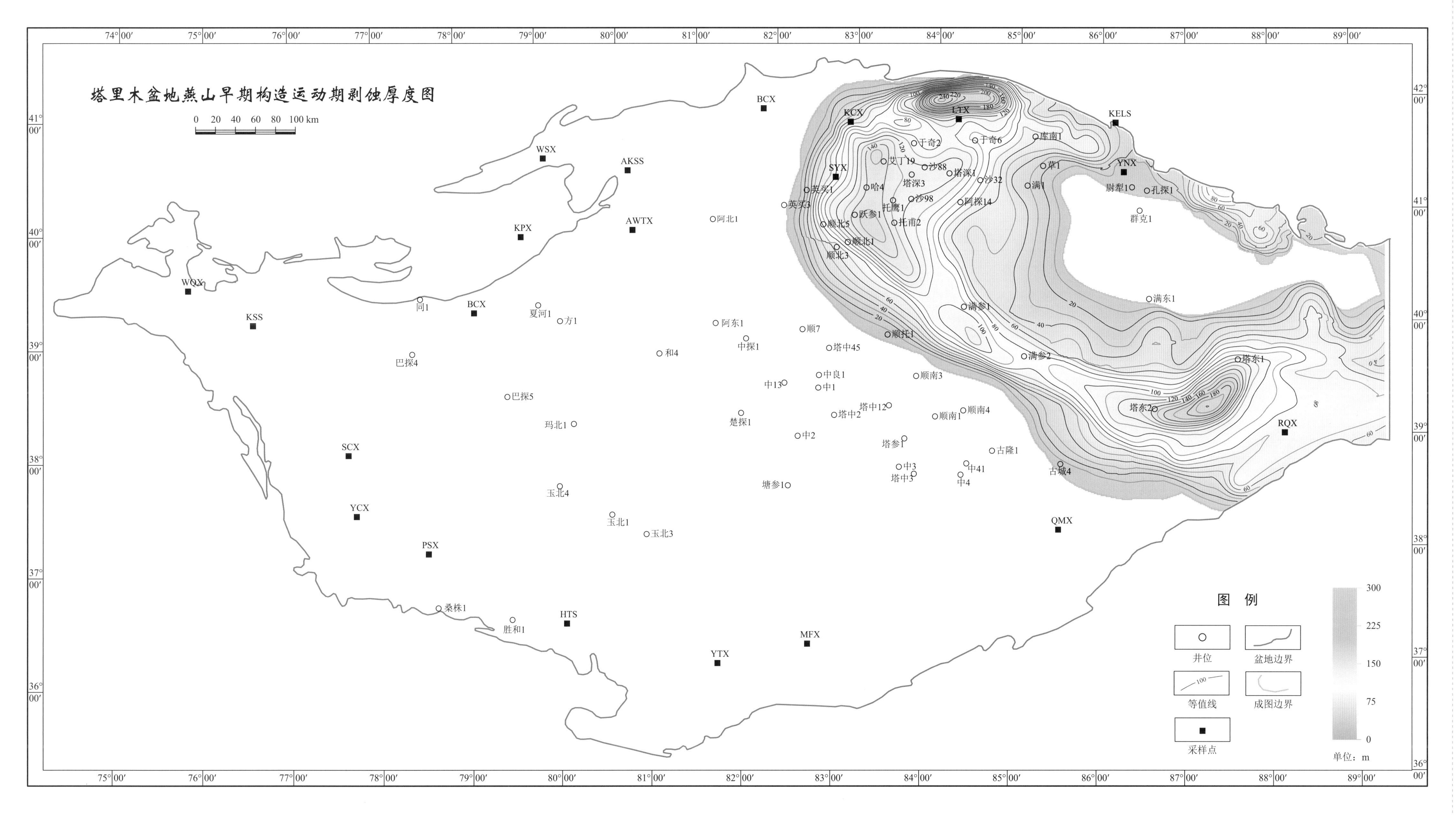

燕山中期构造运动形成白垩系与下伏地层之间的不整合。塔里木盆地燕山中期地层剥蚀厚度分布情况，发生了翻天覆地的变化。地层剥蚀区环满加尔拗陷分布；满加尔拗陷中东部和塔里木盆地中西部广大范围内，未发生地层剥蚀，地层剥蚀量为0。从哈拉哈塘凹陷-顺托果勒低隆-古城墟隆起，形成一个强剥蚀带。该强剥蚀带中存在多个强剥蚀中心。塔东1-塔东2强剥蚀中心位于古城墟隆起之上，NE-SW向延伸，最大地层剥蚀量可达175m。这也是塔里木盆地地层剥蚀量最大的部位。哈拉哈塘-顺托果勒地层剥蚀中心近南北向展布。其中发育2个次一级的剥蚀中心，分别位于艾丁19和跃参1附近，最大地层剥蚀厚度都是150m。在满参1南侧还有一个较小的剥蚀中心，长轴NW-SE向延伸，最大地层剥蚀厚度为110m。

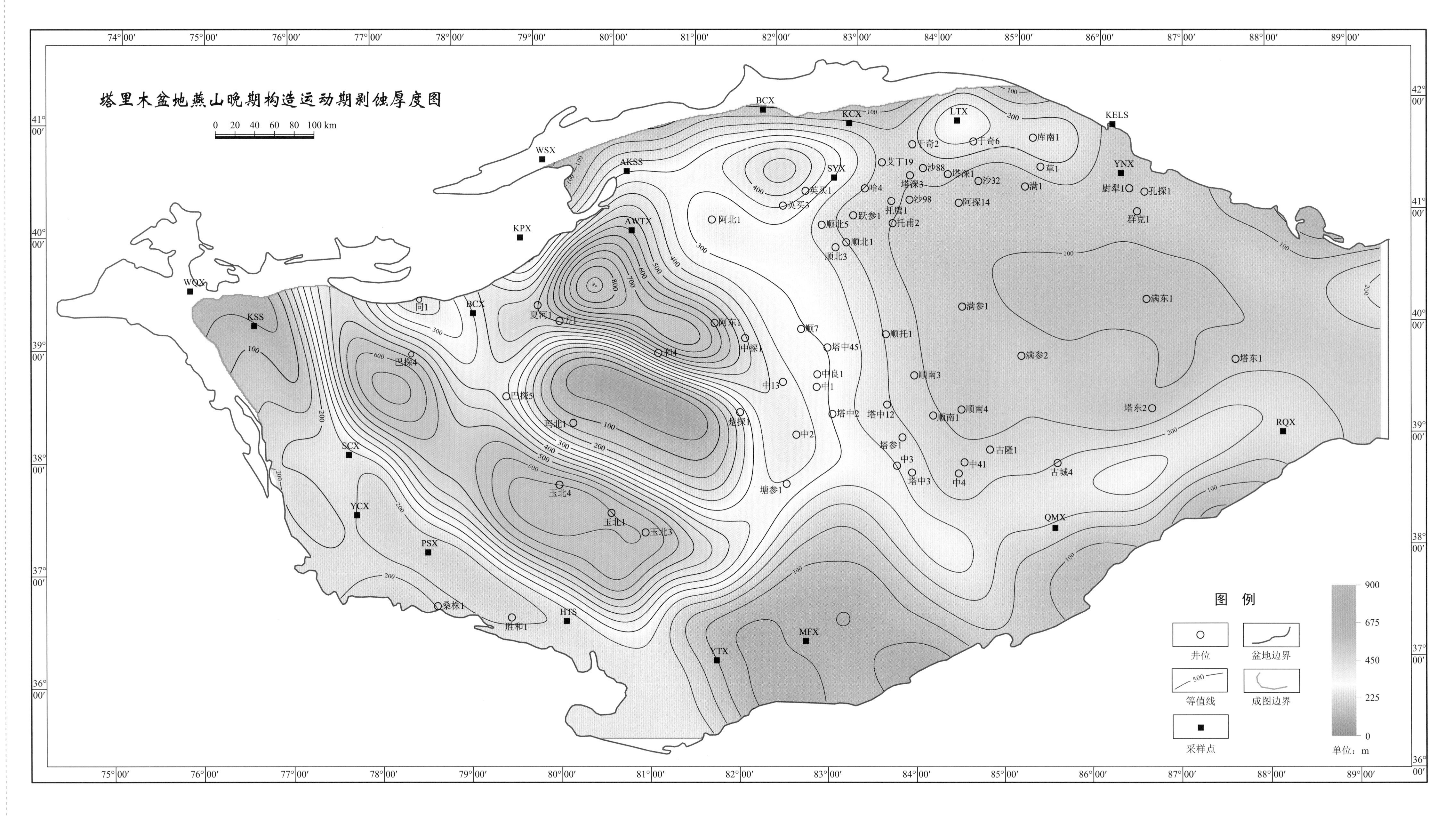

燕山晚期构造运动主要发生在白垩纪末，形成 T_3^0 不整合面，即古近系与下伏地层之间的不整合面。塔里木盆地在燕山晚期运动期间，再次发生全盆地范围的广泛的地层剥蚀，造成上白垩统大面积的缺失。从燕山晚期剥蚀量图上可以看出，塔里木盆地燕山晚期的地层剥蚀强度有西强东弱的特点。东部为一大的平缓剥蚀量分布区；西部虽然总体地层剥蚀厚度较大，但是地层剥蚀厚度呈 NW-SE 向的条带状，高、低剥蚀量条带相间出现。阿瓦提拗陷和麦盖提斜坡存在 2 个 NW-SE 向的强剥蚀带，巴楚隆起和西南拗陷发育 2 个弱剥蚀带。阿瓦提强剥蚀带的最大剥蚀厚度见于西北部的强剥蚀中心，地层剥蚀厚度可达 850m。这也是塔里木盆地地层剥蚀厚度最大的部位。麦盖提强剥蚀带有东南和西北 2 个强剥蚀中心，两个强剥蚀中心的最大地层剥蚀厚度都超过 650m。西南拗陷低剥蚀带平行于昆仑山展布，最低地层剥蚀厚度出现在喀什北，最小地层剥蚀厚度小于 50m。巴楚低剥蚀带位于巴楚隆起东南部，最小地层剥蚀厚度小于 50m。满加尔拗陷是一个大的低剥蚀区，地层剥蚀厚度普遍为 100m 左右。巴楚隆起东南部和西南拗陷西北部是塔里木盆地地层剥蚀厚度最小的两个构造部位。

第 2 章

Chapter 2

沉积篇

图件清单

岩相古地理篇

寒武系

奥陶系

志留系—中泥盆统

上泥盆世—下二叠统

下 - 中二叠世构造层

三叠系

侏罗系

白垩系

新生界

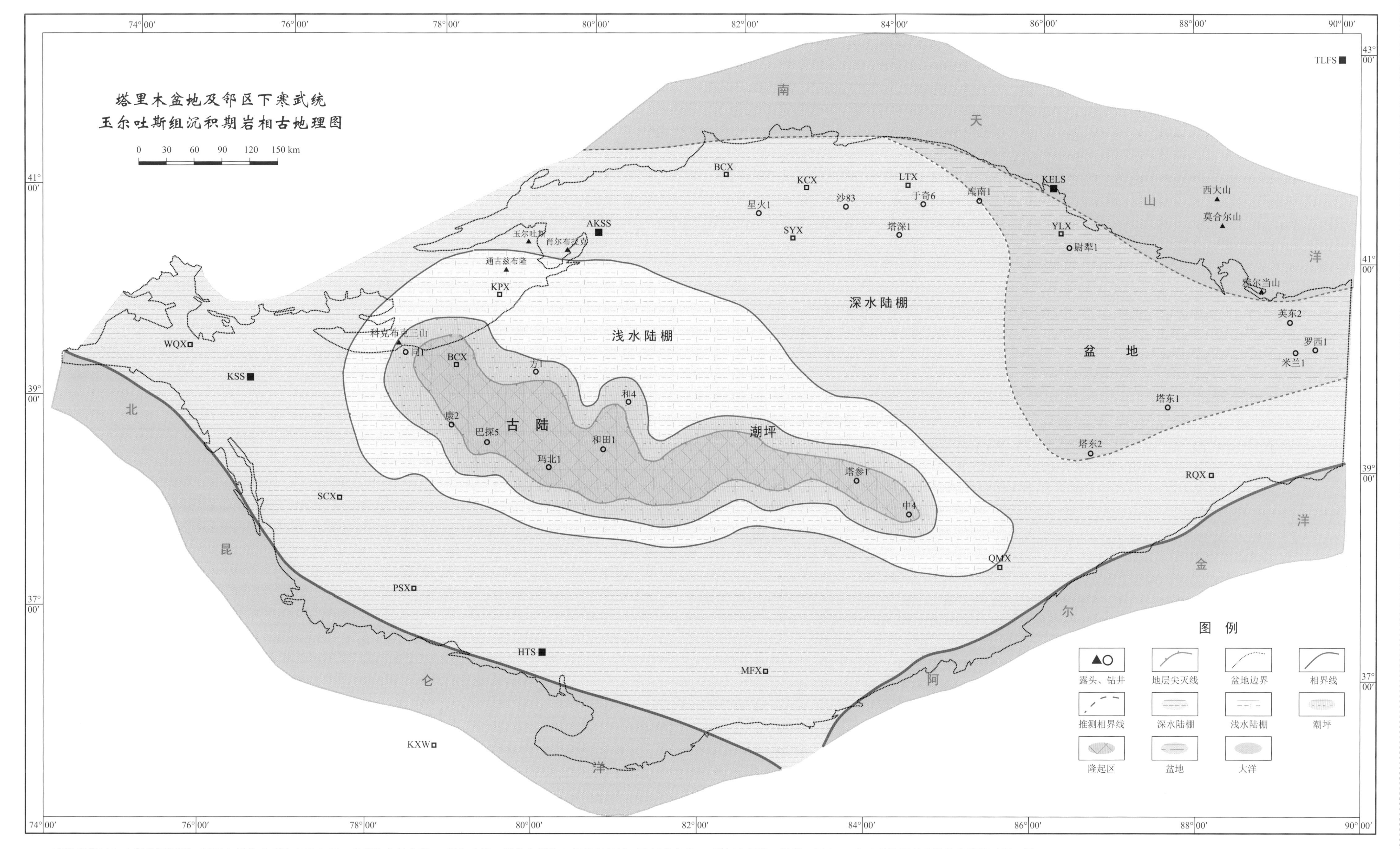

下寒武统玉尔吐斯组沉积期，塔里木板块北侧为南天山洋，南侧为北昆仑洋—阿尔金洋。塔里木板块内部西高东低，西部存在东西向分布的古陆。受古地貌及同期大规模海侵影响，古陆向南发育滨岸-浅水陆棚-深水陆棚沉积体系，并向北昆仑洋、阿尔金洋过渡；古陆向北东发育滨岸-浅水陆棚-深水陆棚-欠补偿盆地沉积体系，并向南天山洋过渡。该时期是塔里木盆地烃源岩最重要的发育时期。

通过新编的岩相古地理图可以看出：该沉积期在巴楚隆起（巴探5、玛北1、和田1、和2）和卡塔克隆起（塔参1、中深沉积1、中4）之间存在近东西向的古陆（古地貌高地），为沉积缺失区。从古陆向南向北东水体逐渐加深，围绕古陆主要在巴楚隆起、麦盖提斜坡和卡塔克隆起发育环带状分布的潮坪，厚9～34m。同1井为深灰、灰色泥质白云岩夹灰色白云质泥岩、棕色泥岩，厚34m；方1井为紫、褐红色泥岩、砂岩，厚9m；和4井为泥晶云岩及硅质藻云岩，厚29m。

潮坪向南向北之外发育陆棚，包括浅水陆棚和深水陆棚。其中南部深水陆棚推测在麦盖提斜坡南部-塔西南拗陷，北部深水陆棚区从玉尔吐斯星火1井-库南1井，岩性为灰黑色硅质页岩及泥岩，厚14～34m，是烃源岩发育区。库南1井玉尔吐斯组为黑色页岩与灰色泥灰岩互层，厚25.3 m（未穿）。

满加尔拗陷东部—孔雀河斜坡—库鲁克塔格为欠补偿盆地，为灰色泥岩、硅质页岩，厚26（尉犁1井）～32m（乌里格孜塔格），是烃源岩发育区。

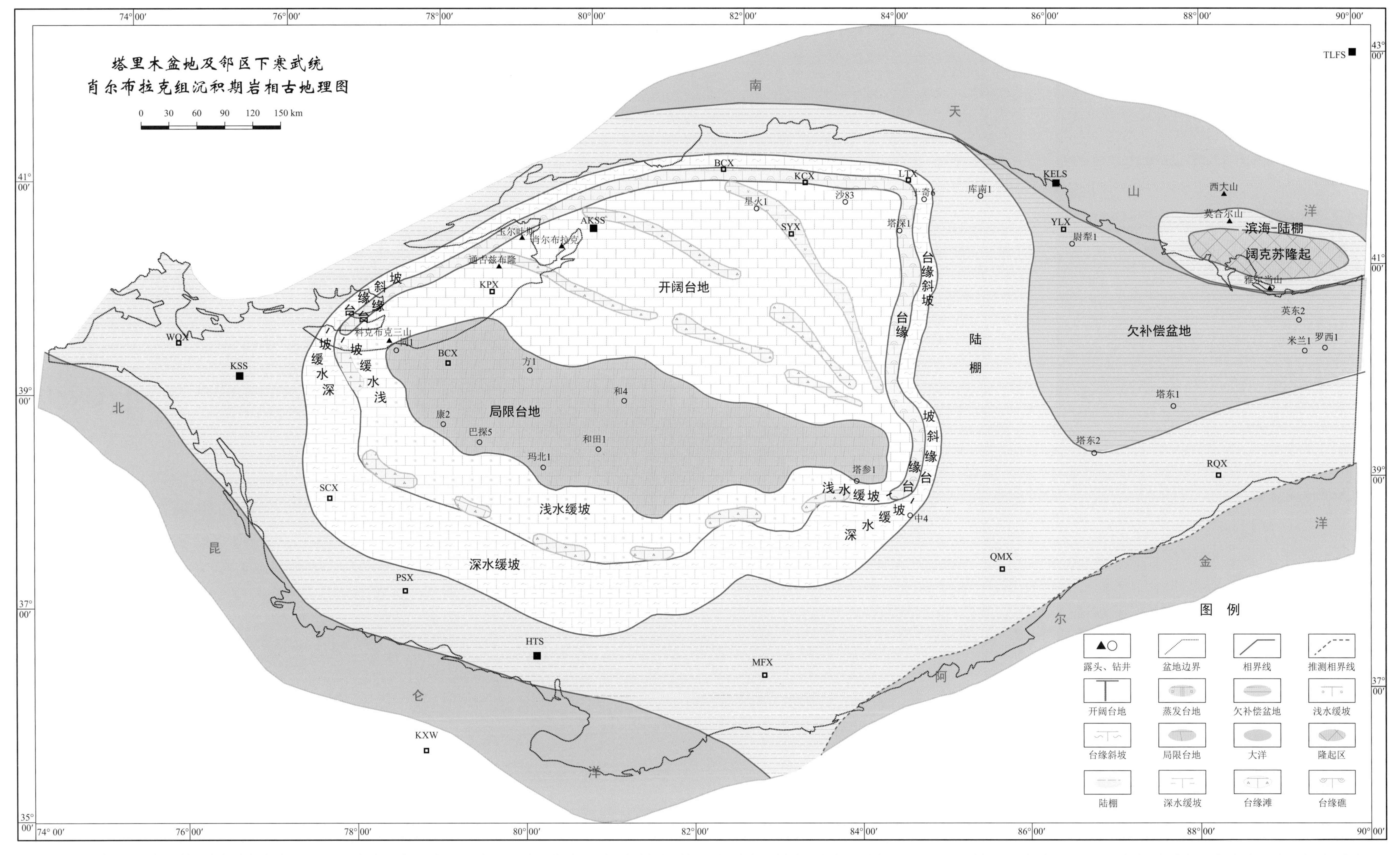

下寒武统肖尔布拉克组沉积期，塔里木板块内部形成了西台东盆的沉积格局，台地性质为局限台地 - 开阔台地。台地向南发育局限台地 - 浅水缓坡 - 深水缓坡 - 陆棚沉积体系，并向北昆仑洋和阿尔金洋过渡；台地向北东发育局限台地 - 开阔 z 台地 - 台缘 - 台缘斜坡 - 陆棚 - 欠补偿盆地沉积体系，并向南天山洋过渡。南天山洋东南部存在面积不大的阔克苏隆起，隆起外围为滨海 - 浅海陆棚过渡为深海。

肖尔布拉克组在全盆地均有分布，仅在沙雅隆起北部和塔东 2 井因后期构造剥蚀缺失。

肖尔布拉克组沉积期，巴楚隆起 — 卡塔克隆起发育大面积的局限台地，为云坪 - 灰坪沉积的灰色白云岩及白云岩与灰岩互层，在方 1 井、同 1 井、巴探 5 井厚 5 ～ 250m。在塔参 1 井为深灰色白云岩夹有薄层状针孔状白云岩，厚 50 ～ 85m。

局限台地向南至麦盖提斜坡北部发育浅水缓坡（性质同开阔台地），推测发育浅滩（类似台缘滩）。局限台地向北东至阿瓦提 — 顺托果勒 — 沙雅隆起发育大面积的开阔台地，反映巴楚 — 卡塔克局限台地向南、向北水体变深，水循环变好。在塔深 1 井未钻穿，为浅灰色泥 - 粉晶白云岩夹含泥灰岩薄层，钻厚大于 65m。星火 1 井为灰色泥质灰岩和泥晶灰岩，厚 60m。

麦盖提斜坡南部发育深水缓坡，向南西过渡为陆棚。东部台缘为镶边陆棚台缘（陡坡、窄相带、高能带）- 台缘斜坡，位于塔深 1— 顺南 2— 中 4 井一线，向东至满加尔拗陷过渡为陆棚 - 欠补偿盆地。库南 1 井肖尔布拉克组为深灰色泥灰岩，厚 75m。尉犁 1 井肖尔布拉克组为深灰色硅质泥岩、灰绿色粉砂岩、灰色泥质粉砂岩，厚 78m。

肖尔布拉克组碳酸盐台地生长是渐进的，与玉尔吐斯组陆棚沉积呈此消彼长的关系。从巴楚隆起向北肖尔布拉克组碳酸盐台地逐渐向北东推进形成了 3 期缓坡，直至最终形成镶边陆棚陡坡台缘。

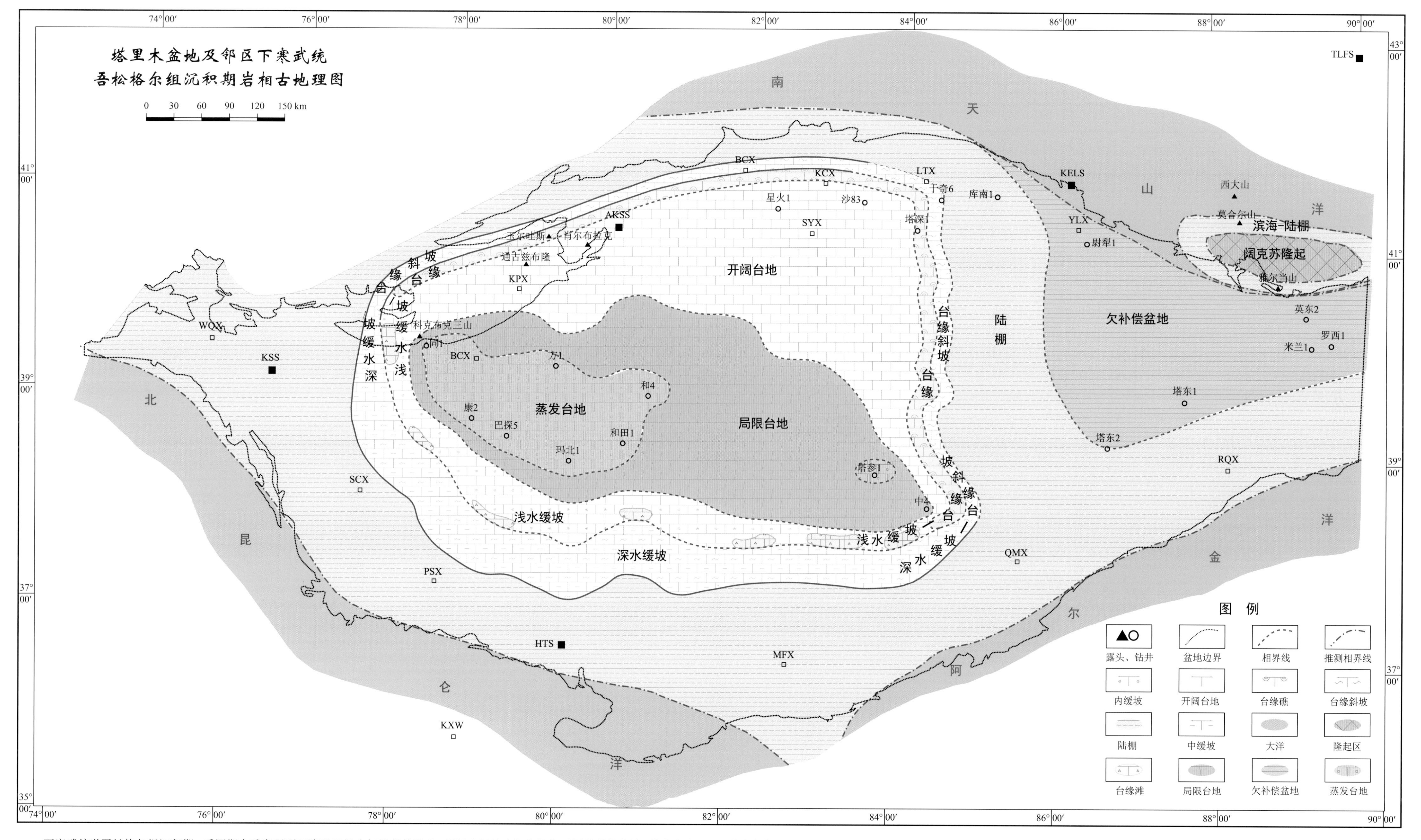

下寒武统世吾松格尔组沉积期，受同期全球海平面下降及干旱古气候条件影响，塔里木板块内部主体为不同类型的台地（蒸发台地 - 局限台地 - 开阔台地）所占据。以同 1 井 — 康 2 井 — 方 1 井 — 巴探 5 井 — 玛北 1 井 — 和 4 井 — 方 1 井围限蒸发台地为中心向南依次发育蒸发台地 - 局限台地 - 浅水缓坡 - 深水缓坡 - 陆棚沉积体系，并向北昆仑洋和阿尔金洋过渡；向北东发育蒸发台地 - 局限台地 - 开阔台地 - 台缘 - 台缘斜坡 - 陆棚 - 欠补偿盆地沉积体系，并向南天山洋过渡。阔克苏隆起外围为滨海 - 浅海陆棚过渡为深海。

巴楚隆起西部发育蒸发台地，主要分布在同1井—康2井—方1井—巴探5井—玛北1井—和4井—方1井围限的范围，岩性为灰、灰白、褐色盐岩，石膏岩、膏质云岩、白云岩、泥质膏盐、泥质云岩、云质泥岩等略呈不等厚互层，厚 199 ～ 302m。其次分布在塔参 1 井 — 中 4 井，岩性为深灰、灰色膏岩，白云质膏岩、膏质白云岩夹黑色页岩，塔参 1 井厚 68m，中 4 井未穿。

蒸发台地外围，麦盖提斜坡北部、巴楚隆起北部（舒探 1）— 巴楚隆起东部（巴东 4）— 卡塔克隆起（中 4）发育局限台地。中深 1 井为灰色膏质、含泥、砾屑白云岩及藻云岩，厚 120m。

局限台地外围，麦盖提斜坡中部及阿瓦提断陷北部 — 沙雅隆起中部 — 顺托果勒发育开阔台地。塔深 1 井岩性为灰色细晶白云岩、泥晶白云岩与粉晶白云岩呈不等厚互层（细 - 粉晶白云岩为后期白云石化形成），厚 103m。

麦盖提斜坡南部巴开 2 井 — 玉北 9 井一线过渡为浅水缓坡 - 深水缓坡过渡到陆棚。东部镶边陆棚台缘 - 台缘斜坡大致在塔深 1— 顺南 2— 古隆 2— 中 4 井东一线，向东到满加尔拗陷为陆棚 - 欠补偿盆地。库南 1 井吾松格尔组为黑色页岩与深灰色泥灰岩互层，厚 123m。尉犁 1 井吾松格尔组为黄灰色泥质白云岩与浅灰色硅质泥岩不等厚互层，厚43m。塔东 1 井吾松格尔组未钻穿，为灰质泥岩、泥灰岩，钻厚 91.3m。

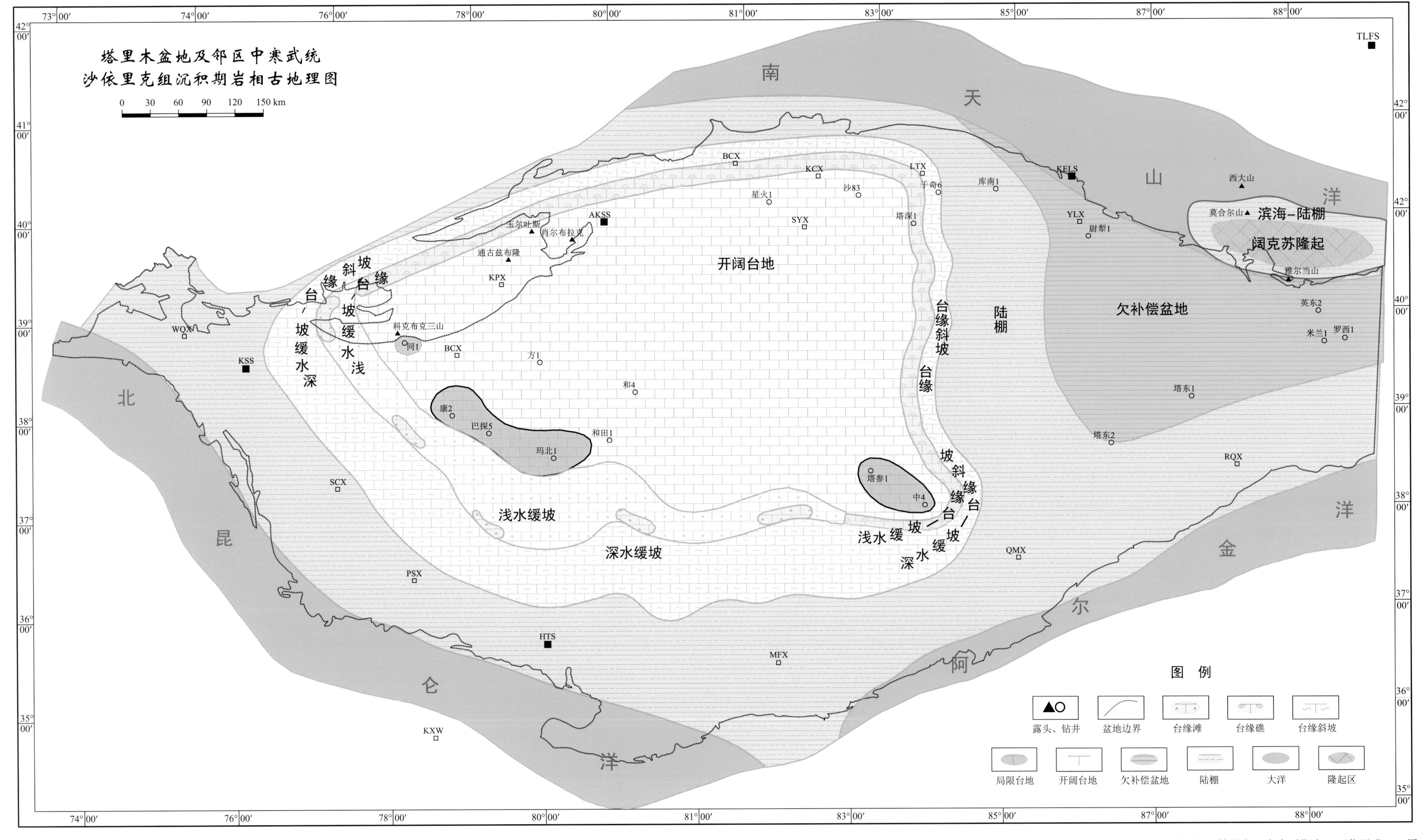

中寒武统沙依里克组沉积期，受同期全球海平面上升影响，塔里木板块内部台地性质主要为开阔台地。台地向南发育开阔（或局限）台地 - 浅水缓坡 - 深水缓坡 - 陆棚沉积体系，并向北昆仑洋和阿尔金洋过渡；台地向北东发育开阔台地 - 台缘 - 台缘斜坡 - 陆棚 - 欠补偿盆地沉积体系，并向南天山洋过渡。阔克苏隆起外围为滨海 - 浅海陆棚过渡为深海。

局限台地小面积分布于康 2 井—巴探 5 井—玛北 1 井区和塔参 1 井—中 4 井区。巴探 5 井为灰色泥晶白云岩、灰质白云岩夹褐色盐岩，塔参 1 井、中 4 井以灰、深灰色白云岩为主并夹石膏，中深 1 井主要是砂屑白云岩，厚 40 ～ 107m。

塔中巴楚隆起 — 卡塔克隆起，塔北阿瓦提拗陷 — 顺托果勒隆起 — 沙雅隆起发育大范围的开阔台地。和 4 井为浅灰色灰岩，厚 69m。塔深 1 井为浅灰色粉晶白云岩、细晶白云岩与泥晶白云岩不等厚互层夹砂屑白云岩（细 - 粉晶白云岩为后期白云石化形成），厚约 70m。

开阔台地南部向西南为浅水缓坡 - 深水缓坡 - 陆棚，并向北昆仑洋过渡。开阔台地西、北、东部边缘为镶边陆硼台缘 - 台缘斜坡，东部台缘斜坡以东到满加尔拗陷为陆棚 - 欠补偿盆地。库南 1 井沙依里克组为灰、黑色泥灰岩夹黑色页岩条带，厚 55m。尉犁 1 井沙依里克组为黑色泥岩与灰色泥灰岩不等厚互层夹黑色白云质泥岩，厚 81m。塔东 1 井、塔东 2 井沙依里克组为黑色硅质泥岩、黑色灰质泥岩，厚 60 ～ 62 m。

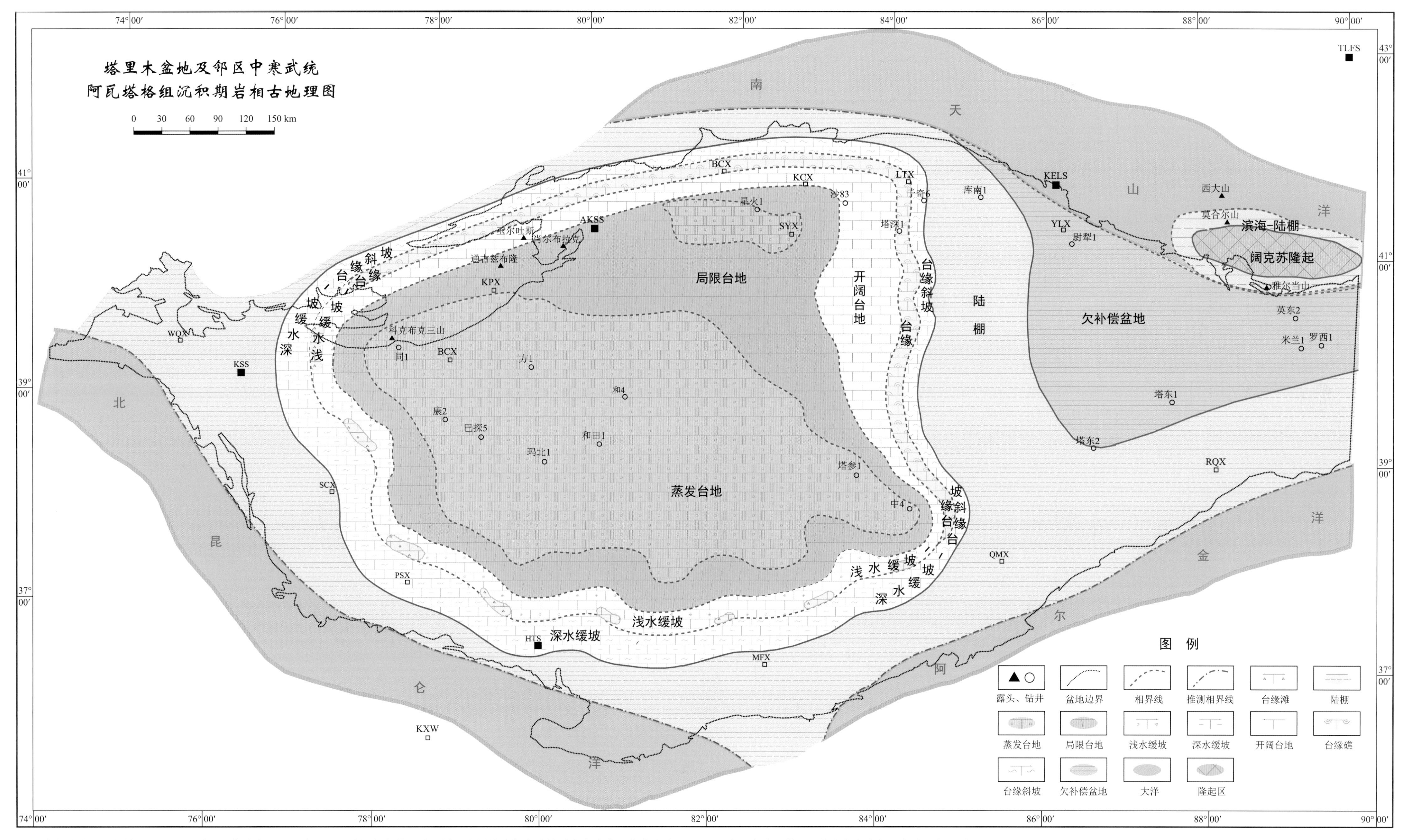

中寒武统阿瓦塔格组沉积期，受同期全球海平面下降及干旱古气候条件影响，塔里木板块内部台地性质发生变化，蒸发台地、局限台地分布范围扩大，开阔台地分布范围缩小。该时期的沉积格局为以蒸发台地为中心，向南依次发育局限台地 - 浅水缓坡 - 深水缓坡 - 陆棚沉积体系，并向北昆仑洋和阿尔金洋过渡；向北东发育蒸发台地 - 局限台地 - 开阔台地 - 台缘 - 台缘斜坡 - 陆棚 - 欠补偿盆地沉积体系，并向南天山洋过渡。阔克苏隆起外围为滨海 - 浅海陆棚过渡为深海。

巴楚隆起 — 卡塔克隆起 — 阿瓦提拗陷 — 顺托果勒隆起西部发育大面积的蒸发台地，沙雅隆起发育小面积的蒸发台地。巴楚隆起阿瓦塔格组为膏岩、盐岩、膏质云岩、云质膏岩、泥质云岩夹紫红色含膏云岩、云质泥岩等，厚 242 ～ 382m。塔中阿瓦塔格组在塔参 1 井主要为深灰、褐色白云岩，膏质白云岩夹石膏层及黑色页岩，在中深 1 井为灰色膏质白云岩、膏岩、藻云岩、砂屑白云岩夹鲕粒白云岩，在中 4 井主要为灰白色膏岩、膏质云岩，厚 155 ～ 300m。

蒸发台地外围，向南到麦盖提斜坡 — 塔西南拗陷为带状分布的浅水缓坡 - 深水缓坡 - 陆棚。向北到阿瓦提拗陷北部 — 顺托果勒隆起东部 — 沙雅隆起西部为面积不大的局限台地。该局限台地东部外围发育开阔台地 - 镶边陆棚台缘 - 台缘斜坡，塔深 1 井阿瓦塔格组为浅灰、灰白色细晶白云岩、粉晶白云岩与泥晶白云岩不等厚互层夹鲕粒云岩及含泥灰岩，厚 571m。

台缘斜坡向东到满加尔拗陷过渡为陆棚 - 欠补偿盆地。库南 1 井阿瓦塔格组为黑色页岩夹黑色泥灰岩条带，厚 76m。尉犁 1 井阿瓦塔格组为灰、黑灰色白云质灰岩、白云质泥岩、泥质白云岩与灰质泥岩互层，厚 72m。塔东 1 井、塔东 2 井阿瓦塔格组为黑色灰质泥岩夹黑色泥灰岩，厚 62 ～ 90m。含泥灰岩厚。

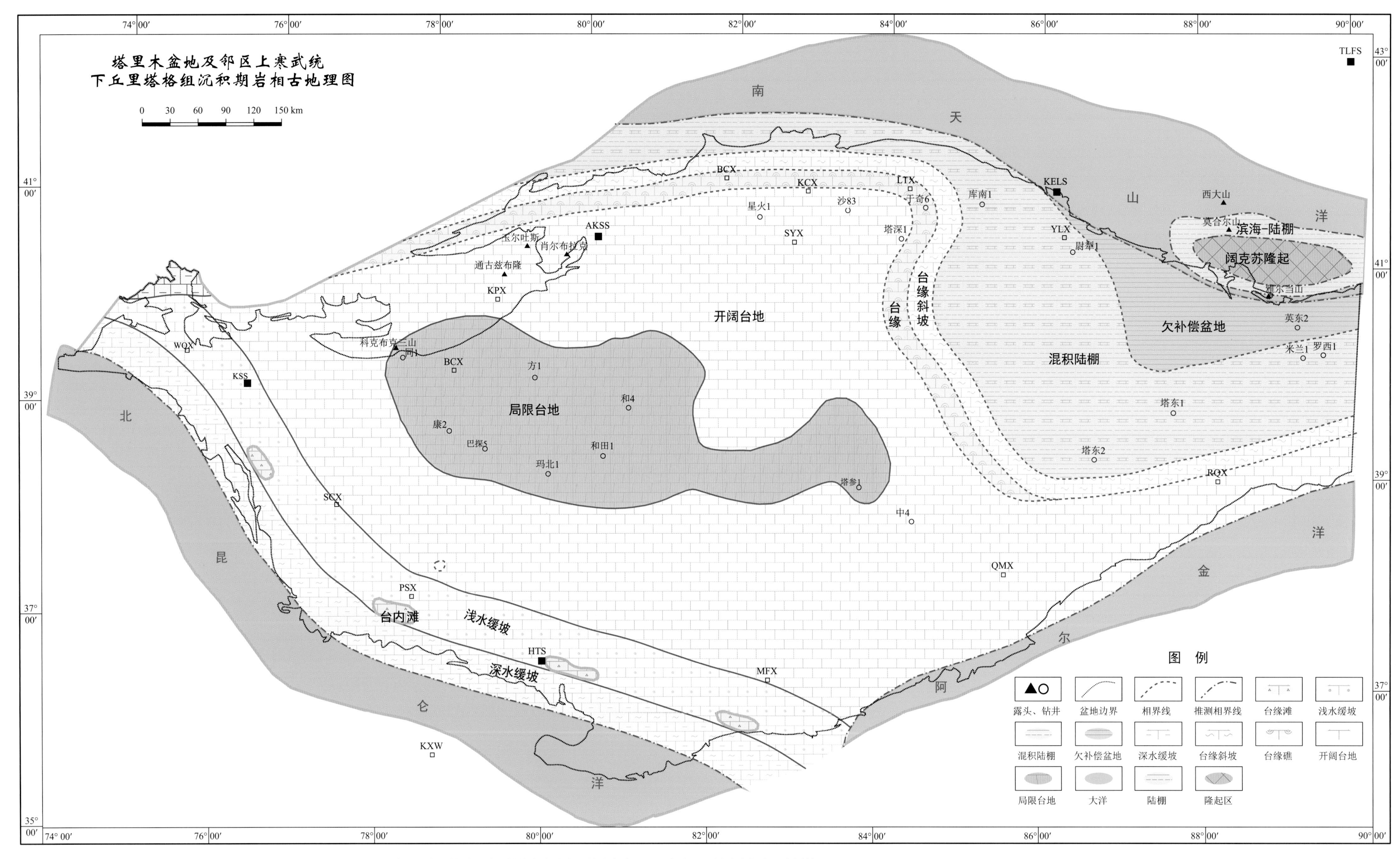

上寒武统下丘里塔格组沉积期，受同期全球海平面上升影响，塔里木板块内部台地性质由前期的蒸发台地为主体演变为以局限台地-开阔台地为主体。开阔台地面积明显扩大，台地范围向南扩展到麦盖提斜坡—古城墟隆起。以台地为中心向南发育浅水缓坡-深水缓坡-陆棚沉积体系，并向北昆仑洋和阿尔金洋过渡；向北东发育局限台地-开阔台地-台缘-台缘斜坡-混积陆棚沉积体系，并向南天山洋过渡。阔克苏隆起外围为滨海-浅海陆棚过渡为深海。

局限台地分布于巴楚隆起—卡塔克隆起。巴楚隆起下丘里塔格组为灰、深灰色（砂屑）白云岩，细晶白云岩及燧石结核白云岩，厚433～983m。卡塔克隆起下丘里塔格组为灰色细晶-粗晶白云岩、泥晶云岩及砂屑白云岩，厚791～1514m。

局限台地外围，发育大面积的开阔台地。向南到麦盖提斜坡—古城墟隆起为开阔台地，到塔西南坳陷北部位浅水缓坡，到塔西南坳陷南部为深水缓坡。

局限台地外围，向北到柯坪隆起—阿瓦提坳陷—顺托果勒隆起—沙雅隆起为开阔台地-镶边陆棚台缘-台缘斜坡。塔深1井下丘里塔格组为灰、浅灰、灰白色泥晶白云岩，粉晶白云岩、细晶白云岩与中晶白云岩不等厚互层夹砂屑云岩及含泥灰岩，厚714m。于奇6井下丘里塔格组未钻穿，为灰色细晶-粉晶白云岩，中部夹浅黄灰色含泥灰岩，上部为浅灰色中晶白云岩。

由于同期碳酸钙补偿深度下降，满加尔坳陷由之前的欠补偿盆地相变为混积陆棚，尉犁1井下丘里塔格组主要为泥灰岩，厚328m。

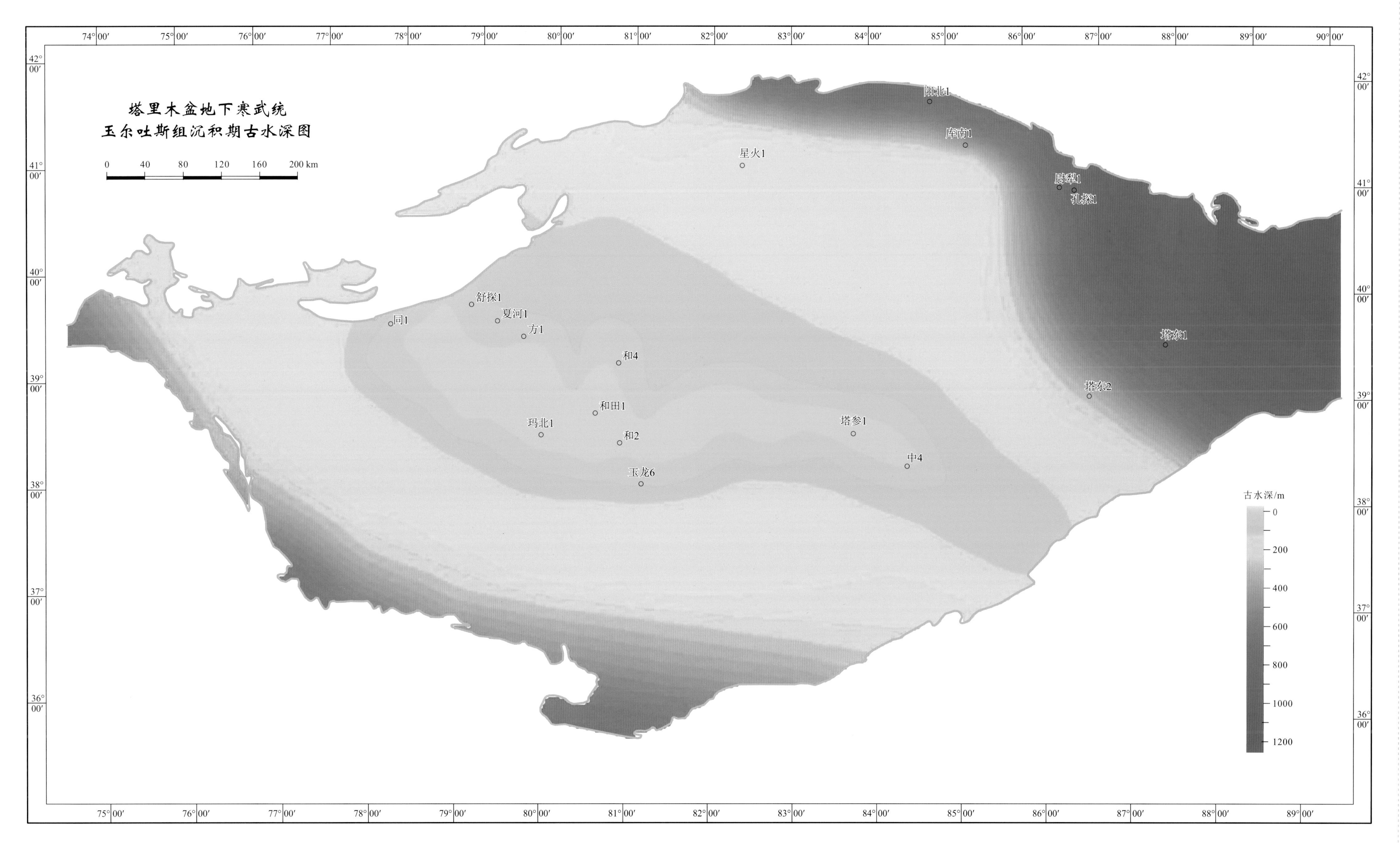
塔里木盆地下寒武统
玉尔吐斯组沉积期古水深图
0 40 80 120 160 200 km
古水深/m
0
200
400
600
800
1000
1200
同1
舒探1
夏河1
方1
和4
和田1
玛北1
和2
玉龙6
塔参1
中4
星火1
库南1
孔探1
塔东1
塔东2
74°00′
75°00′
76°00′
77°00′
78°00′
79°00′
80°00′
81°00′
82°00′
83°00′
84°00′
85°00′
86°00′
87°00′
88°00′
89°00′
90°00′
42°00′
41°00′
40°00′
39°00′
38°00′
37°00′
36°00′

塔里木盆地寒武系过肖尔布拉克露头–巴东4井–乌里格孜塔格露头沉积剖面图

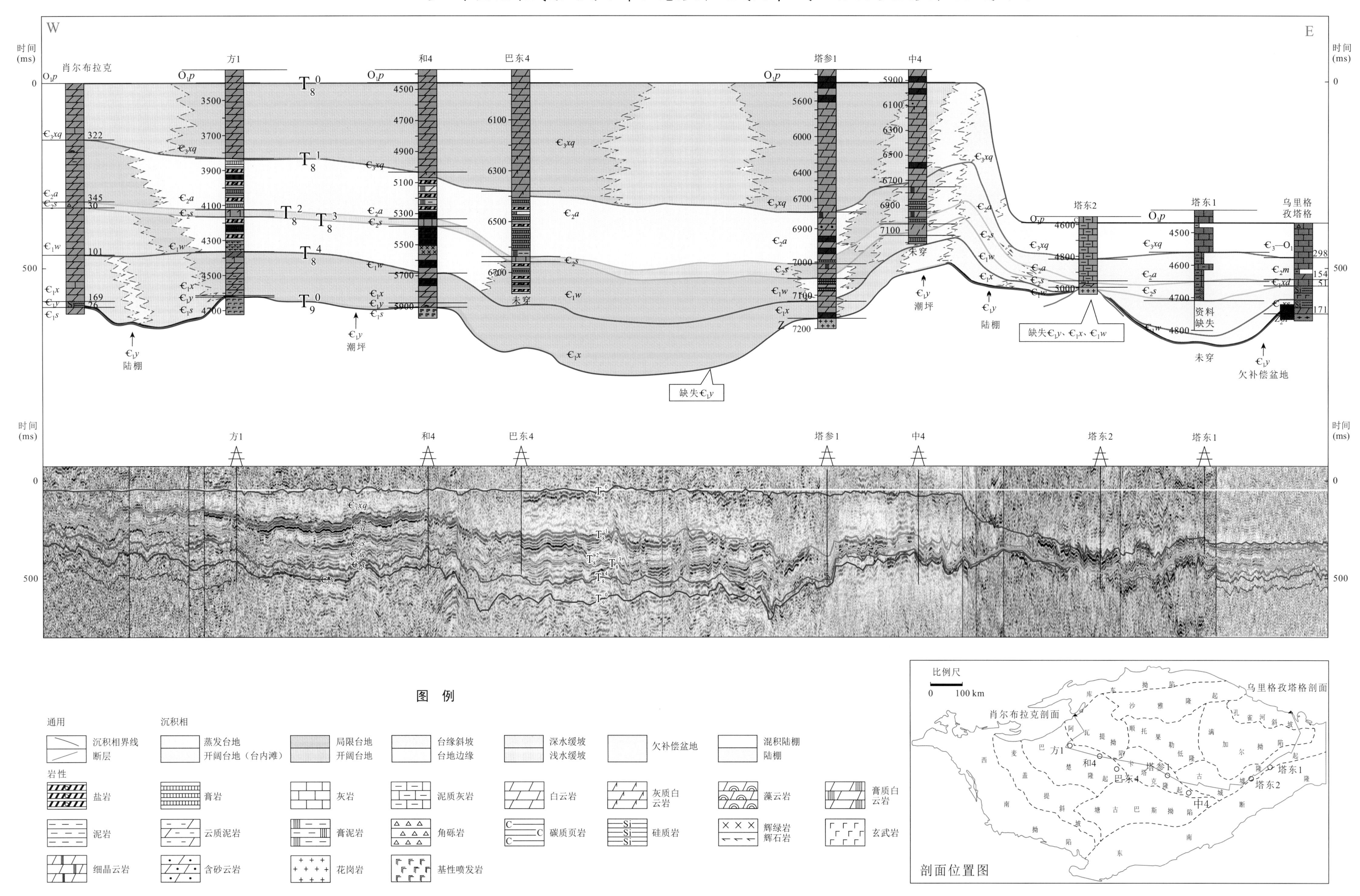

塔里木盆地寒武系过康2井-方1井-小铁列露头沉积剖面图

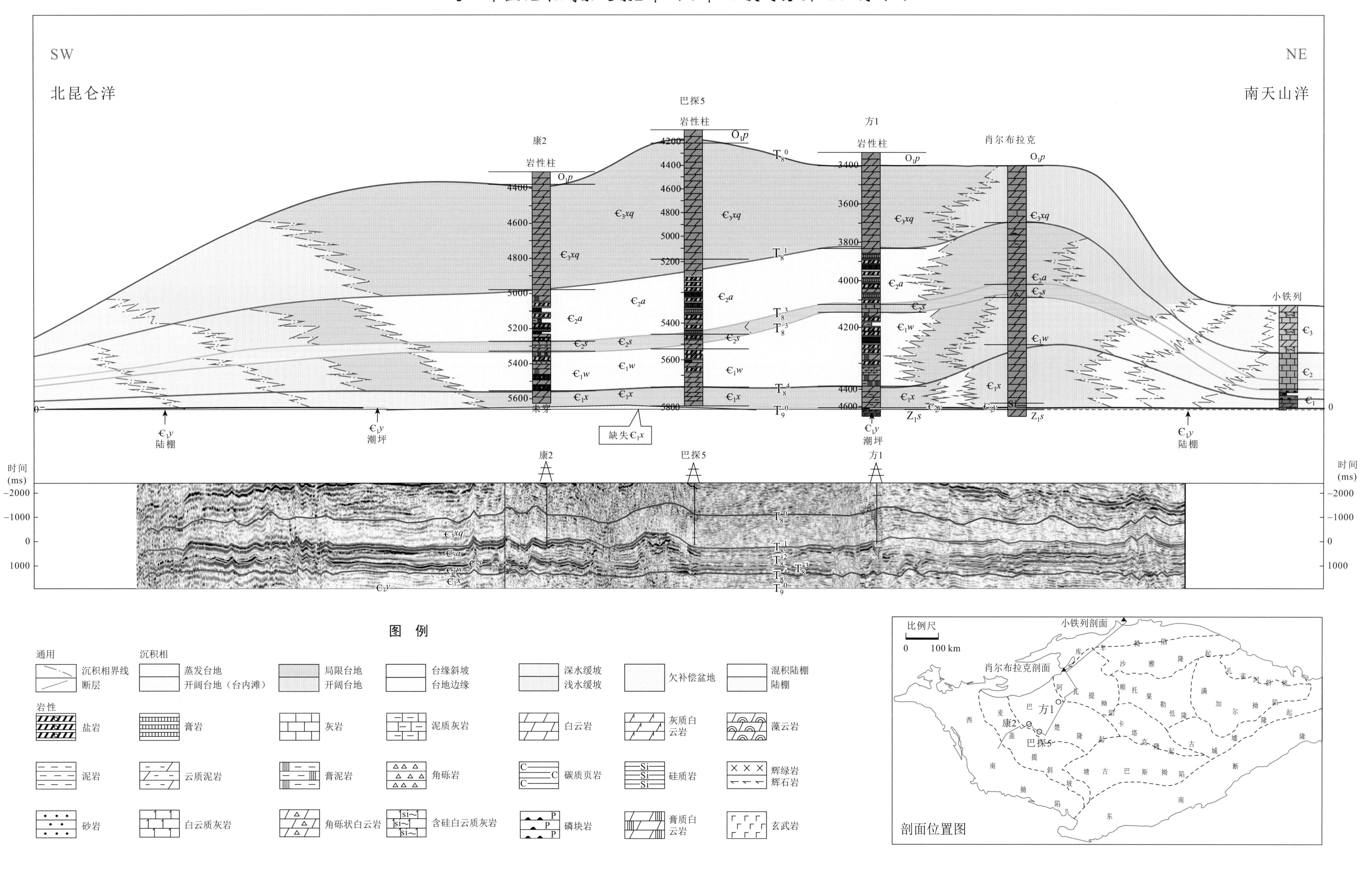

塔里木盆地寒武系局限台地相典型剖面图

地层系统			井深(m)	塔深2井岩性剖面	岩心观察	沉积相		
系	统	组	GR 0—100；RS、RD 0.2—200000			微相	亚相	相
奥陶系	下统	蓬莱坝组						
寒武系	上统	下丘里塔格群	6750 6800 6850 6900	A、B、C	A塔深2井6742.90mC_3xq 浅灰色含灰粉晶白云岩 B塔深2井6797.11mC_3xq 浅灰色含灰粉晶白云岩 C塔深 2井6904.78mC_3xq 浅灰色含灰粉晶白云岩	云坪	局限台坪	局限台地

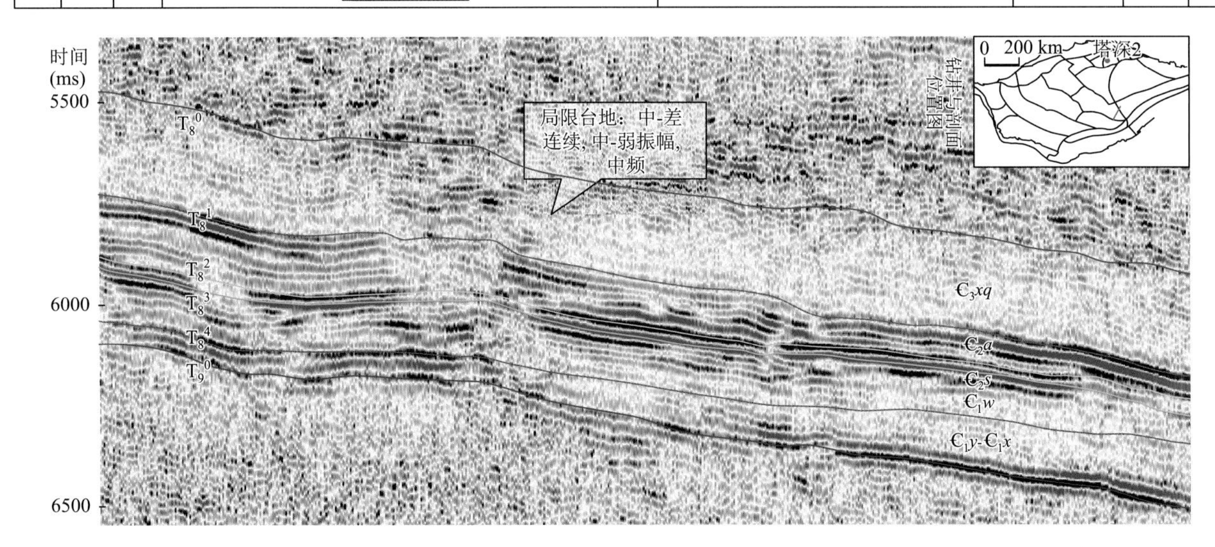

塔里木盆地寒武系开阔台地相典型剖面图

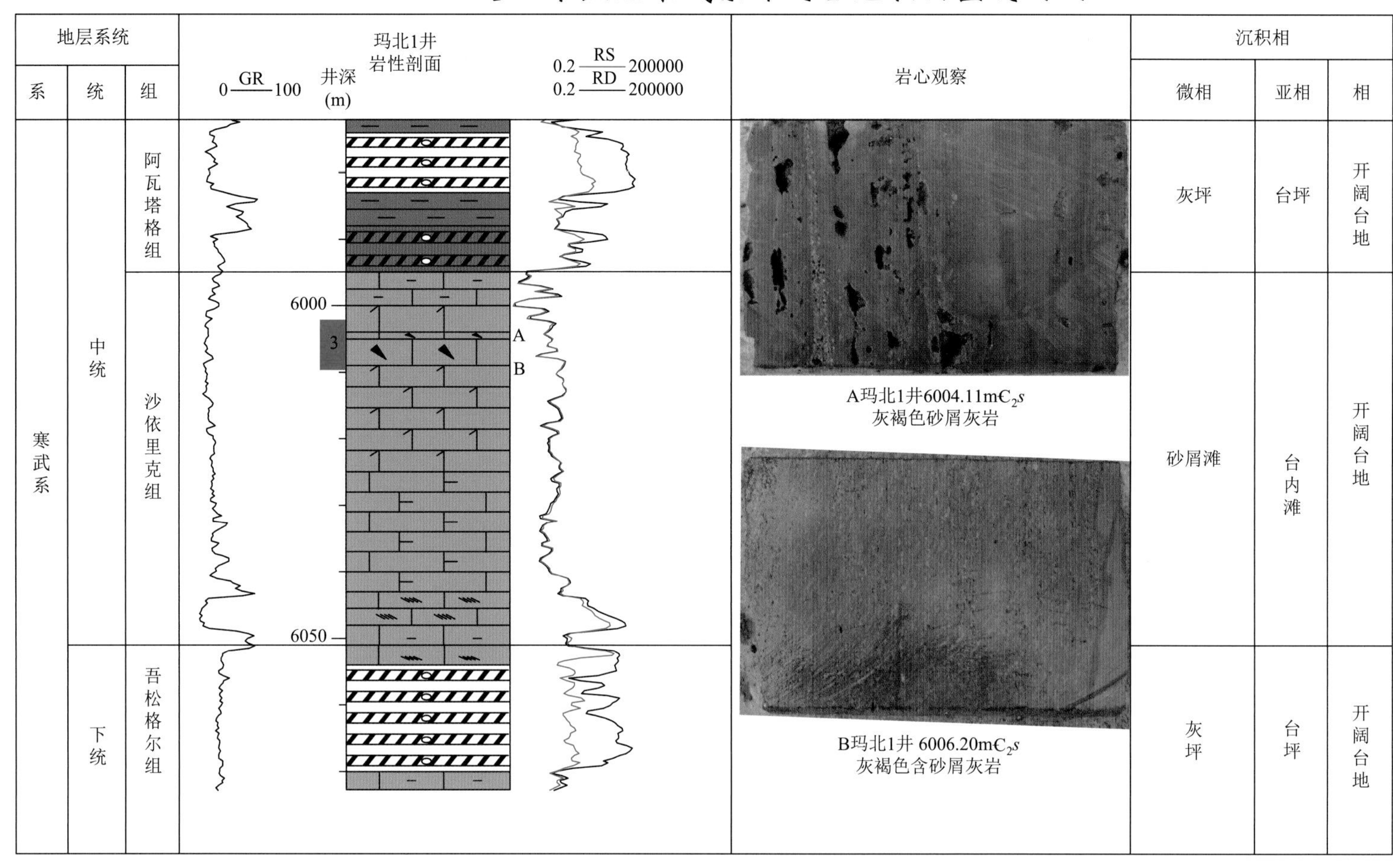

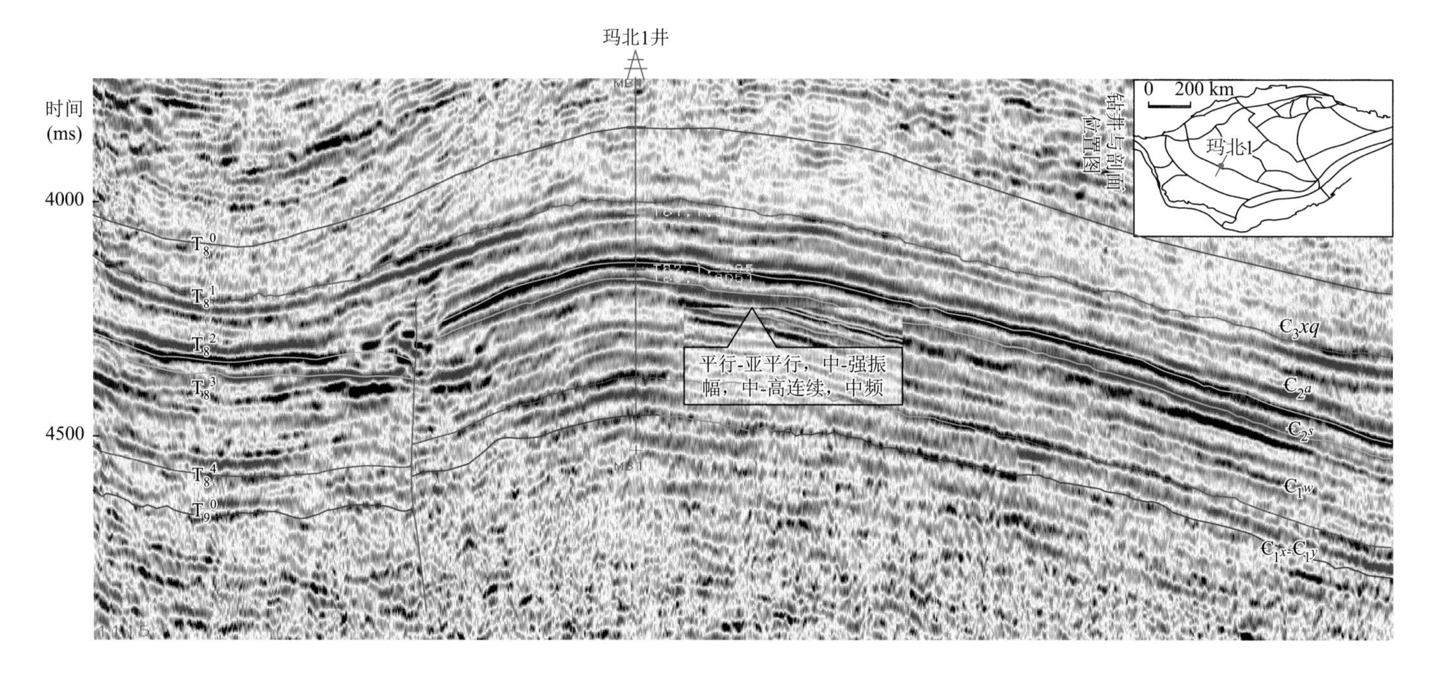

塔里木盆地寒武系蒸发台地相典型剖面图

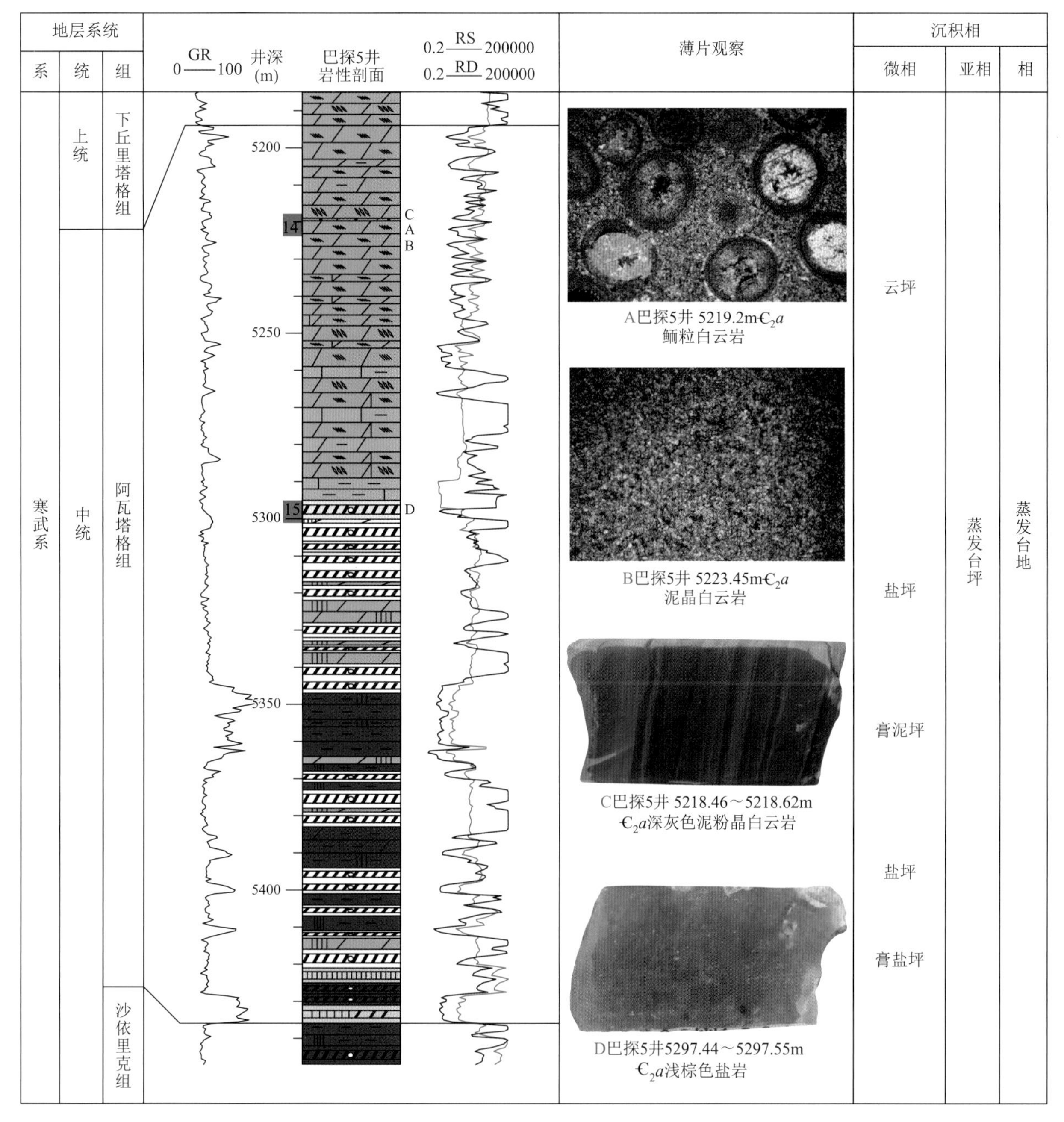

A巴探5井 5219.2m$€_2a$ 鲕粒白云岩

B巴探5井 5223.45m$€_2a$ 泥晶白云岩

C巴探5井 5218.46～5218.62m $€_2a$深灰色泥粉晶白云岩

D巴探5井5297.44～5297.55m $€_2a$浅棕色盐岩

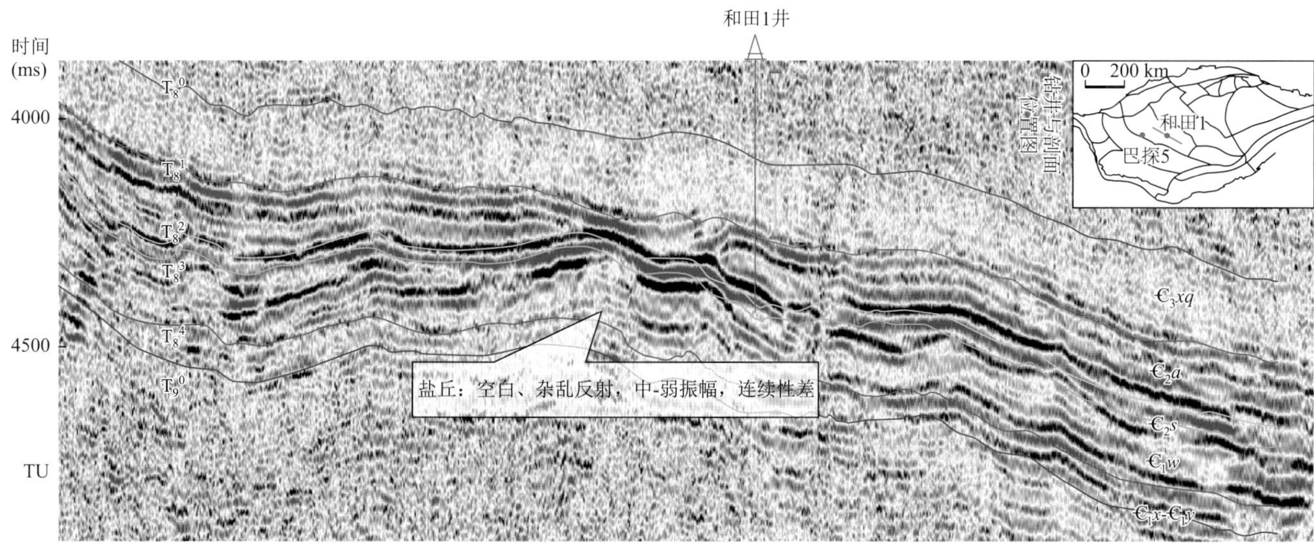

塔里木盆地寒武系台缘斜坡相典型剖面图

系	统	组	井深 (m)	岩心观察	微相	亚相	相
寒武系	上统	下丘里塔格组	7600	A塔深1井 7873.91～7872.12m, $€_2a$ 沿裂缝溶孔发育成串珠状分布部分溶孔孤立分布	云坪	局限台坪	局限台地
					砂屑滩		
	中统	阿瓦塔格组	7700		鲕粒滩	台缘滩	台地边缘
			7800	B塔深1井 7875.88～7876.00m, $€_2a$ 岩心沿溶蚀面断裂，溶蚀洞面被重结晶次生白云石“马牙状”晶体覆盖	鲕粒滩	台缘滩	
			7900–8100		鲕粒滩	台缘滩	
					砂屑滩		
		沙依里克组	8200	C塔深1井 8406.70～8406.76m, $€_1x$ 白云石角砾及泥质充填物	砂屑滩	台缘滩	
	下统	吾松格尔组	8300		砂屑滩		
		肖尔布拉克组	8400（未见底）		斜坡灰泥	上斜坡	

GR 0—100；塔深1井岩性剖面；0.2 RS 200000；0.2 RD 200000

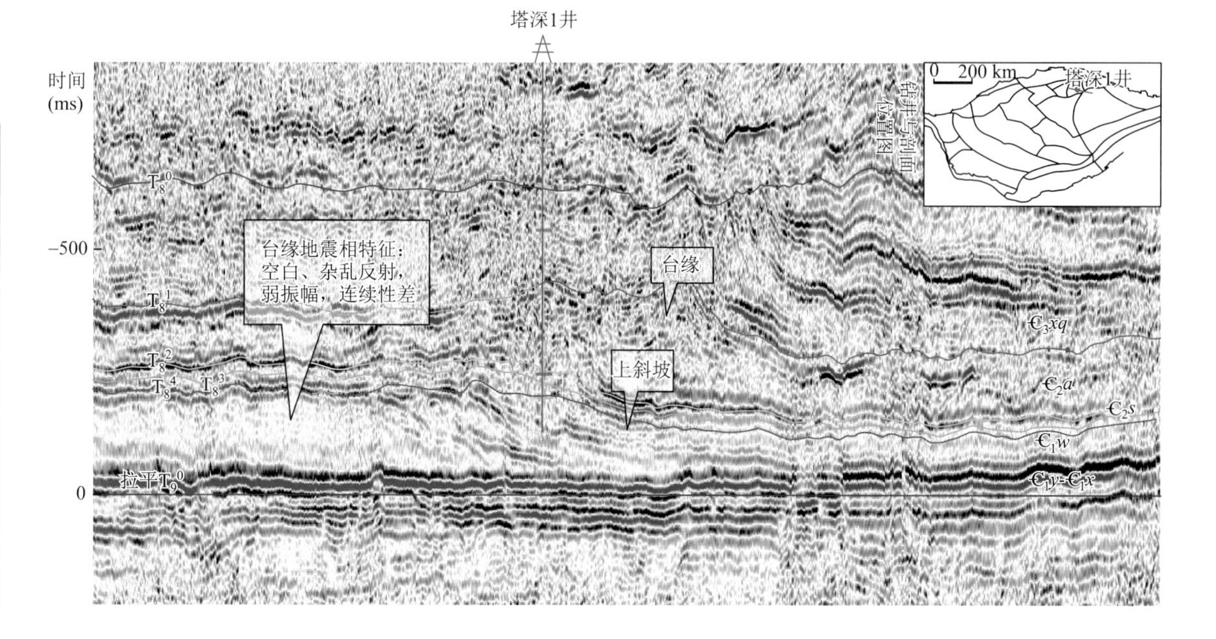

塔里木盆地寒武纪沉积演化剖面模式图

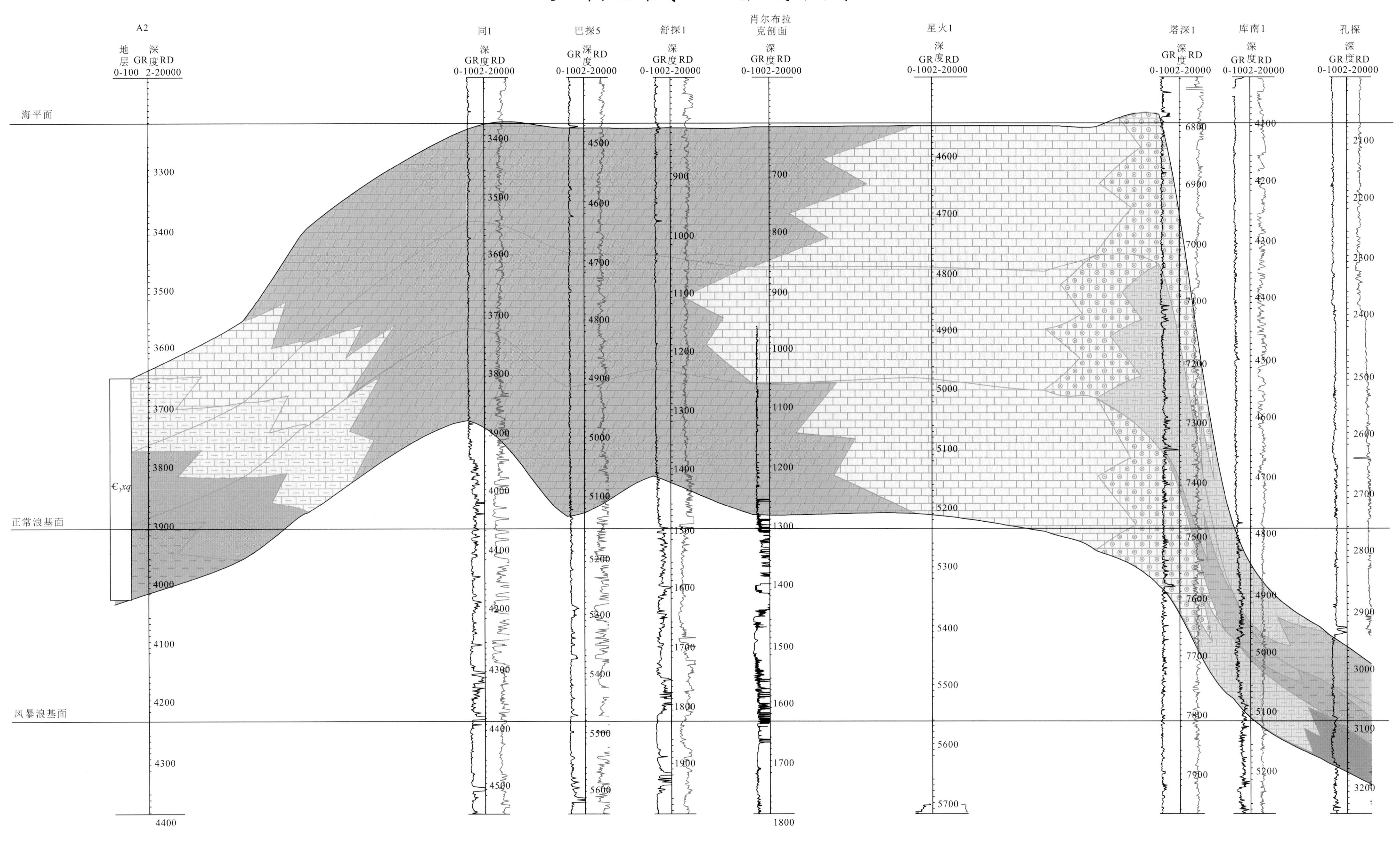

塔里木盆地寒武纪沉积演化剖面模式图（续图）

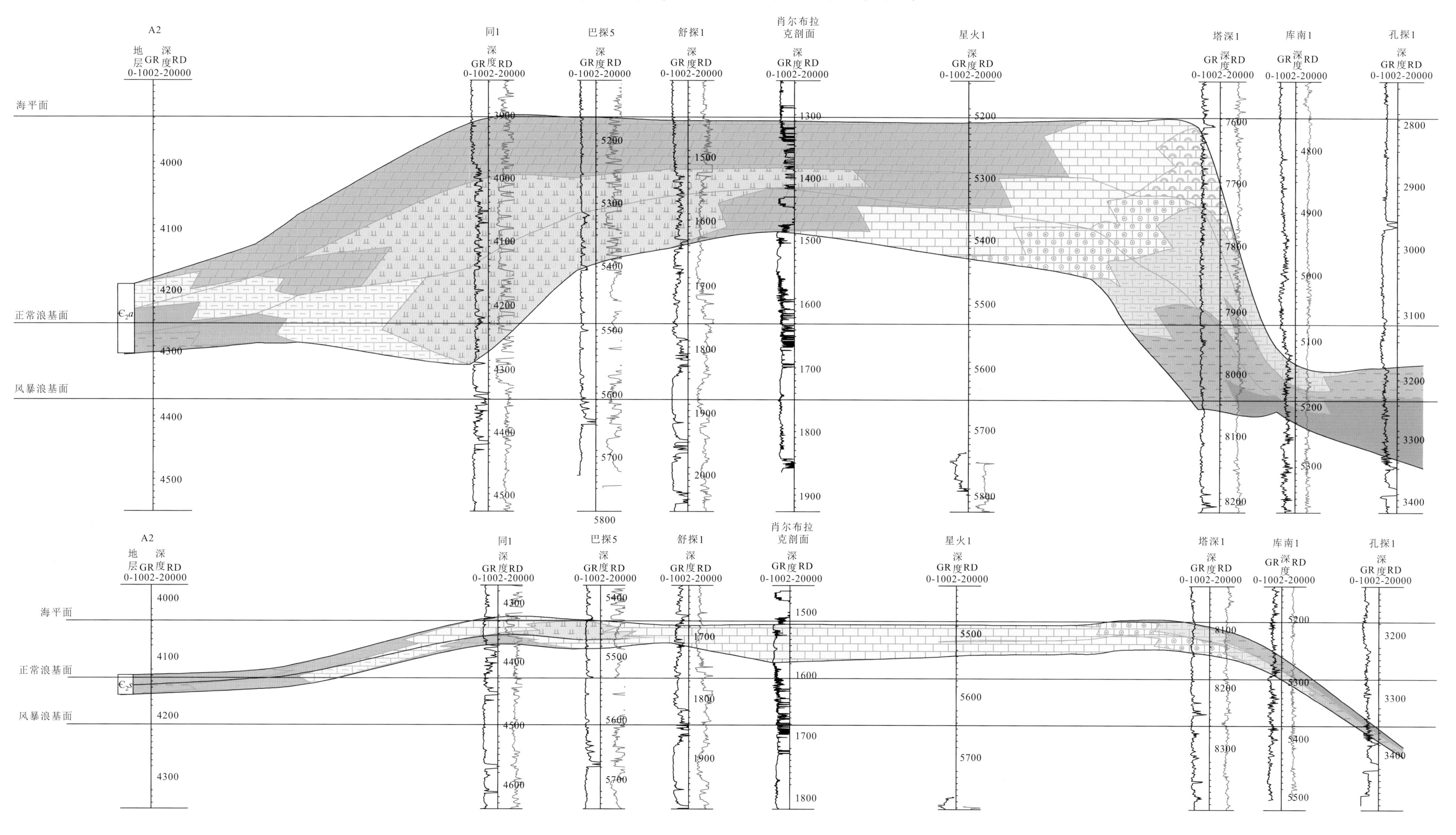

塔里木盆地寒武纪沉积演化剖面模式图（续图）

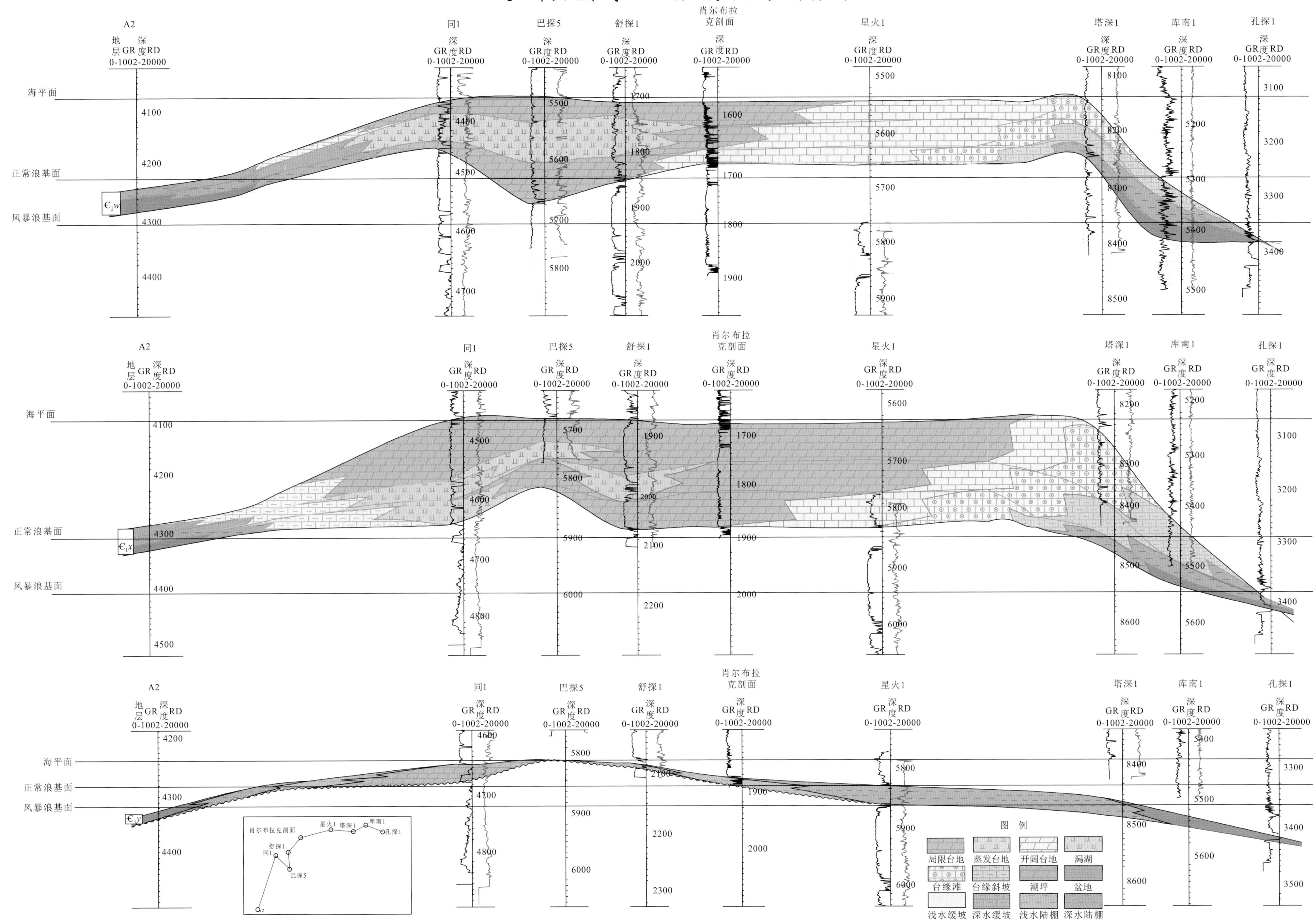

塔里木盆地下寒武统玉尔吐斯组–肖尔布拉克组沉积模式图

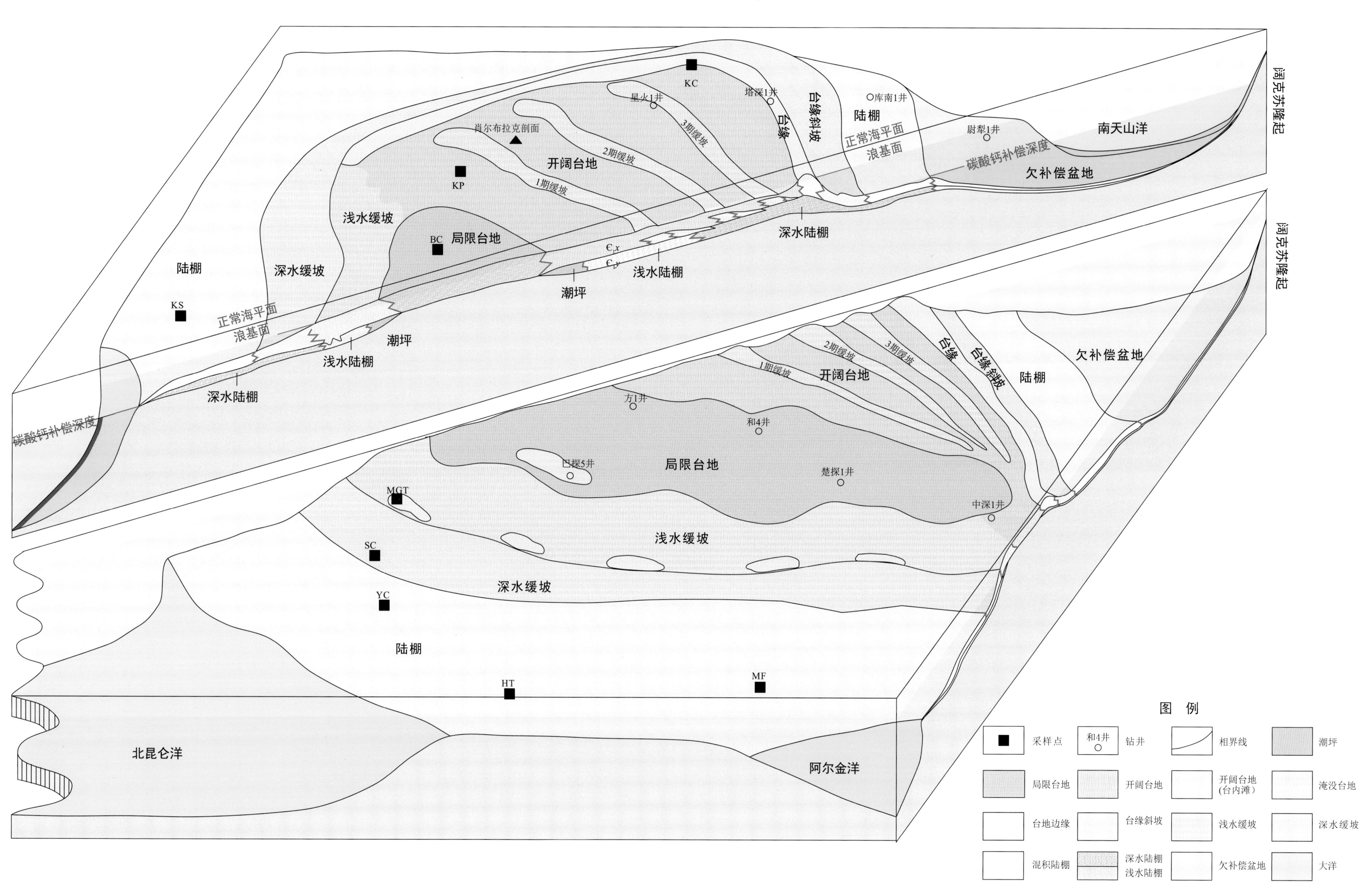

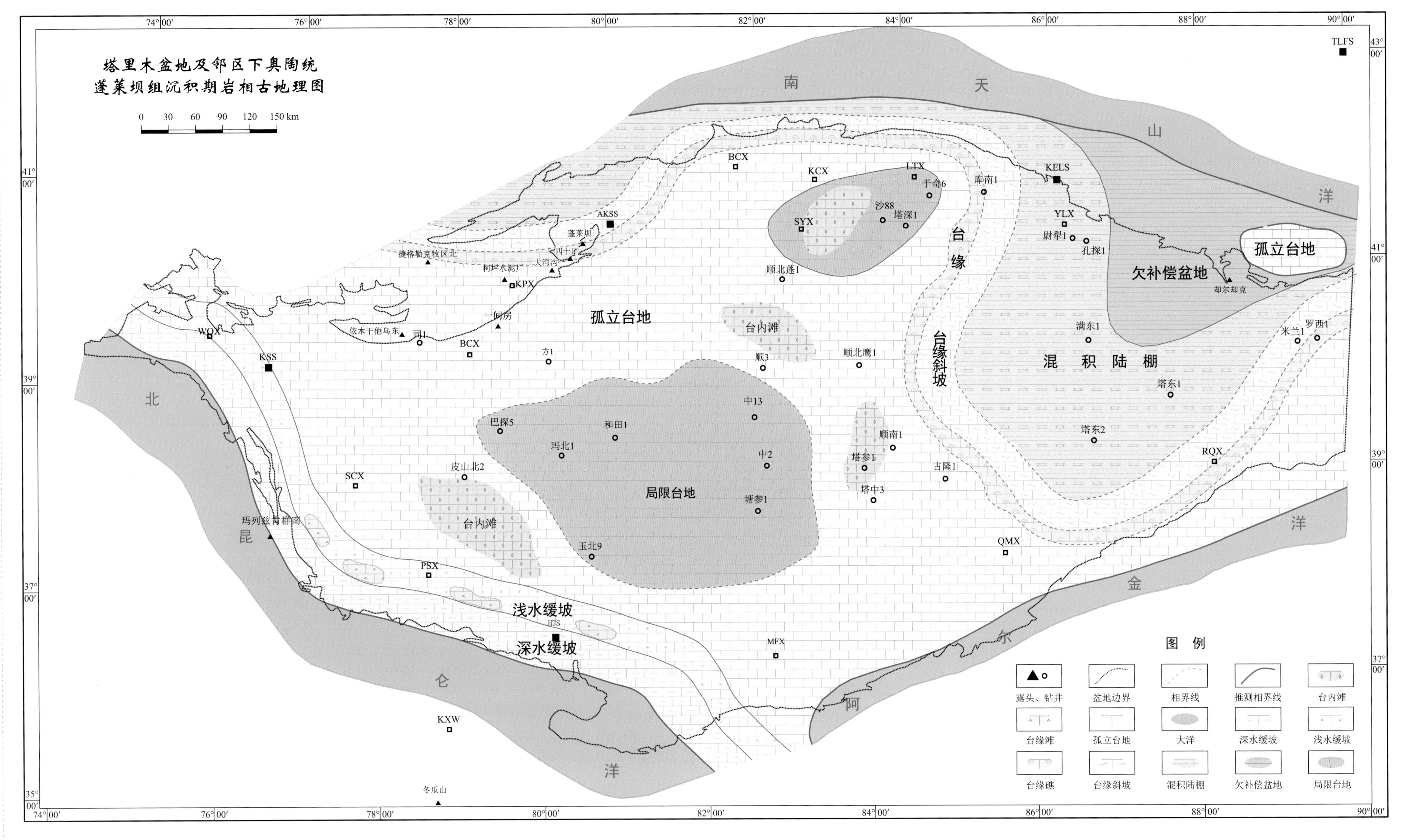

下奥陶统蓬莱坝组沉积期，塔里木板块内部继承了下丘里塔格组沉积期的沉积格局，主体为局限台地 - 开阔台地沉积。以巴楚隆起东部和麦盖提斜坡东部的局限台地为中心，向南依次发育开阔台地 - 浅水缓坡 - 深水缓坡体系，并向北昆仑洋和阿尔金洋过渡；向北东发育开阔台地 - 台缘 - 台缘斜坡 - 混积陆棚沉积体系，并向南天山洋过渡。阔克苏隆起发育开阔台地。

局限台地分布在巴楚隆起东部和麦盖提斜坡东部。巴楚隆起蓬莱坝组为灰、浅灰、深灰色结晶云岩，含灰云岩、云质灰岩，局部夹薄层含泥灰岩、含泥云岩，见少量灰色硅质白云岩，厚 405 ～ 556m。玉北 5 井区蓬莱坝组以灰、浅灰、黄灰色灰质白云岩，白云质泥晶灰岩、细晶及中 - 粗晶白云岩为主夹灰色硅质白云岩、砂屑白云岩，钻厚 211 ～ 387m（均未钻穿）。

局限台地外围发育大面积开阔台地，在皮山北新 1 井区、塔参 1 井区、顺西、哈 6—沙 82 井区发育台内滩。沙雅隆起蓬莱坝组下部为褐灰色灰岩夹浅灰色云质灰岩、灰质云岩、云岩，中部为灰、褐灰色灰岩局部夹浅灰色云岩，上部为灰、褐灰色云质灰岩局部夹灰岩及砂屑灰岩，塔深 1 井厚 313m，于奇 6 井厚 599m。

塔西南浅水缓坡 - 深水缓坡 - 陆棚发育在昆仑山山前一线。北部、东部开阔台地边缘为镶边陆棚台缘，东部台缘 - 台缘斜坡发育在库南 1 南 — 古城 4 一线，台缘及斜坡呈窄条带状分布。向东到满加尔拗陷为混积陆棚，尉犁 1 井蓬莱坝组泥灰岩厚约 100m。

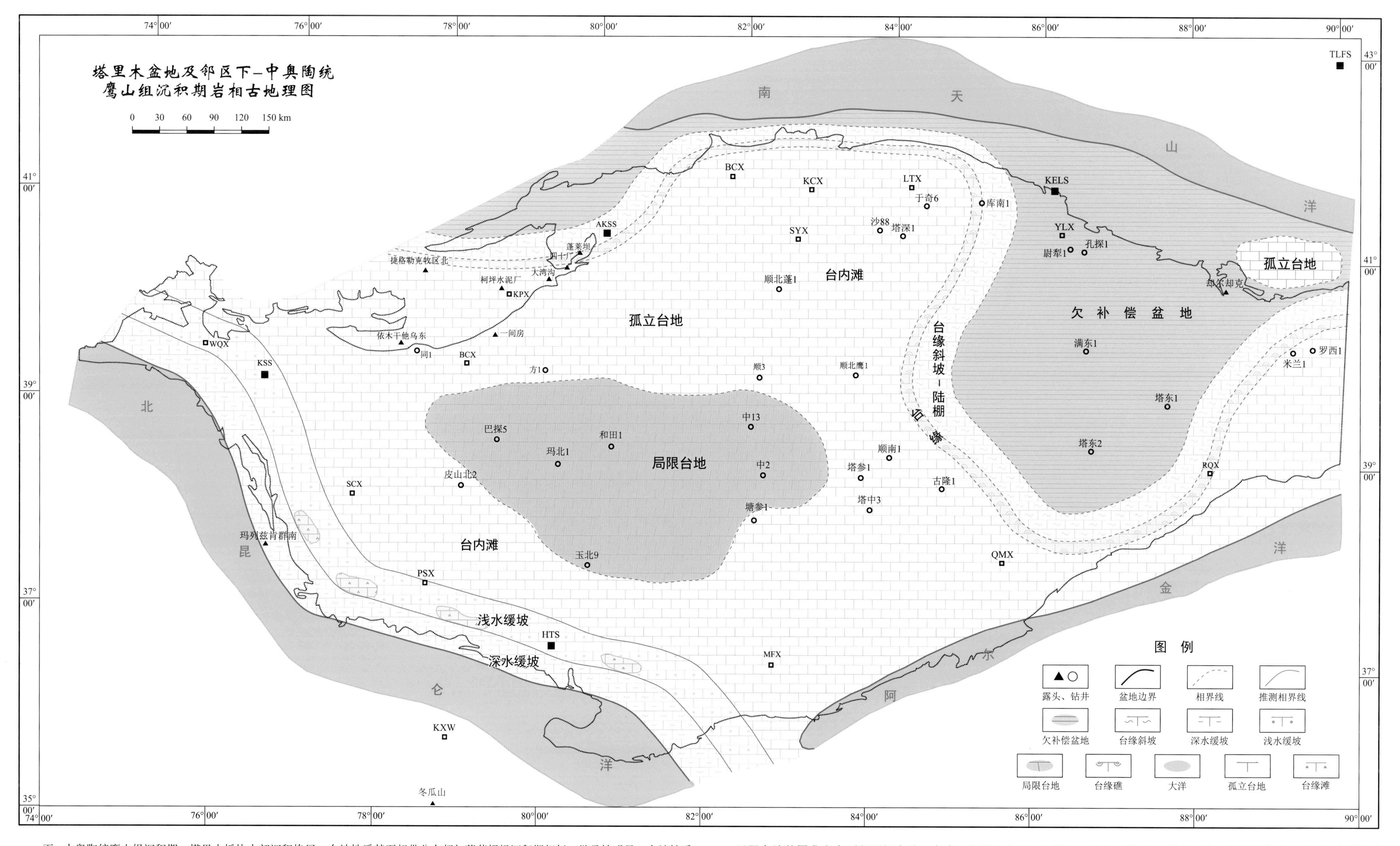

下 - 中奥陶统鹰山组沉积期，塔里木板块内部沉积格局、台地性质甚至相带分布都与蓬莱坝组沉积期相似，继承性明显。台地性质仍为局限台地 - 开阔台地。以巴楚隆起东部和麦盖提斜坡东部的局限台地为中心，向南发育开阔台地 - 浅水缓坡 - 深水缓坡沉积体系，并向北昆仑洋和阿尔金洋过渡；向北东发育蒸发台地 - 局限台地 - 开阔台地 - 台缘 - 台缘斜坡 - 陆棚（图中缺）- 欠补偿盆地沉积体系，并向南天山洋过渡。阔克苏隆起发育开阔台地。

局限台地分布在巴楚隆起东部和麦盖提斜坡东部。巴楚隆起鹰山组云灰岩段（下段）以浅灰色中 - 粗晶灰质白云岩、粉 - 细晶白云岩为主，上部见薄层白云质灰岩；灰岩段（上段）主要为灰、浅灰、黄灰色微晶灰岩，亮晶藻砾砂屑灰岩、云质藻砂屑及生屑灰岩，厚 331 ～ 809m。麦盖提斜坡鹰山组云灰岩段中下部为灰色中 - 粗晶灰质白云岩、细 - 中粗晶白云岩，上部见薄层白云质灰岩；灰岩段为灰、浅灰、黄灰色灰质云岩渐变为生屑微晶灰岩、微晶灰岩、亮晶藻砾砂屑灰岩，厚 383 ～ 478m。

局限台地外围发育大面积开阔台地，在皮山北新 1 井区、古隆 1 井区东、顺西 — 顺南、哈 6 井区等发育台内滩。卡塔克隆起 — 塘古巴斯拗陷 — 顺托果勒隆起南部 — 古城墟隆起鹰山组云灰岩段为灰色结晶云岩、灰质白云岩、泥微晶灰岩、颗粒灰岩不等厚互层；灰岩段为灰褐色厚层泥 - 粉晶灰岩、浅 - 深灰色厚层微晶灰岩夹含泥灰岩、灰质云岩、砂屑灰岩，厚 418 ～ 453m。沙雅隆起鹰山组云灰岩段为灰色灰质云岩、云质灰岩、微晶灰岩、含砂屑微晶灰岩夹微晶砂屑灰岩。灰岩段为亮晶或微晶砂屑灰岩，厚 600 ～ 800m。

塔西南浅水缓坡 - 深水缓坡发育在昆仑山山前一线。北部、东部开阔台地边缘为镶边陆棚台缘，东部台缘 - 台缘斜坡发育在库南 1 南 — 古城 4 一线。受同期碳酸钙补偿深度上升影响，向东到满加尔拗陷相变为欠补偿盆地，深水面积向南扩大。库鲁克塔格鹰山组下部为黑色页岩和凝灰质页岩，上部为黑色硅质岩和硅质泥岩，厚 270m。

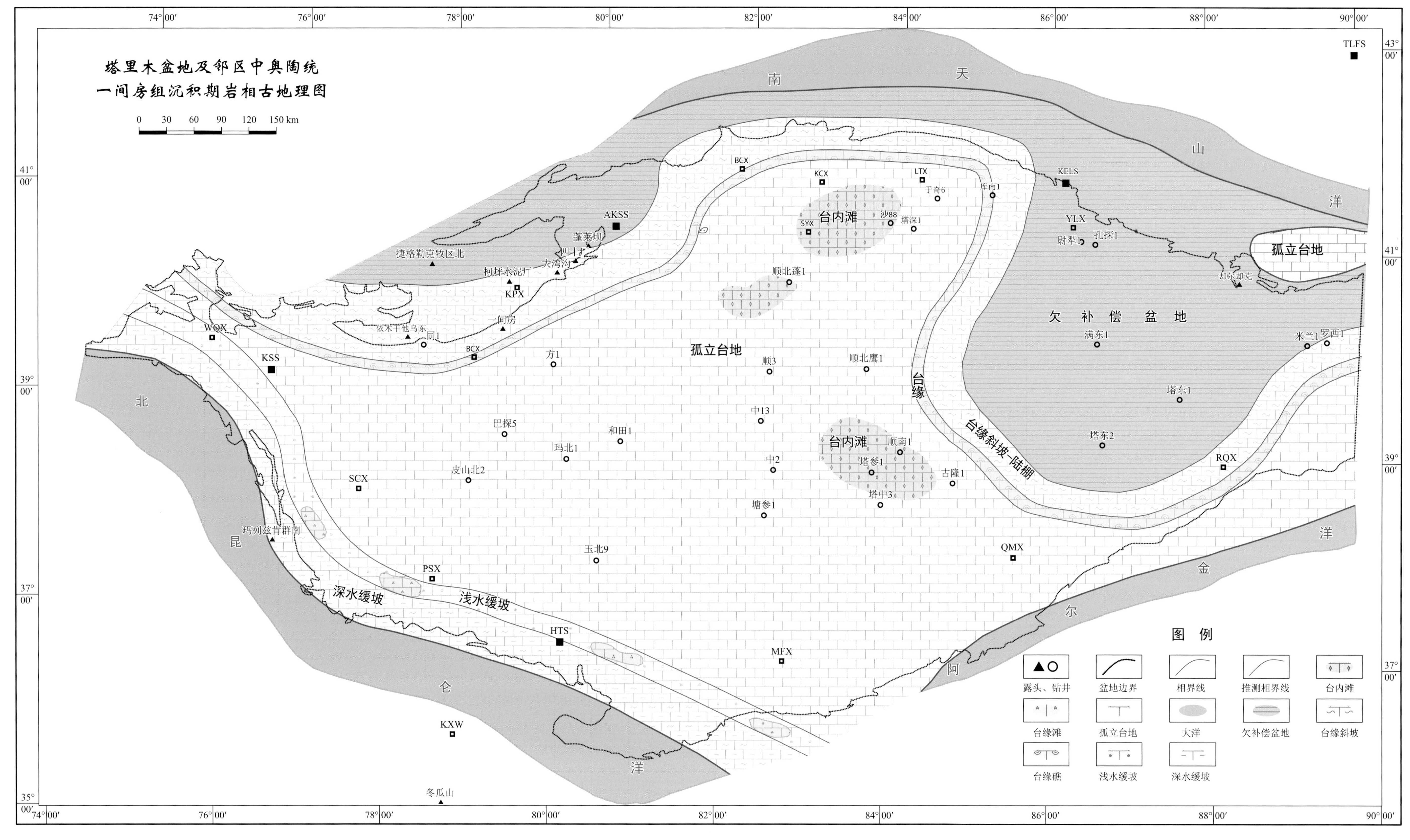

中奥陶统一间房组沉积期，伴随着相对海平面的上升，塔里木板块内部主体为开阔台地沉积。以大面积分布的开阔台地为中心向南发育浅水缓坡-深水缓坡（图中缺）-陆棚沉积体系，并向北昆仑洋和阿尔金洋过渡；向北东发育台地边缘-台缘斜坡-陆棚-欠补偿盆地沉积体系，并向南天山洋过渡。阔克苏隆起发育开阔台地。

塔西南坳陷—麦盖提斜坡，塔中巴楚隆起—卡塔克隆起—塘古巴斯坳陷，塔北阿瓦提坳陷—顺托果勒隆起—沙雅隆起发育大面积的开阔台地，顺南1井—塔中43井区、顺北井区、哈6井—沙88井区发育台内滩，塔北沙109井、沙102井—沙91井、沙87井及塔深1井区见台内礁（海绵礁）。在顺南—古隆及塘古巴斯坳陷岩性以藻球粒、藻砂屑灰岩为主，厚68～155m；在沙雅隆起主要为灰、黄灰色亮晶砂屑灰岩，砂屑微晶灰岩、微晶灰岩，夹鲕粒灰岩、藻粘结灰岩和海绵礁灰岩，厚50～112m。

塔西南浅水缓坡-深水缓坡-陆棚发育在昆仑山山前一线。北部、东部开阔台地边缘为镶边陆棚台缘，东部台缘-台缘斜坡与鹰山组相比在塔中、塔北之间向台内收缩明显，发育在在沙32井—托普2井—哈得5井—古城4井一线。向东到满加尔坳陷为陆棚-欠补偿盆地。

受后期加里东运动中期Ⅰ幕构造抬升剥蚀影响，巴楚隆起—麦盖提斜—塔西南坳陷及卡塔克隆起一间房组被剥蚀。受后期加里东运动中期和海西早期构造抬升剥蚀影响，沙雅隆起北部一间房组被剥蚀。

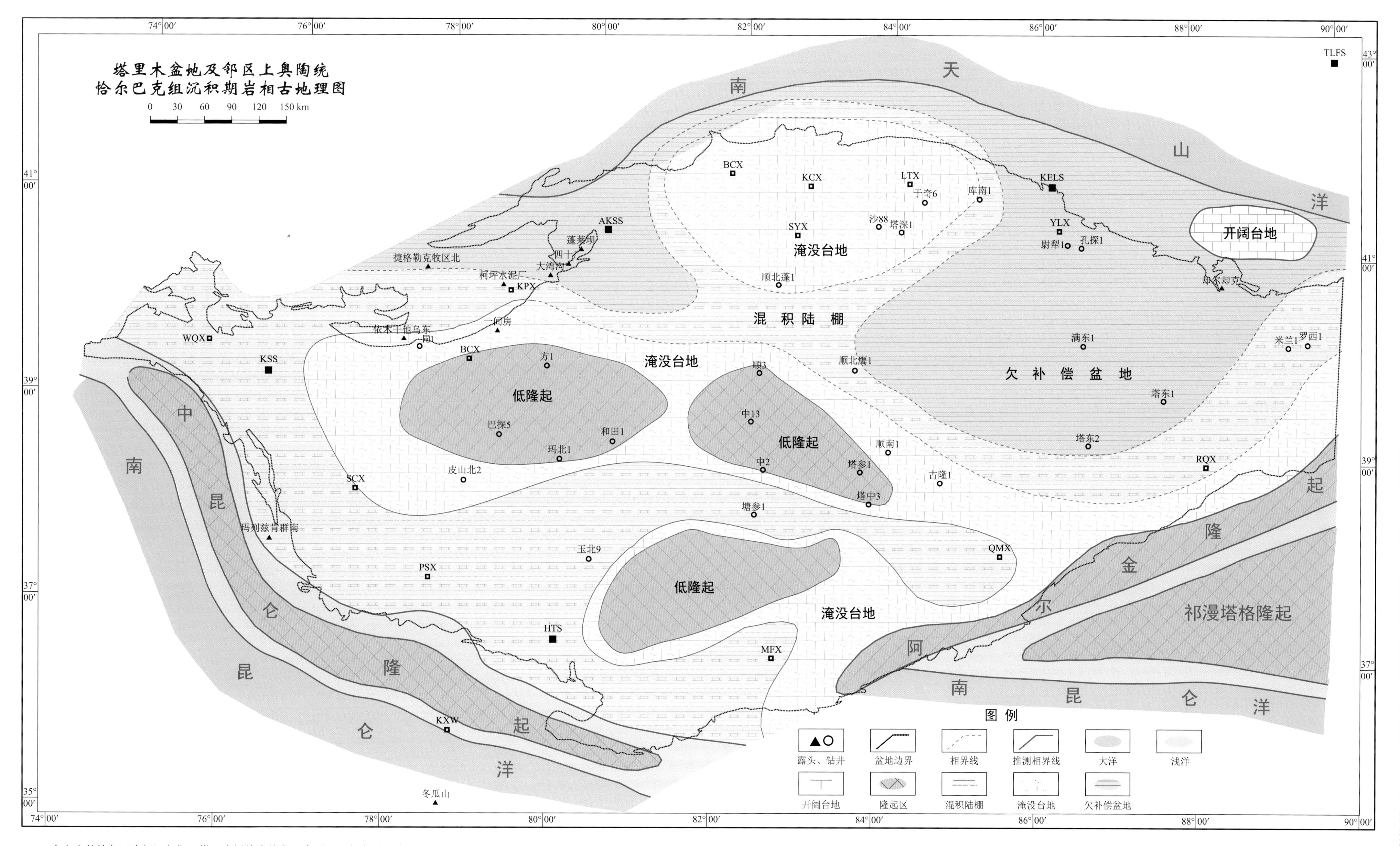

上奥陶统恰尔巴克组沉积期，塔里木板块南缘北昆仑洋和阿尔金洋俯冲-消减-关闭，相应形成中昆仑隆起和阿尔金隆起雏形，为加里东中期Ⅰ幕构造运动。受此影响，塔里木板块内部出现了南北向分异、东西向延伸的隆坳格局，其中塔南、塔中低隆起缺失恰尔巴克组沉积。此外，受同期全球海平面大规模上升影响，塔里木板块内部台地被淹没。从巴楚低隆起向南发育淹没台地-混积陆棚沉积体系，隔中昆仑隆起和阿尔金隆起与南昆仑洋相连；从巴楚低隆起向北东发育淹没台地-混积陆棚-欠补偿盆地沉积体系，并向南天山洋过渡。阔克苏隆起仍发育开阔台地。

塔中、塔北发育2个东西向延伸的淹没台地。塔中恰尔巴克组为紫红色、灰色瘤状泥晶灰岩、泥灰岩夹含生屑泥质泥晶灰岩，厚13～20m。沙雅隆起恰尔巴克组下段为灰色泥微晶灰岩，上段为灰色、红棕色瘤状灰岩，泥灰岩，厚20～30m。恰尔巴克组为全盆奥陶系对比重要标志层。

淹没台地之间，即塘古巴斯坳陷和顺托果勒低隆为混积陆棚。阿瓦提断陷和满加尔坳陷为欠补偿盆地。

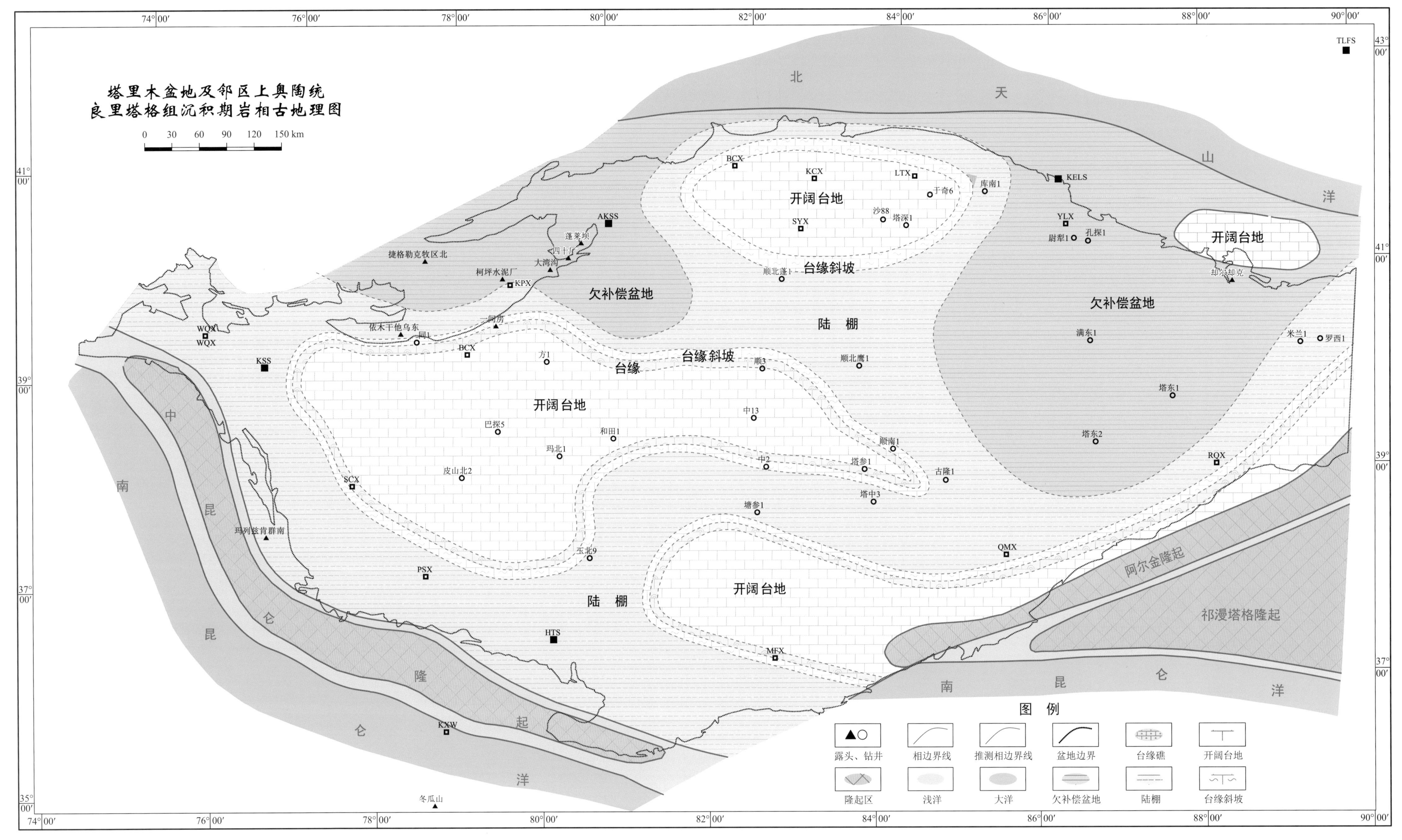

上奥陶统良里塔格组相沉积期，为塔里木盆地碳酸盐台地重要分异时期，主要表现为多台、多缘、多盆的沉积格局。同时，由于受同期全球海平面下降影响，塔里木板块内部前期的淹没台地相演变为开阔台地。塔中台地向南发育开阔台地 - 台缘 - 台缘斜坡 - 陆棚沉积体系，隔中昆仑隆起和阿尔金隆起与南昆仑洋相连。塔中台地向北东发育开阔台地 - 台缘 - 台缘斜坡 - 陆棚 - 欠补偿盆地沉积体系，隔顺托果勒陆棚（台盆）与塔北开阔台地相望。塔北开阔台地南侧为缓坡 - 顺托果勒陆棚，东西两侧从陆棚过渡为欠补偿盆地或盆地，北侧推测发育台缘 - 台缘斜坡 - 陆棚沉积体系（后被剥蚀），并向南天山洋过渡。阔克苏隆起为开阔台地。

塔中、塔北恰尔巴克组 2 个东西向延伸的淹没台地相变为 2 个孤立的开阔台地。其中塔中开阔台地面积和厚度明显较大。麦盖提斜坡良里塔格组为灰、浅灰、黄灰色微晶灰岩，砂屑微晶灰岩、骨屑微晶灰岩、微晶藻屑骨屑灰岩，厚约 65m。巴楚隆起良里塔格组为灰、浅灰、黄灰色微晶灰岩，砂屑微晶灰岩、生屑微晶灰岩、含泥灰岩，厚 158 ～ 410m。卡塔克隆起良里塔格组下段（含泥灰岩段）为灰色微晶砂屑灰岩、骨屑、藻鲕、藻球粒微晶灰岩夹亮晶砂屑灰岩，底部见深灰、褐色灰岩夹黑色泥质条带；中段（颗粒灰岩段）为中到厚层状亮晶砂屑、生屑、鲕粒灰岩、生物礁灰岩夹灰色微晶生屑灰岩；上段（泥质条带灰岩段）为浅灰色中 - 厚层状微晶灰岩、生屑微晶灰岩、砂屑微晶灰岩夹薄层泥质灰岩，厚 118 ～ 854m。沙雅隆起良里塔格组为褐灰色泥晶灰岩、灰色泥质灰岩、泥微晶砂屑灰岩，厚约 100m。

开阔台地之间为陆棚。顺托果勒隆起南部—古城墟隆起良里塔格组为微晶灰岩、泥灰岩，厚约 10m 左右。

满加尔拗陷为欠补偿盆地，阿瓦提拗陷—柯坪北部为盆地。

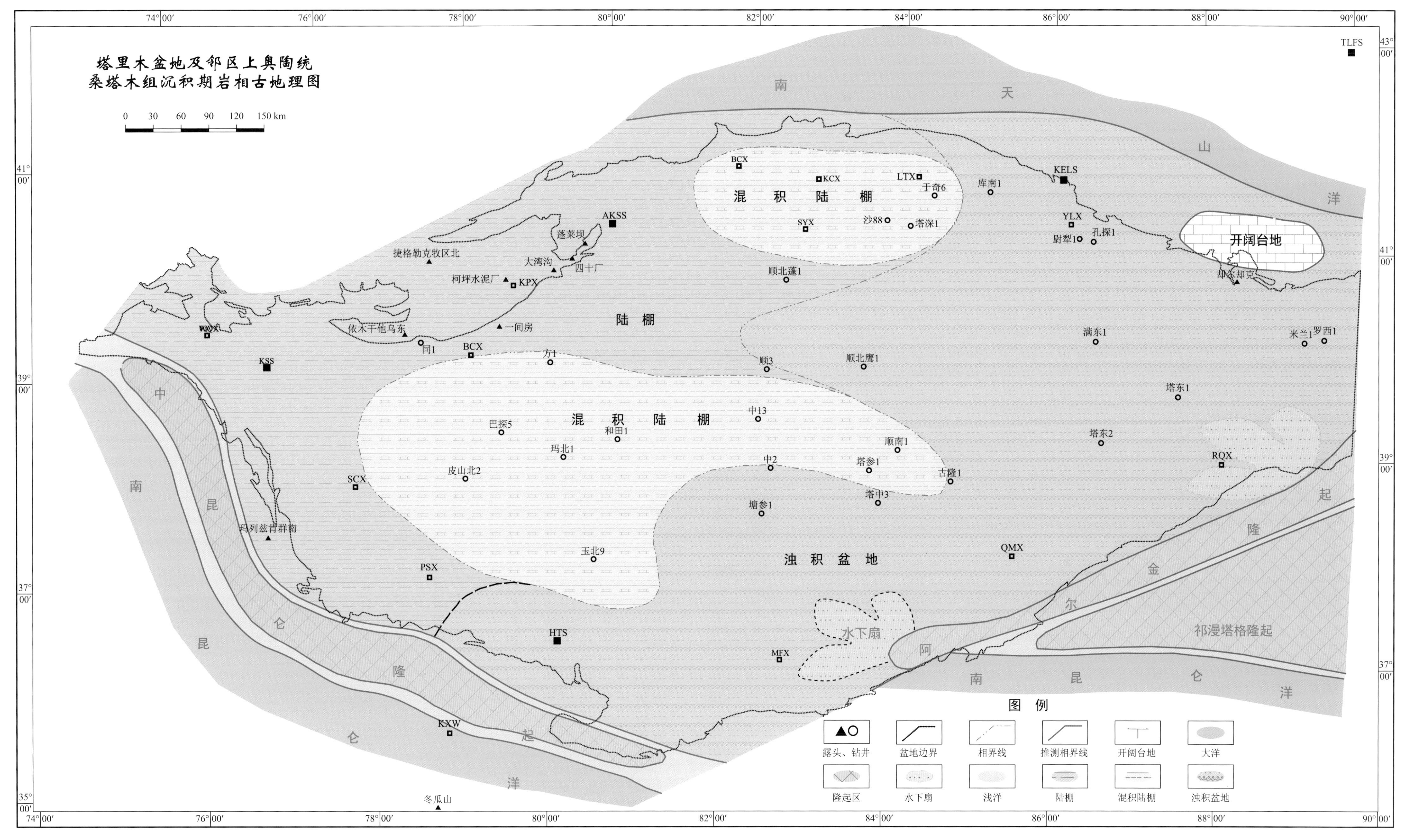

上奥陶统桑塔木组沉积期，伴随着全球海平面再次大规模上升，塔里木板块内部前期的碳酸盐台地淹没消亡，此时的沉积格局表现为陆棚到深水盆地沉积。此外，由于阿尔金隆起提供了充足的物源，塘古巴斯拗陷、古城墟隆起及满加尔拗陷发育沉积巨厚的浊积盆地。只在阔克苏隆起发育开阔台地。

塔中、塔北良里塔格组开阔台地被淹没演变为混积陆棚。麦盖提斜坡桑塔木组岩性下部为红棕、灰、绿灰色泥岩与灰质泥岩夹粉砂质泥岩，厚约 200m。巴楚隆起桑塔木组为红褐、灰褐色泥岩与灰色粉砂质泥岩、灰质泥岩、粉砂质泥岩互层，厚 108 ～ 399m。沙雅隆起桑塔木组为灰、绿灰色泥岩、灰质泥岩夹灰色泥晶灰岩、泥质灰岩，厚 31m ～ 189m。

塘古巴斯拗陷、古城墟隆起及满加尔拗陷发育浊积盆地，为一套巨厚的陆源碎屑浊积岩。尉犁 1 井为深灰色薄 - 中厚层状泥岩、粉砂质泥岩、泥质粉砂岩频繁互层，厚 2000 ～ 3000m。塔东 1 井主要由灰绿、黄绿、紫红、黑或灰色砂岩、粉砂岩、页岩及砂屑灰岩形成韵律层，钻厚 1377m。

塔西南拗陷、顺托果勒隆起为盆地，为深灰色泥岩、泥灰岩夹泥质粉砂岩，残厚 300 ～ 800m。

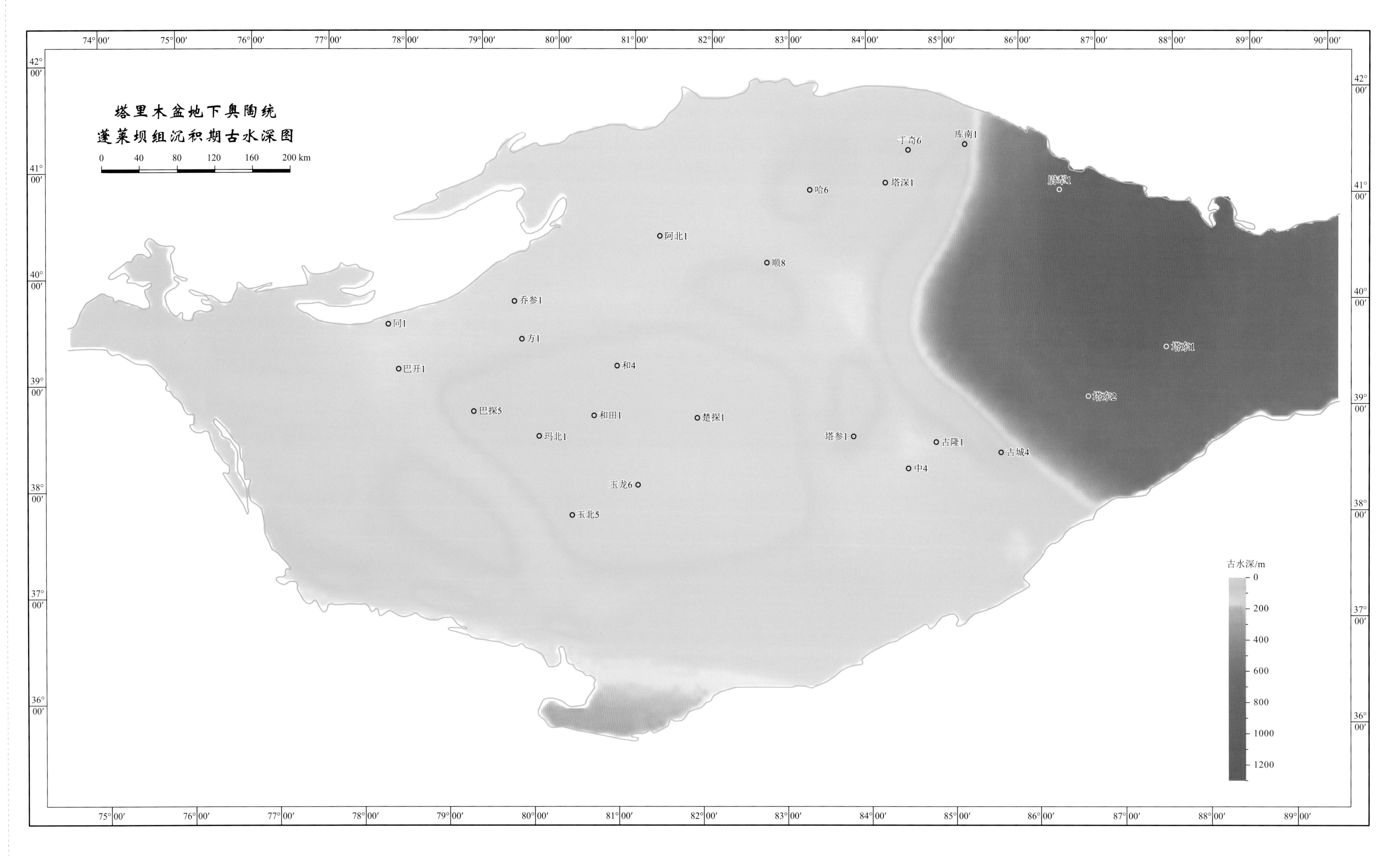
塔里木盆地下奥陶统
蓬莱坝组沉积期古水深图
0 40 80 120 160 200 km
于奇6
库南1
塔深1
哈6
阿北1
顺8
乔参1
同1
方1
巴开1
和4
巴探5
和田1
楚探1
玛北1
塔参1
古隆1
古城4
中4
玉龙6
玉北5
塔东1
塔东2
古水深/m
0
200
400
600
800
1000
1200

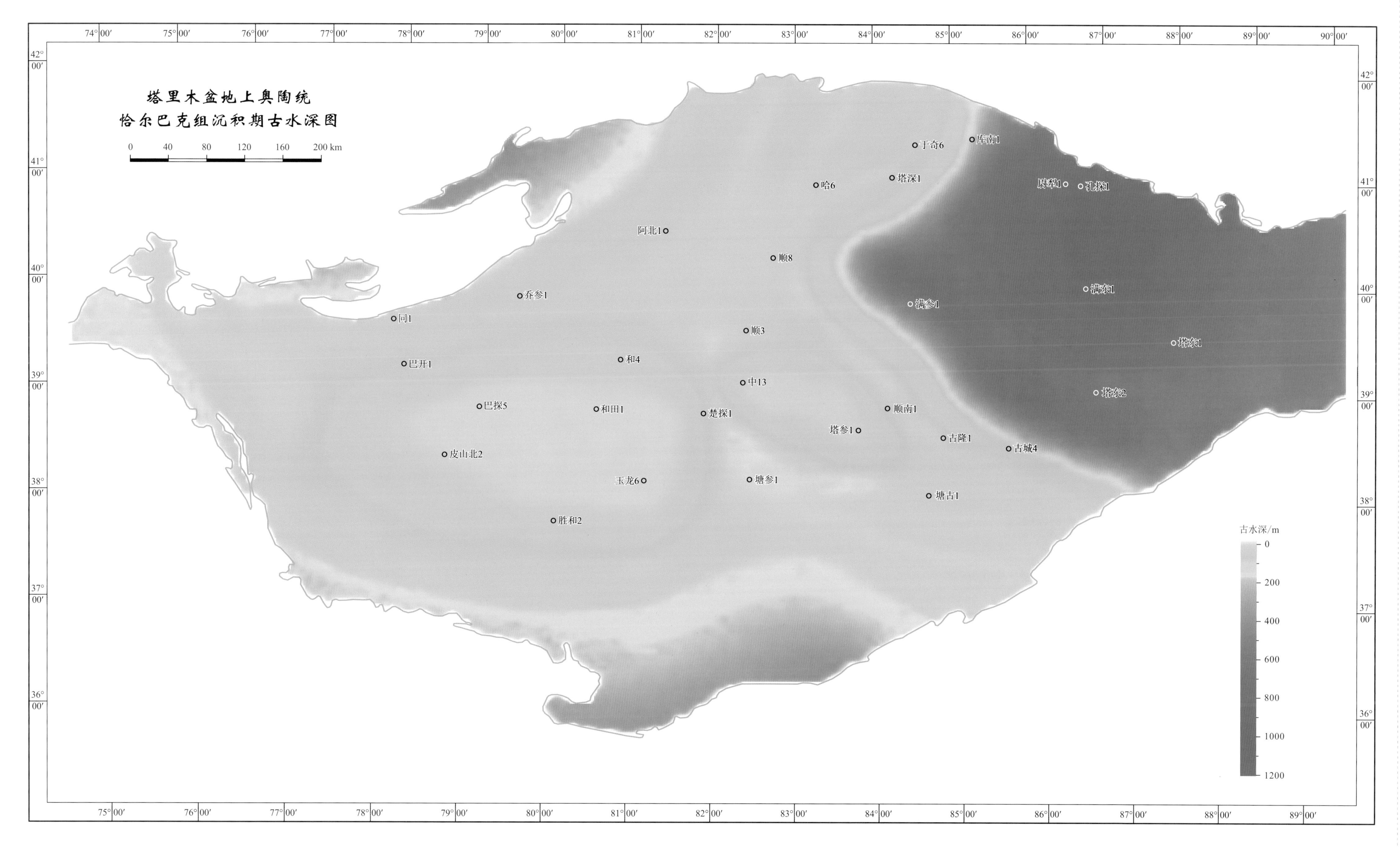
塔里木盆地上奥陶统
恰尔巴克组沉积期古水深图
0 40 80 120 160 200 km
于奇6
库南1
哈6
塔深1
孔探1
阿北1
顺8
满东1
乔参1
满参1
同1
顺3
塔东1
巴开1
和4
中13
塔东2
巴探5
和田1
楚探1
顺南1
塔参1
古隆1
古城4
皮山北2
玉龙6
塘参1
塘古1
胜和2
古水深/m
0
200
400
600
800
1000
1200

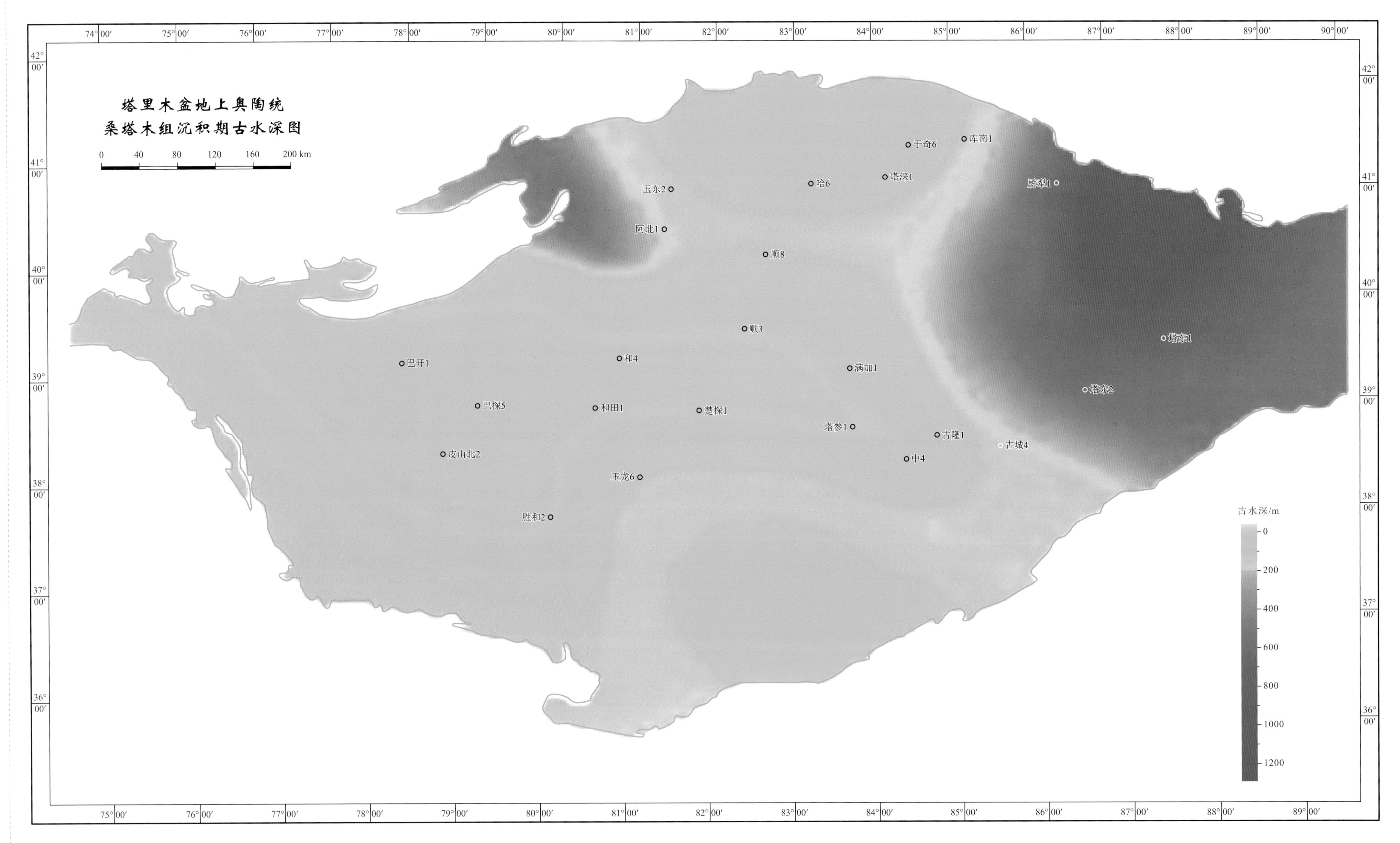
塔里木盆地上奥陶统
桑塔木组沉积期古水深图
0 40 80 120 160 200 km
74°00′
75°00′
76°00′
77°00′
78°00′
79°00′
80°00′
81°00′
82°00′
83°00′
84°00′
85°00′
86°00′
87°00′
88°00′
89°00′
90°00′
42°00′
41°00′
40°00′
39°00′
38°00′
37°00′
36°00′
于奇6
库南1
塔深1
哈6
玉东2
尉犁1
阿北1
顺8
顺3
塔东1
巴开1
和4
满加1
塔东2
巴探5
和田1
楚探1
塔参1
古隆1
古城4
皮山北2
中4
玉龙6
胜和2
古水深/m
0
200
400
600
800
1000
1200

塔里木盆地奥陶系过中4井–中41井–古隆2井沉积剖面图

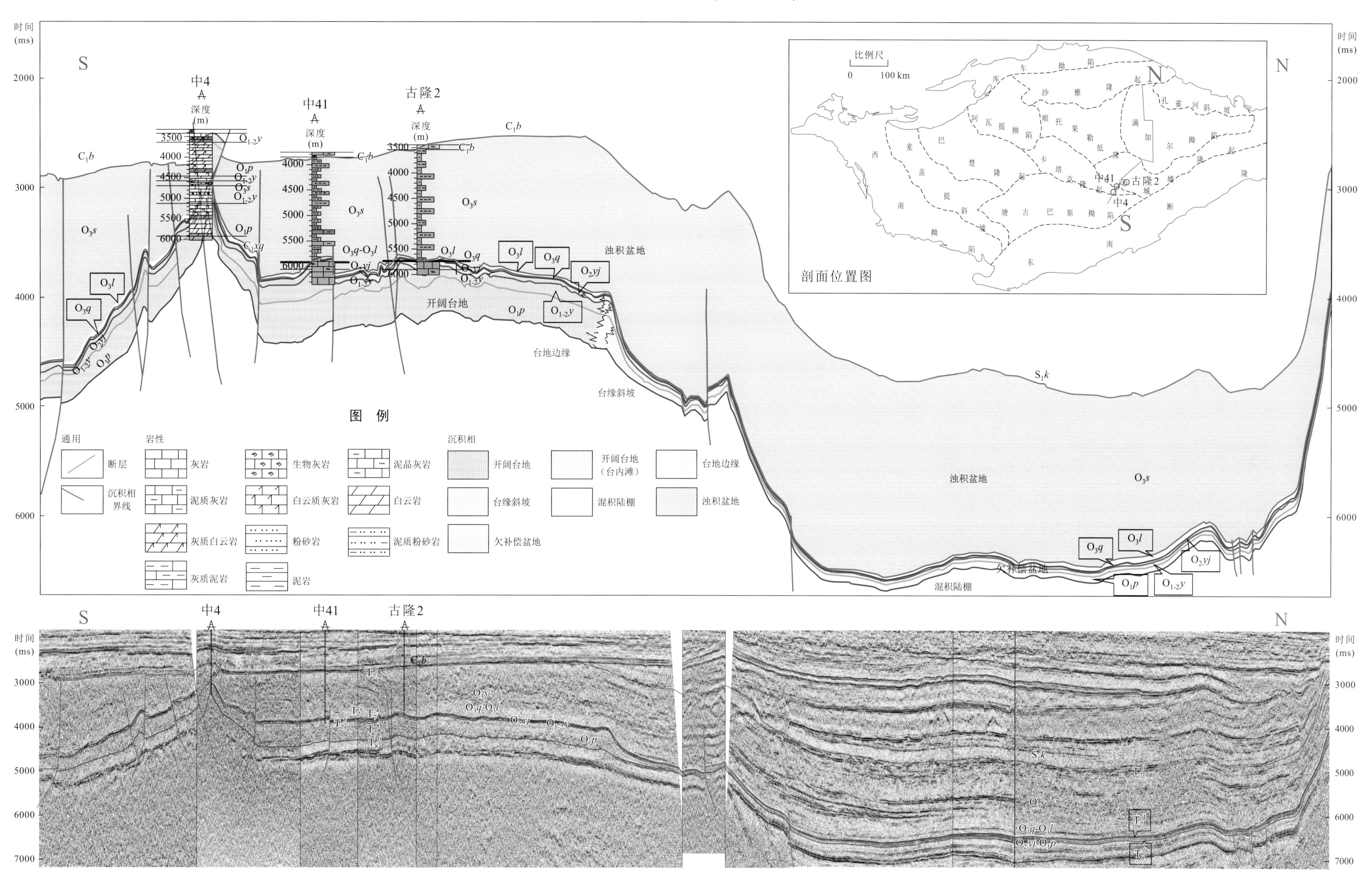

塔里木盆地奥陶系过塘参1井–中2井–中19井–沙112井沉积剖面图

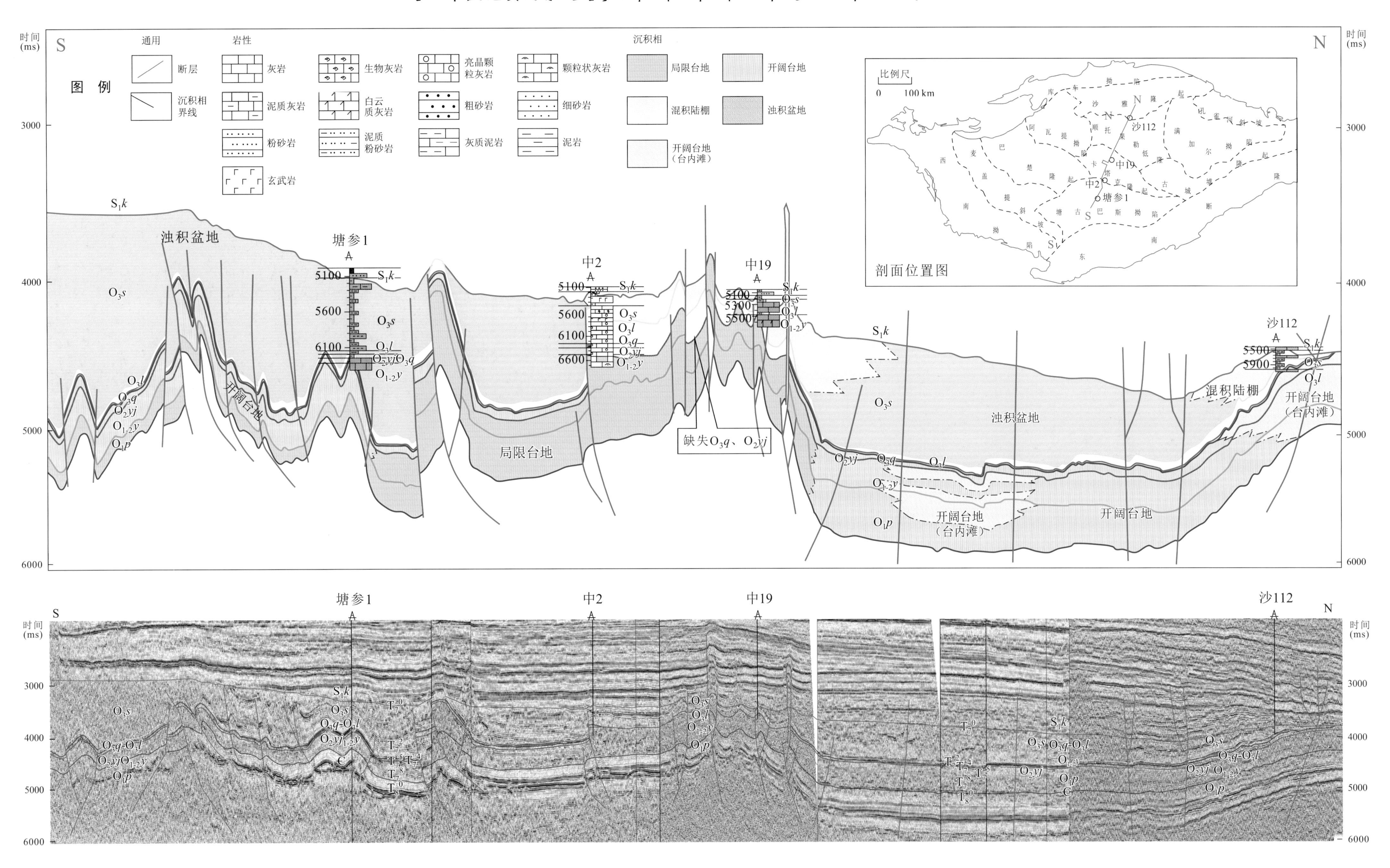

塔里木盆地奥陶系局限台地相典型剖面图

地层系统			GR 0—100	井深 (m)	巴探5井 岩性剖面	RS 0.2—200000 / RD 0.2—200000	薄片观察	沉积相		
系	统	组(群)						微相	亚相	相
奥陶系	下统	鹰山组								
		蓬莱坝组		3800			A	云坪	蒸发台坪	蒸发台地
				3900				灰云坪		
				4000			B	云坪	局限台坪	局限台地
				4100			C	灰云坪	台内滩局限台坪	开阔台地局限台地
								砂屑滩		
寒武系	上统	下丘里塔格群		4200				云坪		

A 巴探5井 3874～3875m O_1p 10×5(-)
粉-细晶白云岩

B 巴探5井 4003～4004m O_1p 10×5(-)
粉-细晶白云岩

C 巴探5井 4165～4166m O_1p 10×5(-)
含云化砂屑灰岩

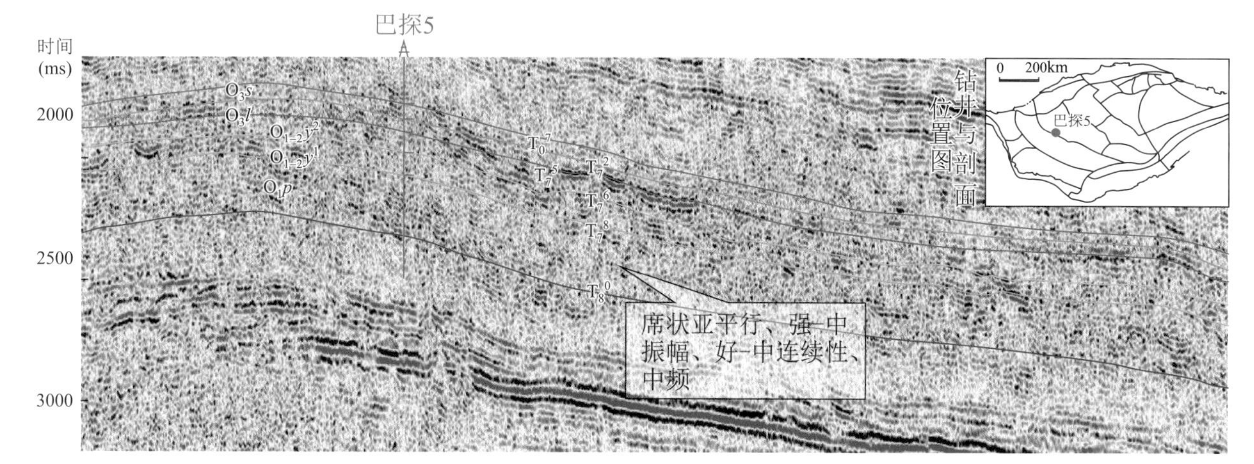

塔里木盆地奥陶系开阔台地相典型剖面图

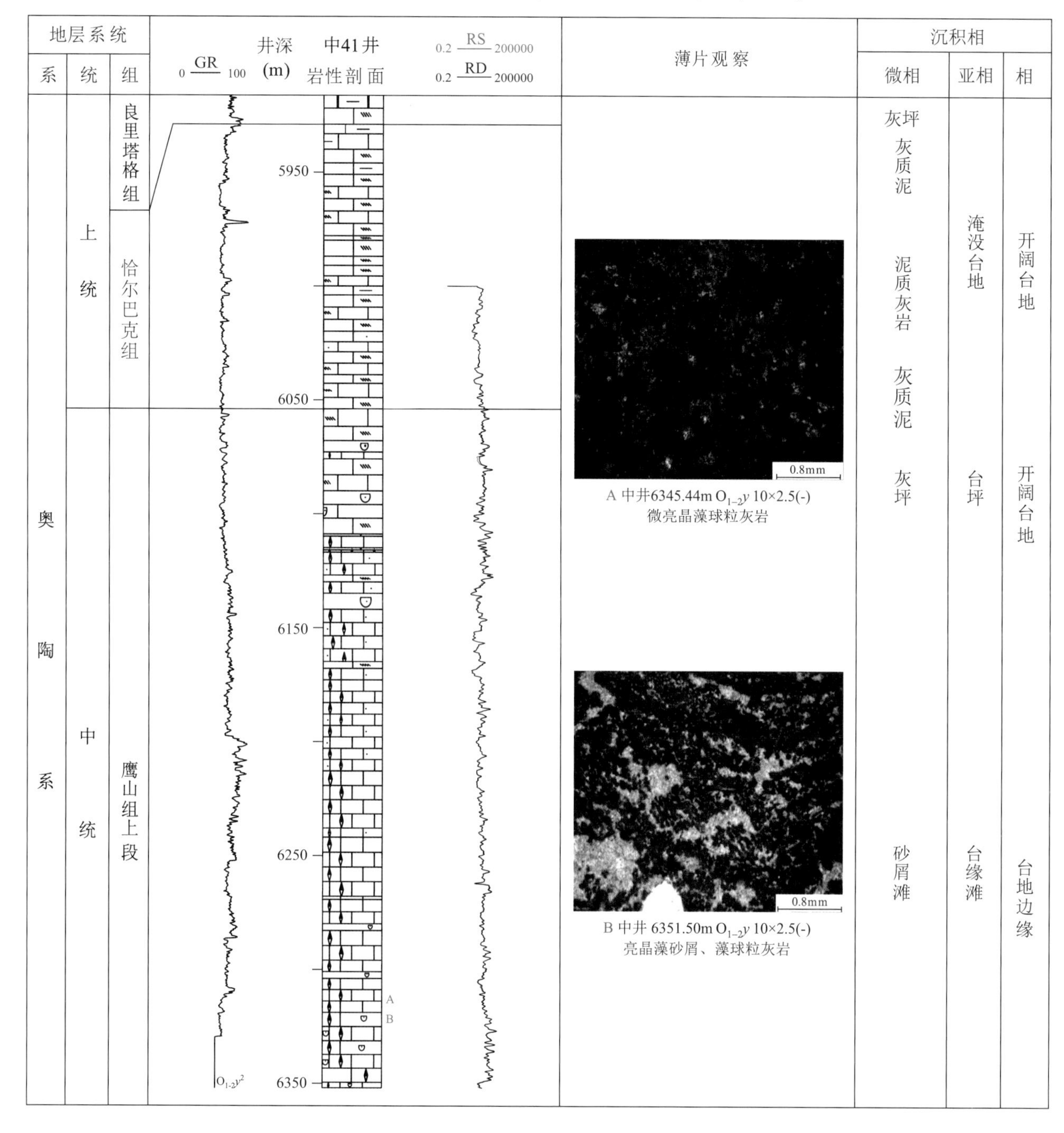

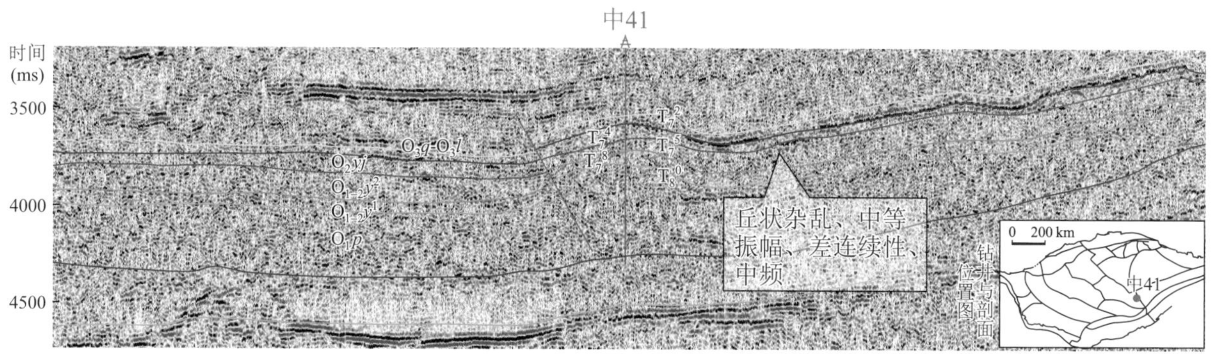

塔里木盆地奥陶系台地边缘相典型剖面图

系	统	组	GR 0—100	井深(m)	顺7井岩性剖面	RS 0.2—200000 / RD 0.2—200000	薄片及岩心观察	微相	亚相	相
奥陶系	上统	桑塔木组								
		良里塔格组		6500 6600 6700			A B C D	砂屑滩 生屑滩 砂屑滩 砂屑滩	台内滩	开阔台地
		恰尔巴克组		6800						
	中统	一间房组								

A 顺7井 6510～6513m O_3l 10×2.5(-) 亮晶藻鲕藻砂屑灰岩

B 顺7井 6527 mO_3l 10×2.5(-) 亮晶含藻鲕藻砂屑灰岩

C 顺7井 6532.05～6532.09m O_3l 鲕粒灰岩与藻灰岩互层

D 顺7井 6605.10～6605.14m O_3l 鲕粒灰岩

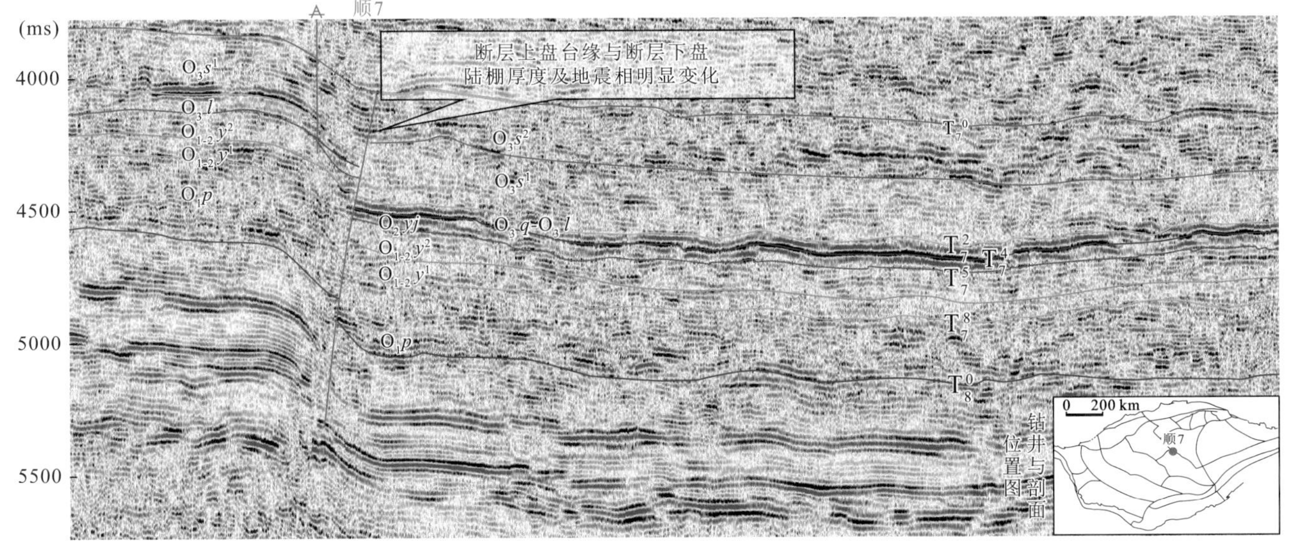

塔里木盆地奥陶系欠补偿盆地相典型剖面图

系	统	组	GR −50—150	井深(m)	尉犁1井岩性剖面	MSFL 0.1—10000 / LLS 0.2—20000 / LLD 0.2—20000	综合描述	微相	亚相	相
奥陶系	上统	恰尔巴克组		3300 3400 3500 3600 3700 3800			恰尔巴克组(O_3q)：紫红色、灰色瘤状泥晶灰岩、泥灰岩夹含生屑泥质泥晶灰岩。该组在沙雅隆起分布稳定，下部主要为灰色泥微晶灰岩，上部主要为灰色、红棕色瘤状灰岩、泥灰岩	外扇	浊积盆地	深海盆地
	中统	黑土凹组		3900			黑土凹组($O_{1-2}h$)：下部以黑色页岩为主，夹硅质条带及团块；上部为黑色硅质岩和硅质泥岩	盆地泥	欠补偿盆地	
	下统	突尔沙克塔格组		4000			突尔沙克塔格组($€_3$-O_1)t：部为深灰色泥质白云岩与深灰色泥灰岩不等厚互层；中上部为深灰色、灰色泥质灰岩、泥灰岩	灰泥	混积陆棚	浅海陆棚
寒武系	上统									
	中统	莫合尔山组		4100 4200			莫合尔山组 $€_2m$：下部为黑色泥岩与灰色泥灰岩不等厚互层夹黑色白云质泥岩；上部为黑灰色白云质灰岩、白云质泥岩、泥质白云岩、深灰色泥质白云岩与灰色灰质泥岩互层	盆地灰泥	欠补偿盆地	深海盆地
	下统	西大山组		4300			西大山组$€_1xd$：下部为深灰色硅质泥岩、灰绿色粉砂岩、灰色泥质粉砂岩；上部为黄灰色泥质白云岩与浅灰色硅质泥岩不等厚互层，顶为薄层灰色硅质			
		西山布拉克组		4400 4500			西山布拉克组$€_1xs$：下部为灰色泥岩、粉砂质泥岩、泥质粉砂岩；上部为深灰色硅质泥岩、灰绿色粉砂岩、灰色泥质粉砂岩	盆地泥		

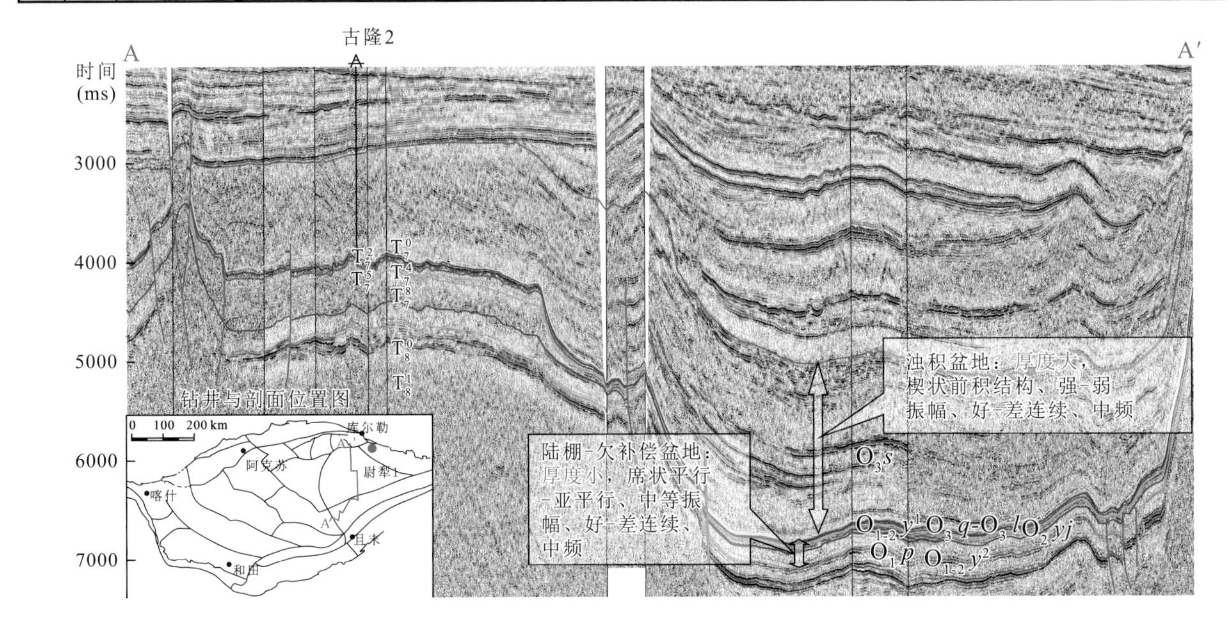

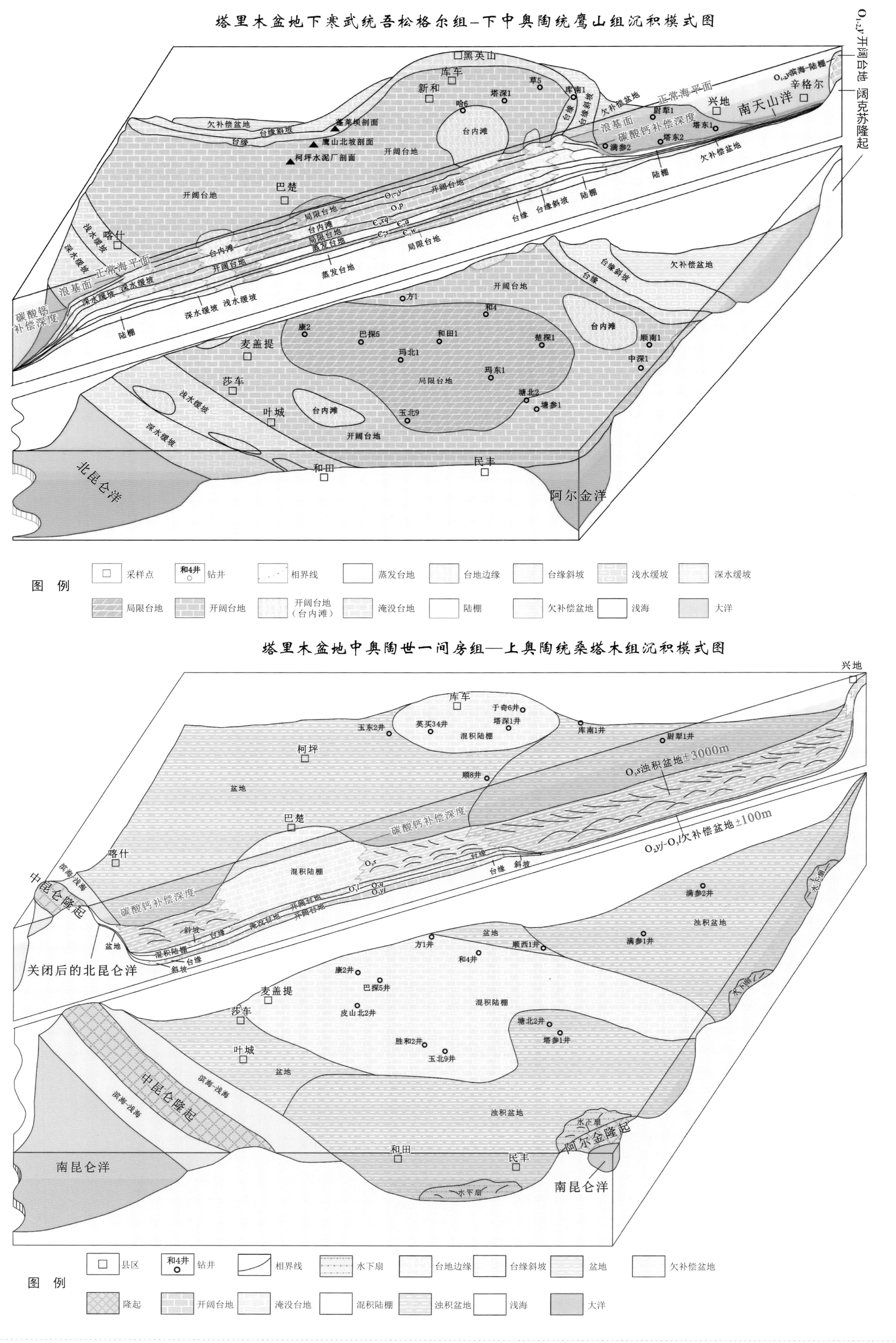
塔里木盆地下寒武统吾松格尔组–下中奥陶统鹰山组沉积模式图
$O_{1-2}y$开阔台地
阔克苏隆起
黑英山
库车
新和
草5
库南1
塔深1
哈6
台内滩
欠补偿盆地
台缘斜坡
台缘
塞莱坝剖面
鹰山北坡剖面
柯坪水泥厂剖面
开阔台地
正常海平面
浪基面
碳酸钙补偿深度
兴地
南天山洋
辛格尔
$O_{1-2}y$滨海–陆棚
尉犁1
塔东1
塔东2
满参2
陆棚
巴楚
局限台地
台内滩
蒸发台地
喀什
浅水缓坡
深水缓坡
麦盖提
莎车
叶城
和田
民丰
北昆仑洋
阿尔金洋
方1
和4
康2
巴探5
和田1
玛北1
楚探1
玛东1
顺南1
中深1
塘北2
塘参1
玉北9
图例
采样点
钻井
相界线
蒸发台地
台地边缘
台缘斜坡
浅水缓坡
深水缓坡
局限台地
开阔台地
开阔台地（台内滩）
淹没台地
陆棚
欠补偿盆地
浅海
大洋
塔里木盆地中奥陶世一间房组—上奥陶统桑塔木组沉积模式图
兴地
库车
于奇6井
塔深1井
英买34井
玉东2井
库南1井
尉犁1井
混积陆棚
柯坪
盆地
顺8井
O_3s浊积盆地±3000m
巴楚
碳酸钙补偿深度
O_2yj-O_3l欠补偿盆地±100m
喀什
中昆仑隆起
滨海–浅海
关闭后的北昆仑洋
台缘
斜坡
满参2井
满参1井
浊积盆地
方1井
和4井
顺西1井
康2井
巴探5井
皮山北2井
麦盖提
莎车
叶城
塘北2井
塔参1井
胜和2井
玉北9井
水下扇
和田
民丰
阿尔金隆起
南昆仑洋
图例
县区
钻井
相界线
水下扇
台地边缘
台缘斜坡
盆地
欠补偿盆地
隆起
开阔台地
淹没台地
混积陆棚
浊积盆地
浅海
大洋

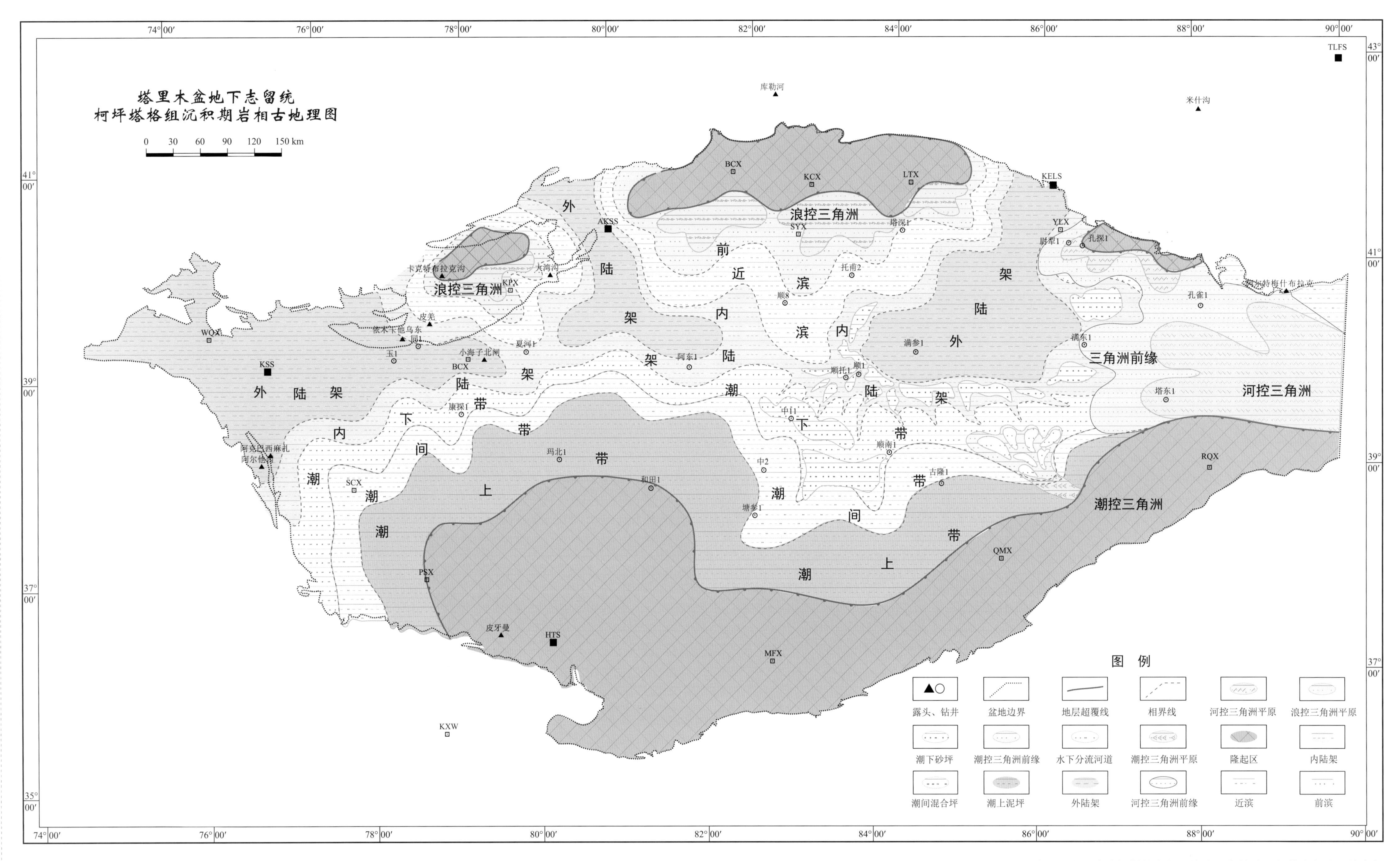

下志留统柯坪塔格组沉积期，塔里木地台整体抬升，中期伴随有弱的伸展作用，导致整个塔里木盆地该时期表现为克拉通内的伸展拗陷盆地。柯坪塔格组沉积时期，盆地古地貌发生了明显的变化，盆地整体表现为东南高西北低的特征。盆地北部库车拗陷及柯坪断隆仍然继承此前地貌，为隆起区。盆地南部东南断隆及西南、麦盖提斜坡东部，塘古巴斯拗陷西部等大部分区域隆起遭受剥蚀。

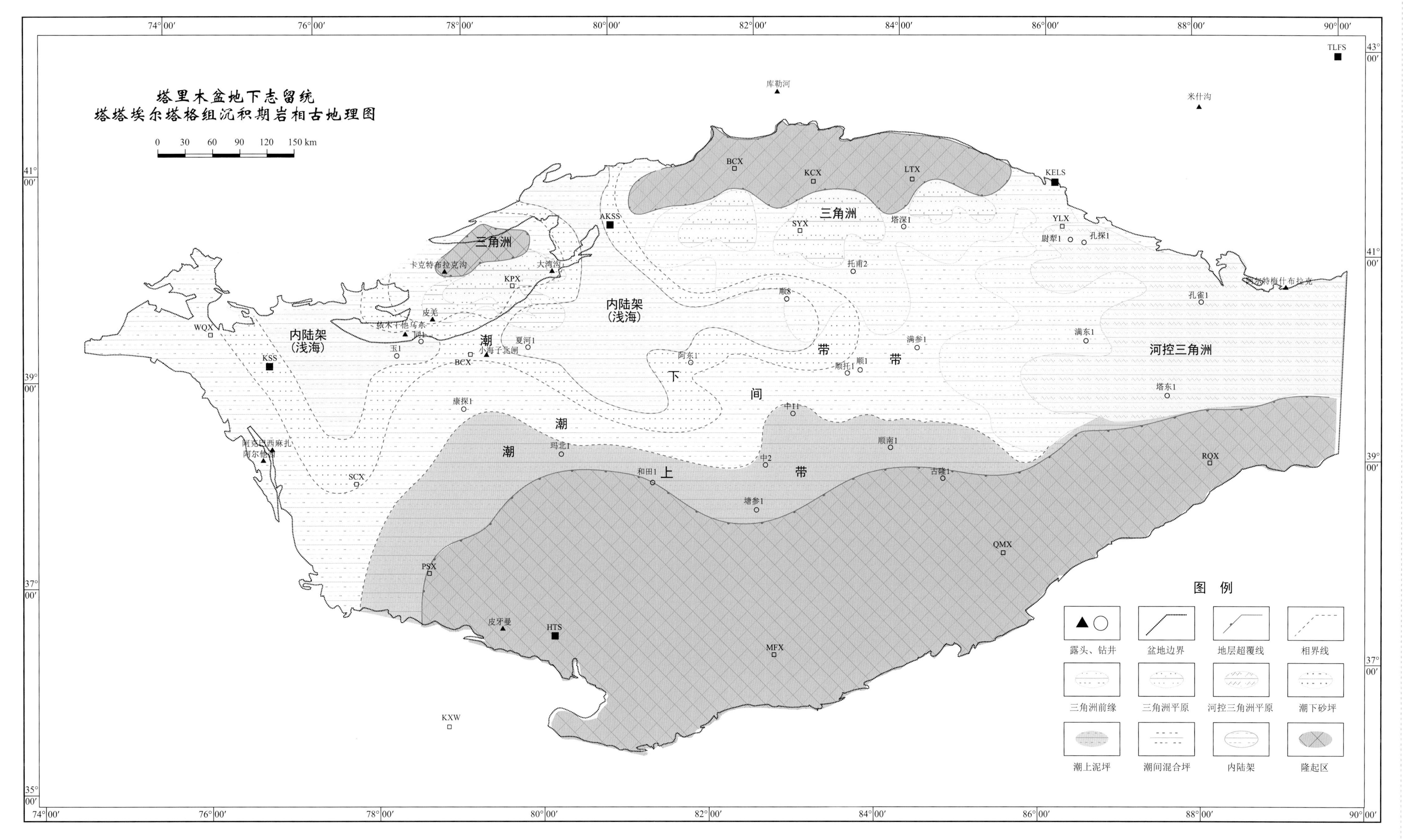

下志留统塔塔埃尔塔格组时期，南天山洋裂陷加剧，导致盆地古地貌格局进一步发生变化：盆地整体地貌呈现南北两端高、中部低的特征，对柯坪塔格组具有一定继承性。在盆地中部，水深具有从东向西水深逐渐变深的特点。

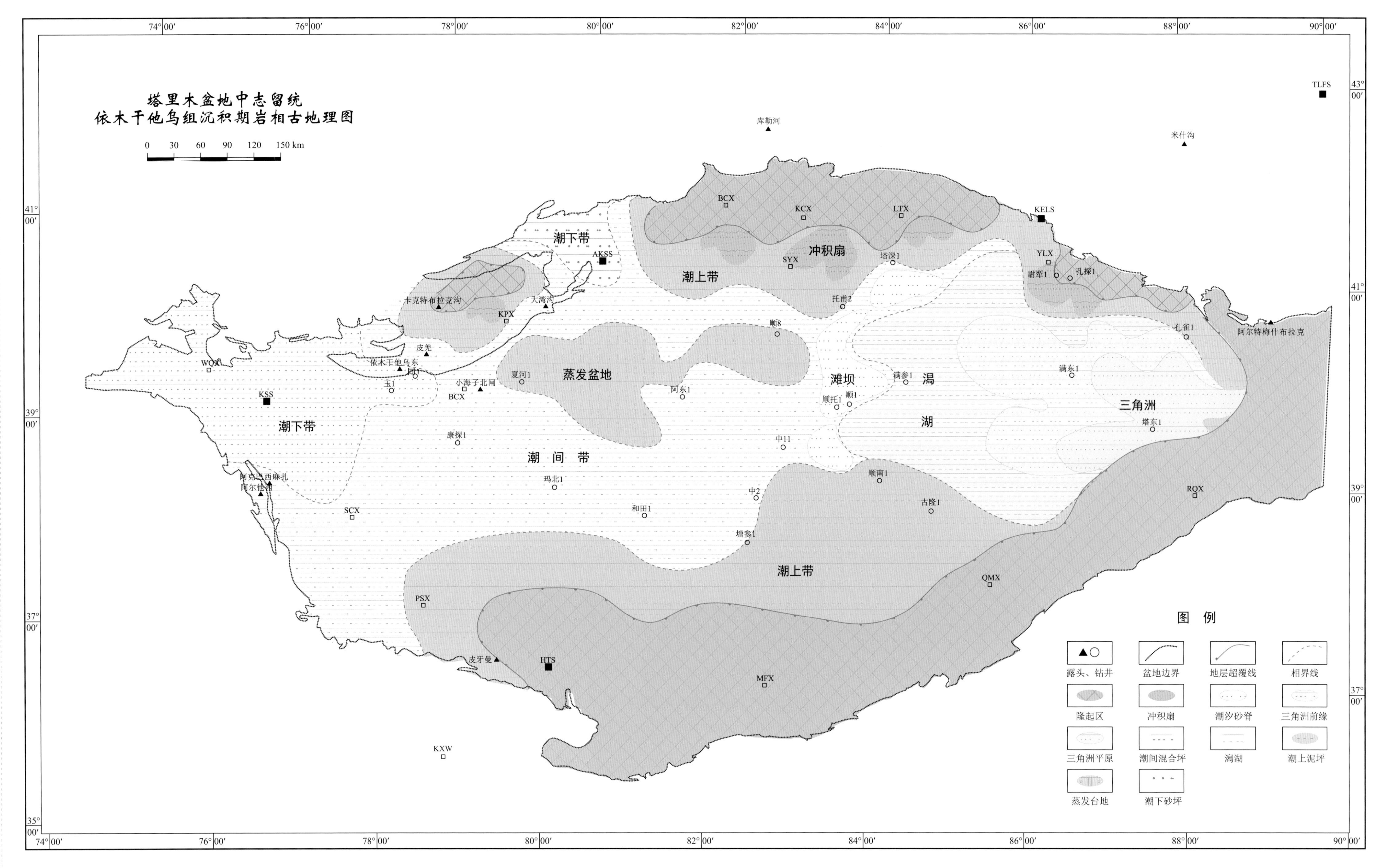

中志留统依木干他乌组沉积期，南天山洋裂陷在中西段达到鼎盛时期。盆地内部沉积的古地理格局与前期相比明显的差异是东部地区上升成为隆起剥蚀区，塔北隆起—塔东隆起—南部隆起连为一体，海侵方向主要来自盆地的西北方向。盆地古地貌特征整体表现为东高西低的特征，对塔塔埃尔塔格组具有一定继承性，物源方向一致。

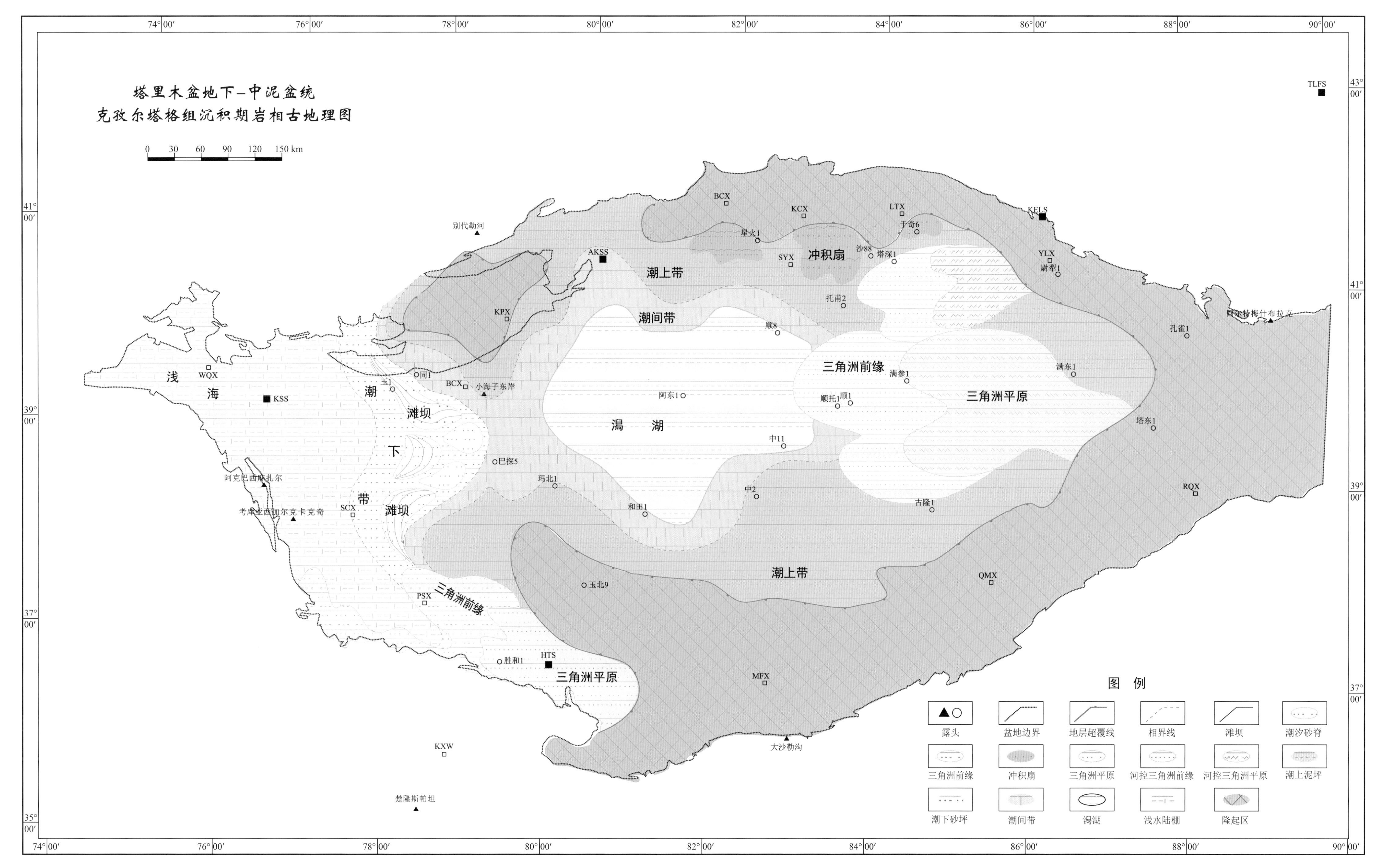

下-中泥盆统克孜尔塔格组沉积期，塔东南隆起范围进一步扩大，塔里木东北部原来彼此孤立的隆起已经连成一片。在周边进一步挤压汇聚的区域构造背景下，塔里木盆地沉积范围进一步缩小，以柯坪隆起和巴楚隆起一线为界，东部形成了一个相对封闭的海湾，西部过渡为开阔海，盆地整体继承前期东高西低的地貌特征。

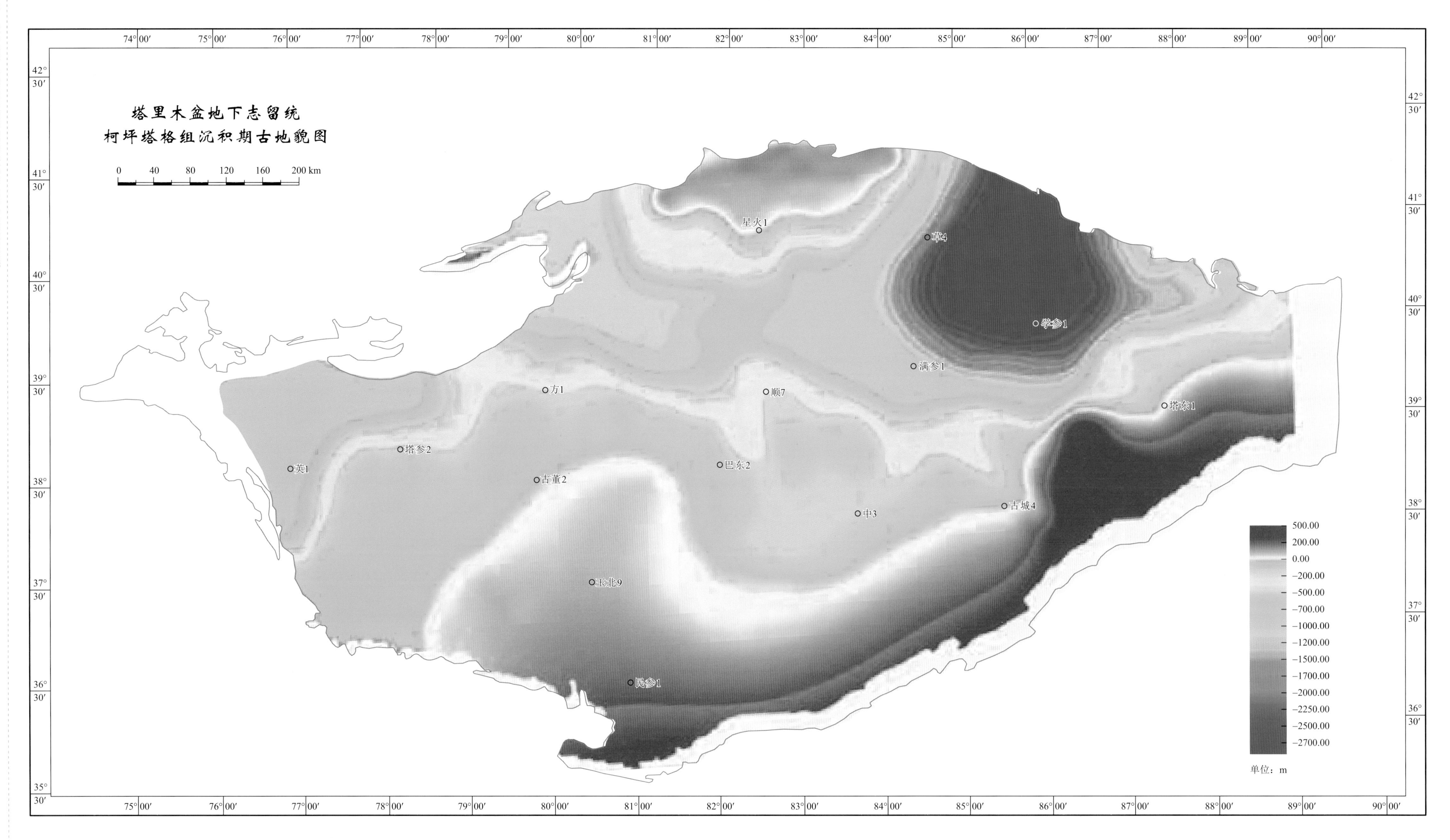

下志留统柯坪塔格组沉积期塔里木盆地依次发育三角洲 - 潮坪或滨岸 - 陆棚的沉积，沉积相带总体呈南北分带、东西展布的格局。塔里木盆地北部隆起区周缘，主要发育有浪控三角洲体系及滨岸体系，其分别呈扇状和带状围绕北部盆地隆起区发育。盆地中部北侧呈东西向主要发育陆架沉积，进一步可为内陆架和外陆架沉积。内陆架分布较为局限，沿着内陆架分布有一系列的横向砂坝。外陆架占据了盆地中部较大的区域，在盆地西部、中部以及中东部均有发育，其沉积物主要为灰黑色泥页岩；盆地中部南侧至盆地南部边缘，由于受风浪影响较小，主要发育潮坪沉积体系，其中潮下带在盆地中部滩坝砂比较发育。河控三角洲沉积体系主要分布于盆地东缘满加尔坳陷及北部孔雀河斜坡带等区域。此外，在盆地东南部古城墟隆起中部地区还发育有规模较小的潮控三角洲沉积。

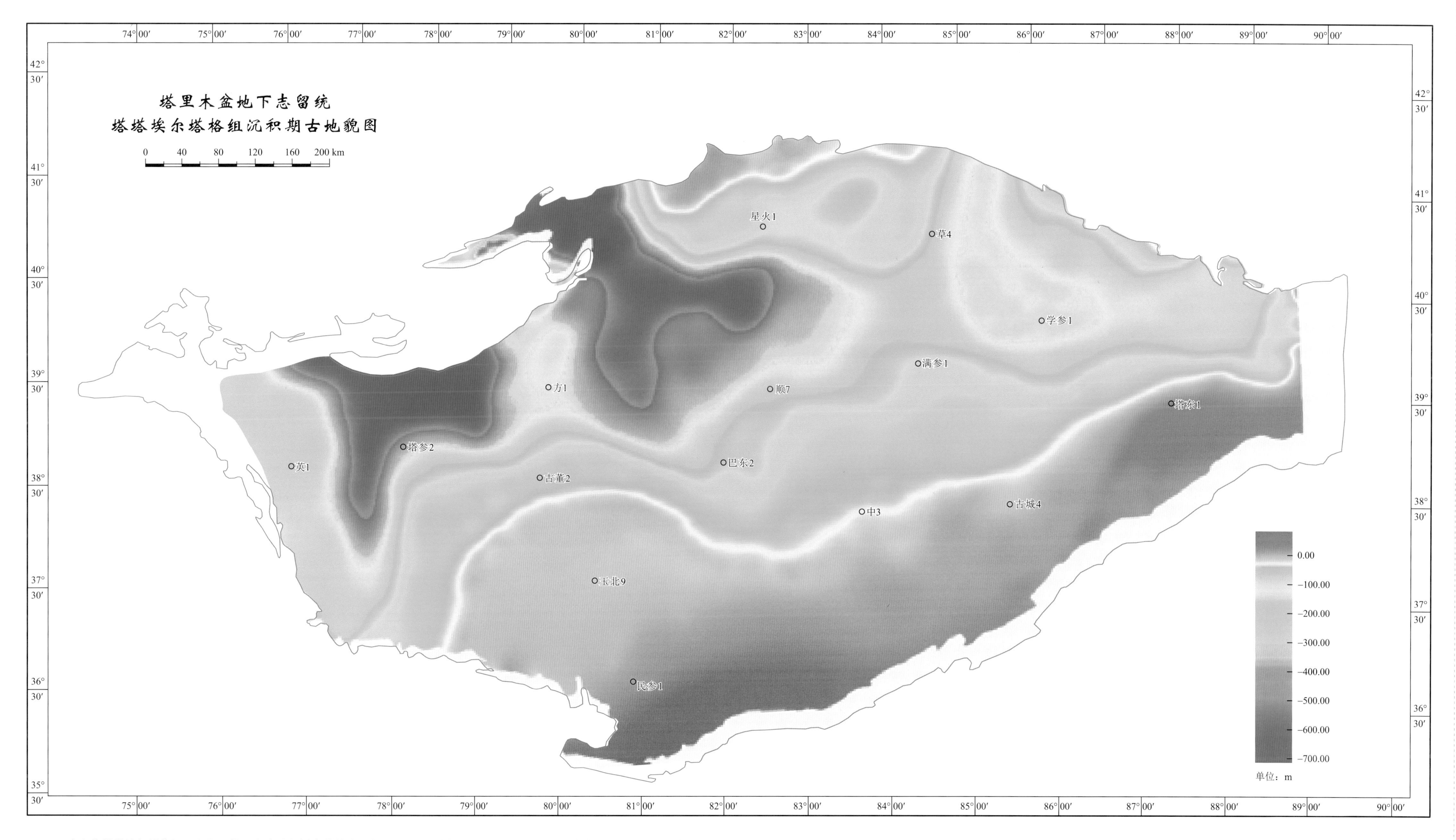

下志留统塔塔埃尔塔格组沉积期，塔里木盆地范围内整体为三角洲 - 潮坪 - 陆棚沉积，塔里木盆地北部隆起南缘，有源自隆起区的三角洲沉积体系发育。除此之外，塔北地区的塔北隆起南缘、巴楚—塔中隆起等广大区域，主要以带状潮坪沉积为主。在柯坪隆起两侧的阿瓦提拗陷及顺托果勒低隆中北部、喀什拗陷发育岩性以浅褐色、灰色泥岩，或粉砂质泥岩夹薄层粉砂岩，或泥质粉砂岩为主的内浅海沉积。在塔中东南部及孔雀河等地区发育一个规模相对较大、岩性以含砾砂岩、细砂岩及粉砂岩沉积为主、由东至西的河控三角洲沉积。

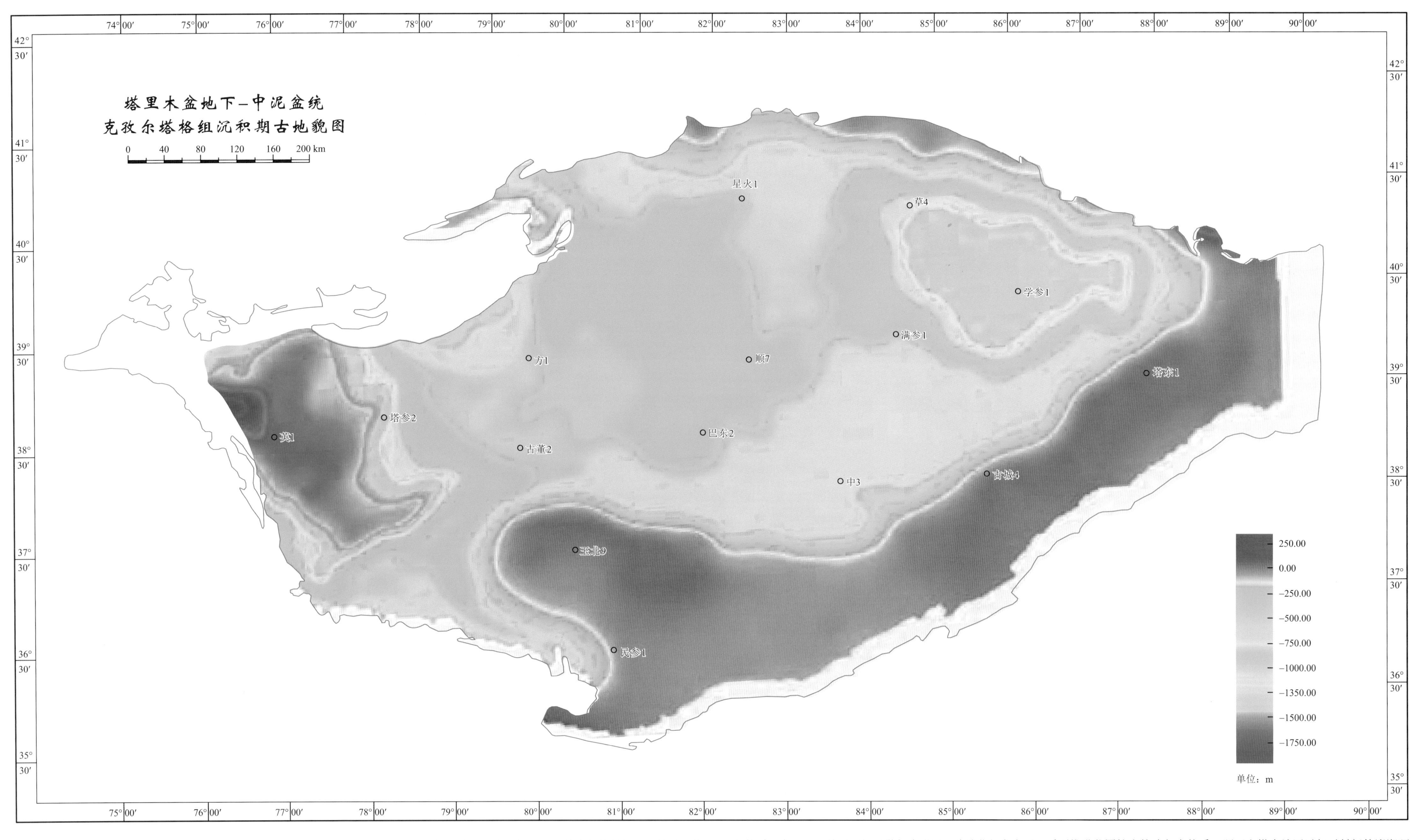

下-中泥盆统克孜尔塔格组沉积期，总体表现出冲积扇或三角洲-潮坪-浅海沉积格局。由于柯坪和巴楚隆起的封闭、隔档以及物源供给，碎屑物质在海洋水动力（波浪、潮汐）作用下发育了滩坝砂脊群，构成了将塔里木台盆区封闭起来形成局限海湾的障壁。滩坝砂脊群以东的塔里木盆地台盆地区形成了以潮汐左右为主的有障壁海岸-潟湖环境。盆地东部满加尔拗陷发育了规模较大的河控三角洲沉积体系，向西可延伸至顺托果勒低隆附近。盆地北部发育了一系列推进范围较小的冲积扇体系。顺西和塔中地区以相对封闭的潟湖环境为特色。潮砂脊群以西属于开阔浅海环境。其中西南拗陷东端发育由东南向西北进积的三角洲沉积体。

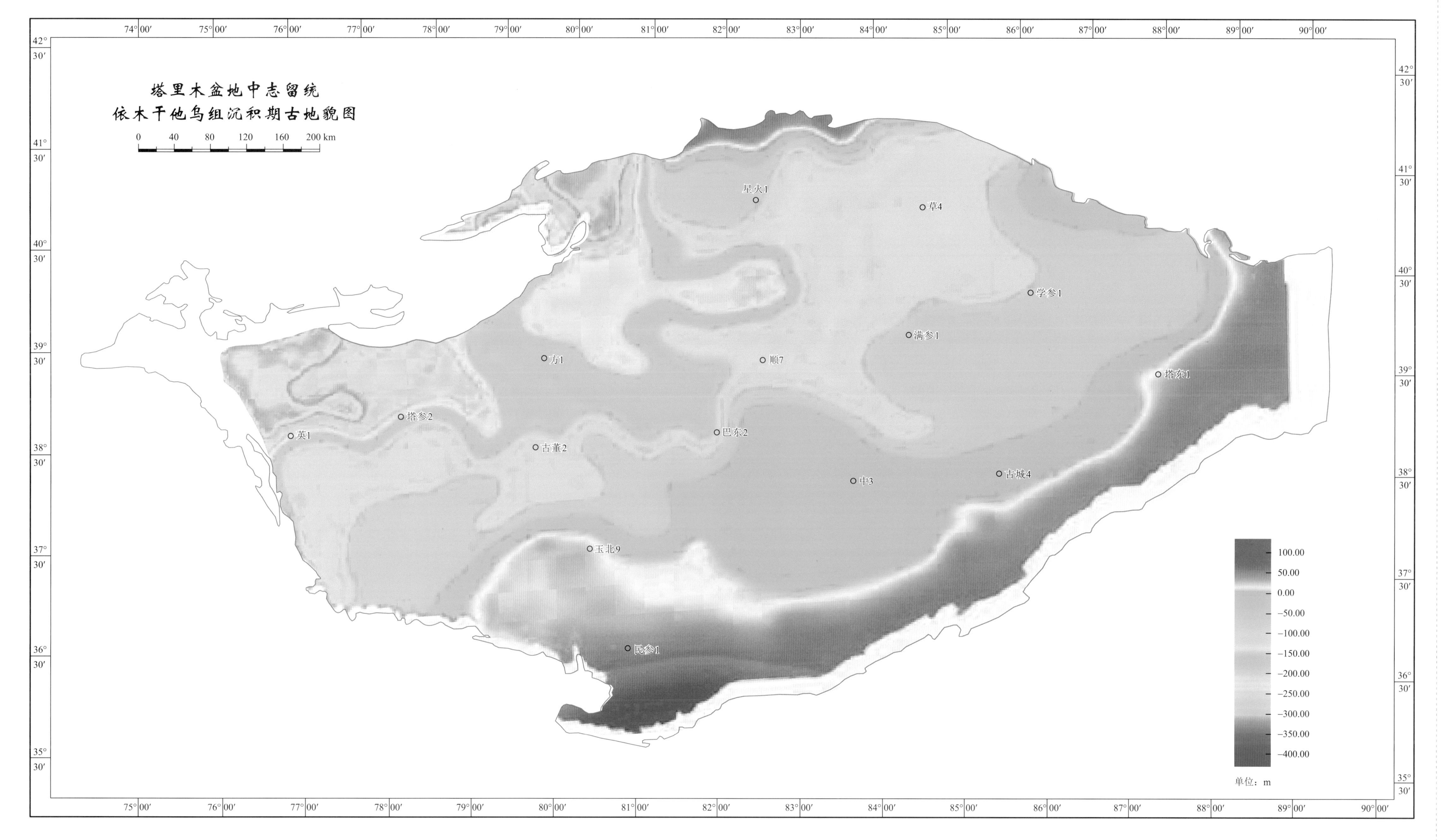
塔里木盆地中志留统
依木干他乌组沉积期古地貌图
0 40 80 120 160 200 km
星火1
草4
学参1
满参1
方1
顺7
塔东1
塔参2
英1
巴东2
古董2
古城4
中3
玉北9
民参1
100.00
50.00
0.00
−50.00
−100.00
−150.00
−200.00
−250.00
−300.00
−350.00
−400.00
单位：m

塔里木盆地志留–泥盆系过皮山北2井–罗南1井–玛北1井–和田1井–巴东4井–中13井–中18井–塔中11井–满加1井–满东1井–英南2井东西向地层对比及沉积剖面图

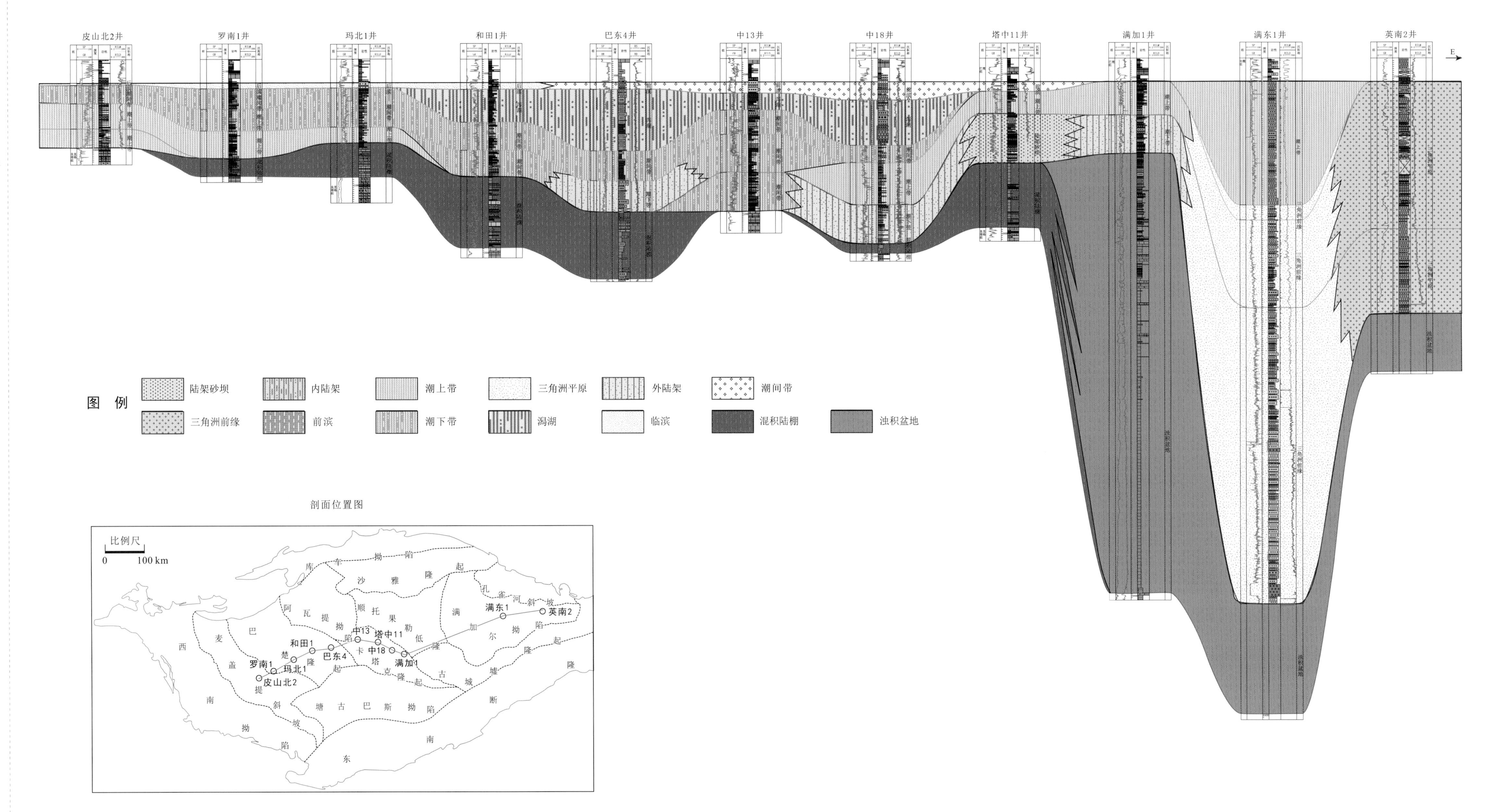

塔里木盆地志留–泥盆系过乔参1井–方1井–和4井–巴东4井–巴东2井–中2井–塘参1井南北向地层对比及沉积剖面图

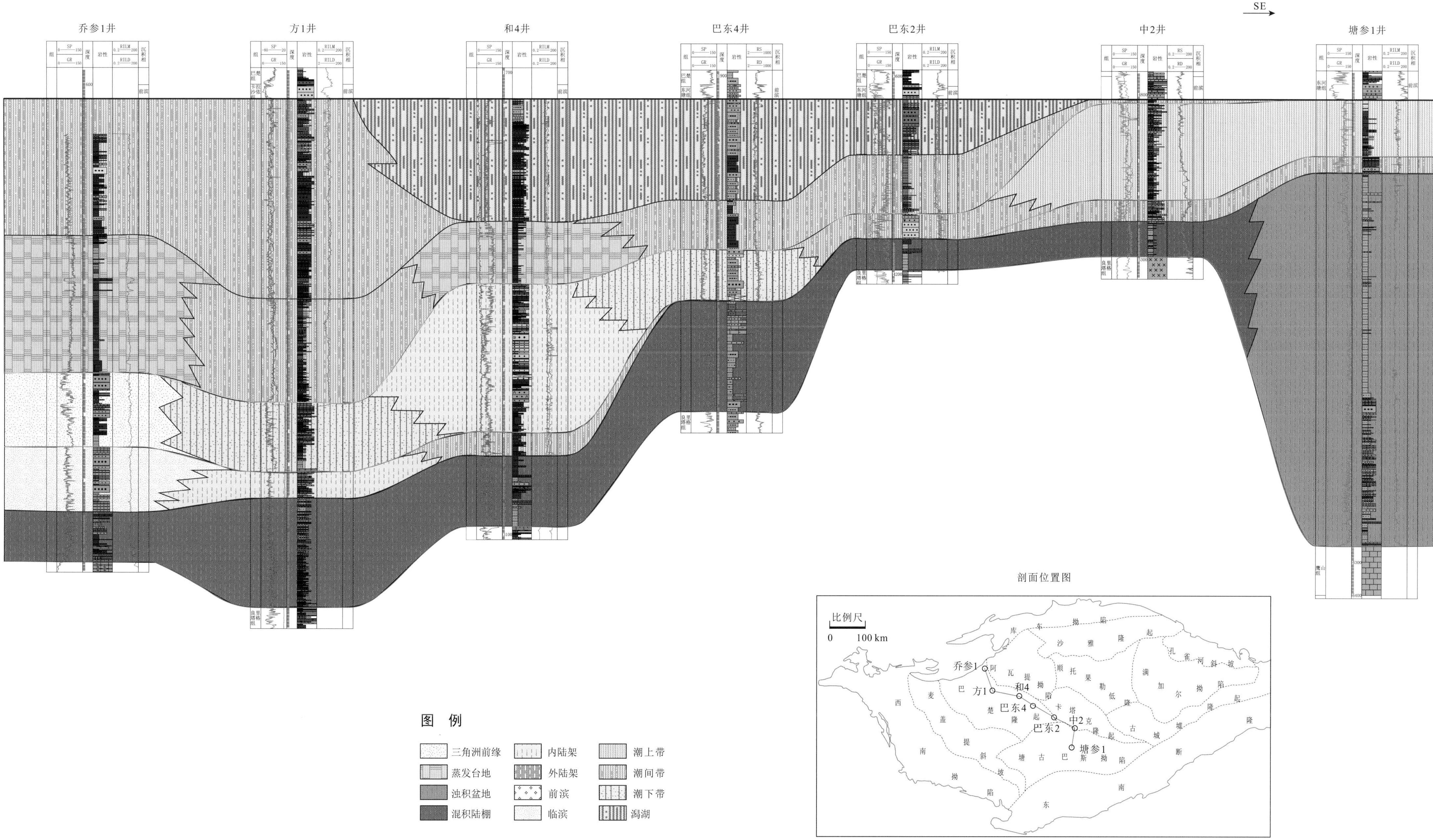

SE

乔参1井

方1井

和4井

巴东4井

巴东2井

中2井

塘参1井

剖面位置图

比例尺

0 100 km

乔参1

方1

和4

巴东4

巴东2

中2

塘参1

图 例

三角洲前缘	内陆架	潮上带
蒸发台地	外陆架	潮间带
浊积盆地	前滨	潮下带
混积陆棚	临滨	潟湖

塔里木盆地志留系-中泥盆统典型钻井、露头剖面图

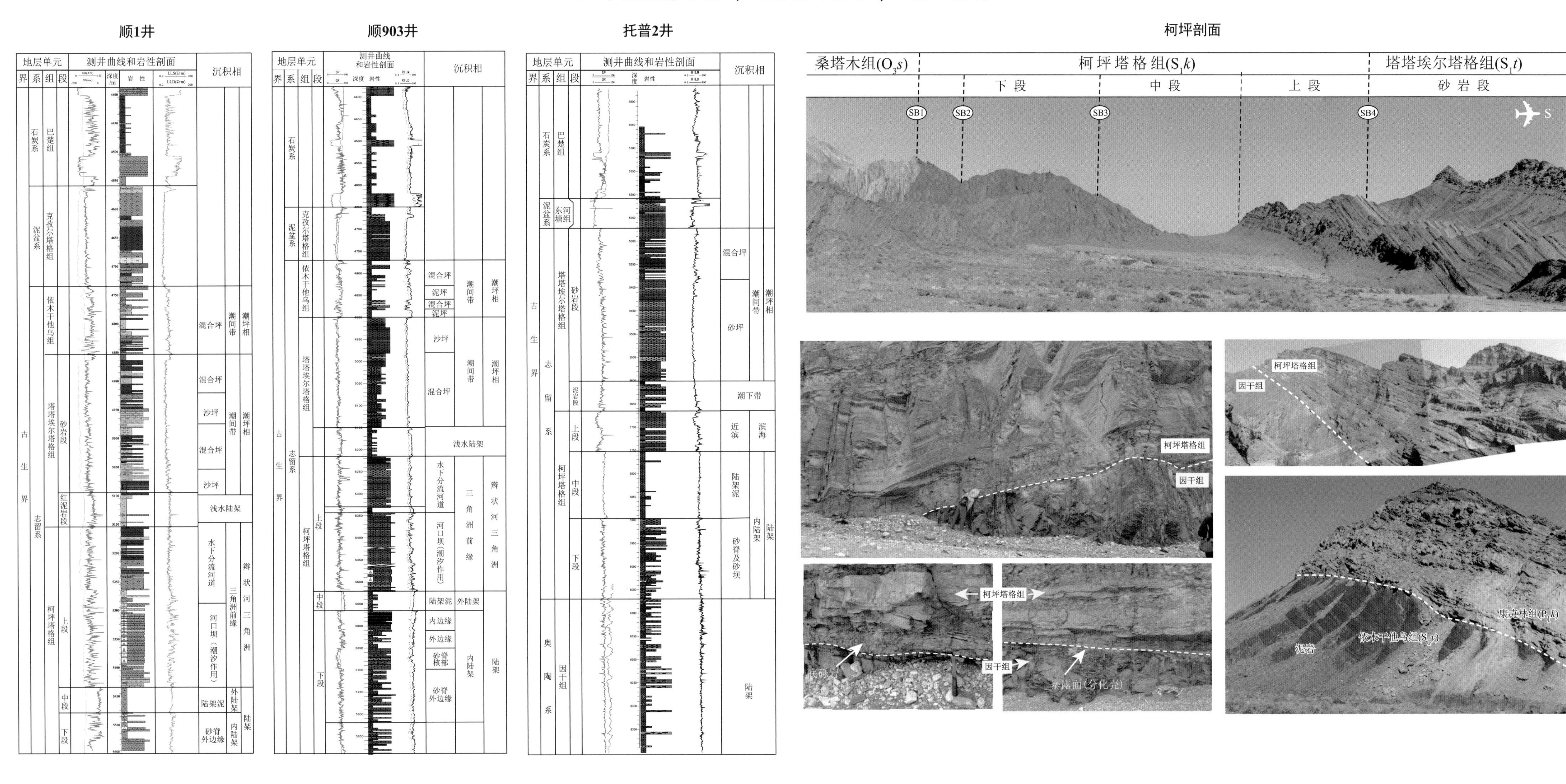

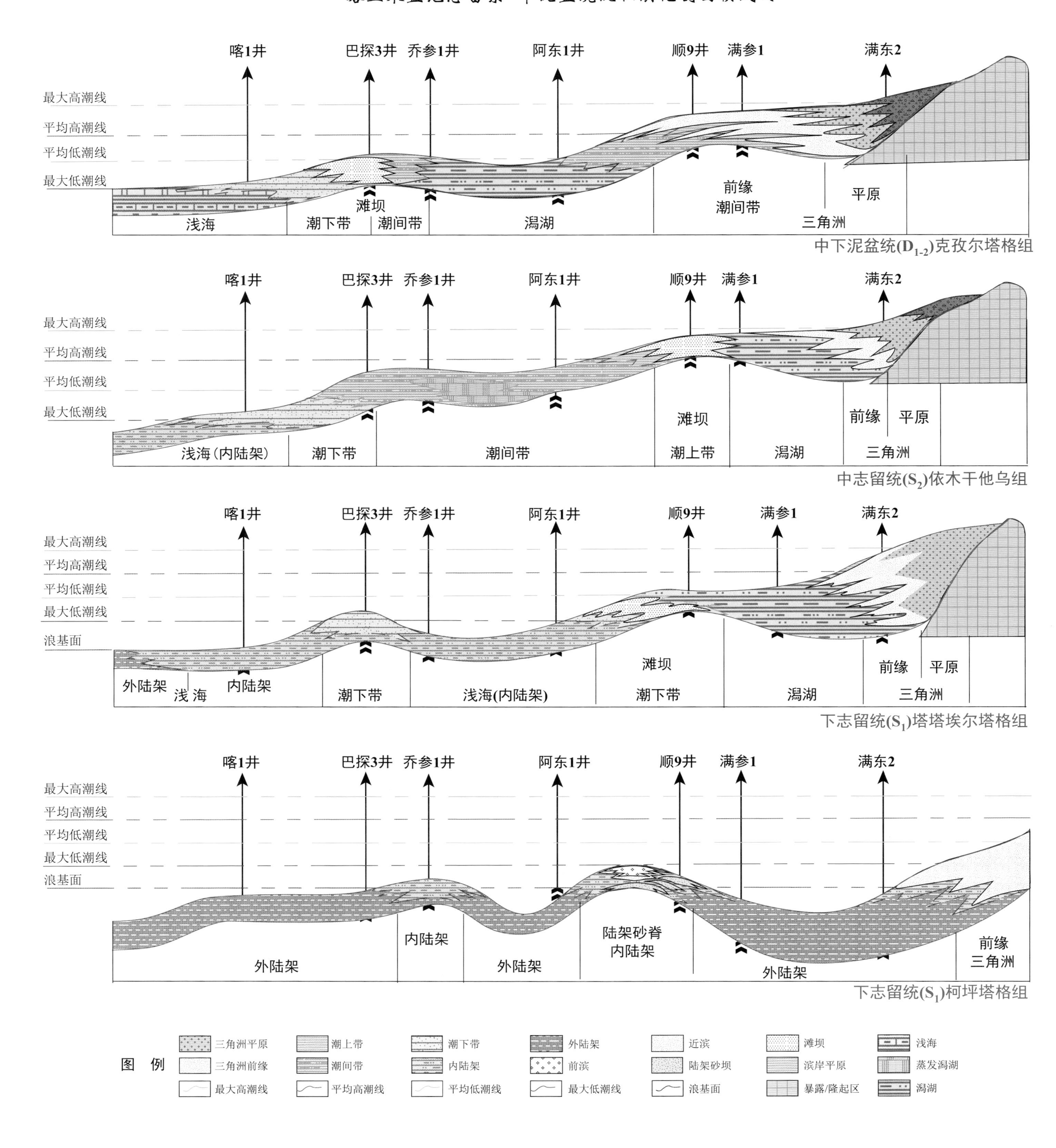
塔里木盆地志留系—中泥盆统沉积演化剖面模式图
喀1井
巴探3井
乔参1井
阿东1井
顺9井
满参1
满东2
最大高潮线
平均高潮线
平均低潮线
最大低潮线
浪基面
浅海
潮下带
滩坝
潮间带
潟湖
前缘
潮间带
三角洲
平原
中下泥盆统(D1-2)克孜尔塔格组
浅海(内陆架)
潮下带
潮间带
滩坝
潮上带
潟湖
前缘
平原
三角洲
中志留统(S2)依木干他乌组
外陆架
浅海
内陆架
潮下带
浅海(内陆架)
滩坝
潮下带
潟湖
前缘
平原
三角洲
下志留统(S1)塔塔埃尔塔格组
外陆架
内陆架
外陆架
陆架砂脊
内陆架
外陆架
前缘
三角洲
下志留统(S1)柯坪塔格组
图 例
三角洲平原
三角洲前缘
最大高潮线
潮上带
潮间带
平均高潮线
潮下带
内陆架
平均低潮线
外陆架
前滨
最大低潮线
近滨
陆架砂坝
浪基面
滩坝
滨岸平原
暴露/隆起区
浅海
蒸发潟湖
潟湖

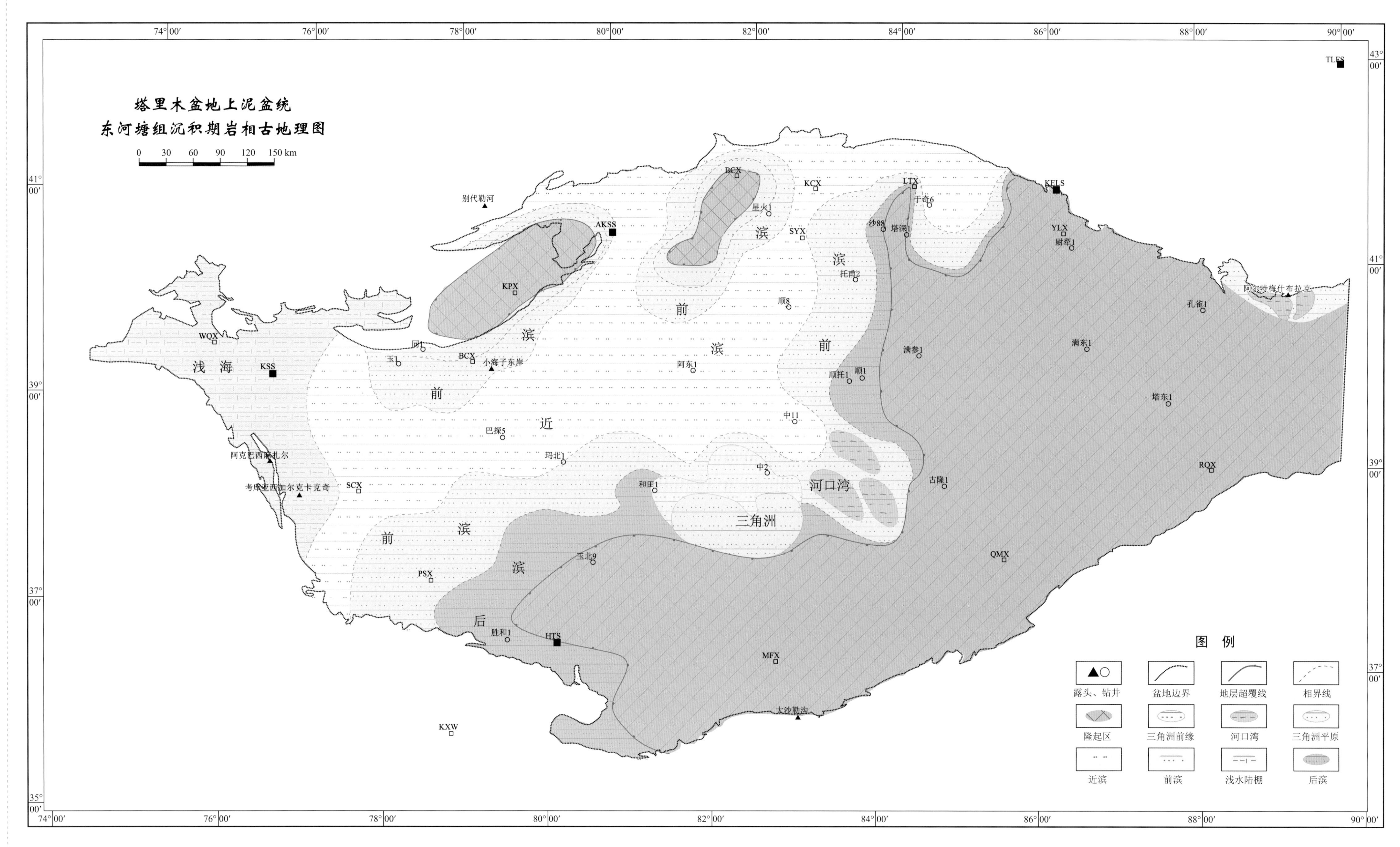

上泥盆统东河塘组沉积期，整个塔里木构造环境与此前的构造古地理环境相比发生了比较明显的变化。南部西昆仑洋板块向塔里木盆地俯冲，导致塔里木盆地由东向西逐渐开始隆升，塔里木盆地范围内古地貌整体表现出东高西低、南高北低的特征。盆地北部库车拗陷中部和柯坪隆起发育两个孤立小型盆内隆起，而此阶段水深最大区域位于盆地西部的塔西南拗陷带及其以西区域。

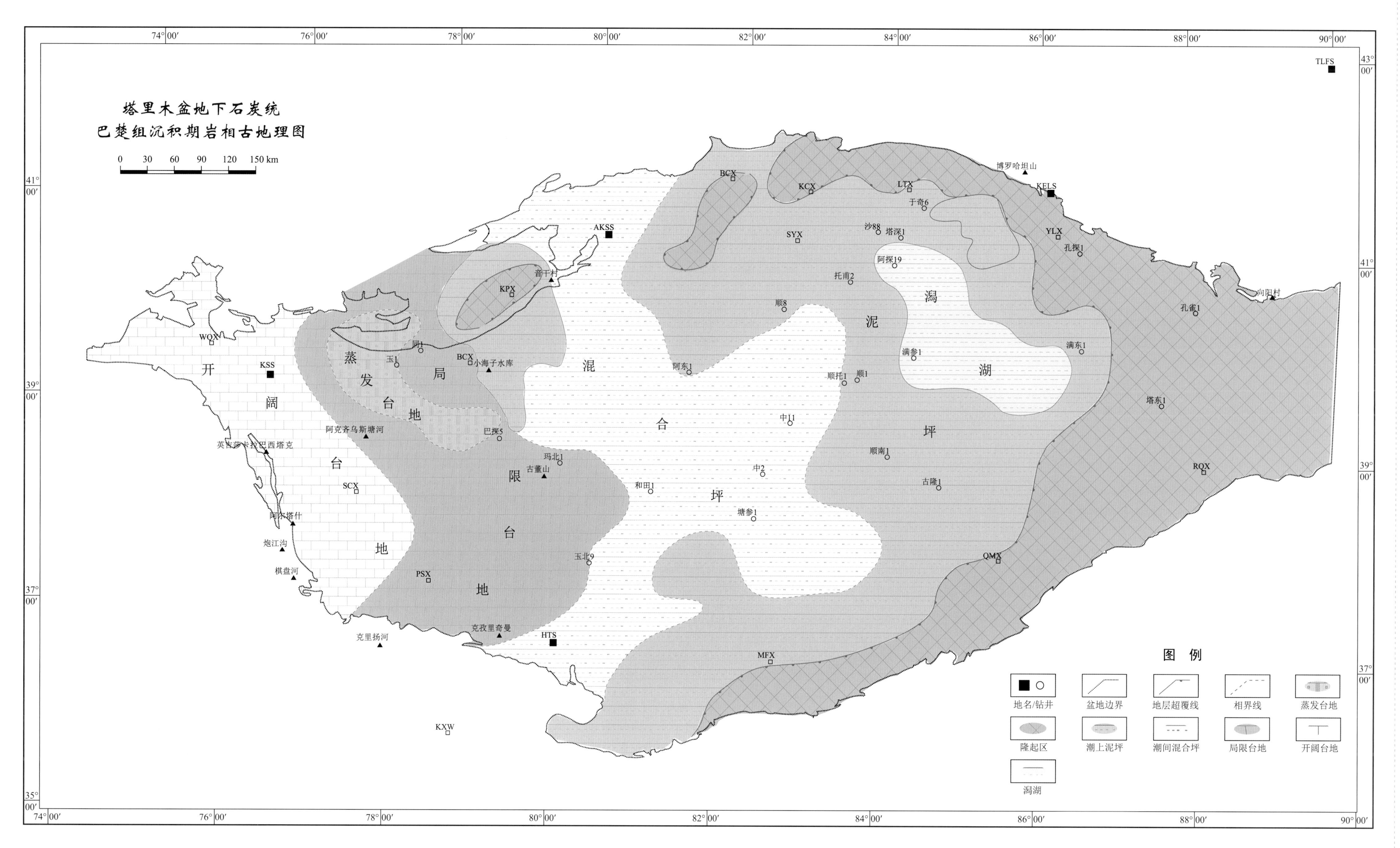

下石炭统巴楚组沉积期，盆地构造格局基本与晚泥盆东河塘组时期一致，塔东以抬升隆起为主，塔西以拗陷沉降为主。盆地北部柯坪地区仍然发育一个范围相对较小的局限低隆起。在塔北地区，库车拗陷东部和沙雅隆起中北部在此阶段已经隆起，与盆地东北部的隆起连为一体。盆地东部沉积边界最远可能达到满加尔拗陷的东部。盆地南部，沉积范围相对于东河塘组时期有所扩大，沉积边界可能向南，向东推进。巴楚组沉积时期的古地貌特征继承此前盆地东高西低的地貌，局部又有所差异：西部塔西南凹陷中北部、麦盖提斜坡中北部等区域水深相对最大，往东变浅直至中部顺托果勒低凸表现为水下低凸，满加尔凹陷一带水深又有先变深再变浅的特征。

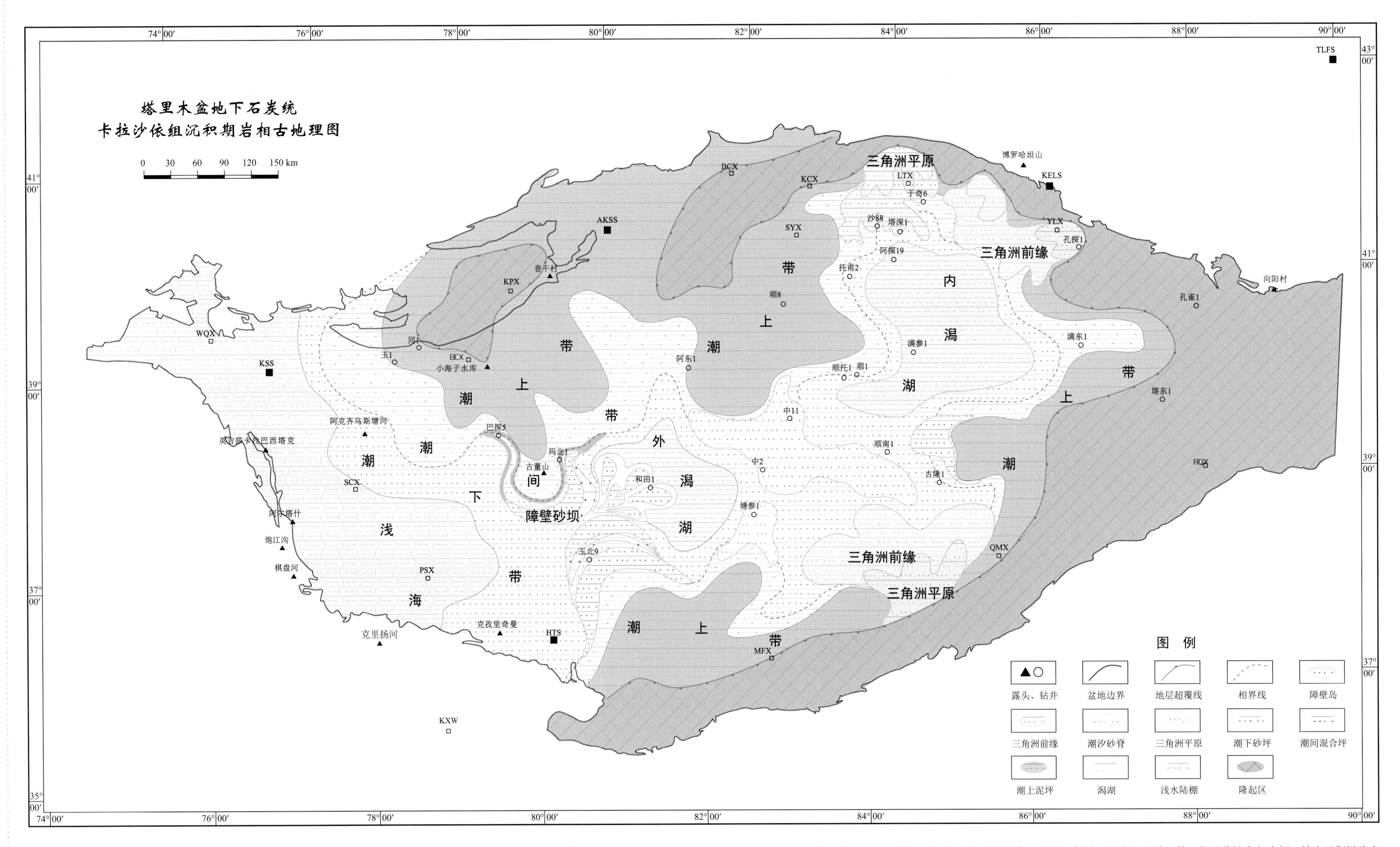

下石炭统卡拉沙依组沉积期，盆地基本继承了早起巴楚组的构造格局，但是局部也有差异。柯坪隆起仍然表现为一孤立隆起，但是其隆起范围相对巴楚时期有所扩大。盆地东部满加尔坳陷的最东端开始沉入水底，开始接受沉积。卡拉沙依组沉积时期古地貌在整体东高西低的背景下，还存在着中部水深相对较浅，而东部和西部水深相对较大的特点。盆地东部整体水深相对较大，且存在两个次一级汇水中心：其一位于盆地东部北侧，满加尔坳陷及其与沙雅隆起、孔雀河斜坡三者交汇区域；其二位于盆地东部南侧，塘古巴斯坳陷东部及其与卡塔克隆起、古城隆起交汇区域。

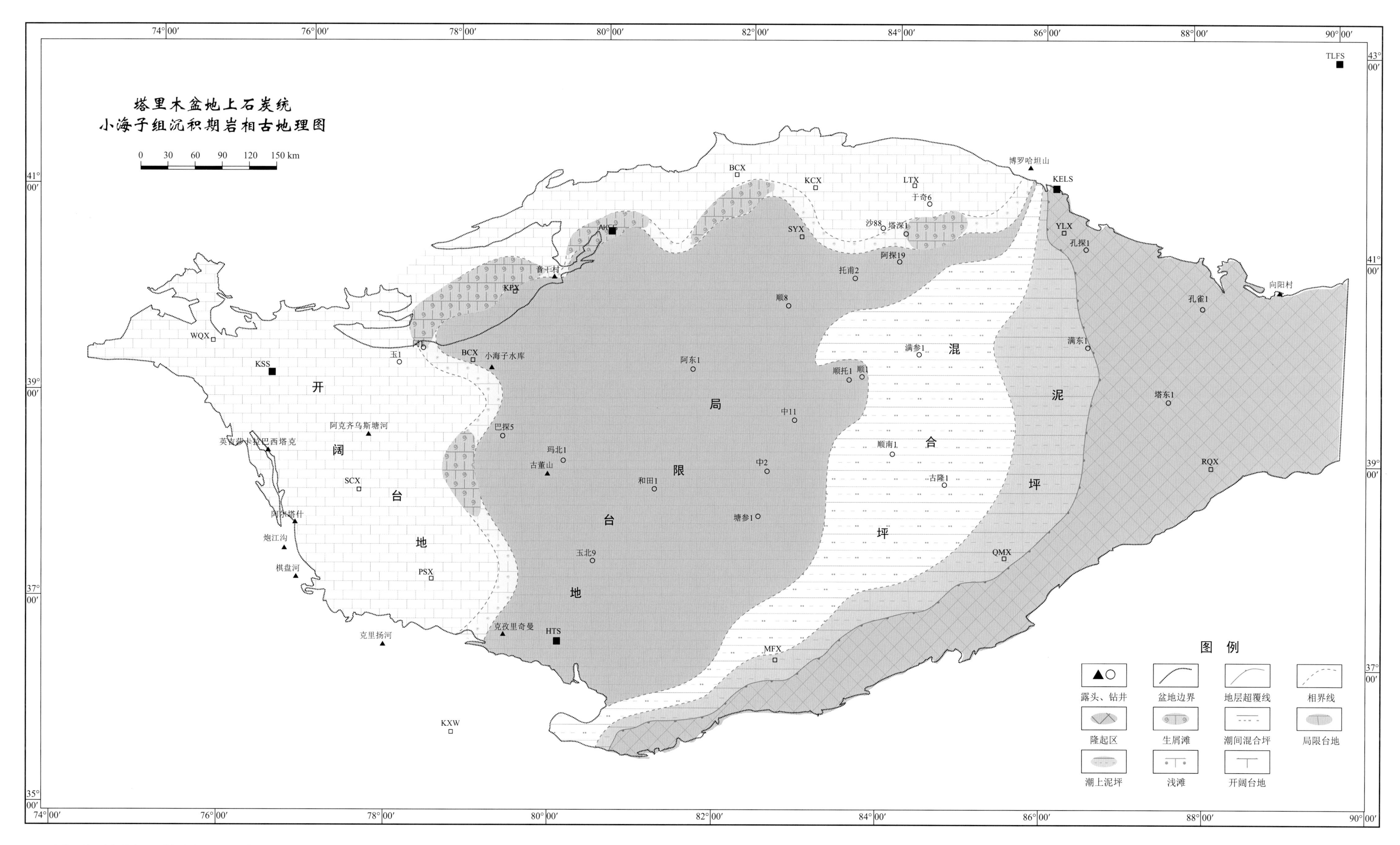

小海子组以来的海平面快速上升，从而使盆地北部柯坪隆起与塔北隆起的西段均沉入水下，变为水下隆起。盆地北部孔雀河斜坡以西的广大区域均已没入水下，开始接受沉积。整体而言，小海子组沉积时期，整个塔里木盆地仍然保持东高西低的整体地貌。盆地西部麦盖提斜坡和塔西南拗陷等区域水深相对较大，盆地中部主要为发育近北东南西向的水下隆起，而满加尔拗陷、塘古巴斯拗陷东部及其以东区域，水深先变大在变浅。

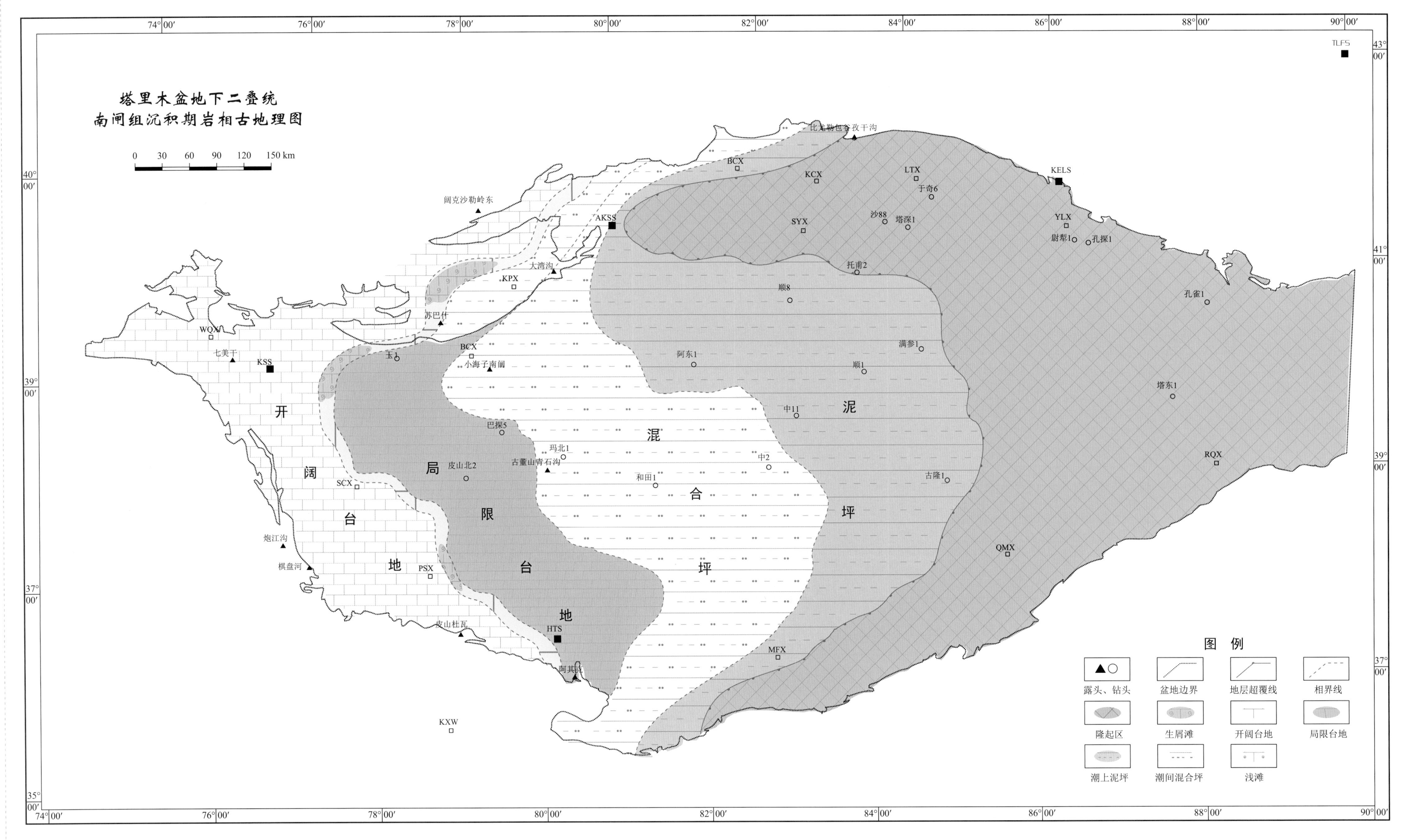

下二叠统南闸组沉积期，塔里木盆地发生大规模海退，盆地东部暴露剥蚀区范围向西扩大。盆地北部包括库车拗陷东部，沙雅隆起大部分，满加尔拗陷，孔雀河斜坡以及南部古城墟隆起和塘古巴斯拗陷东南部均已由于海退作用，开始暴露遭受剥蚀。南闸组沉积时期，古地貌由于海退作用，整个地貌特征变得相对简单，整体东高西低。原型盆地边界分布于由柯坪断隆、塔北隆起、塔东隆起和东南断隆一带，整体呈向东凸出的圆弧形，水深线基本与边界线保持平行，呈圆弧状。

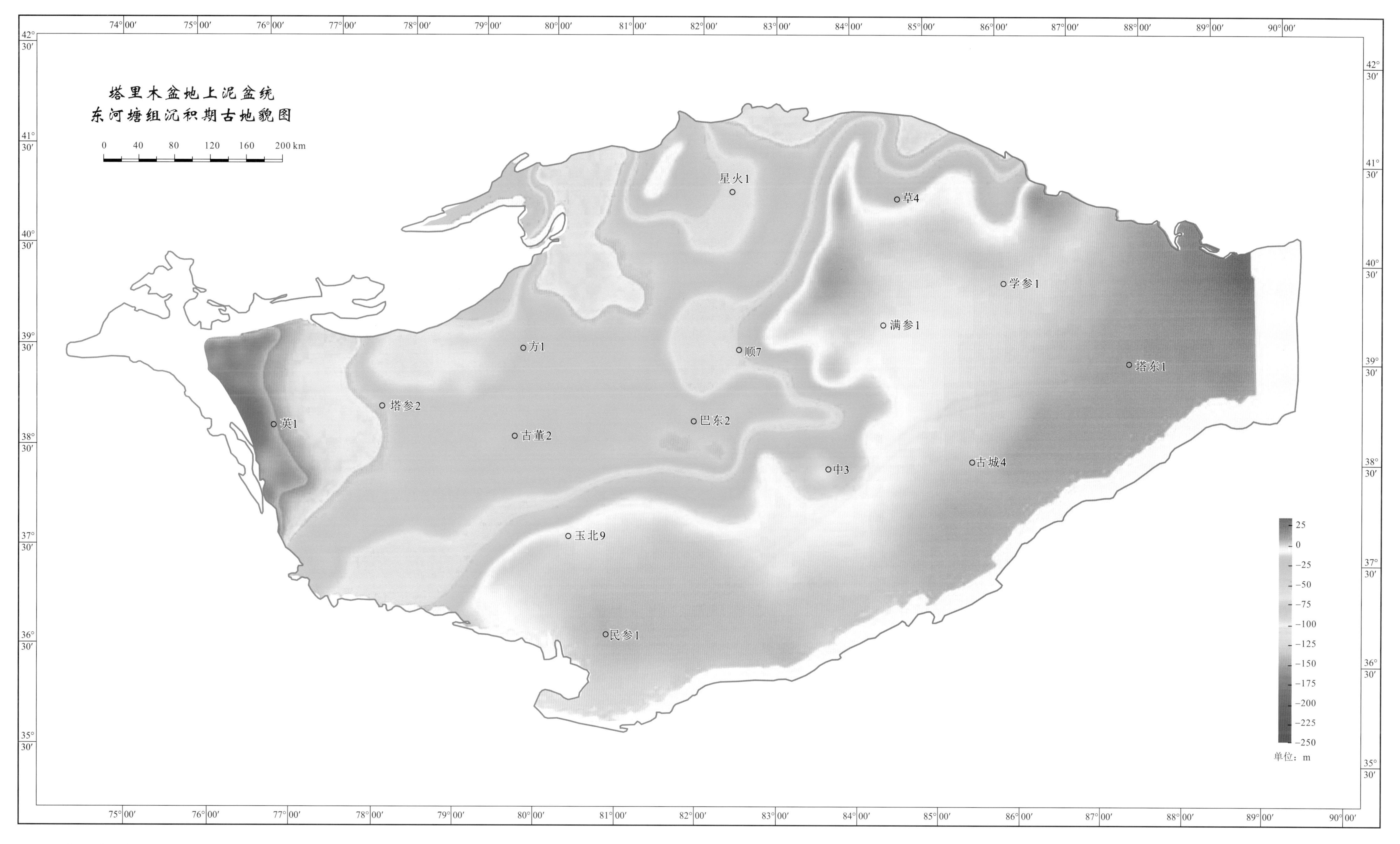

东河塘组时期，塔里木盆地范围内整体表现为水浅、坡缓、大面积分布的陆表海沉积，主要发育滨岸沉积体系，局部发育浅水陆架和三角洲体系。其中，在塔里木盆地范围内，滨岸沉积体系占据了盆地内大部分区域。东河塘组可作为优质储层的大部分石英砂岩均为临滨亚相砂岩，主要呈带状分布于盆地中部，由西部麦盖提斜坡向东可至顺托果勒低凸。相对而言，盆地内残余后滨砂岩发育范围较小。前滨砂岩主要介于临滨和后滨之间，呈带状环北部隆起和南部隆起分布，此外，在盆地南部塘古巴斯凹陷南侧，发育一个规模相对较大的由南至北的潮控三角洲。盆地西侧喀什凹陷一带主要发育浅海相沉积体系，而水深更大的外陆架、陆坡及深水盆地区应发育于现今塔里木盆地的更西侧。

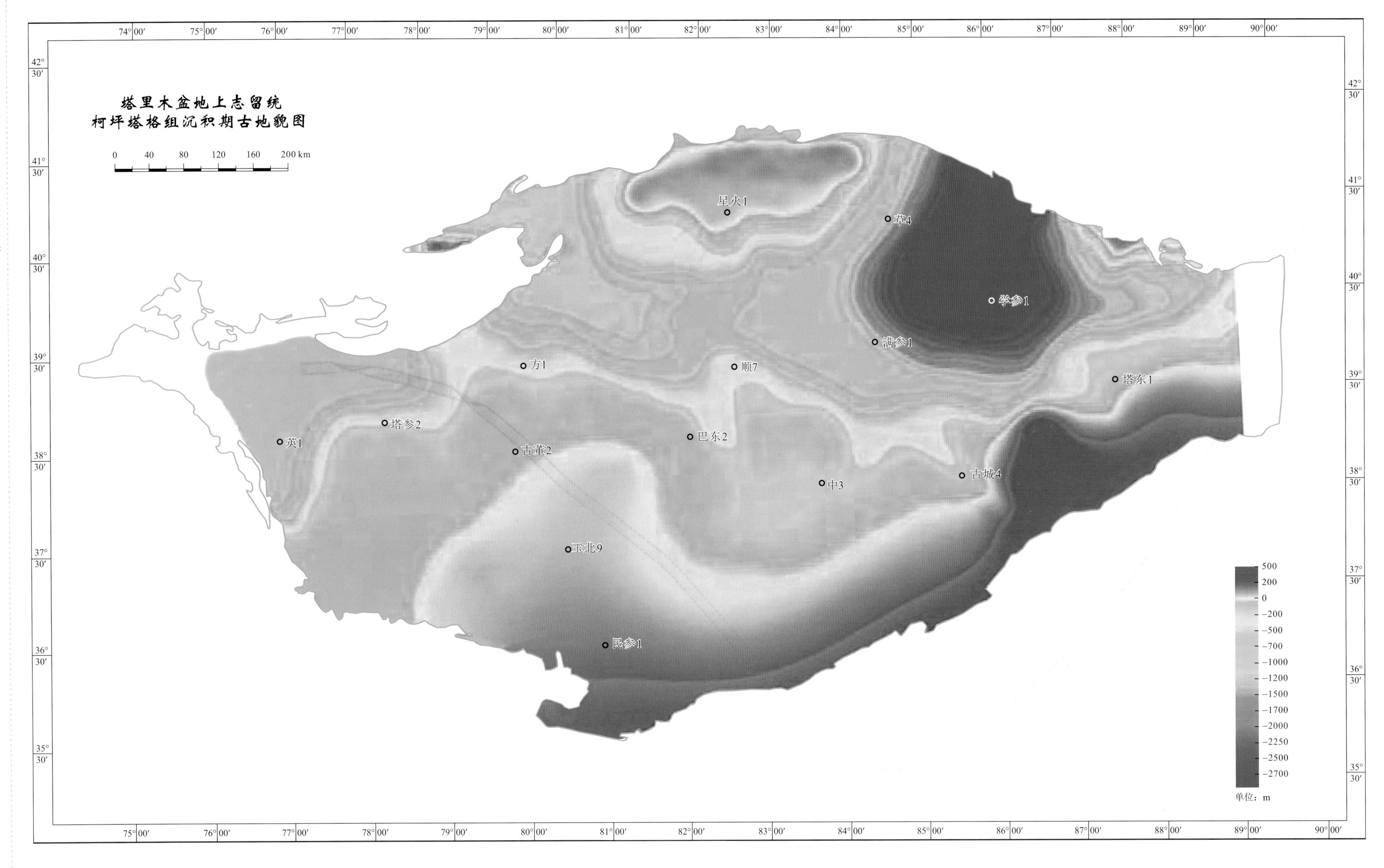
塔里木盆地上志留统
柯坪塔格组沉积期古地貌图
0 40 80 120 160 200 km
星火1
草4
学参1
满参1
方1
顺7
塔东1
塔参2
英1
巴东2
古董2
中3
古城4
玉北9
民参1
500
200
0
-200
-500
-700
-1000
-1200
-1500
-1700
-2000
-2250
-2500
-2700
单位：m

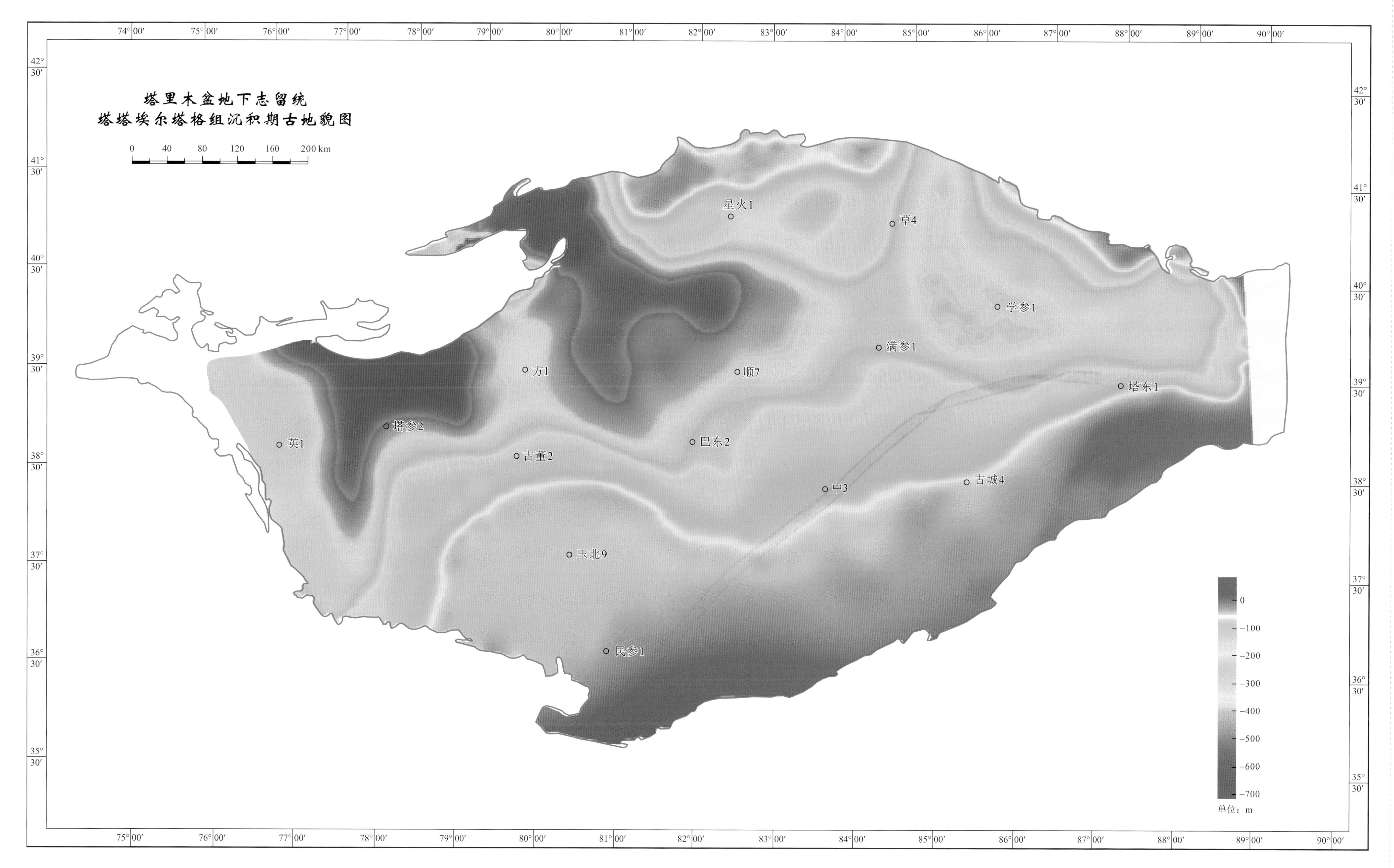
塔里木盆地下志留统
塔塔埃尔塔格组沉积期古地貌图
0 40 80 120 160 200 km
星火1
草4
学参1
满参1
方1
顺7
塔东1
塔参2
英1
巴东2
古董2
中3
古城4
玉北9
民参1
0
-100
-200
-300
-400
-500
-600
-700
单位：m

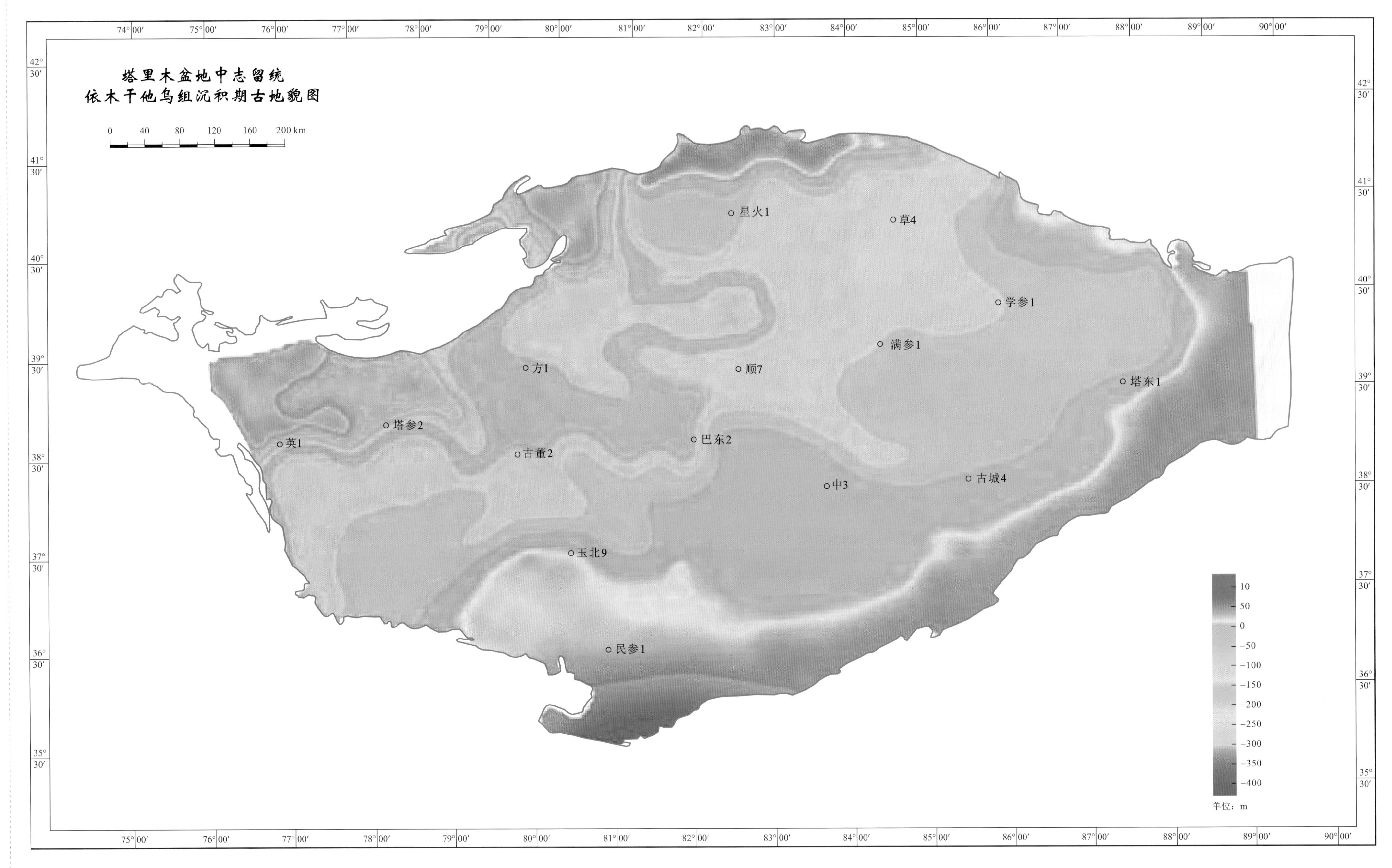

塔里木盆地中志留统
依木干他乌组沉积期古地貌图
0 40 80 120 160 200 km
星火1
草4
学参1
满参1
方1
顺7
塔东1
塔参2
英1
巴东2
古董2
中3
古城4
玉北9
民参1
10
50
0
-50
-100
-150
-200
-250
-300
-350
-400
单位：m

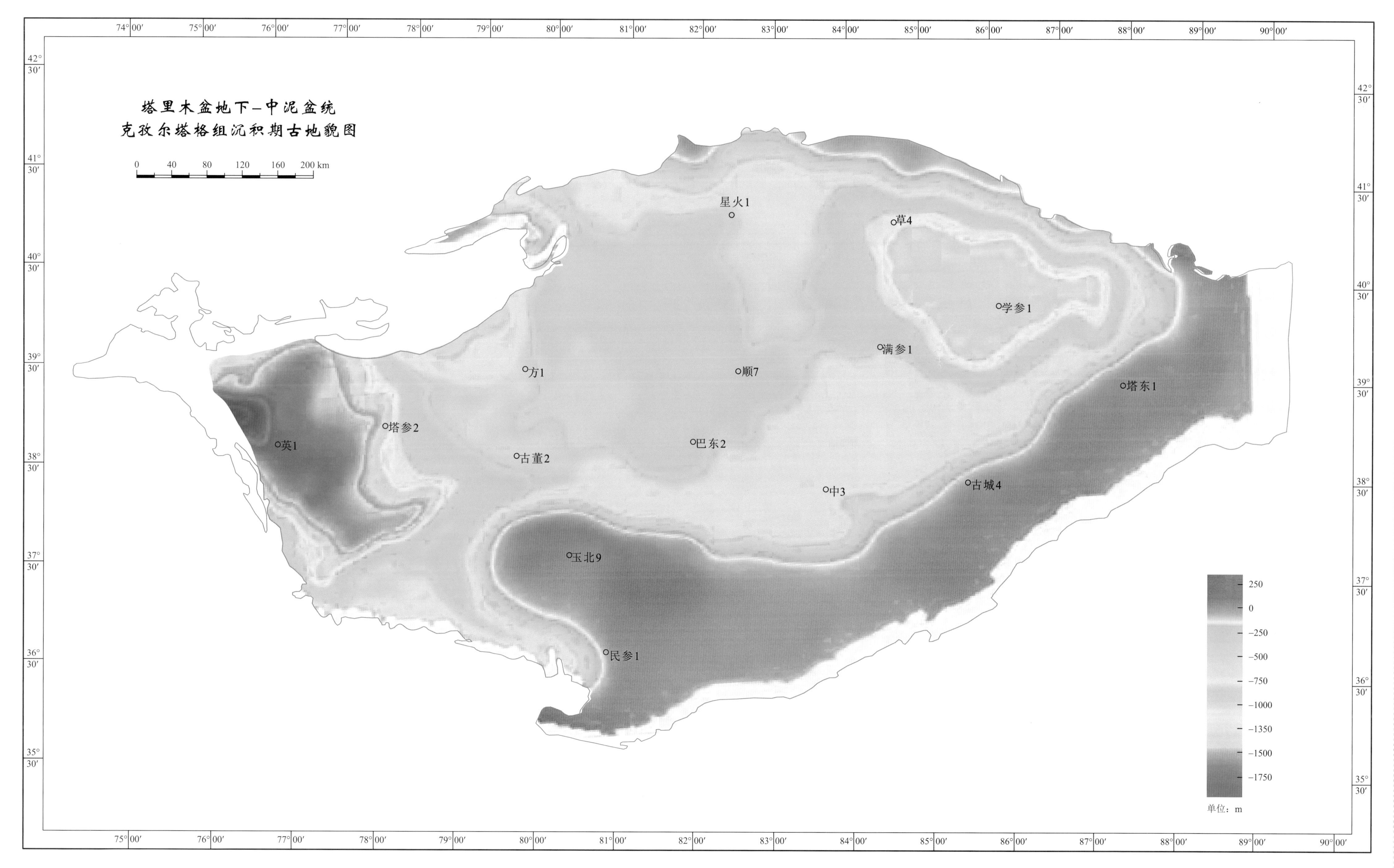
塔里木盆地下–中泥盆统
克孜尔塔格组沉积期古地貌图
0 40 80 120 160 200 km
星火1
草4
学参1
满参1
方1
顺7
塔东1
塔参2
巴东2
英1
古董2
古城4
中3
玉北9
民参1
250
0
−250
−500
−750
−1000
−1350
−1500
−1750
单位：m

塔里木盆地上泥盆统–下二叠统过伽1井–巴东2井–满参1井沉积剖面图

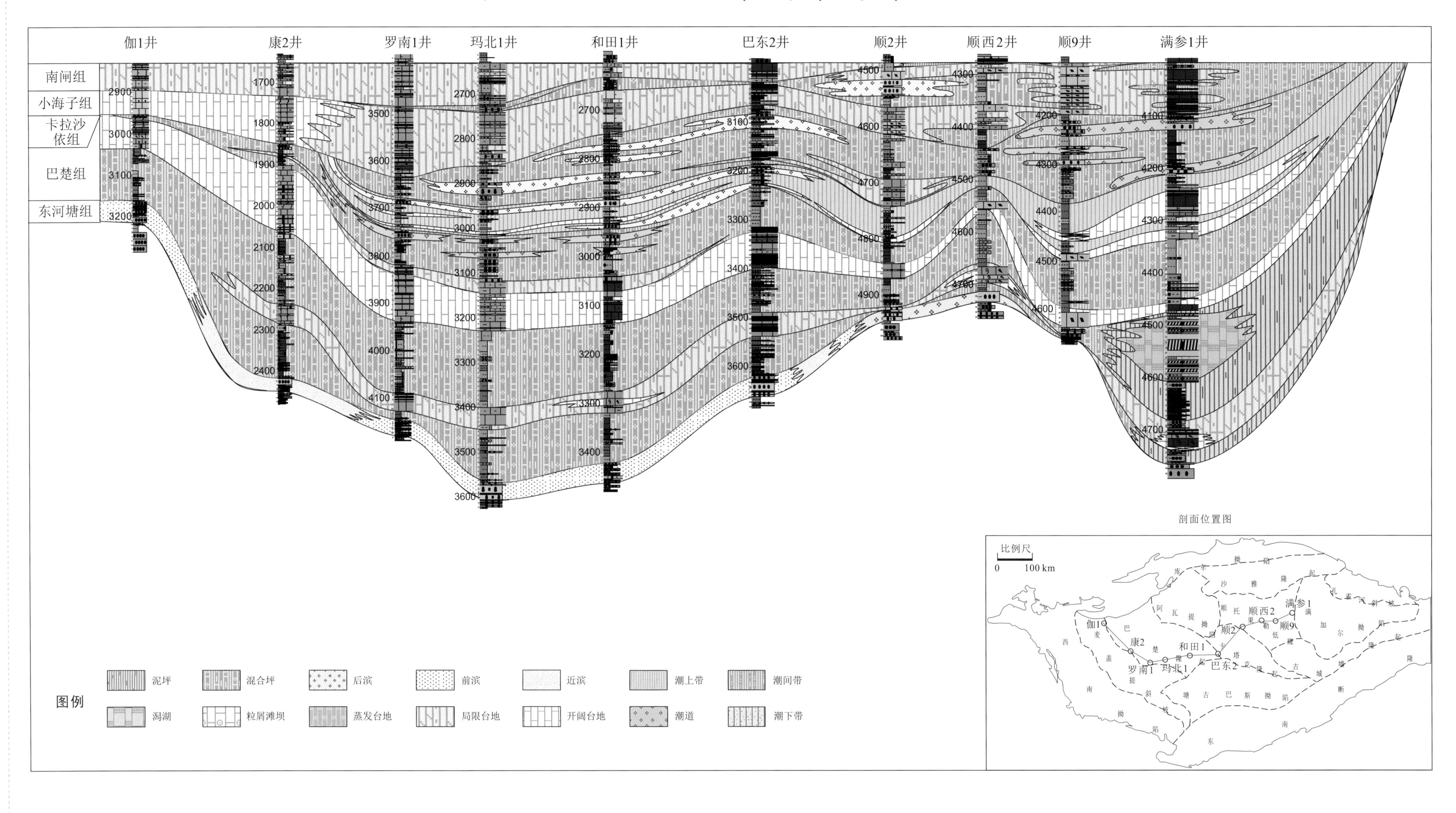

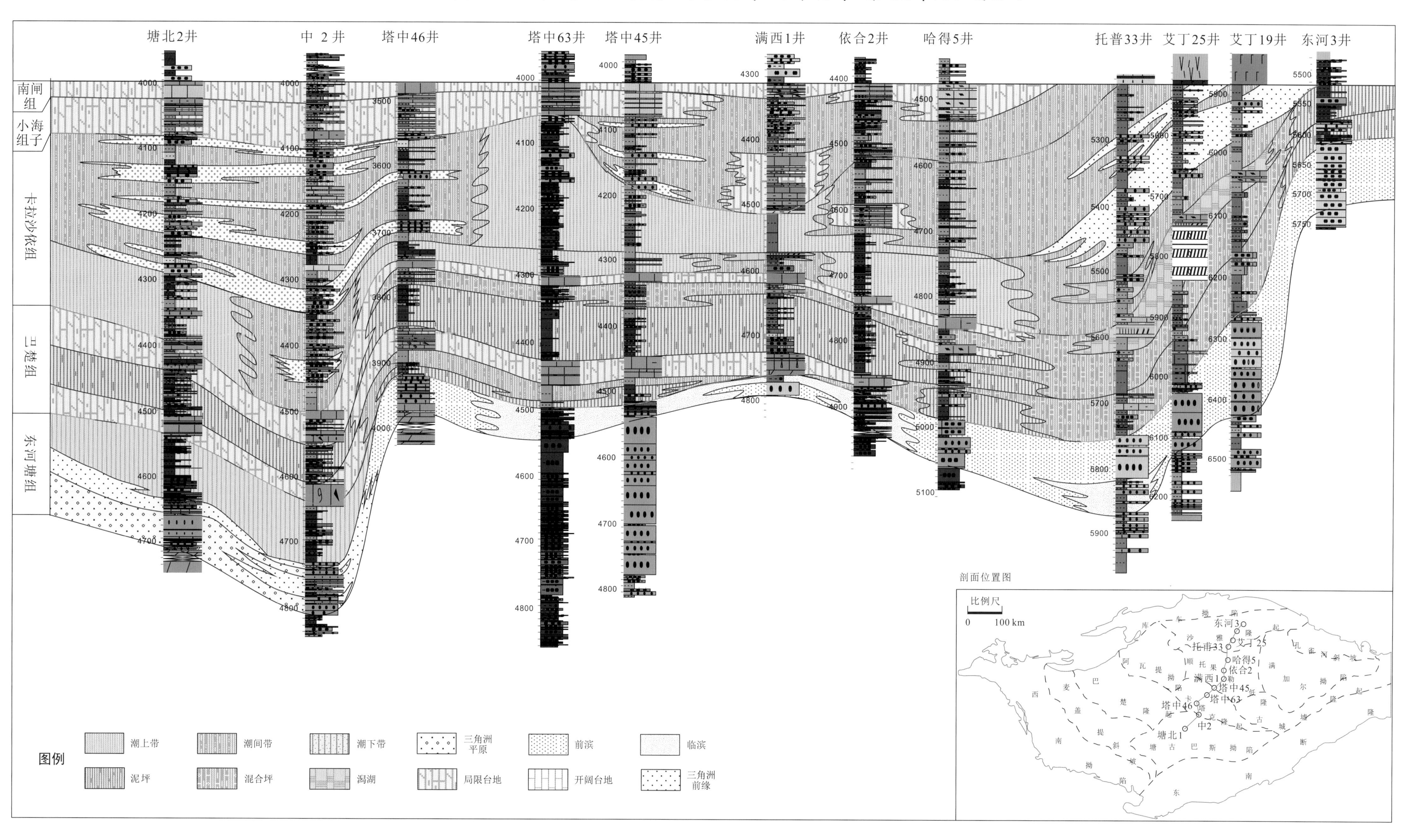
塔里木盆地上泥盆统—下二叠统—过塘北2井—塔中45井—东河3井沉积剖面图
塘北2井
中2井
塔中46井
塔中63井
塔中45井
满西1井
依合2井
哈得5井
托普33井
艾丁25井
艾丁19井
东河3井
南闸组
小海子组
卡拉沙依组
巴楚组
东河塘组
剖面位置图
比例尺
0 100 km
图例
潮上带
潮间带
潮下带
三角洲平原
前滨
临滨
泥坪
混合坪
潟湖
局限台地
开阔台地
三角洲前缘

塔里木盆地上泥盆统–下二叠统典型钻井、露头剖面图

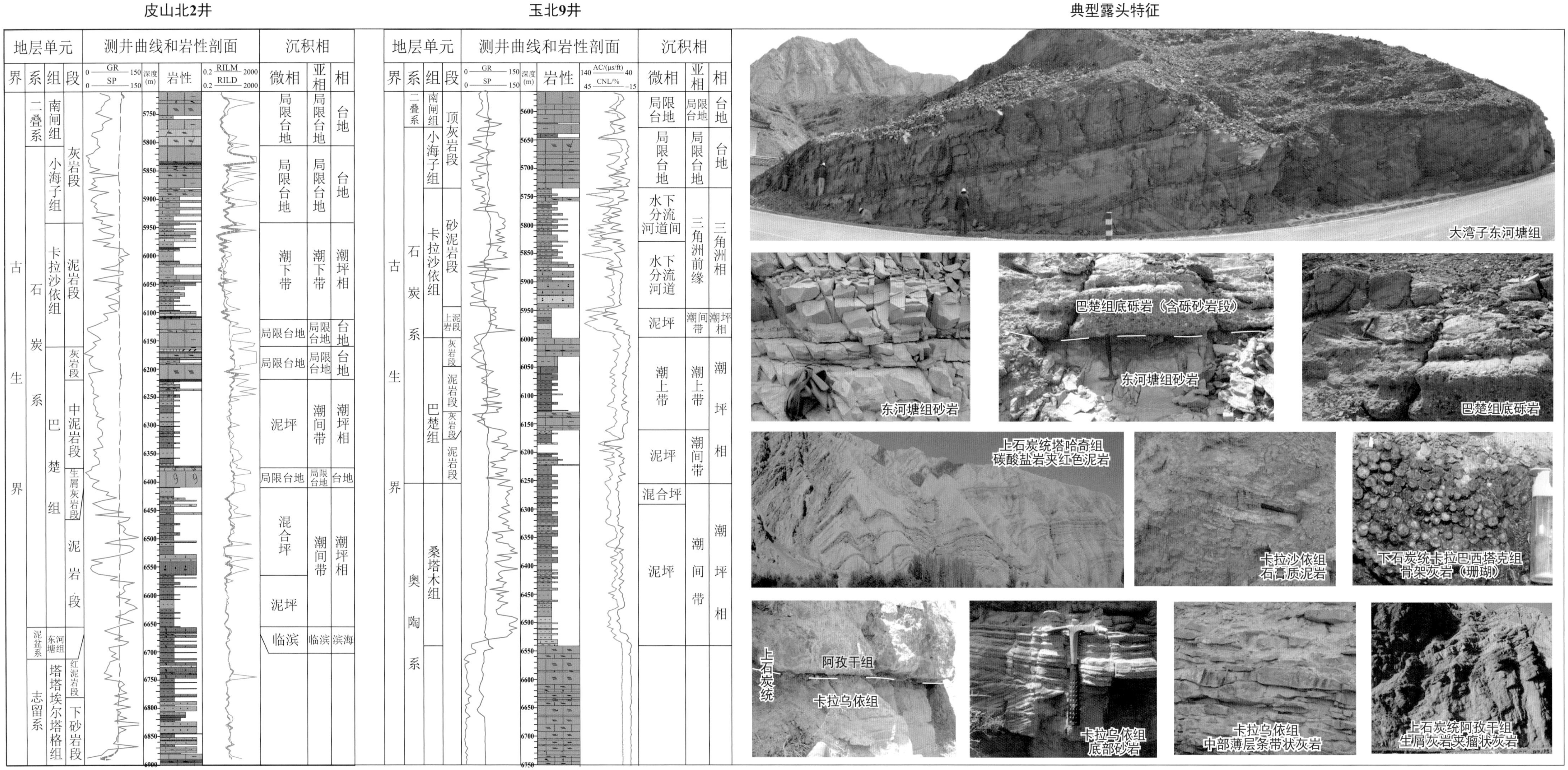

皮山北2井

地层单元				测井曲线和岩性剖面				沉积相		
界	系	组	段	GR 0–150 / SP 0–150	深度(m)	岩性	RILM 0.2–2000 / RILD 0.2–2000	微相	亚相	相
古生界	二叠系	南闸组	灰岩段					局限台地	局限台地	台地
	石炭系	小海子组						局限台地	局限台地	台地
		卡拉沙依组	泥岩段					潮下带	潮下带	潮坪相
								局限台地	局限台地	台地
		巴楚组	灰岩段					局限台地	局限台地	台地
			中泥岩段					泥坪	潮间带	潮坪相
			生屑灰岩段					局限台地	局限台地	台地
			泥岩段					混合坪	潮间带	潮坪相
								泥坪		
	泥盆系	东河塘组						临滨	临滨	滨海
	志留系	塔塔埃尔塔格组	红泥岩段							
			下砂岩段							

玉北9井

地层单元				测井曲线和岩性剖面				沉积相		
界	系	组	段	GR 0–150 / SP 0–150	深度(m)	岩性	AC/(μs/ft) 140–40 / CNL/% 45–−15	微相	亚相	相
古生界	二叠系	南闸组	顶灰岩段					局限台地	局限台地	台地
	石炭系	小海子组						局限台地	局限台地	台地
		卡拉沙依组	砂泥岩段					水下分流河道间	三角洲前缘	三角洲相
								水下分流河道		
			上泥岩段					泥坪	潮间带	潮坪相
		巴楚组	灰岩段					潮上带	潮上带	潮坪相
			泥岩段							
			灰岩段					泥坪	潮间带	
			泥岩段					混合坪		
	奥陶系	桑塔木组						泥坪	潮间带	潮坪相

典型露头特征

大湾子东河塘组

东河塘组砂岩

巴楚组底砾岩（含砾砂岩段）

东河塘组砂岩

巴楚组底砾岩

上石炭统塔哈奇组碳酸盐岩夹红色泥岩

卡拉沙依组石膏质泥岩

下石炭统卡拉巴西塔克组骨架灰岩（珊瑚）

上石炭统

阿孜干组

卡拉乌依组

卡拉乌依组底部砂岩

卡拉乌依组中部薄层条带状灰岩

上石炭统阿孜干组生屑灰岩夹瘤状灰岩

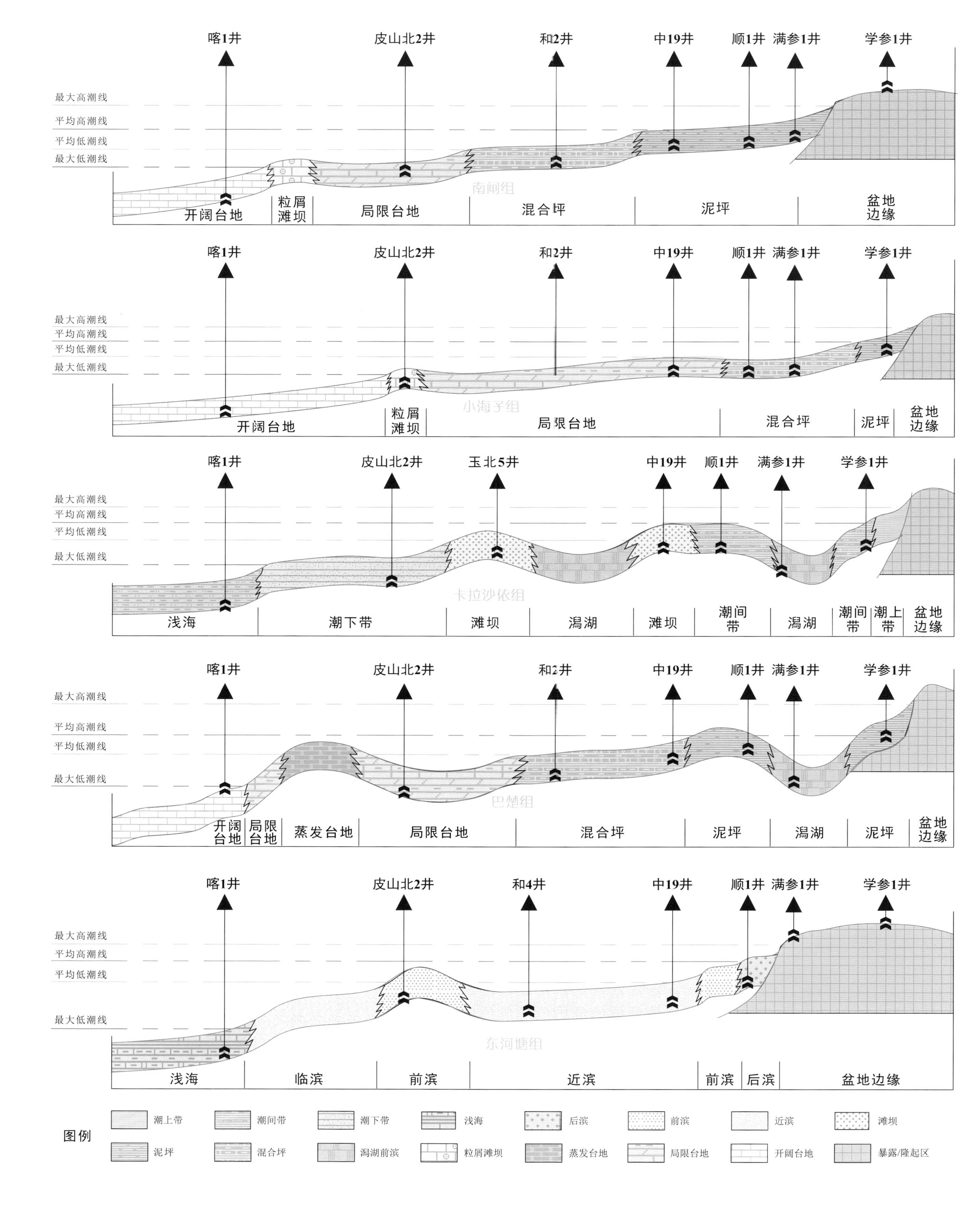
塔里木盆地上泥盆统–下二叠统沉积演化剖面模式图
喀1井
皮山北2井
和2井
中19井
顺1井
满参1井
学参1井
最大高潮线
平均高潮线
平均低潮线
最大低潮线
南闸组
开阔台地
粒屑滩坝
局限台地
混合坪
泥坪
盆地边缘
小海子组
玉北5井
卡拉沙依组
浅海
潮下带
滩坝
潟湖
潮间带
潮上带
巴楚组
蒸发台地
和4井
东河塘组
临滨
前滨
近滨
后滨
图例
潮上带
潮间带
潮下带
浅海
后滨
前滨
近滨
滩坝
泥坪
混合坪
潟湖前滨
粒屑滩坝
蒸发台地
局限台地
开阔台地
暴露/隆起区

塔里木盆地上泥盆统东河塘组沉积充填立体模式图

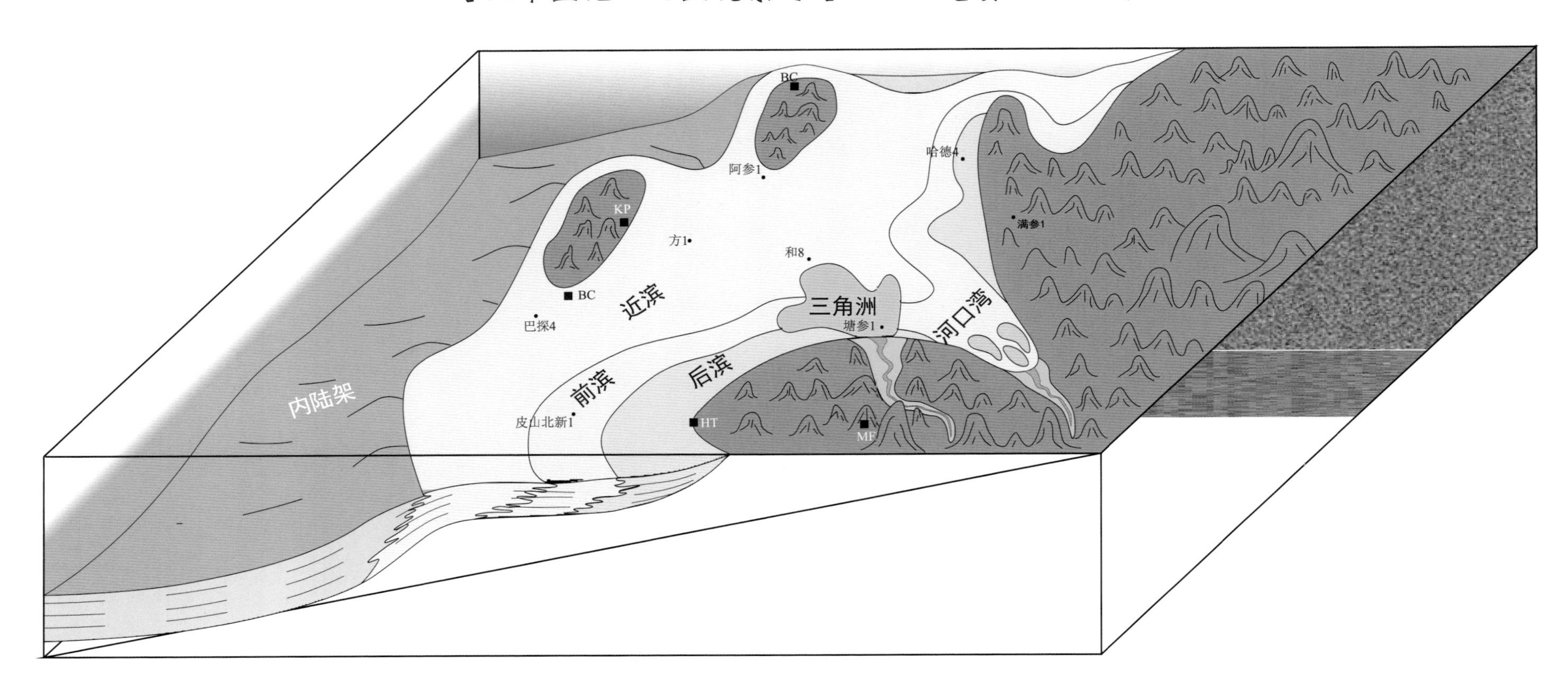

塔里木盆地石炭统–下二叠统碳酸盐岩沉积充填立体模式图

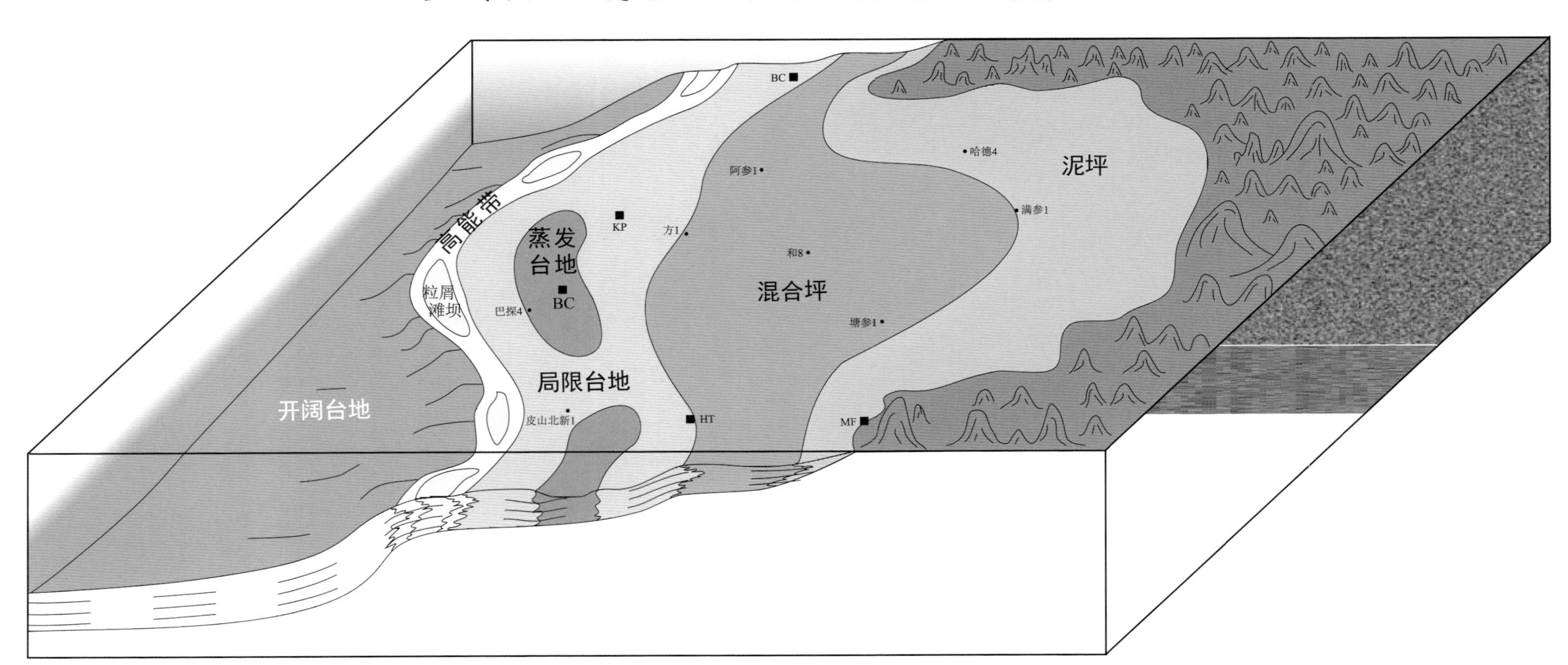

塔里木盆地石炭统–下二叠统碎屑岩沉积充填立体模式图

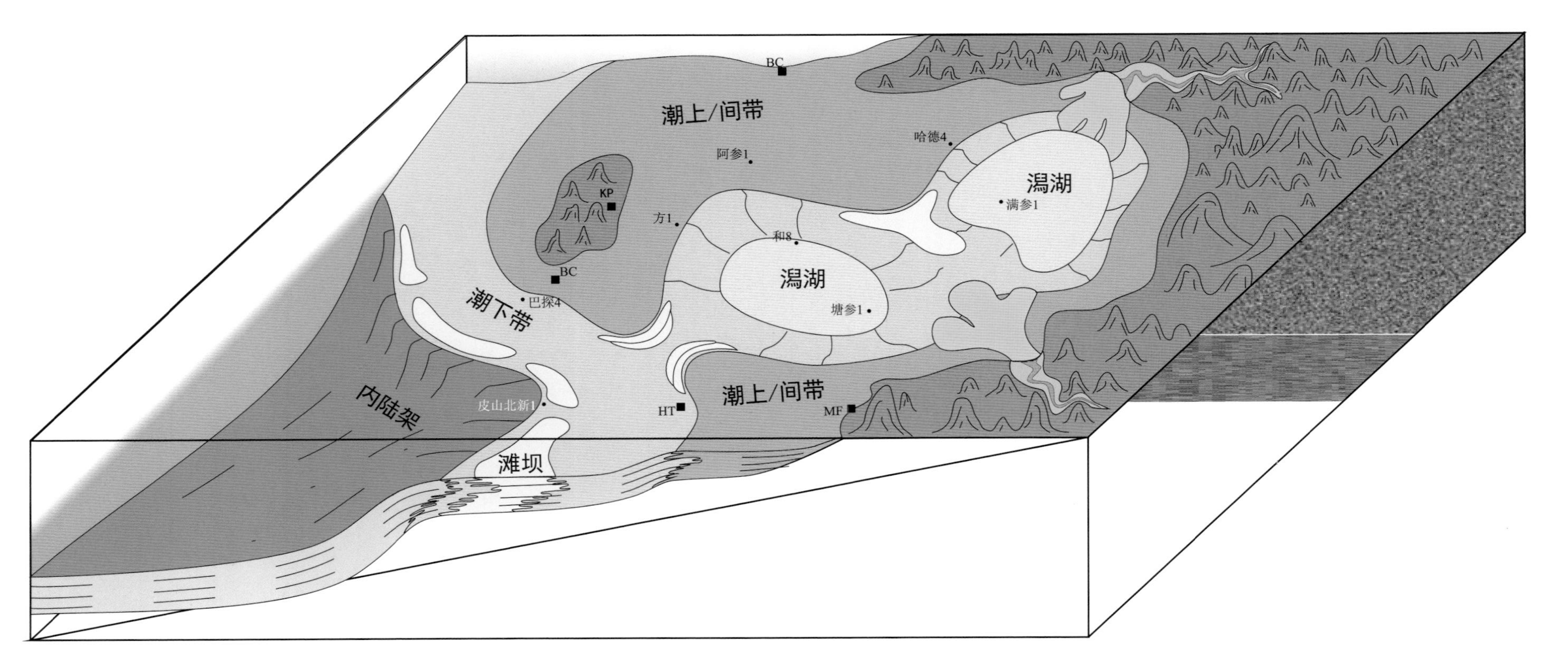

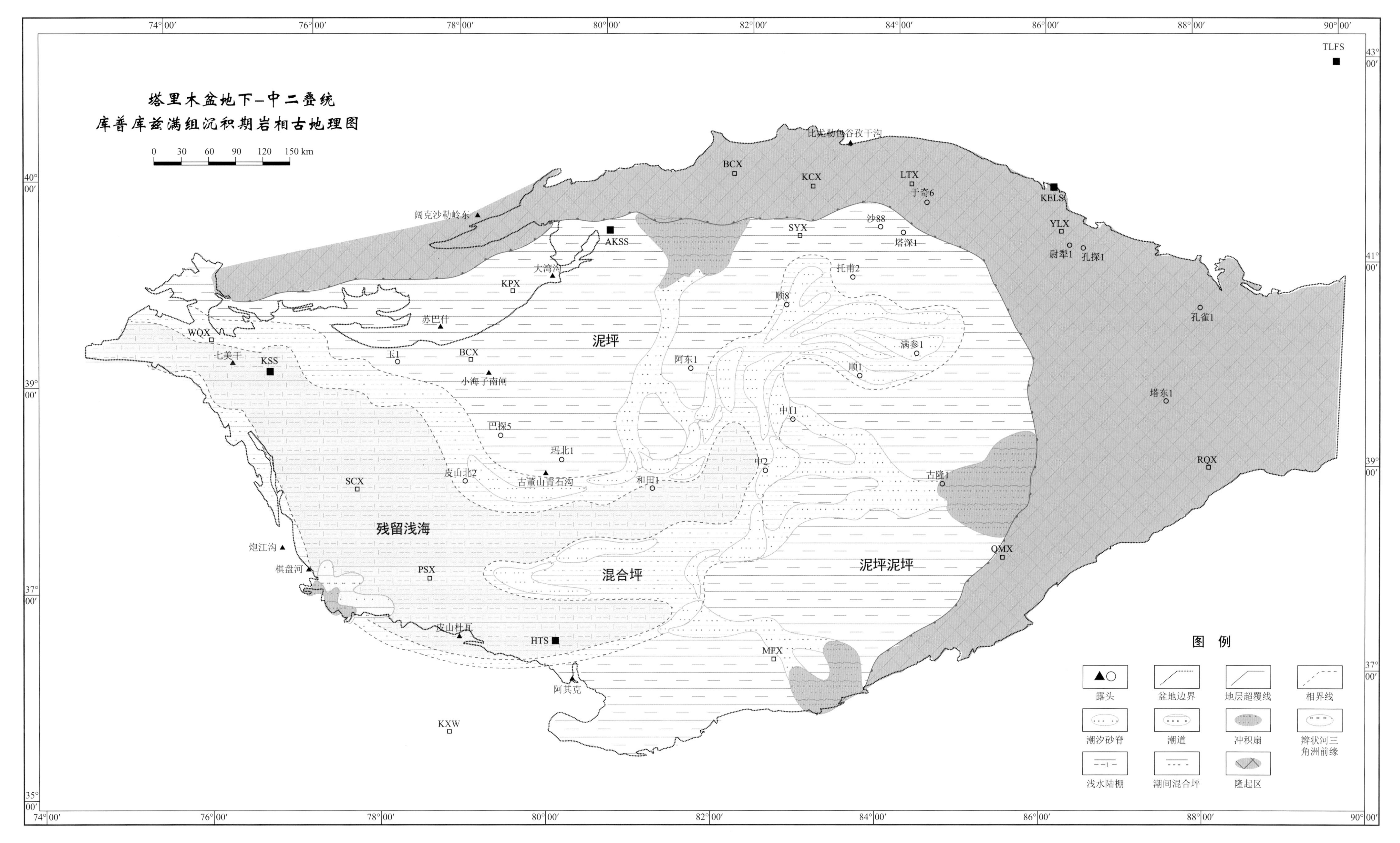

下 - 中二叠统时期，整个塔西北，塔北和塔东，塔东南隆起区组成一个半封闭的隆起区。在这种背景下，中二叠时期古地貌特征整体表现出东南浅，西北深的特征。

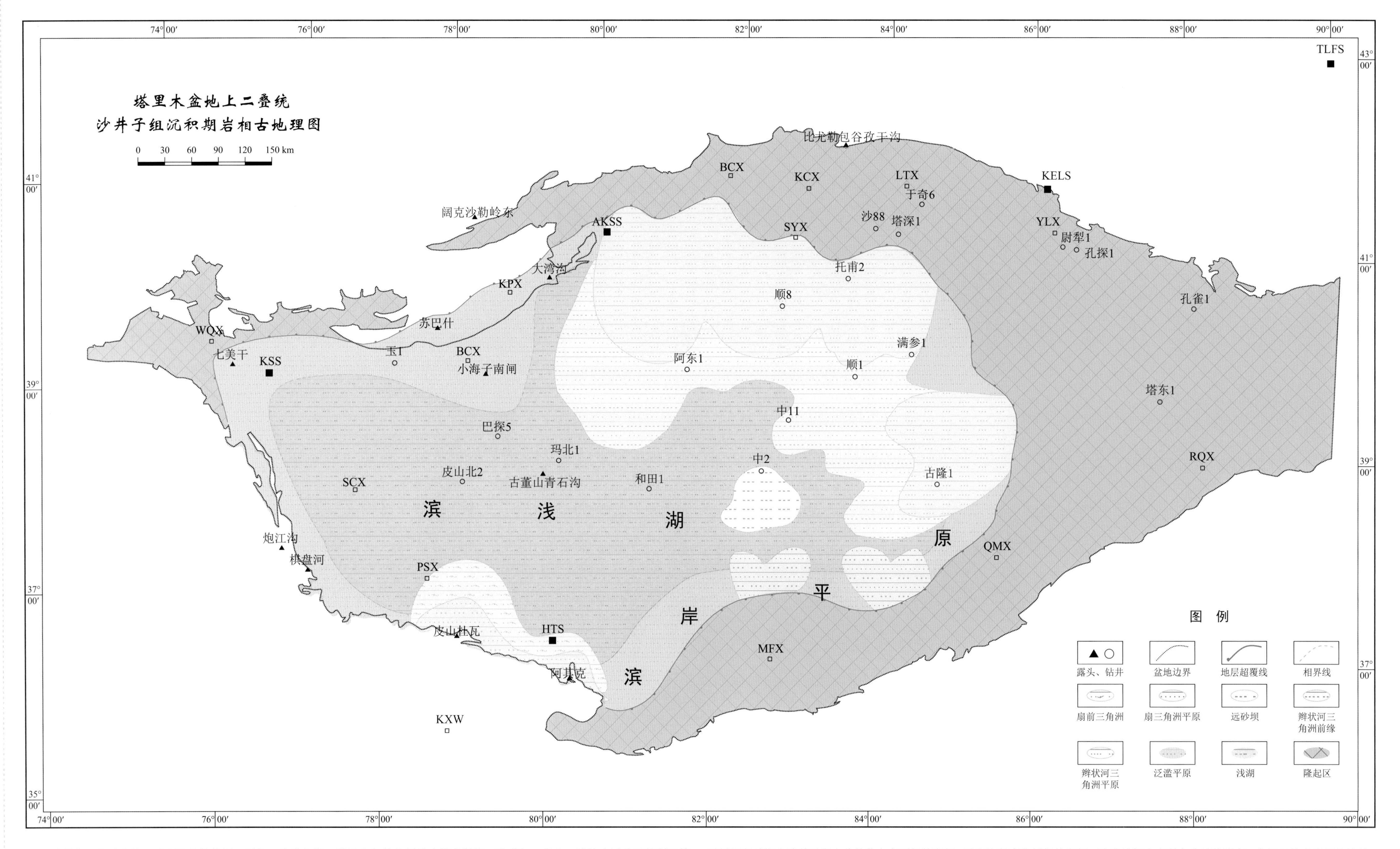

随着南、北天山等一系列洋盆的关闭，到早二叠世末期，塔里木和其北侧的哈萨克斯坦—准噶尔，华北—柴达木以及西伯利亚等板块已拼合成一个完整的古欧亚大陆。在这种构造背景下，上二叠统沙井子组西南部沉积范围缩小，西北部沉积范围扩大的特征。沙井子组沉积时期古地貌已经由此前的东高西低的海相、残留海相变为封闭的湖相。地貌特征也表现出盆地边缘高，中间低的典型湖盆地貌。阿瓦提拗陷和卡塔克隆起一带水深最大。柯坪断隆地区的麦盖提斜坡西部和巴楚隆起北缘，可能发育局部的水下低隆起。

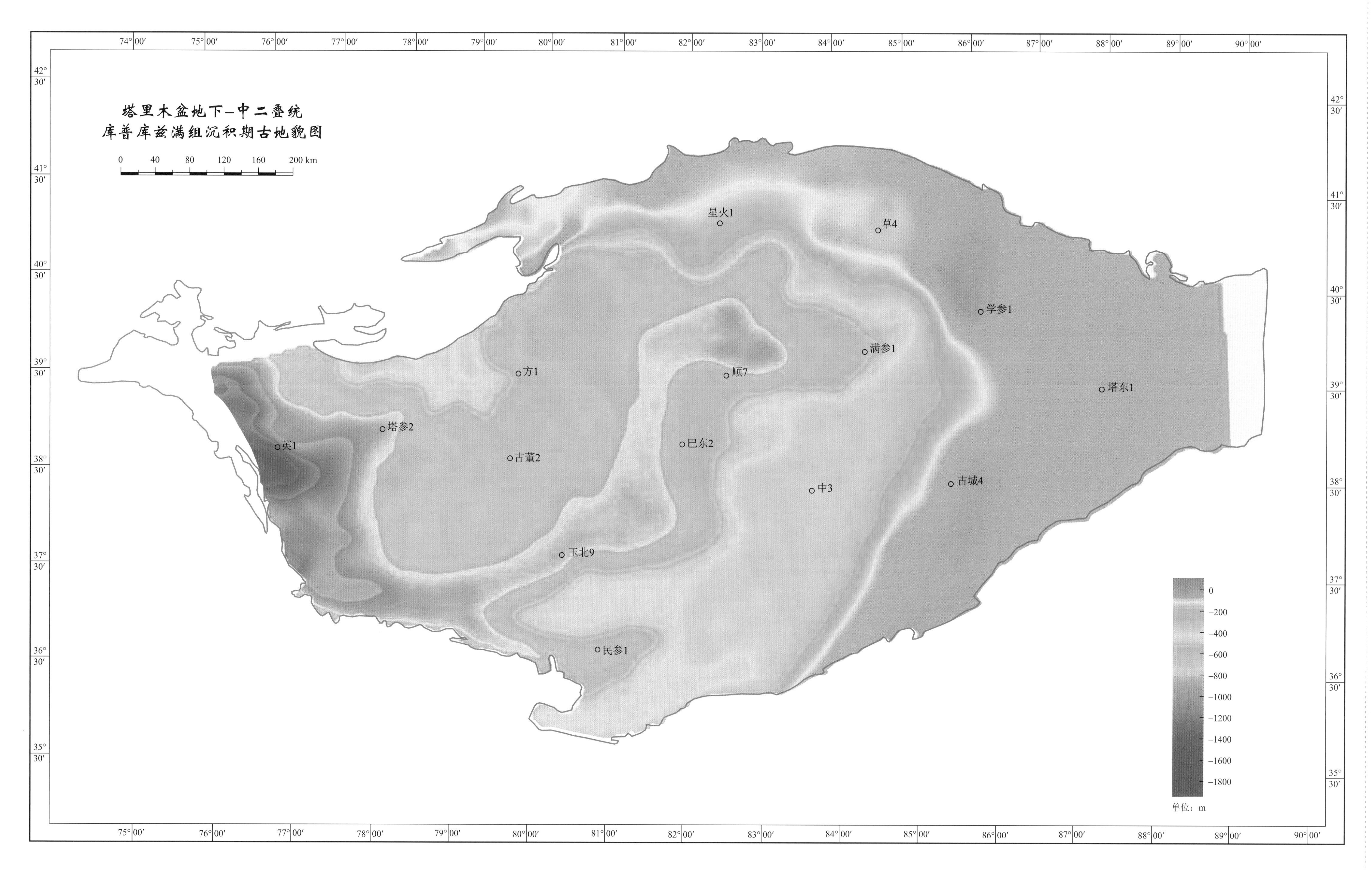
塔里木盆地下–中二叠统
库普库兹满组沉积期古地貌图
0 40 80 120 160 200 km
星火1
草4
学参1
满参1
方1
顺7
塔东1
塔参2
英1
巴东2
古董2
中3
古城4
玉北9
民参1
0
−200
−400
−600
−800
−1000
−1200
−1400
−1600
−1800
单位：m

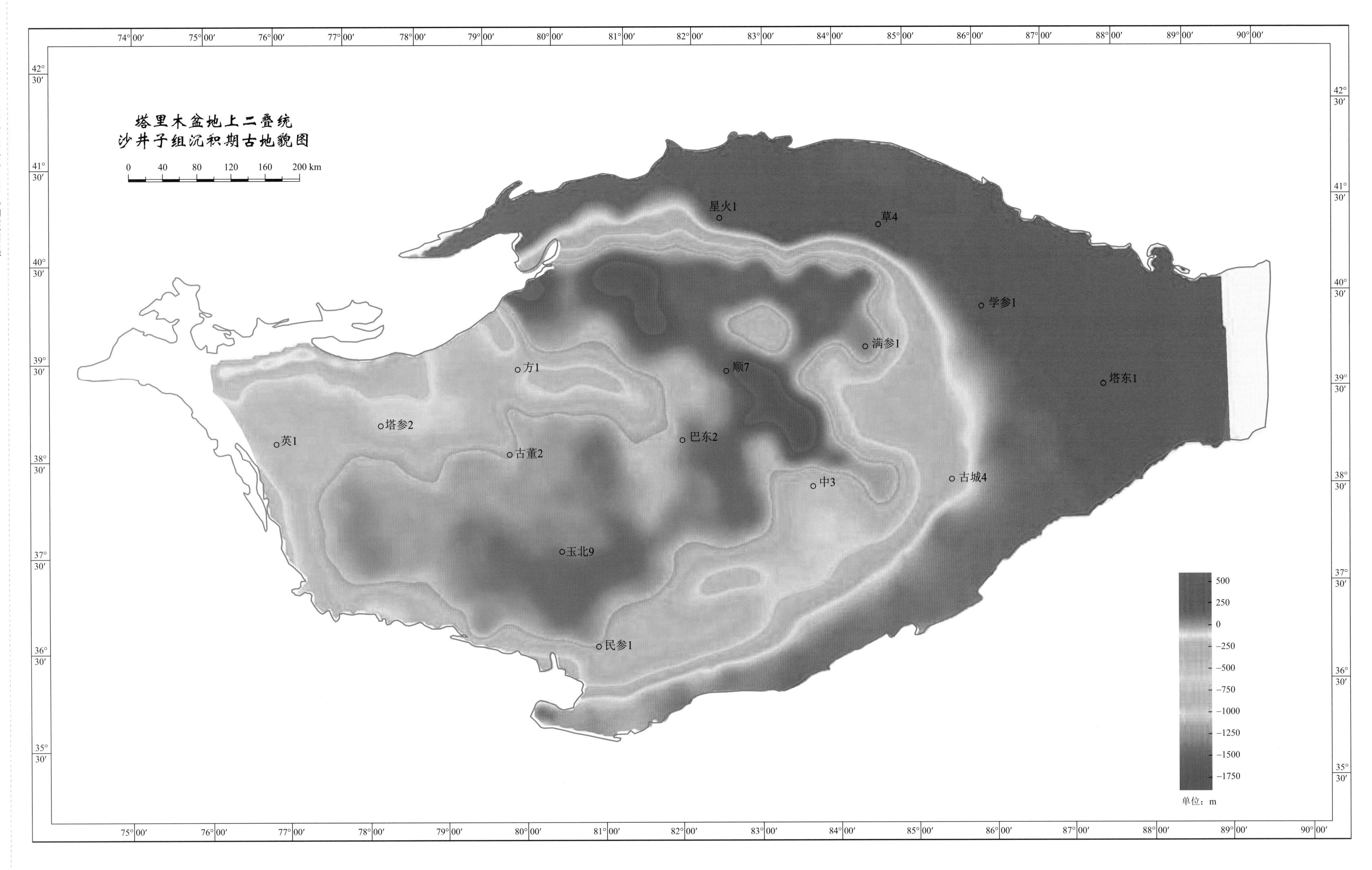
塔里木盆地上二叠统
沙井子组沉积期古地貌图
0 40 80 120 160 200 km
星火1
草4
学参1
满参1
塔东1
方1
顺7
塔参2
英1
巴东2
古董2
中3
古城4
玉北9
民参1
500
250
0
−250
−500
−750
−1000
−1250
−1500
−1750
单位：m

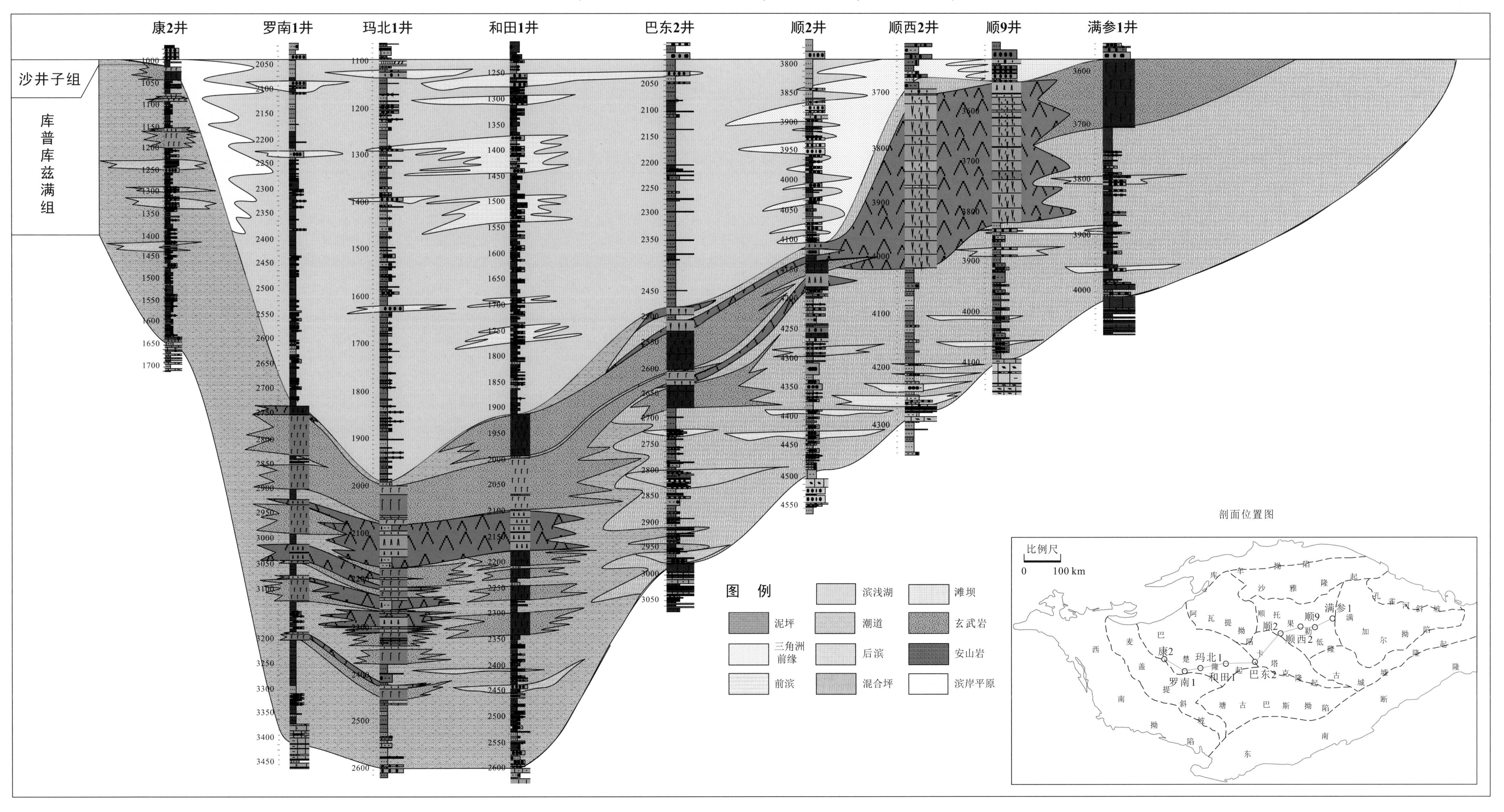
塔里木盆地中-上二叠统过康2井-巴东2井-满参1井沉积剖面图
康2井
罗南1井
玛北1井
和田1井
巴东2井
顺2井
顺西2井
顺9井
满参1井
沙井子组
库普库兹满组
图 例
泥坪
三角洲前缘
前滨
滨浅湖
潮道
后滨
混合坪
滩坝
玄武岩
安山岩
滨岸平原
剖面位置图
比例尺
0 100 km

塔里木盆地中—上二叠统过塘北2井—塔中45井—东河3井沉积剖面图

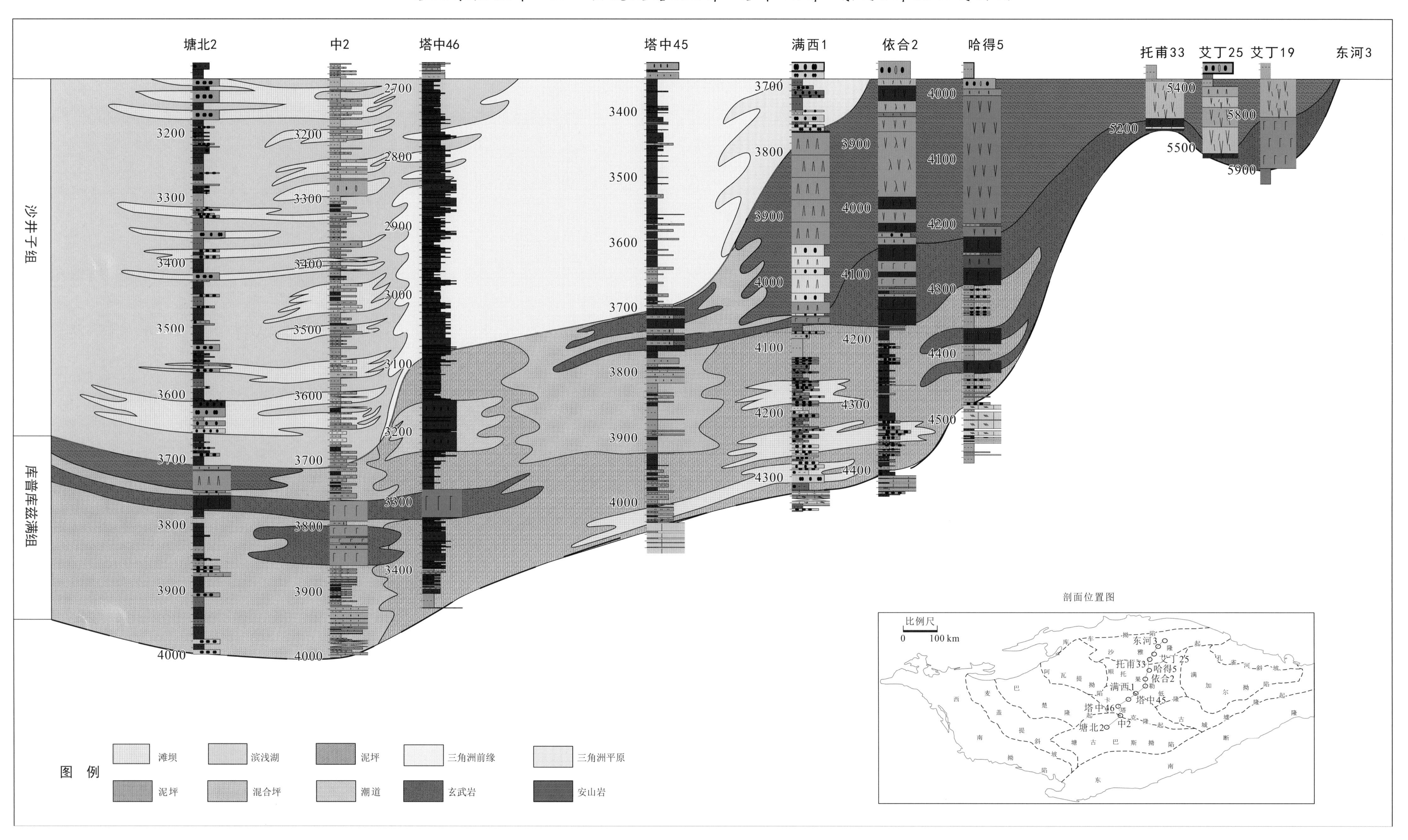

塔里木盆地中–上二叠统典型钻井、露头剖面图

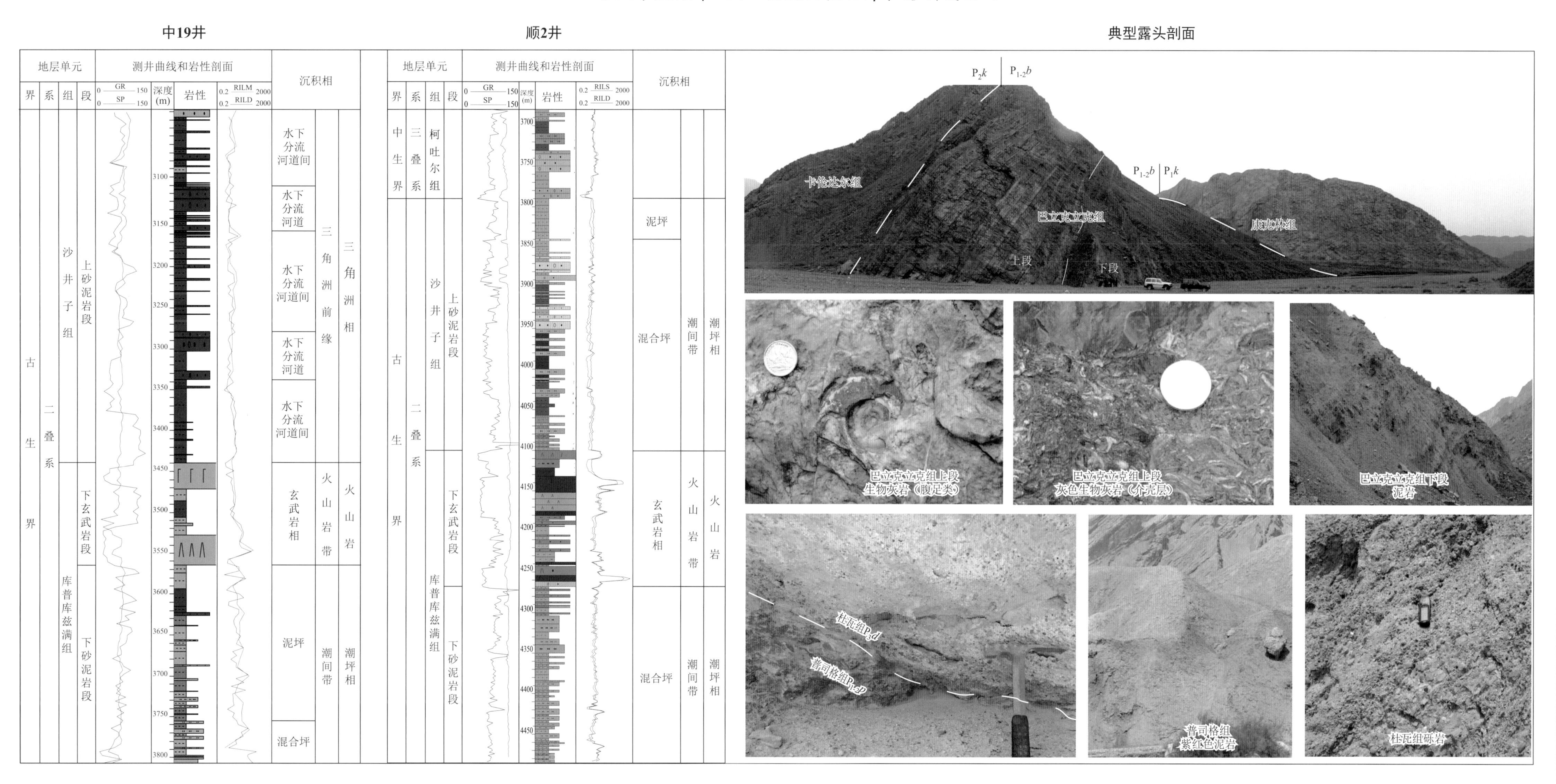

塔里木盆地中–上二叠统沉积演化剖面模式图

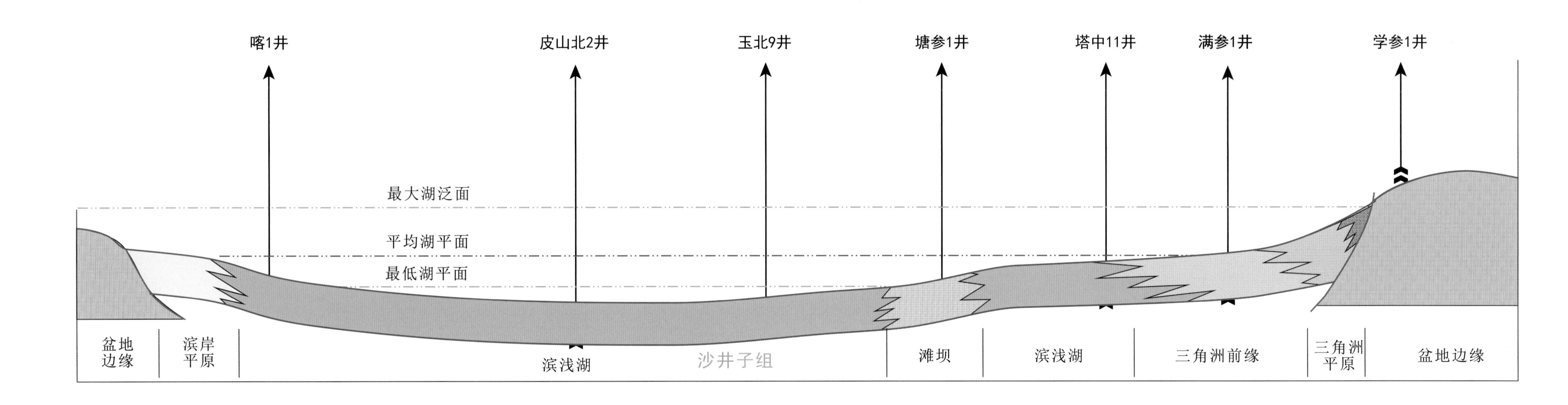

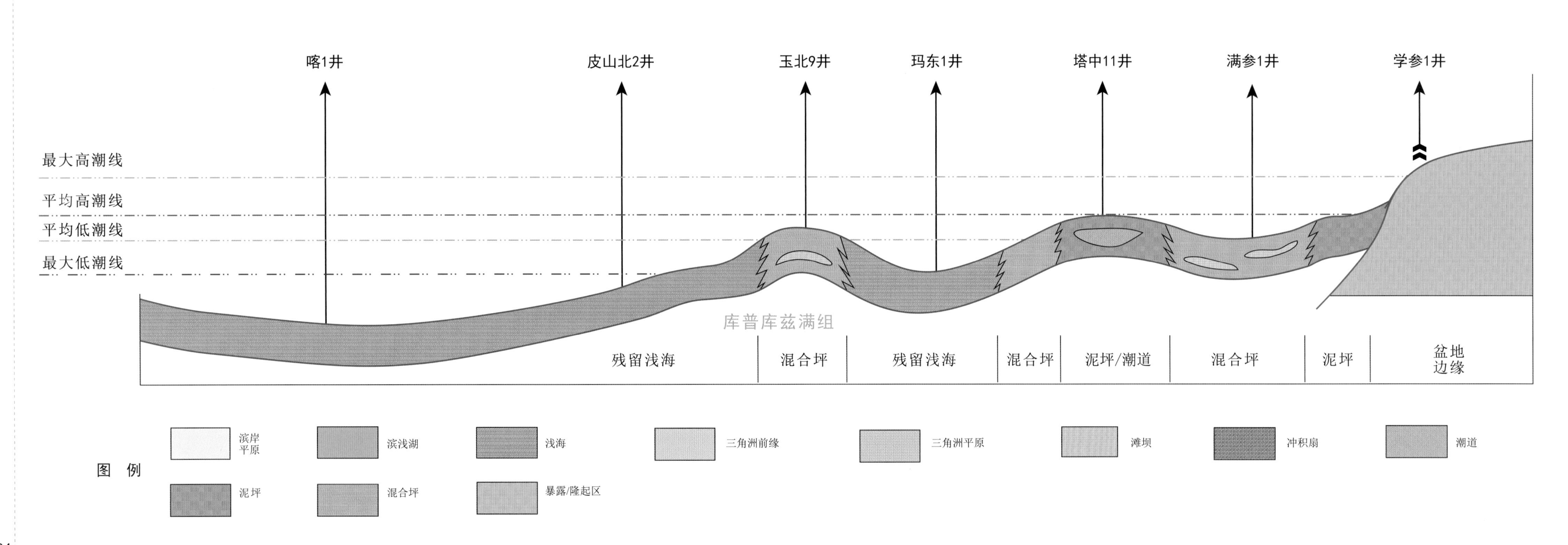

塔里木盆地中—上二叠统碎屑岩沉积充填立体模式图

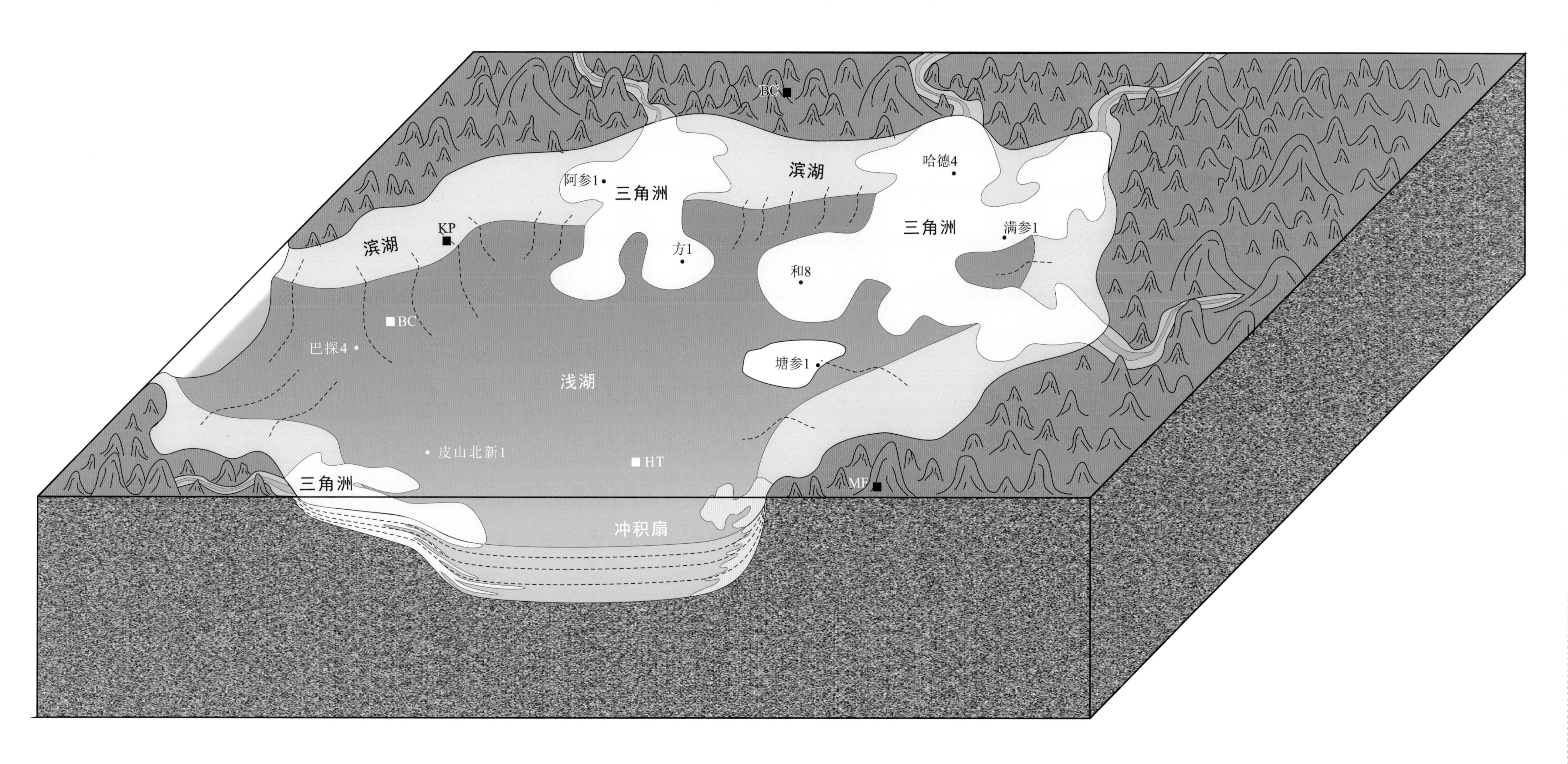

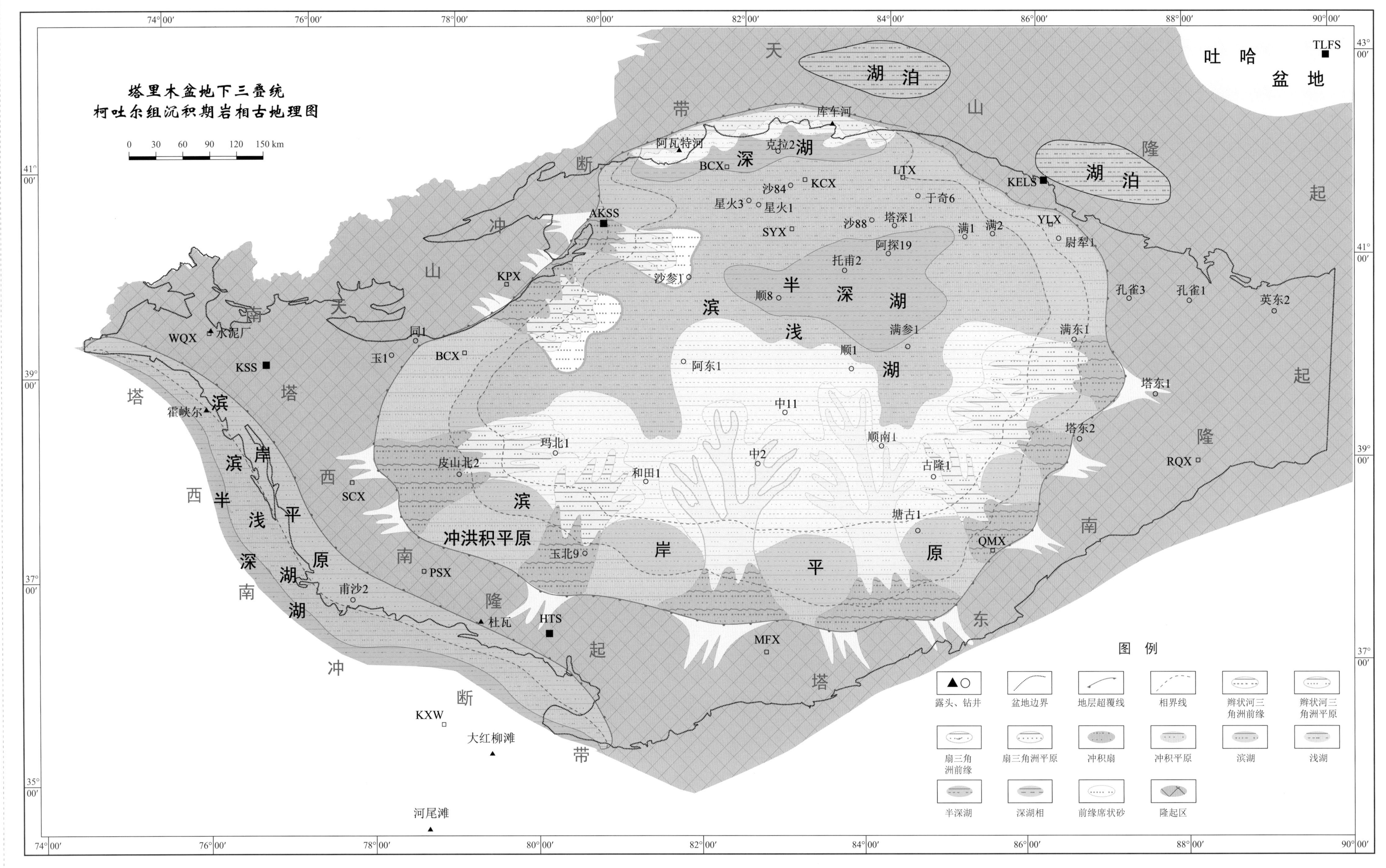

下三叠统柯吐尔组沉积期，塔里木盆地演化为两个陆相湖盆沉积。其中，位于塔西南的湖盆呈NW-SE向的狭长形态展布。塔中一塔北一库车湖盆呈范围较大的椭圆形，总体表现为北深南浅的宽缓拗陷。在这种背景下，塔里木盆地南部盆缘的主要发育冲洪积平原、滨岸平原和三角洲沉积体系。冲洪积平原和滨岸平原相带在盆地南部和西部相对较宽，东部和西北部逐渐变窄。此外，盆地南侧发育7个规模相对较大的沉积物供给输运体系，总体自南向北搬运碎屑物质。盆地腹地主要的沉积环境为辫状河-辫状河三角洲-湖泊相。库车拗陷以近EW向延伸，发育了一系列近距离快速堆积的源汇系统，主要以扇三角洲-湖泊相带展布为特征，沉积沉降中心总体位于北侧，厚度变化较大。库车地区柯吐尔组的现今残留范围总体位于雅克拉断凸以北，天山以南的狭长地区，总体表现为北厚南薄的楔形形态。塔西南地区总体表现为NW-SE向延伸带状分布，自东北向西南逐渐变深依次发育滨岸平原相-滨浅湖相-半深湖相沉积。

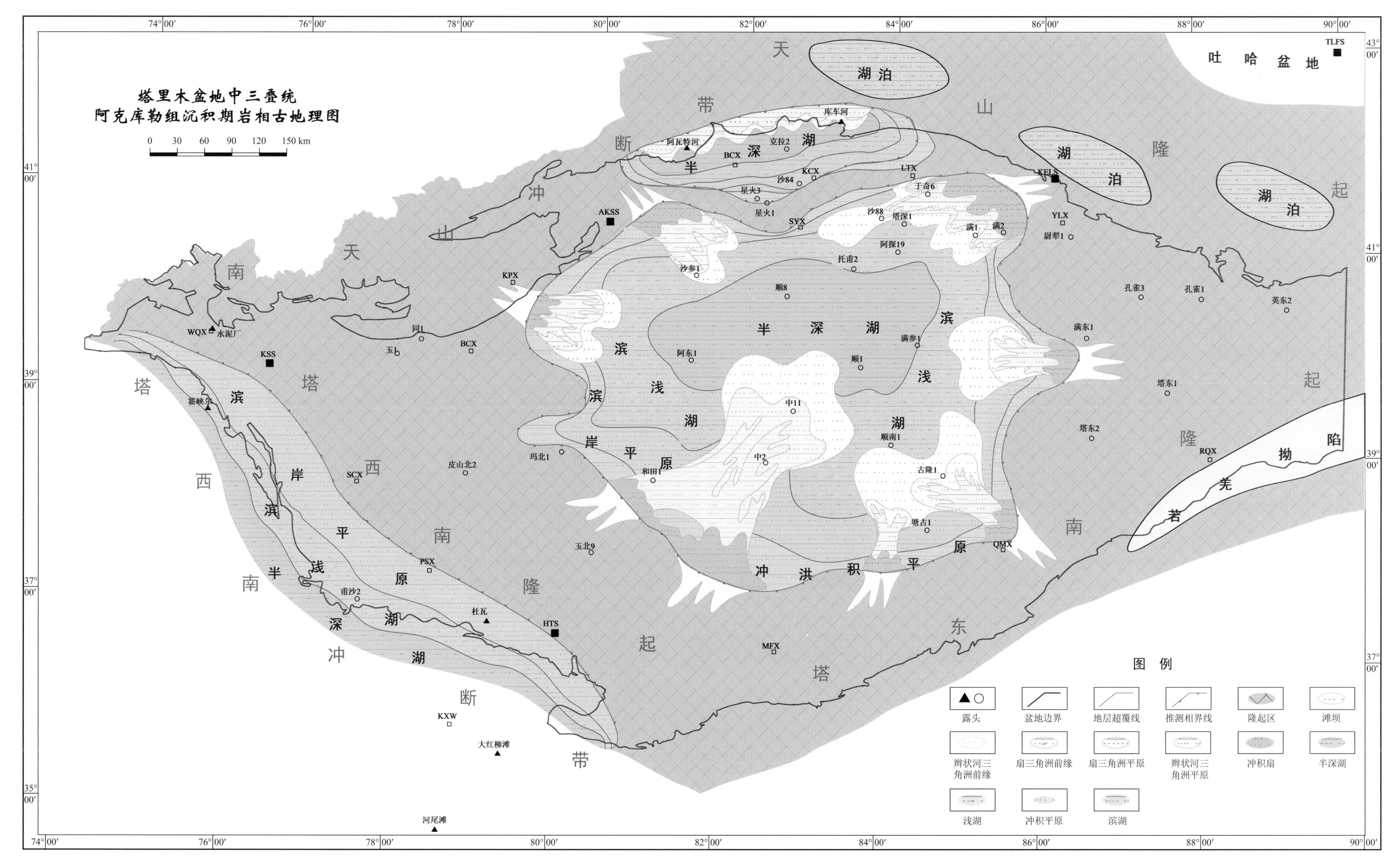

中三叠统阿克库勒组沉积早期塔里木盆地发育三个陆相湖盆。位于北部库车地区的湖盆南部以雅克拉断凸为界与塔里木腹地盆地相望，北部以天山冲断带为界，呈近EW向延伸的横剖面北厚南薄楔形的狭长形态。塔里木盆地腹部主体为一大型湖盆所占据，在湖盆周缘发育10个三角洲沉积体系，其中南部5个和东部2个规模相对较大，西部3个规模相对较小。库车拗陷湖盆南部因雅克拉断凸受挤压隆升暴露而与塔里木腹部盆地分隔，沉积中心略向南迁移，其北侧发育近源线状物源为主的扇三角洲沉积。纵向上，扇三角洲规模较柯吐尔组沉积期有所减小，说明控制沉积作用的断层活动有所减弱，拗陷地形逐渐变缓，拗陷不断加深，湖相沉积范围逐渐扩大。塔西南地区湖盆表现为NW-SE向延伸带状分布，自东北向西南依次发育滨岸平原-滨浅湖-半深湖。这是由于在挤压背景下持续发生挠曲下陷，形成前渊盆地造成的。

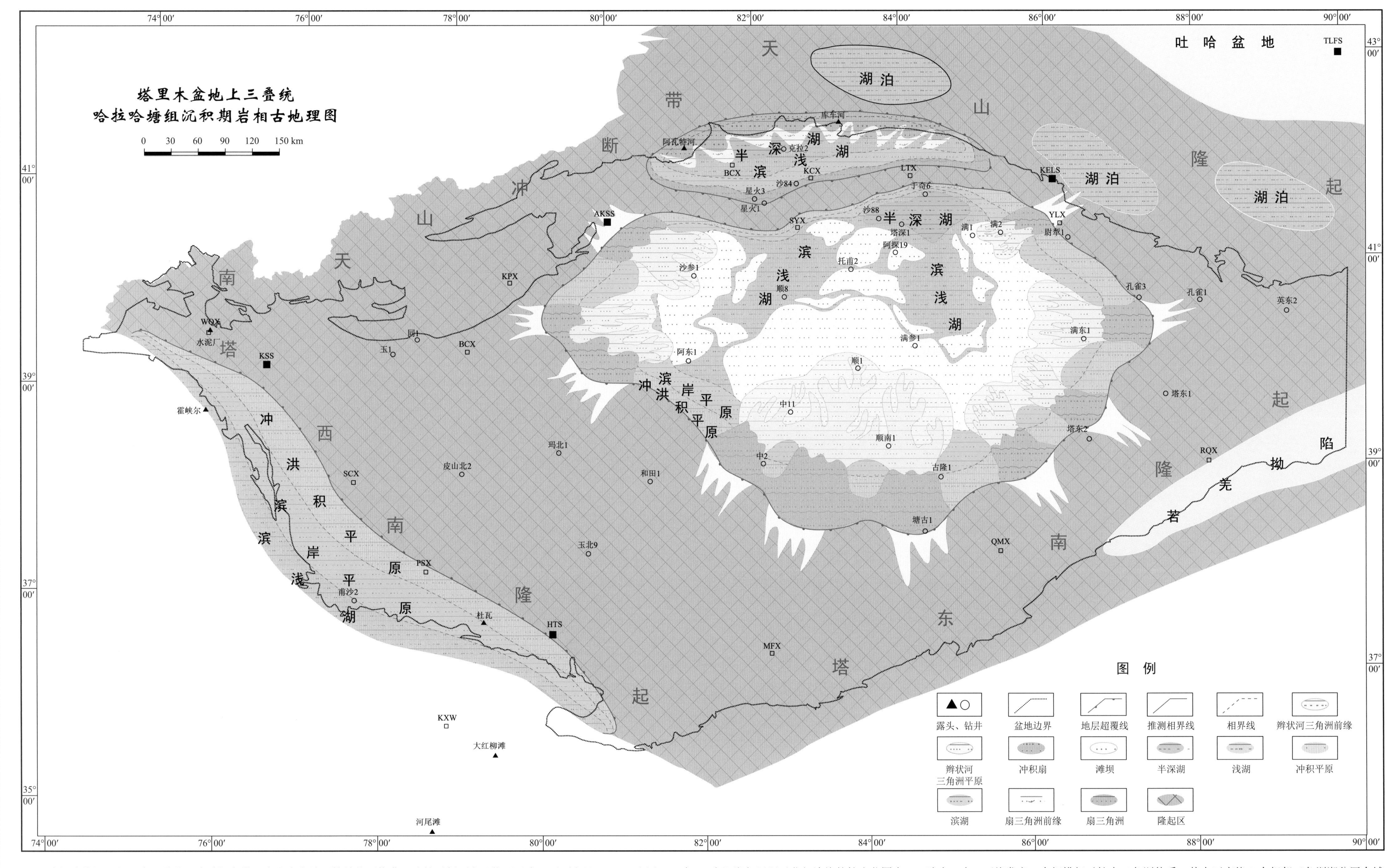

哈拉哈塘组沉积于晚三叠世，该时期在塔西南和库车地区持续挤压挠曲，造就了剖面上呈楔形形态，平面上呈 NW-SE 和近 EW 向延伸的前渊沉降带。塔西南隆起剥蚀区范围扩大至麦盖提和巴楚—塘古巴斯大部地区，塔北雅克拉断凸范围略有增大，塔里木腹部盆地范围逐渐缩小，沉降中心向北迁移。此期间，塔里木地区呈现出被盆缘和盆内隆起分隔的塔西南、塔中—塔北和库车等三个陆相湖盆沉积的格局。塔西南盆地呈 NW-SE 向的狭长形态，发育厚层砾岩；塔中—塔北盆地呈近 EW 向伸长的椭圆形，表现为北深南浅的宽缓拗陷，半深湖相局限于北部边缘的较小范围内，凹陷东、南、西缘发育 9 个规模相对较大三角洲体系，其中西南缘 3 个相邻三角洲湖盆区会城一个规模很大的复合三角洲沉积体系；库车盆地呈近 EW 向展布，范围较阿克库勒组沉积期缩小，由北至南主要发育扇三角洲 - 半深湖 - 滨浅湖沉积相。

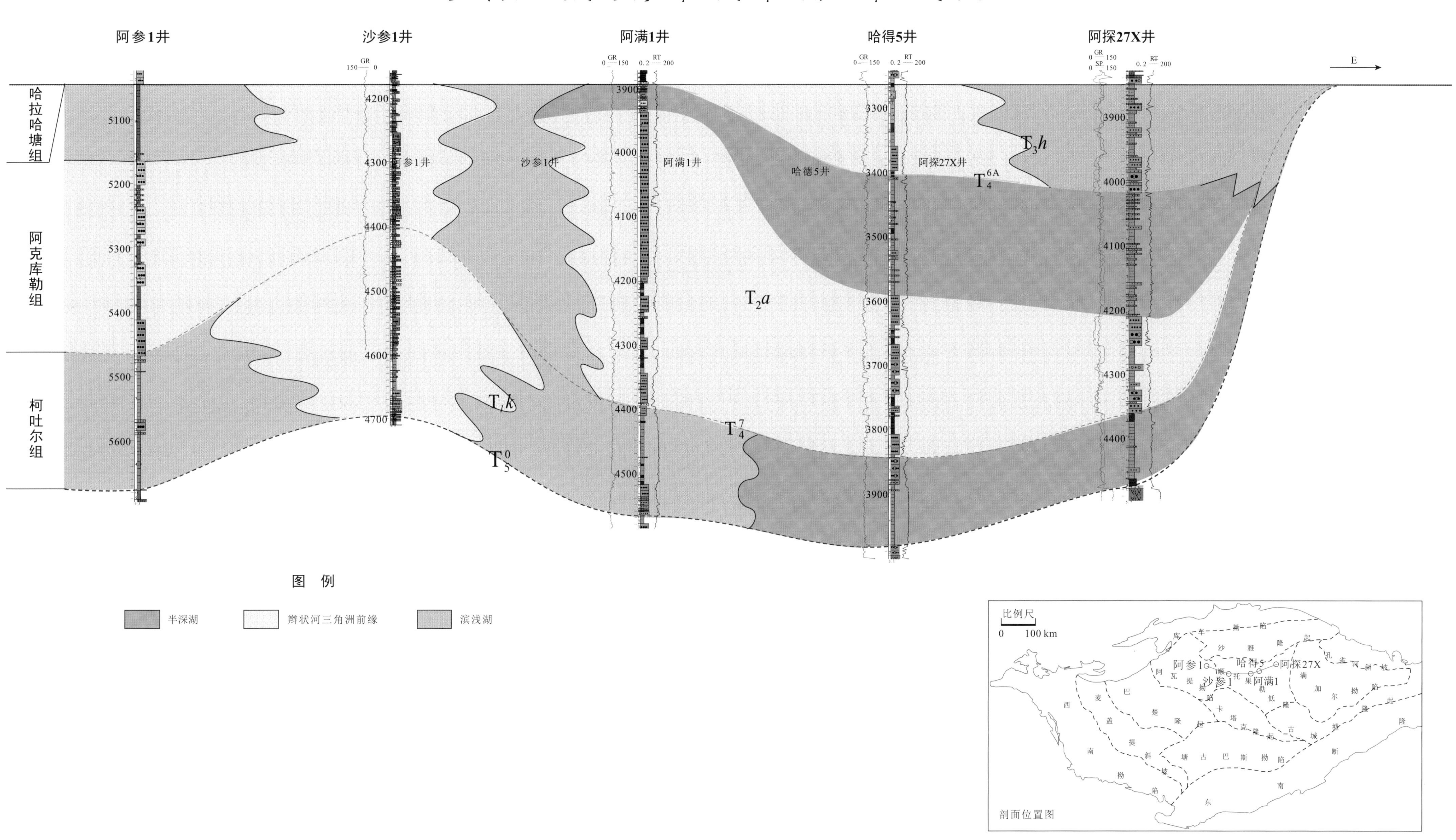
塔里木盆地三叠系过阿参1井–阿满1井–阿探27X井沉积剖面图
阿参1井
沙参1井
阿满1井
哈得5井
阿探27X井
E
哈拉哈塘组
阿克库勒组
柯吐尔组
T3h
T2a
T1k
T4 6A
T4 7
T5 0
图 例
半深湖
辫状河三角洲前缘
滨浅湖
比例尺
0 100 km
剖面位置图

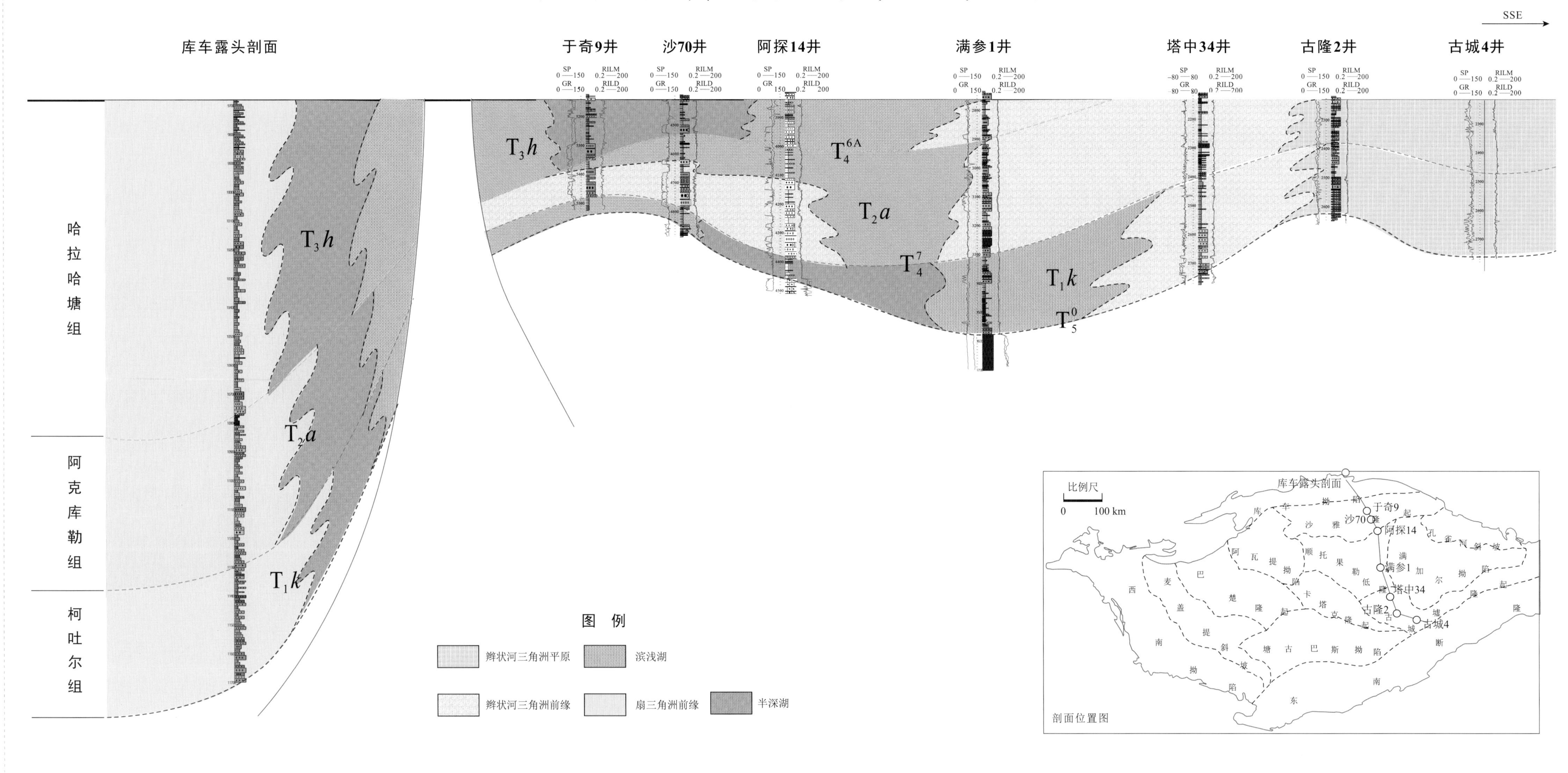

塔里木盆地三叠系过库车露头剖面–满参1井–古城4井沉积剖面图
SSE
库车露头剖面
于奇9井
沙70井
阿探14井
满参1井
塔中34井
古隆2井
古城4井
SP
GR
RILM
RILD
哈拉哈塘组
阿克库勒组
柯吐尔组
T_3h
T_2a
T_1k
T_4^{6A}
T_4^7
T_5^0
图 例
辫状河三角洲平原
滨浅湖
辫状河三角洲前缘
扇三角洲前缘
半深湖
比例尺
0
100 km
库车露头剖面
于奇9
沙70
阿探14
满参1
塔中34
古隆2
古城4
剖面位置图

塔里木盆地三叠系典型钻井、露头剖面图

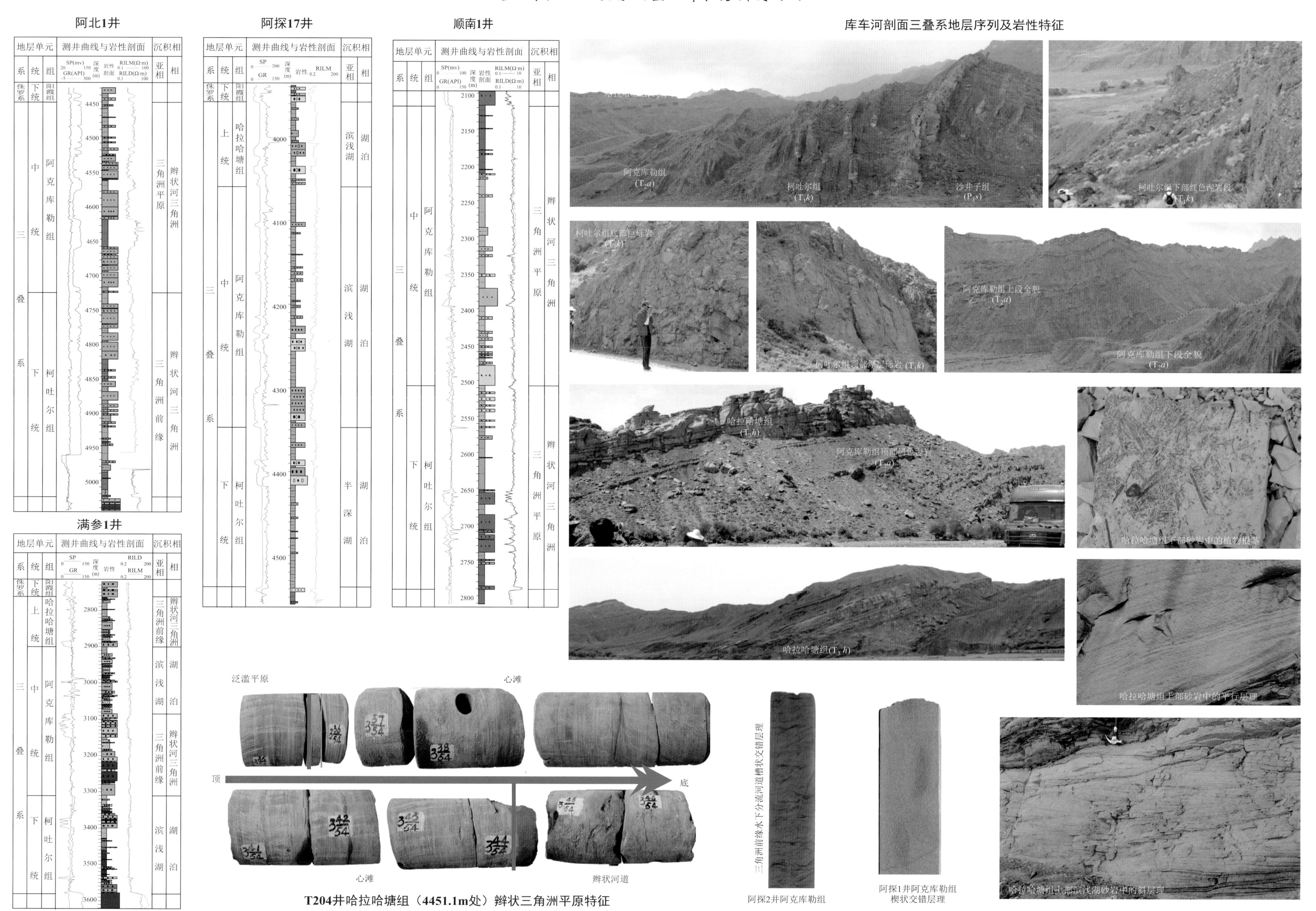

T204井哈拉哈塘组（4451.1m处）辫状三角洲平原特征

阿探2井阿克库勒组

阿探1井阿克库勒组楔状交错层理

塔里木盆地三叠系沉积演化剖面模式图

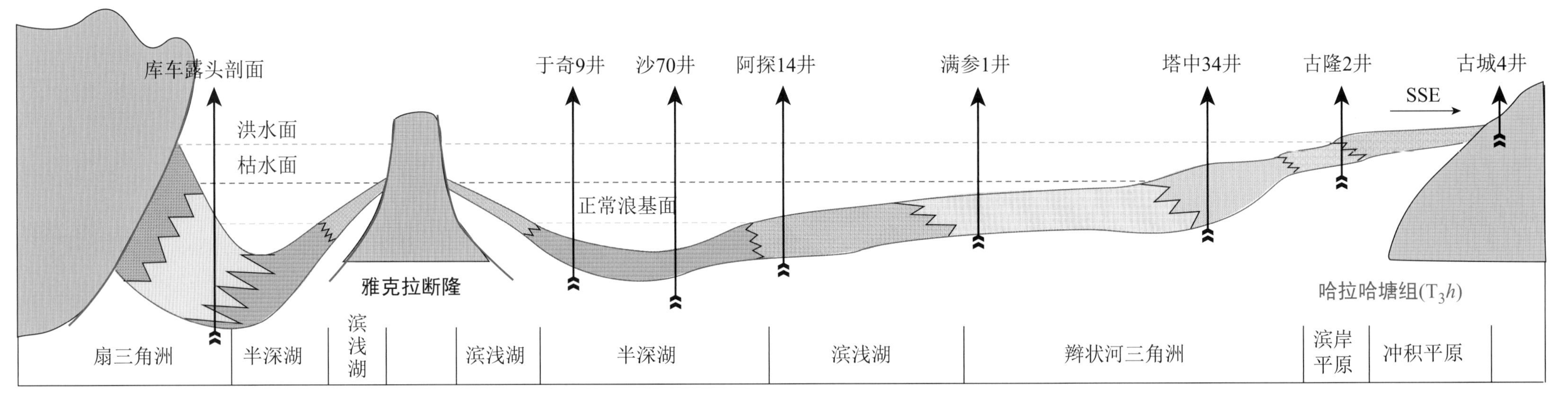

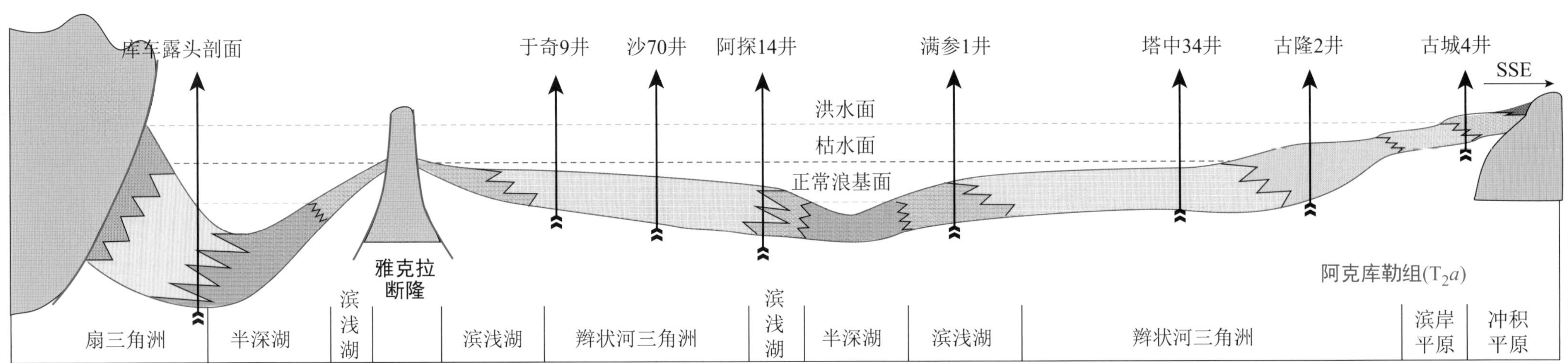

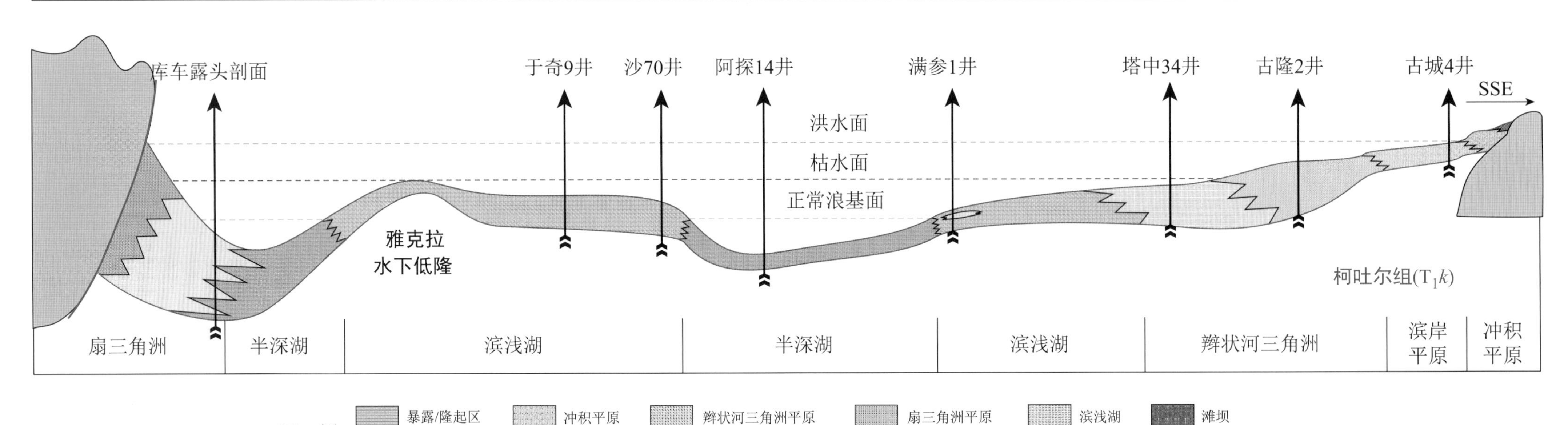

图例
暴露/隆起区　冲积平原　辫状河三角洲平原　扇三角洲平原　滨浅湖　滩坝
冲洪积扇　滨岸平原　辫状河三角洲前缘　扇三角洲前缘　半深湖

塔里木盆地三叠系沉积充填立体模式图

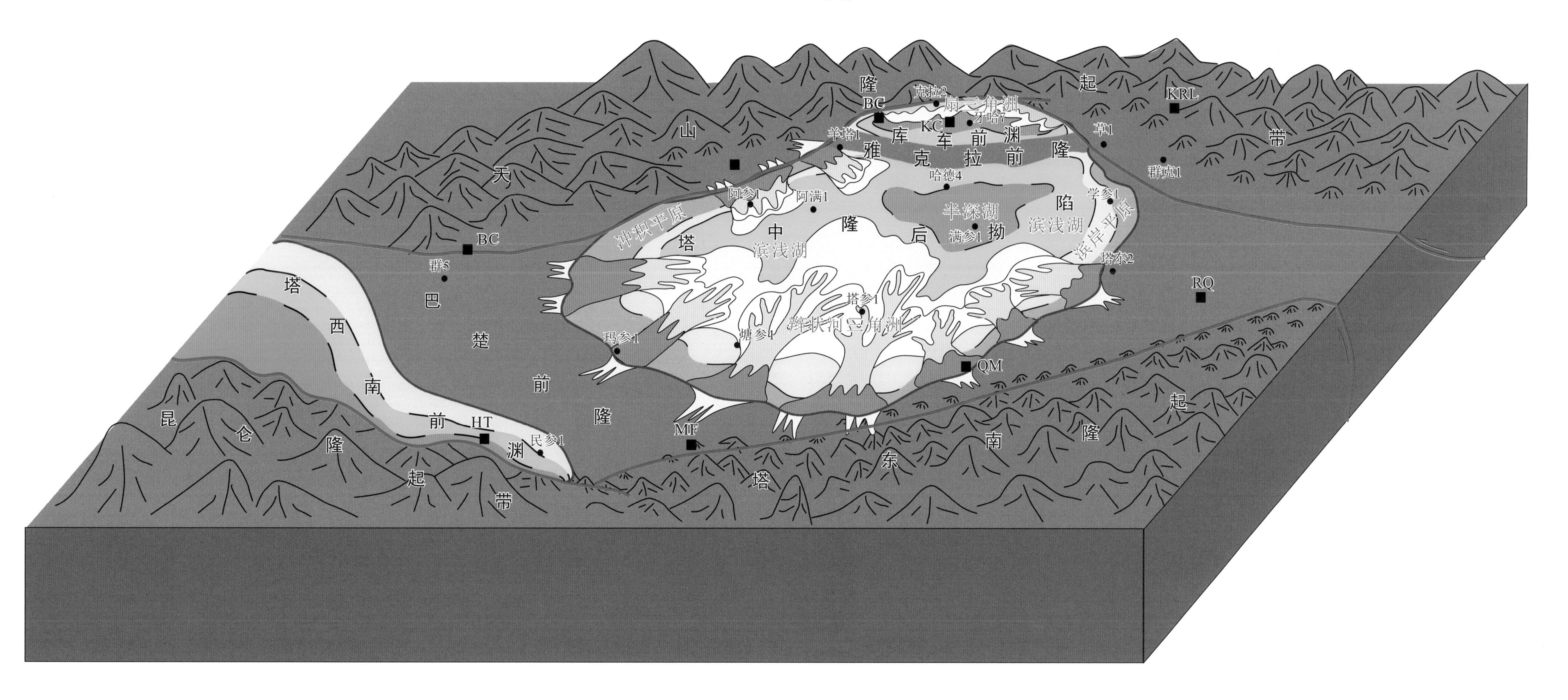

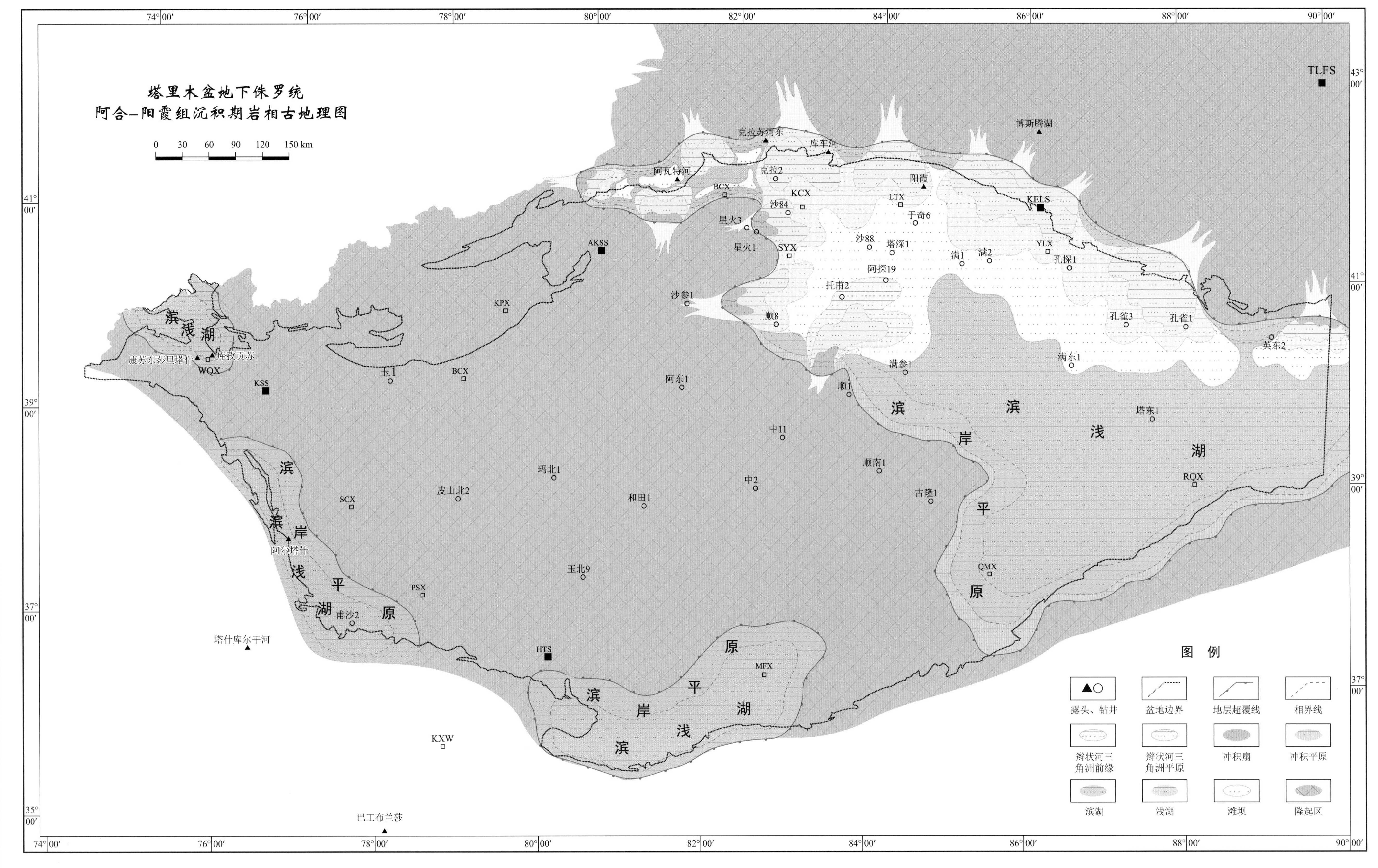

塔里木盆地下侏罗统阿合—阳霞组沉积期继承了阿合-阳霞组沉积期古地理格局，同样在塔北—塔东地区、西部边缘、南部边缘发育三个陆相湖盆；其中在塔北—塔东地区盆地边缘发育了数个规模相对较小的辫状河三角洲朵叶体，南部原沙雅隆起带位置也发育了几个规模不大的辫状河三角洲。塔东地区，受南北高、中部高低相间的地形特征控制，湖盆碎屑物质主要来自北侧的库鲁克塔图。

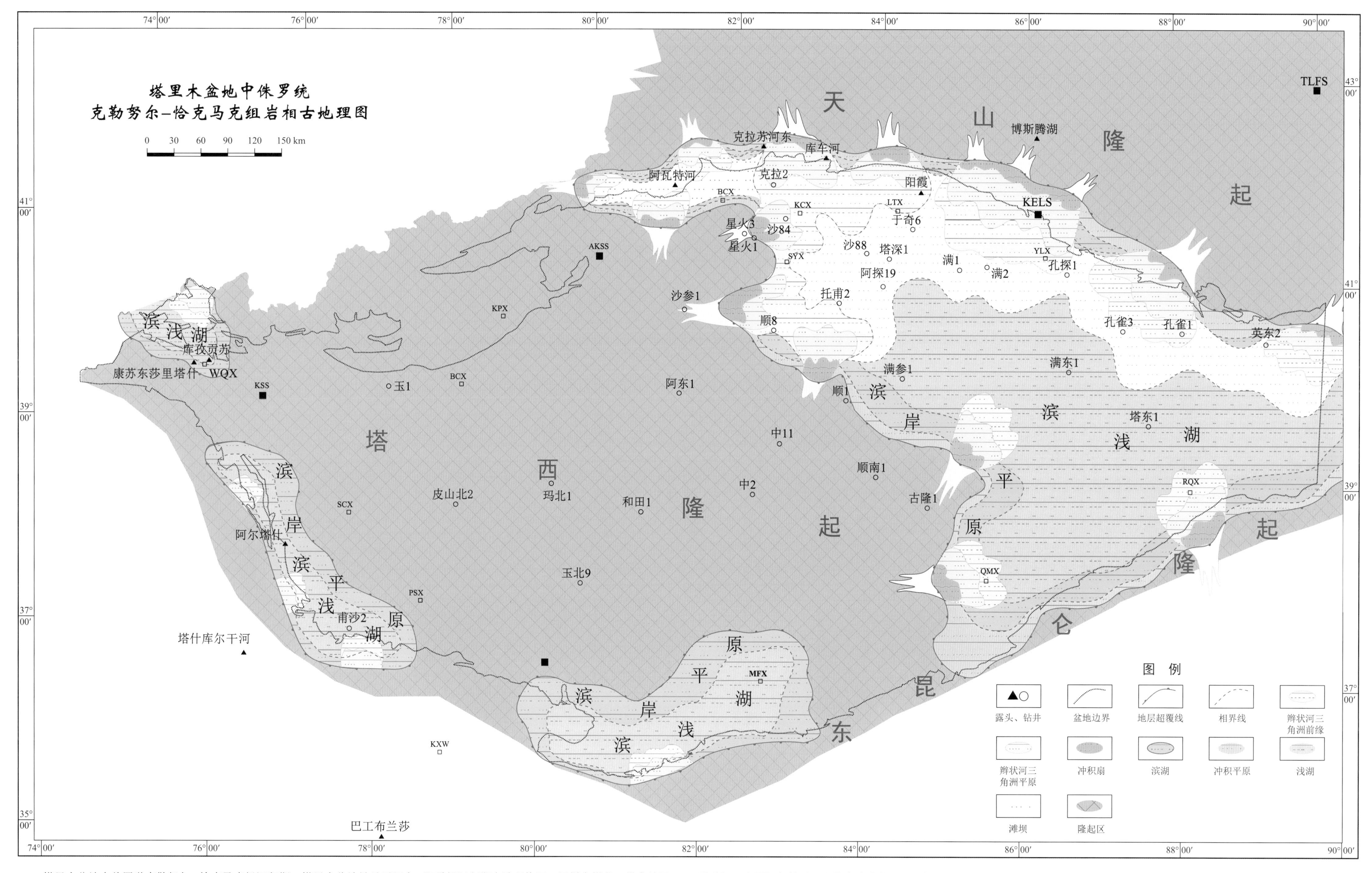

塔里木盆地中侏罗世克勒努尔 - 恰克马克组沉积期，塔里木盆地继承了阿合 - 阳霞组沉积期古地理格局，同样在塔北—塔东地区、塔西北、塔西南、塔南边缘发育3个陆相湖盆：其中在塔北—塔东地区湖盆面积最大，盆地边缘发育了数个规模相不等的冲积扇 - 辫状河 - 辫状河三角洲沉积体系，主体为滨浅湖沉积。塔西南、塔南边缘发育的2个陆相湖盆面积小，但沿湖盆边缘局部也发育有小规模的冲积扇和扇三角洲沉积，主体为滨岸平原 - 滨浅湖沉积。

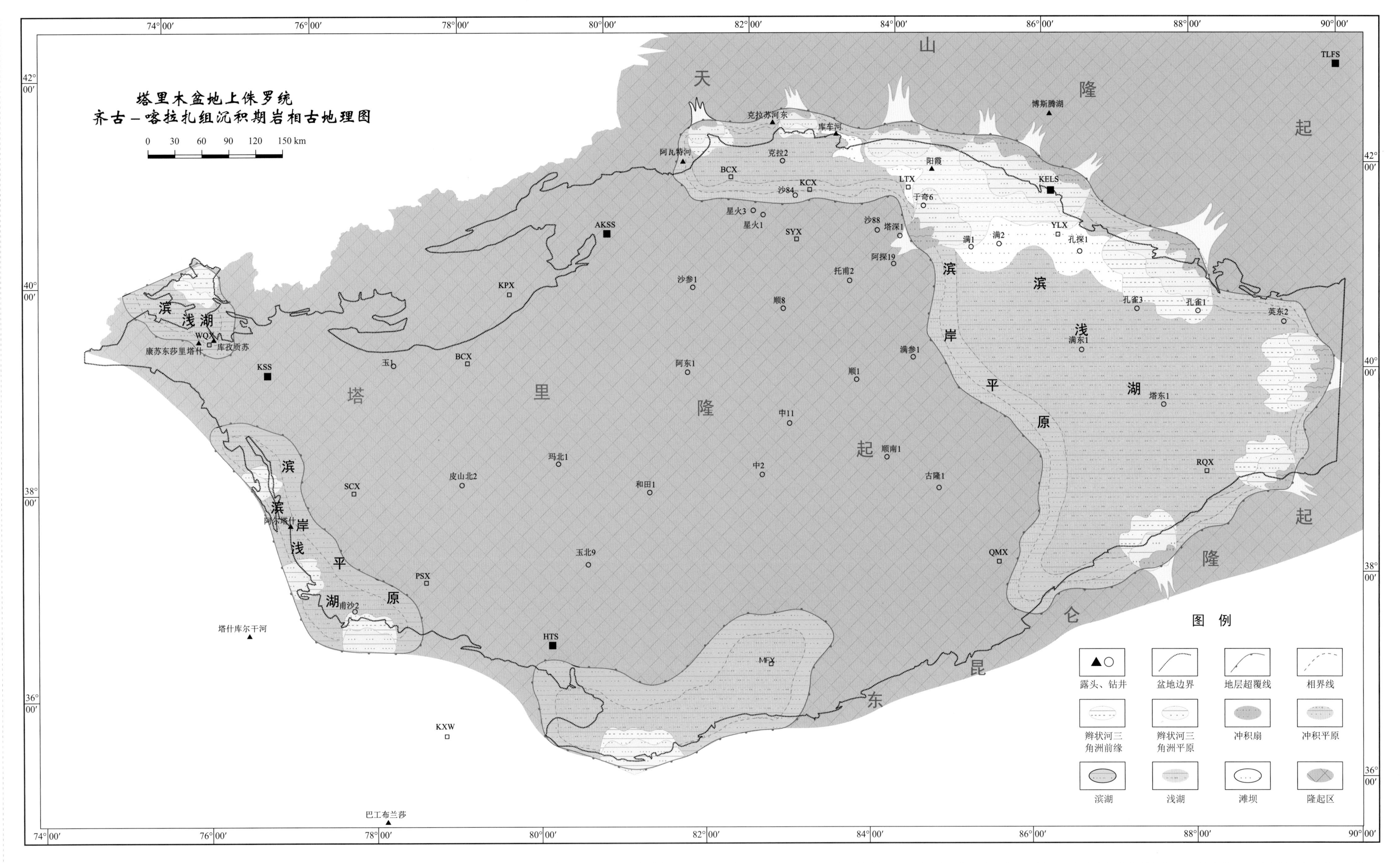

塔里木盆地上侏罗统齐古－喀拉扎组沉积期，塔里木盆地继承了阿合－阳霞组沉积期古地理格局，同样在塔北—塔东地区、塔西北、塔西南、塔南边缘发育4个陆相湖盆；其中在塔北—塔东地区湖盆面积最大，盆地边缘发育了数个规模相不等的冲积扇－辫状河－辫状河三角洲沉积体系，主体为滨浅湖沉积。塔西北、塔西南、塔南边缘发育的3个陆相湖盆面积小，但沿湖盆边缘也发育有冲积扇和扇三角洲沉积，主体为滨岸平原－滨浅湖沉积。

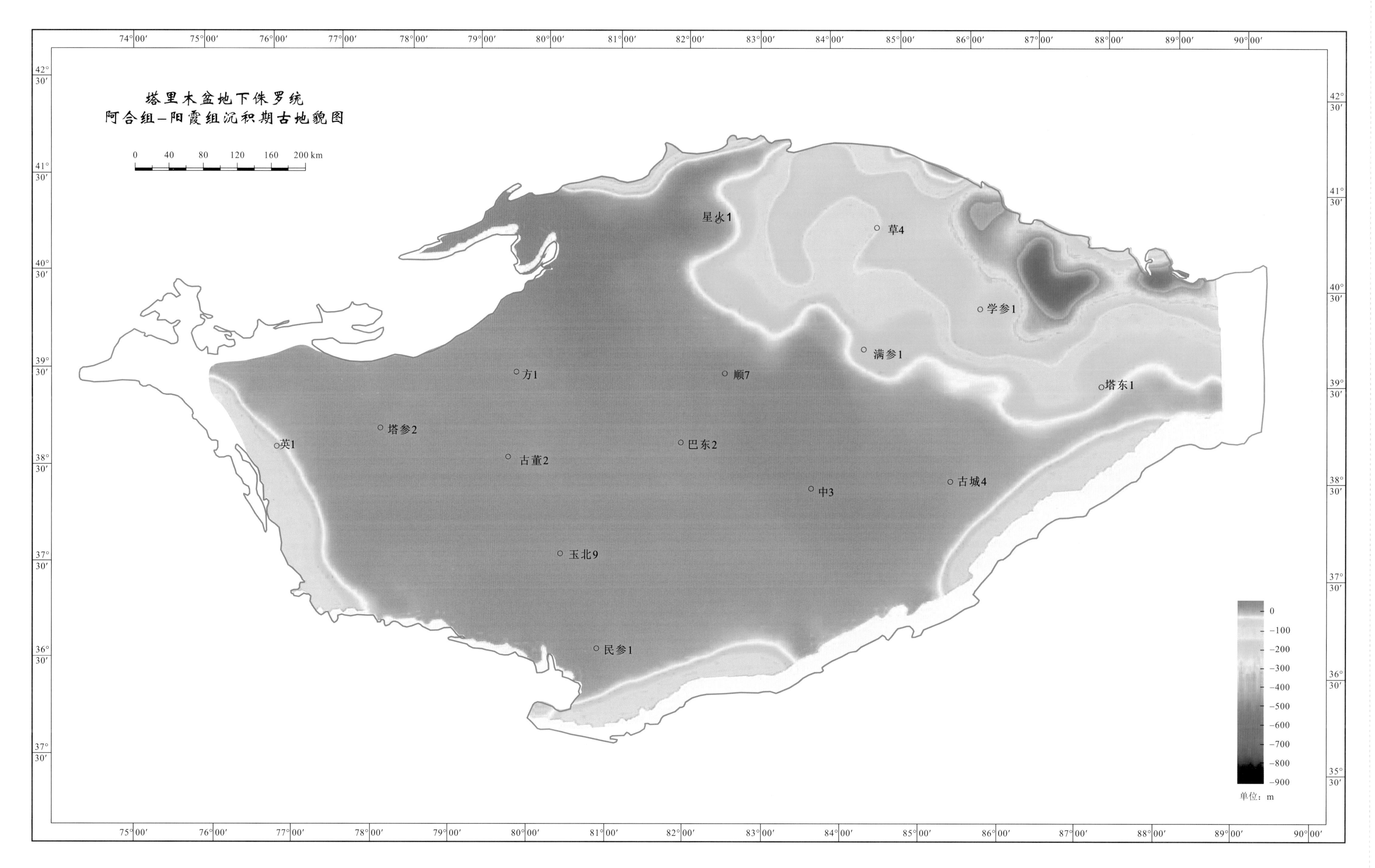
塔里木盆地下侏罗统
阿合组–阳霞组沉积期古地貌图
0 40 80 120 160 200 km
星火1
草4
学参1
满参1
方1
顺7
塔东1
塔参2
英1
巴东2
古董2
中3
古城4
玉北9
民参1
0
−100
−200
−300
−400
−500
−600
−700
−800
−900
单位：m

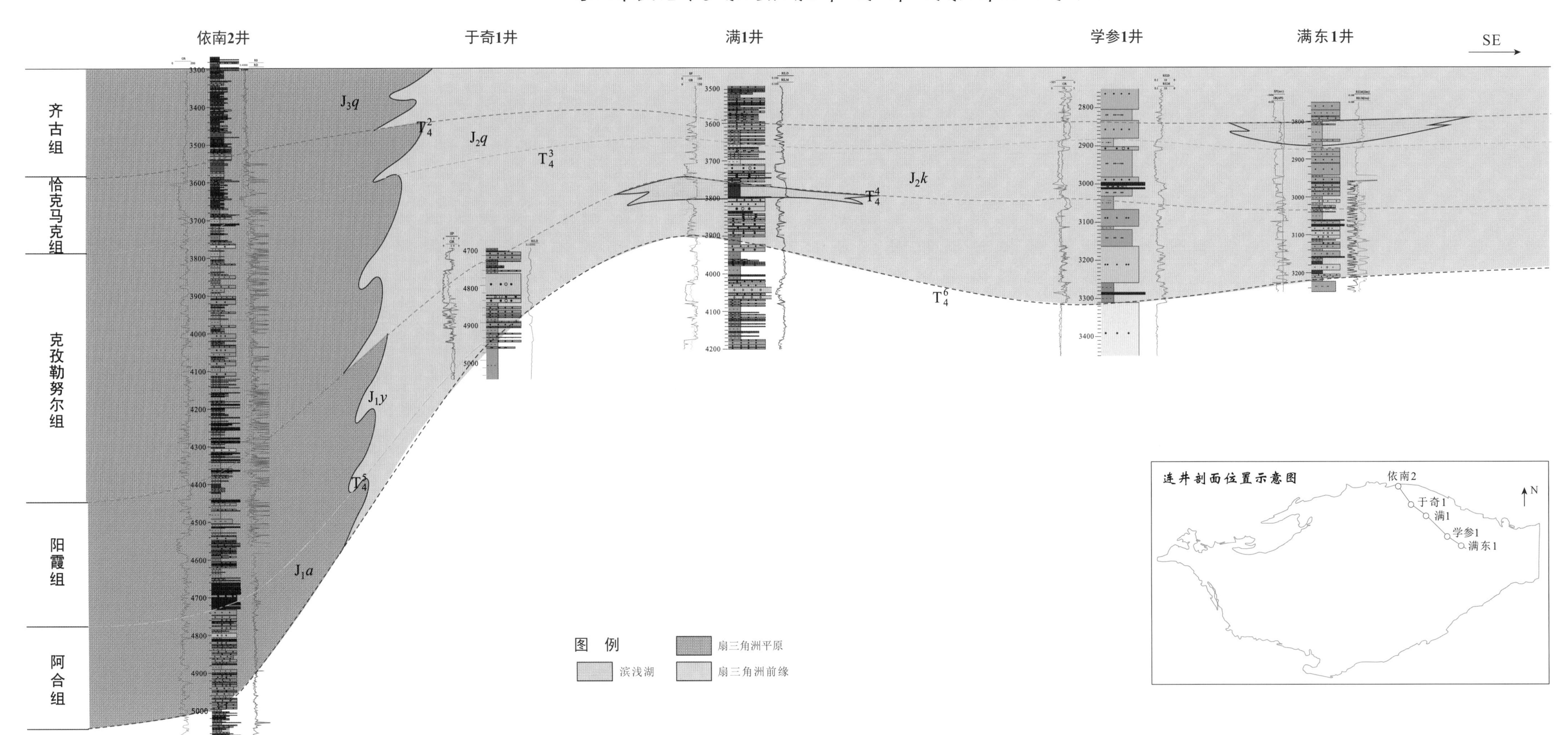
塔里木盆地侏罗系过依南2井–满1井–满东1井沉积剖面图
依南2井
于奇1井
满1井
学参1井
满东1井
SE
齐古组
恰克马克组
克孜勒努尔组
阳霞组
阿合组
J_3q
J_2q
J_2k
J_1y
J_1a
T_4^2
T_4^3
T_4^4
T_4^5
T_4^6
图 例
扇三角洲平原
滨浅湖
扇三角洲前缘
连井剖面位置示意图
N
依南2
于奇1
满1
学参1
满东1

塔里木盆地侏罗系典型钻井、露头剖面图

孔雀3井

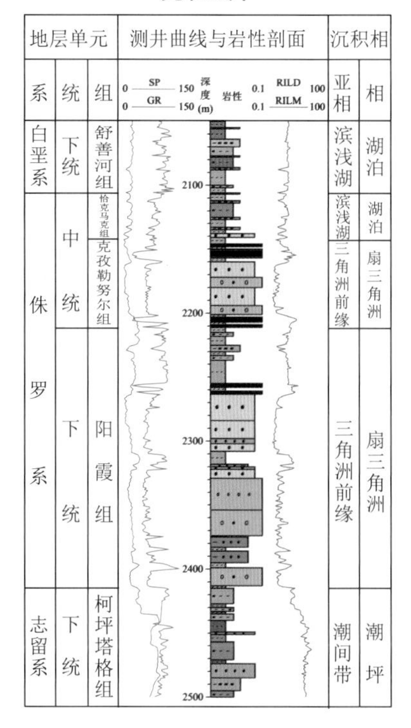

满东1井

系	统	组	亚相	相
白垩系	下统	舒善河组	滨浅湖	湖泊
侏罗系	中统	恰克马克组	滨浅湖	湖泊
侏罗系	中统	克孜勒努尔组	三角洲前缘	扇三角洲
侏罗系	下统	阳霞组	三角洲前缘	扇三角洲
泥盆系	下统	克孜尔塔格组	潮间带	潮坪

满2井

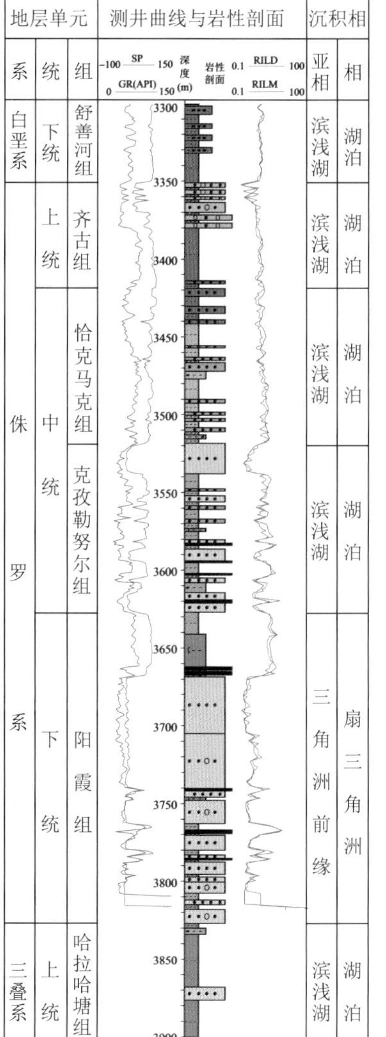

于奇8井

系	统	组	亚相	相
白垩系	下统	亚格列木组	三角洲前缘	辫状河三角洲
侏罗系	中统	克孜勒努尔组	滨浅湖	湖泊
侏罗系	下统	阳霞组	三角洲前缘	扇三角洲
三叠系	中统	阿克库勒组	三角洲平原	辫状河三角洲

库车河剖面侏罗系地层序列及岩性特征

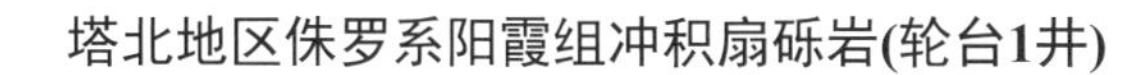

塔北地区侏罗系阳霞组冲积扇砾岩(轮台1井)

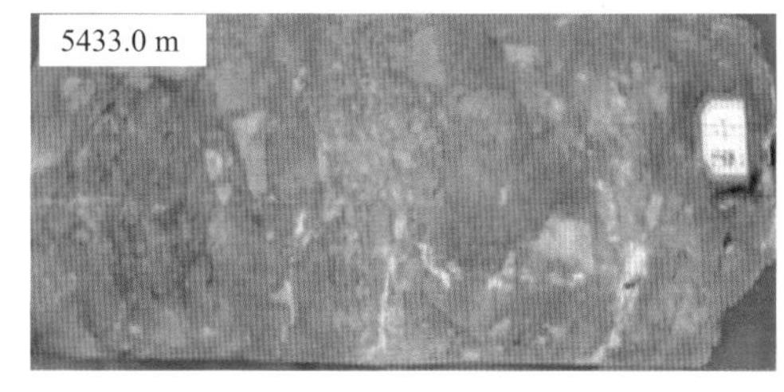

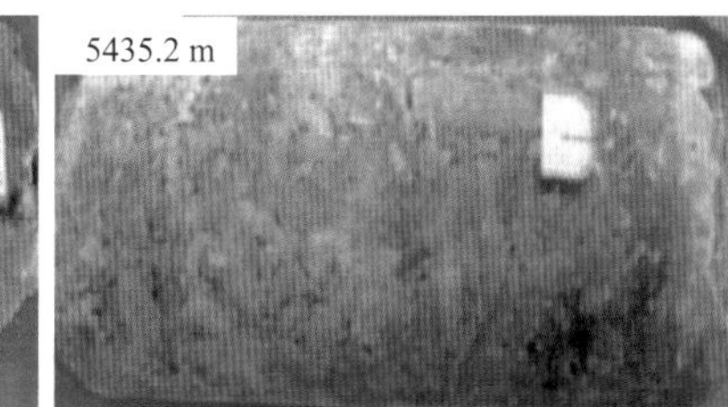

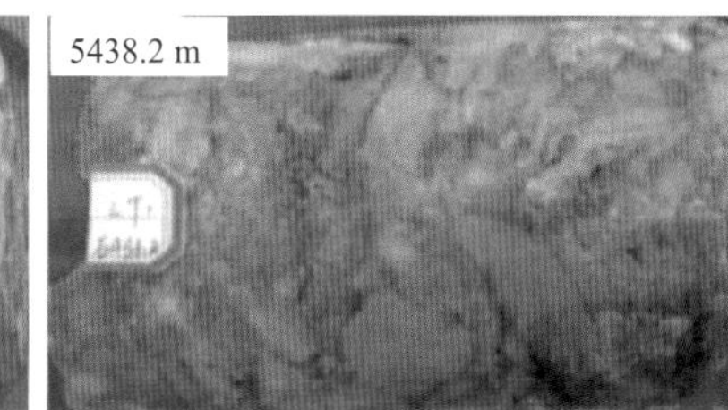

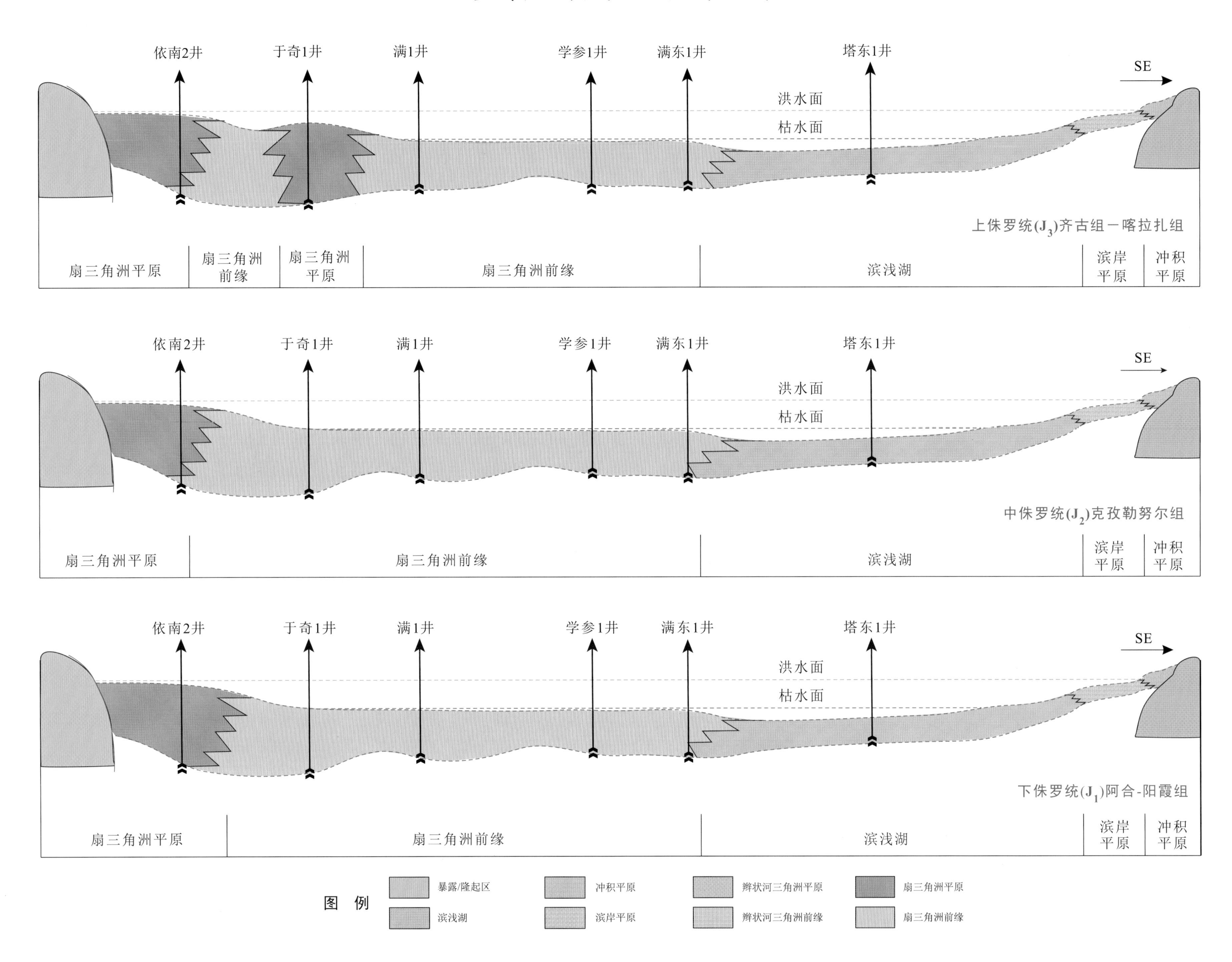
塔里木盆地侏罗系沉积演化剖面模式图
依南2井
于奇1井
满1井
学参1井
满东1井
塔东1井
SE
洪水面
枯水面
上侏罗统(J3)齐古组—喀拉扎组
扇三角洲平原
扇三角洲前缘
扇三角洲平原
扇三角洲前缘
滨浅湖
滨岸平原
冲积平原
依南2井
于奇1井
满1井
学参1井
满东1井
塔东1井
SE
洪水面
枯水面
中侏罗统(J2)克孜勒努尔组
扇三角洲平原
扇三角洲前缘
滨浅湖
滨岸平原
冲积平原
依南2井
于奇1井
满1井
学参1井
满东1井
塔东1井
SE
洪水面
枯水面
下侏罗统(J1)阿合-阳霞组
扇三角洲平原
扇三角洲前缘
滨浅湖
滨岸平原
冲积平原
图例
暴露/隆起区
冲积平原
辫状河三角洲平原
扇三角洲平原
滨浅湖
滨岸平原
辫状河三角洲前缘
扇三角洲前缘

塔里木盆地侏罗系沉积充填立体模式图

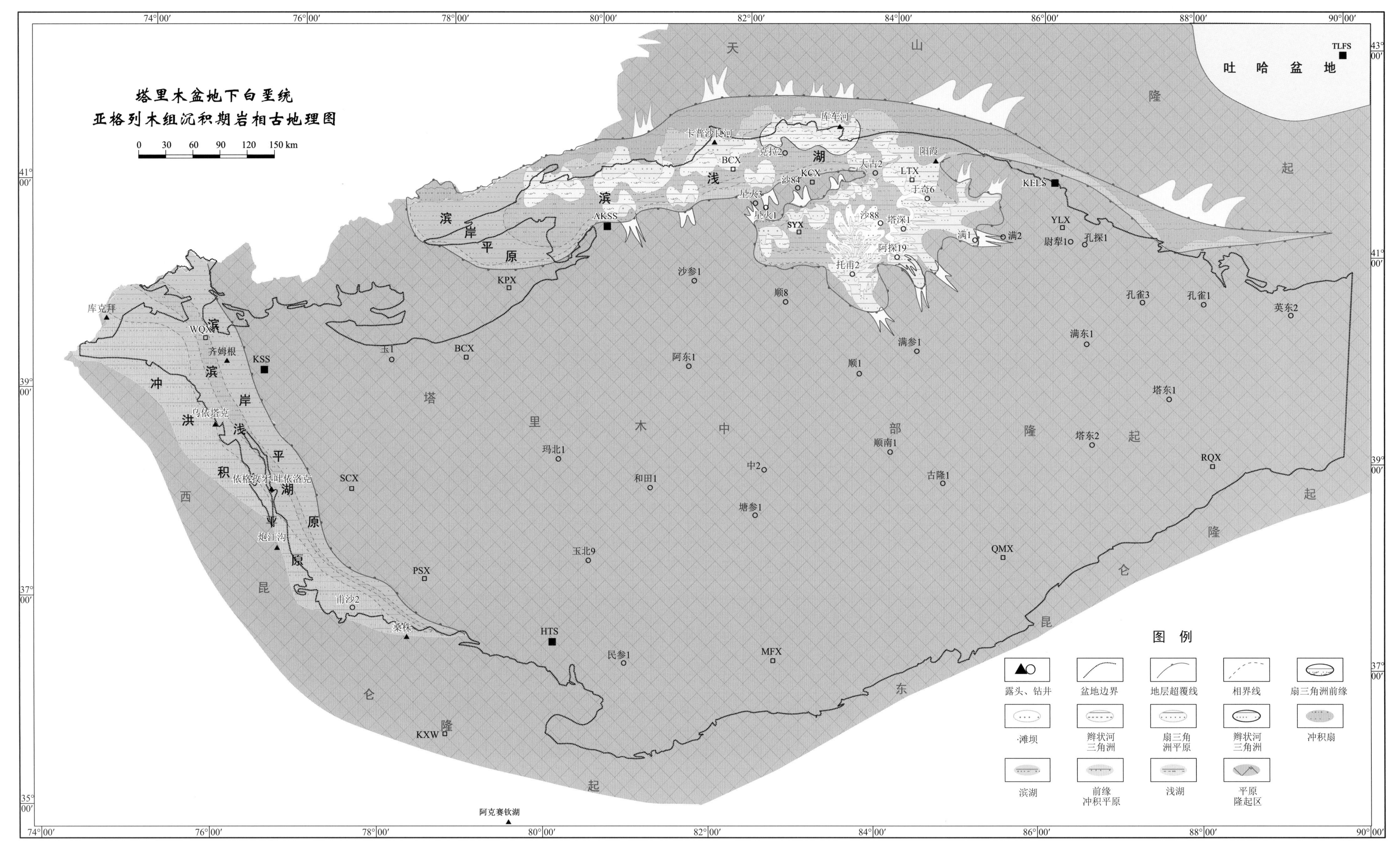

亚格列木组沉积期塔里木盆地的沉积范围最为局限，主要发育塔北拗陷区和塔西南断陷区两大沉积 - 沉降带发育陆相湖盆沉积。其中，塔北拗陷区具乌什—拜城凹陷和哈拉哈塘凹陷两个次级沉积 - 沉降中心。乌什—拜城凹陷的物源来自北部天山隆起区和南部雅克拉断凸，均为短距离输送，主要发育近岸、朵叶状展布的冲积扇、扇三角洲体系。哈拉哈塘凹陷的物源来自其北部的雅克拉断凸和天山隆起区以及南部的塔西南—塔中隆起区和东南部的东昆仑—阿尔金隆起区，其中北部物源短距离输送，砂体主要为近岸、朵叶状展布的冲积扇和扇三角洲；南部和东南部物源远距离输送，砂体以远源、蜿蜒线状展布辫状河三角洲体系为主。塔西南陆相湖盆，沉积物受西部西昆仑隆起和东部塔西南—塔中隆起两个物源区的控制，自西向东依次发育冲洪积作用为主的冲洪积平原区、河流作用为主的滨岸平原区以及湖泊作用为主的滨浅湖区。

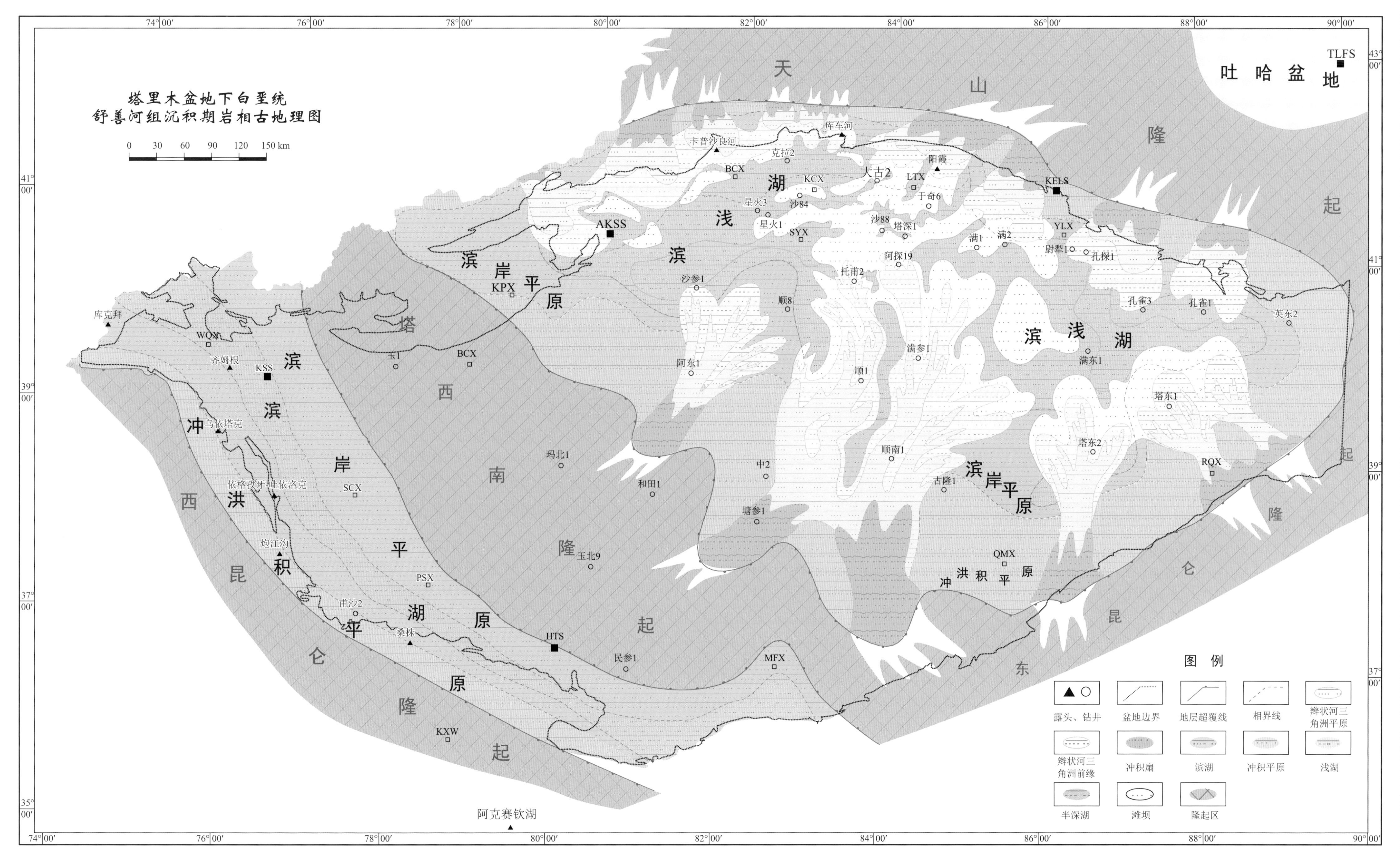

舒善河组沉积期由于区域构造沉降，导致盆地的沉积范围较下伏地层明显扩大，在盆地的中东部拗陷区和塔西南断陷区发育2个陆相湖盆沉积，二者以塔西南隆起分隔。盆地中东部的陆相湖盆包括塔北、塔中、塔东等地区，具库车拗陷、哈拉哈塘凹陷以及满加尔拗陷3个次级沉积-沉降中心。库车拗陷的物源均来自北部天山隆起区，为短距离输送，砂体以近岸、朵叶状展布的冲积扇、扇三角洲为主。哈拉哈塘拗陷的物源主要来自其东北部的天山隆起区以及（西）南部的塔西南—塔中隆起区，其东北部物源短距离输送，为近岸冲积扇、扇三角洲体系；（西）南部物源远距离输送，为远源的辫状河三角洲体系。满加尔拗陷的物源既包括北部短源的天山隆起区，以近岸的冲积扇、扇三角洲体系为特征，也包括（西）南部和东南部远源的东昆仑—阿尔金等隆起区，以辫状河三角洲体系为主。塔西南陆相湖盆，自西向东依旧发育冲洪积平原区-滨岸平原区-滨浅湖区的沉积组合，但沉积范围有所扩大。

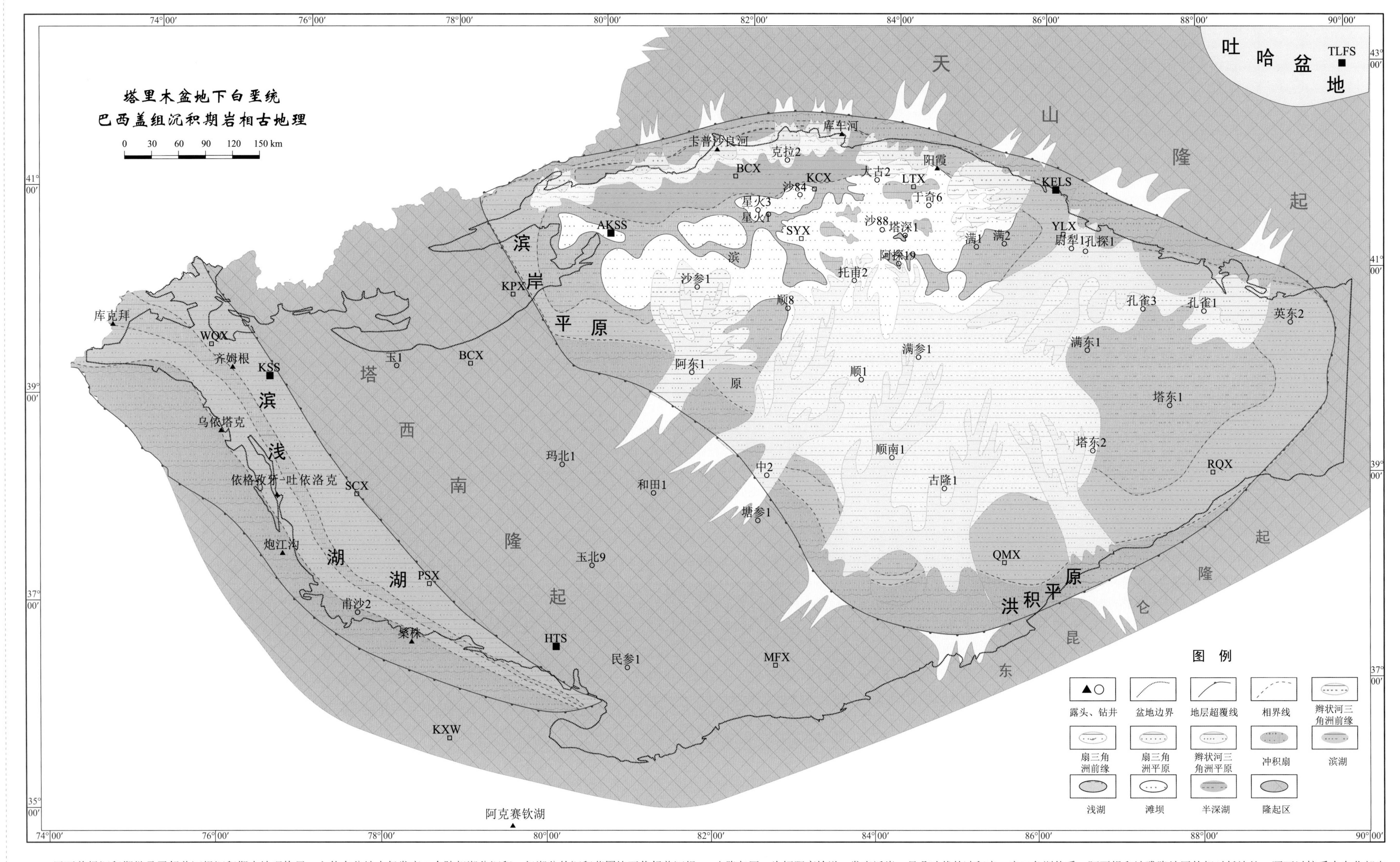

巴西盖组沉积期继承了舒善河组沉积期古地理格局，主体在盆地内仍发育2个陆相湖盆沉积，但湖盆的沉积范围比下伏舒善河组缩小。盆地中东部拗陷区相互连通性加强，构成一个统一的拗陷湖盆，具有2～3个次级的沉积-沉降中心，以满加尔拗陷为主，其次为库车拗陷一线，同时阿瓦提和沙雅隆地区也可接收部分沉积。满加尔拗陷的物源主要来自北部的天山隆起区以及南部的塔西南（一塔中）一东昆仑—阿尔金隆起区，均为远距离输送，砂体主要为远源、蜿蜒线状展布的辫状河三角洲体系。库车拗陷的物源来自北部的天山隆起区，为短距离输送，发育近岸、呈朵叶状的冲积扇、扇三角洲体系。阿瓦提和沙雅隆地区的相对低洼处，既可以接受来自北部也可以接受来自南部的沉积物，主要是接受湖浪、湖流搬运和改造的滨浅湖滩坝，亦有部分（扇或辫状河）三角洲前缘沉积。塔西南湖盆区沉积范围较下伏地层略有缩小，其余特征一致。

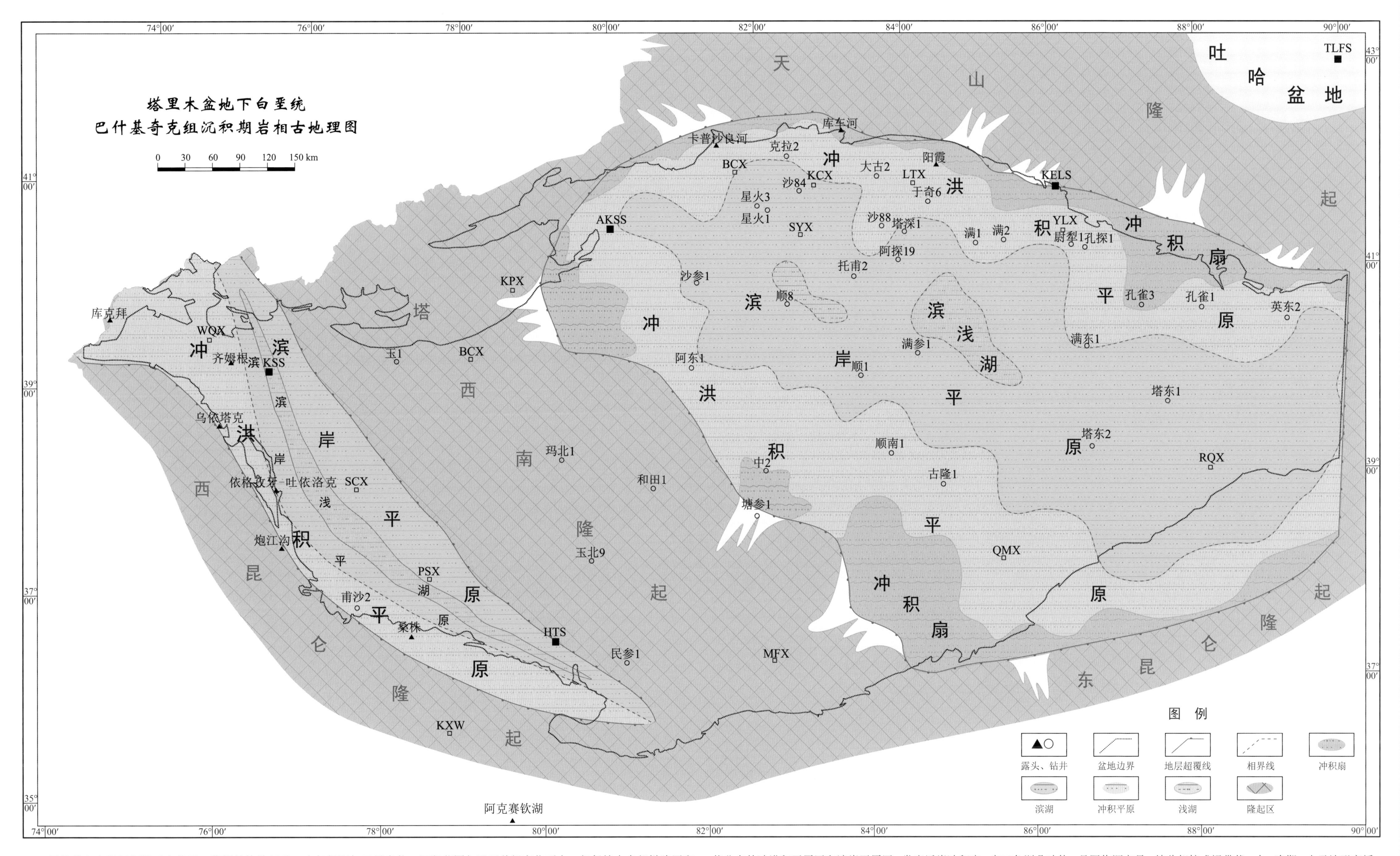

巴什基奇克组沉积期对应着又一幕新的构造运动，古气候更加干旱炎热。沉积范围与巴西盖组变化不大，仍保持中东部拗陷区和塔西南断陷区陆相湖盆的沉积格局不变，但地层厚度增加明显。盆地中东部拗陷区连通性进一步加强，拗陷湖盆形态更为清晰，沉积-沉降中心更趋统一，主体位于满加尔拗陷及其邻近地区。这一时期，沉积-沉降区被盆缘天山、西昆仑、东昆仑—阿尔金以及盆内塔西南等各大古隆起区所包围，物源十分丰富，以几乎满盆含砂为典型特征。早期，各大物源区以近距离输送为主，具有相对狭窄、呈环带状分布的冲洪积平原区和滨岸平原区，发育近岸冲积扇-扇三角洲朵叶体，且因物源充足，彼此相接成裙带状；中-晚期，由于地形变缓，环带分布的冲洪积平原区和滨岸平原区也随之变宽，沉积体系以相对远源的河流-辫状河三角洲沉积为主。塔西南断陷区具继承性，但沉积范围较下伏地层略有扩大。

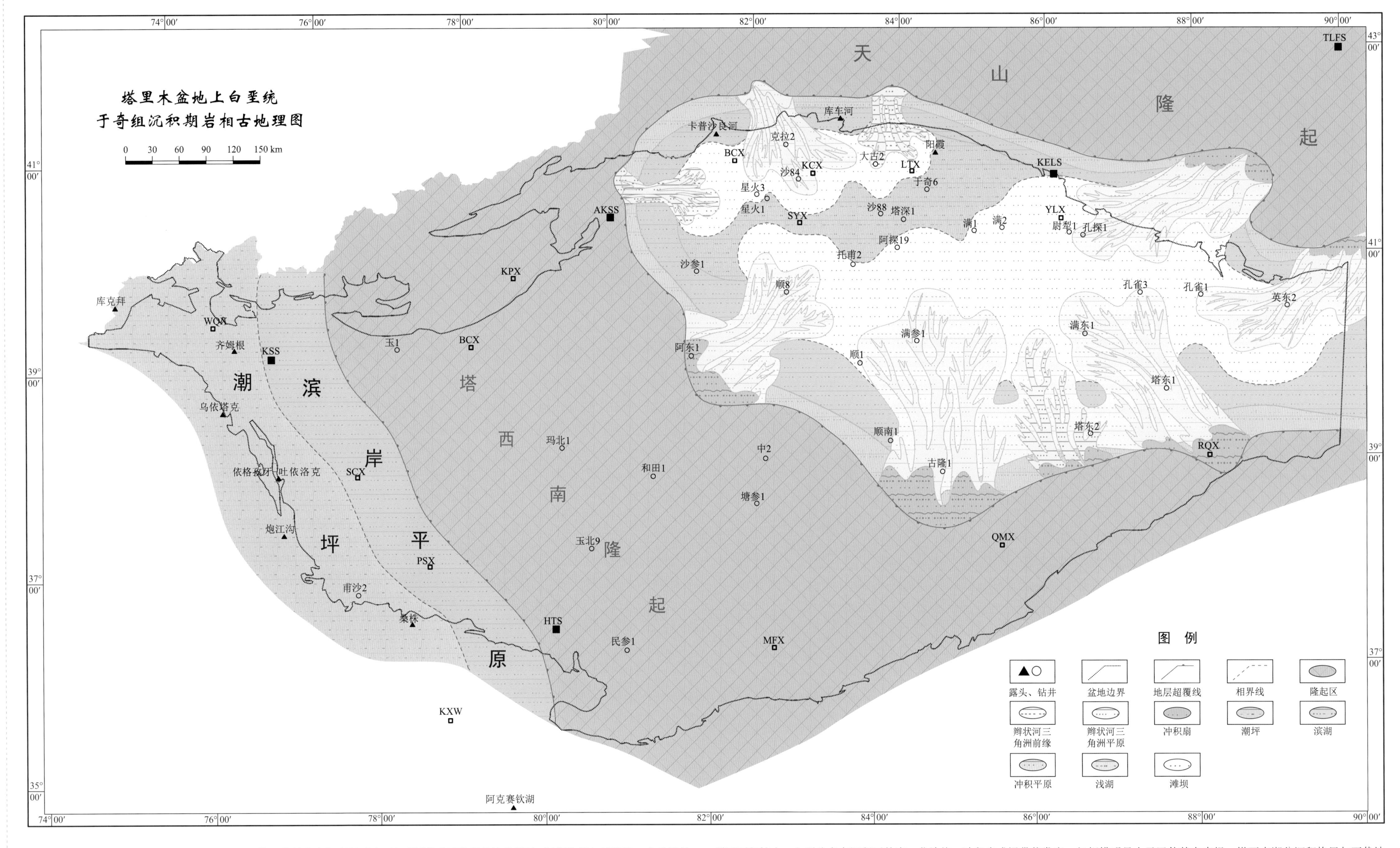

于奇组沉积期塔里木盆地的沉积范围比下伏巴什基奇克组明显减小，且后期遭受了强烈的抬升剥蚀。沉积格局与早期具一定继承性，主要发育以塔西南隆起分隔的盆地中东部的陆相湖盆和塔西南陆相湖盆沉积。盆地中东部的拗陷湖盆，沉积 - 沉降中心主体位于满加尔拗陷及阿克库勒等邻近地区。这一时期，拗陷区被天山、西昆仑和东昆仑—阿尔金以及塔西南等隆起区所环绕，物源供应充足，砂体分布广泛。同时，地形相对宽缓，环带分布的滨岸平原区较宽，沉积物远距离输送，沉积体系以相对远源的辫状河三角洲为主。冲洪积平原区面积较小，主要分布在沉积区的南、北边缘，冲积扇成裙带状发育，但规模明显小于巴什基奇克组。塔西南湖盆沉积格局与下伏地层发生较大变化，古地势“东高西低”，与之前的“西高中低东缓”差异明显，从东往西对应发育冲积扇相、河流 - 三角洲相和滨浅湖相，再往西可见潮坪相的海相沉积。

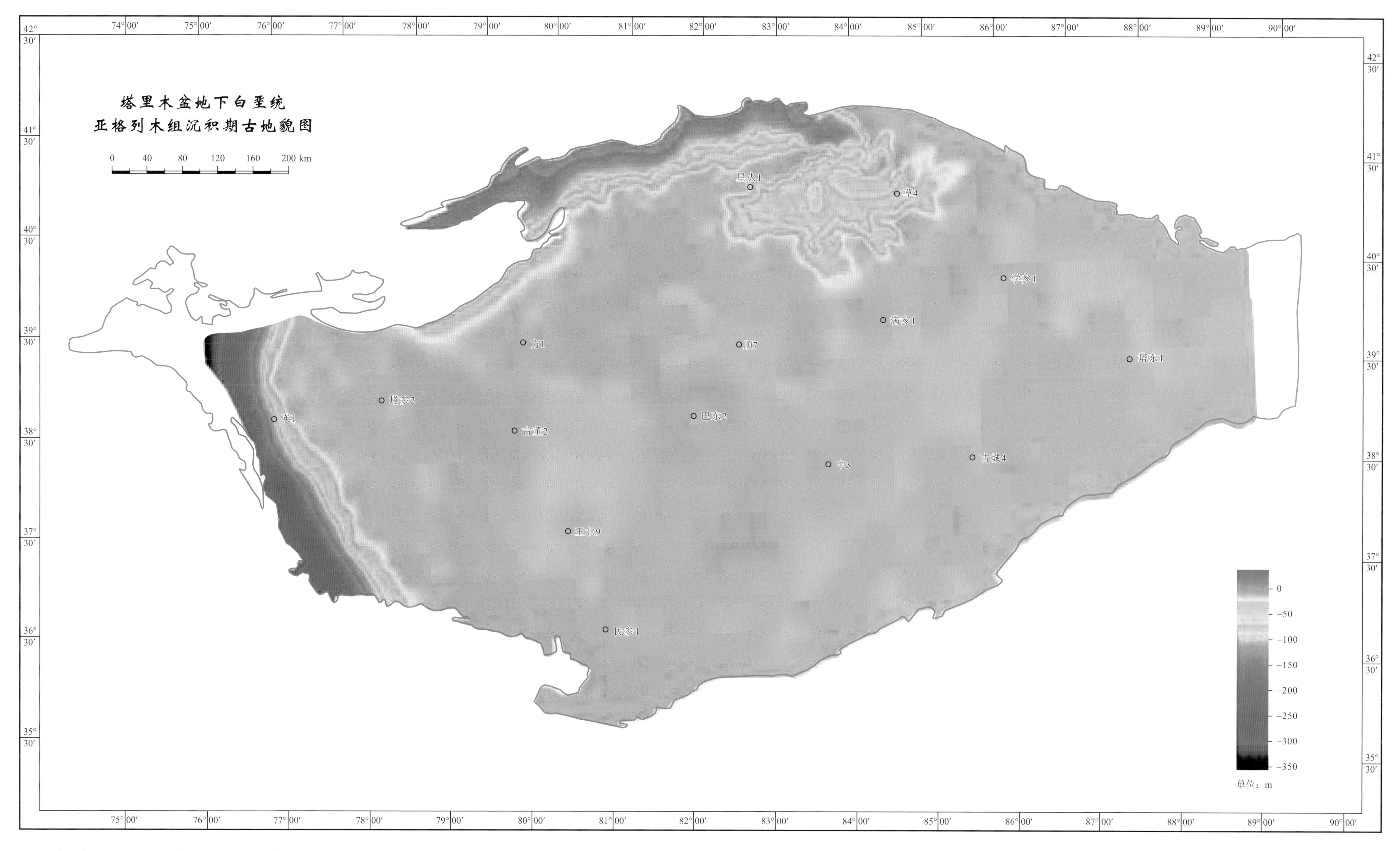

亚格列木组沉积期基本承袭了晚侏罗世的盆地格局，其古地貌总体表现出“南高北低、东高西低”的特征。侏罗纪末的构造运动对这一时期的古地貌造成了显著影响，使得盆地塔西南—塔中地区的隆起抬升规模更大、暴露剥蚀范围更广。这一时期，除盆内塔西南—塔中隆起区外，盆地北缘为天山隆起区，南缘为西昆仑隆起区和东昆仑—阿尔金隆起区。同时，盆地内部主要发育两个汇水区，分别对应呈NE向展布的塔北拗陷区和呈NW向展布的塔西南断陷区，二者面积均相对较小，其中前者的汇水中心位于库车拗陷北部一线，其次为沙雅隆起哈拉哈塘凹陷地区，二者以雅克拉断凸分隔；后者的汇水中心则位于其中西部，具“西高中低东缓”的古地势特征。

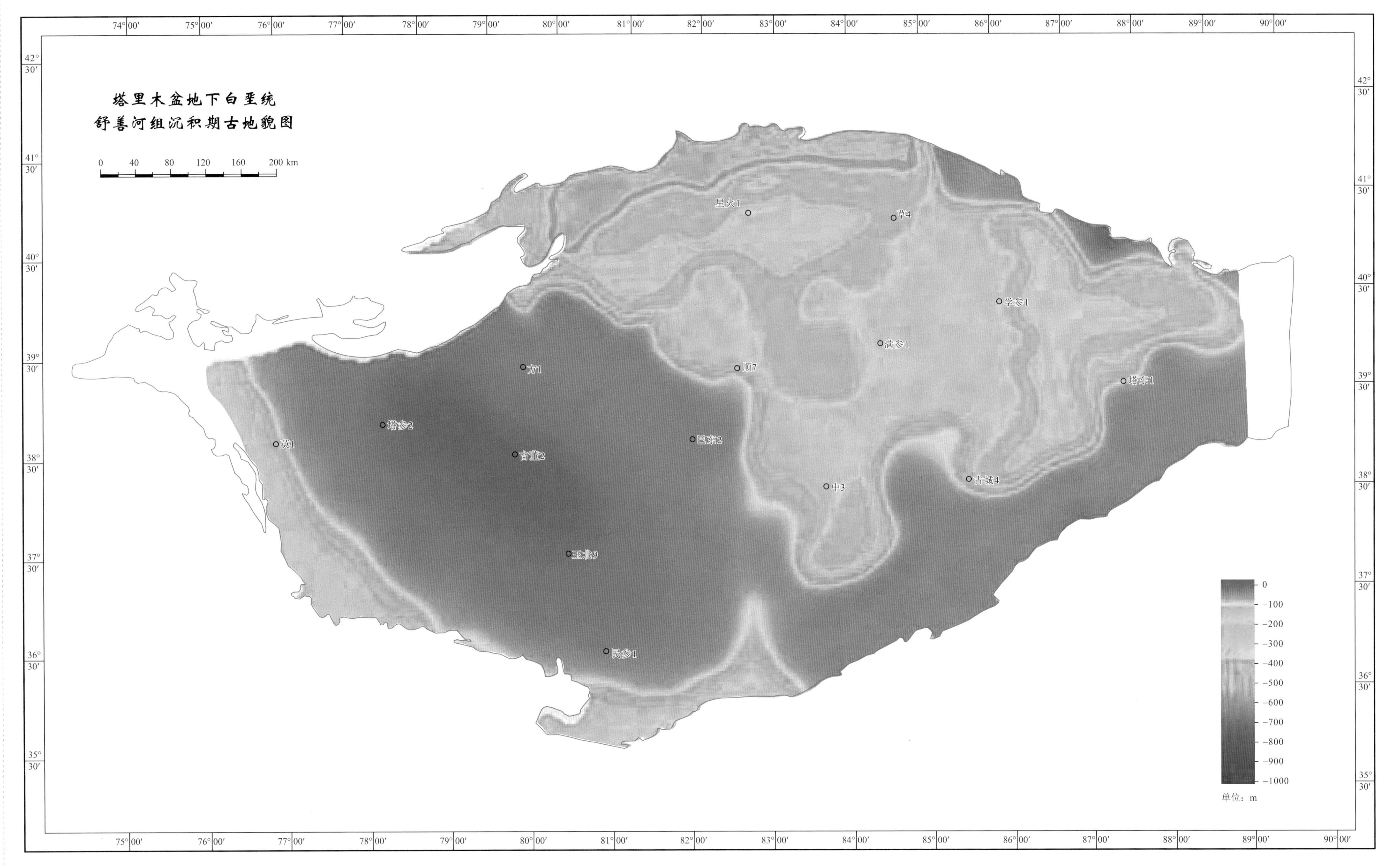

舒善河组沉积期古地貌总体表现出“南高北低、中-西高东、西低”的特征。经过白垩纪初期的填平补齐和沉积、沉降作用，盆地内部的暴露剥蚀范围明显减少，主要发育塔西南隆起，而在盆地外部，其北缘和南缘依然分别为天山隆起区，西昆仑隆起区和东昆仑—阿尔金隆起区。这一时期，盆地的汇水区主要集中在中东部坳陷区和塔西南断陷区，其中中东部坳陷区面积较大，雅克拉断凸已成为水下低隆，南北基本连通，其汇水中心大致位于库车坳陷、乌什坳陷—拜城坳陷—阳霞坳陷、沙雅隆起哈拉哈塘坳陷—顺托果勒低隆地区以及满加尔坳陷；塔西南断陷区面积较小，具“西高中低东缓”的古地势，汇水面积增大，但中心仍位于其中西部。

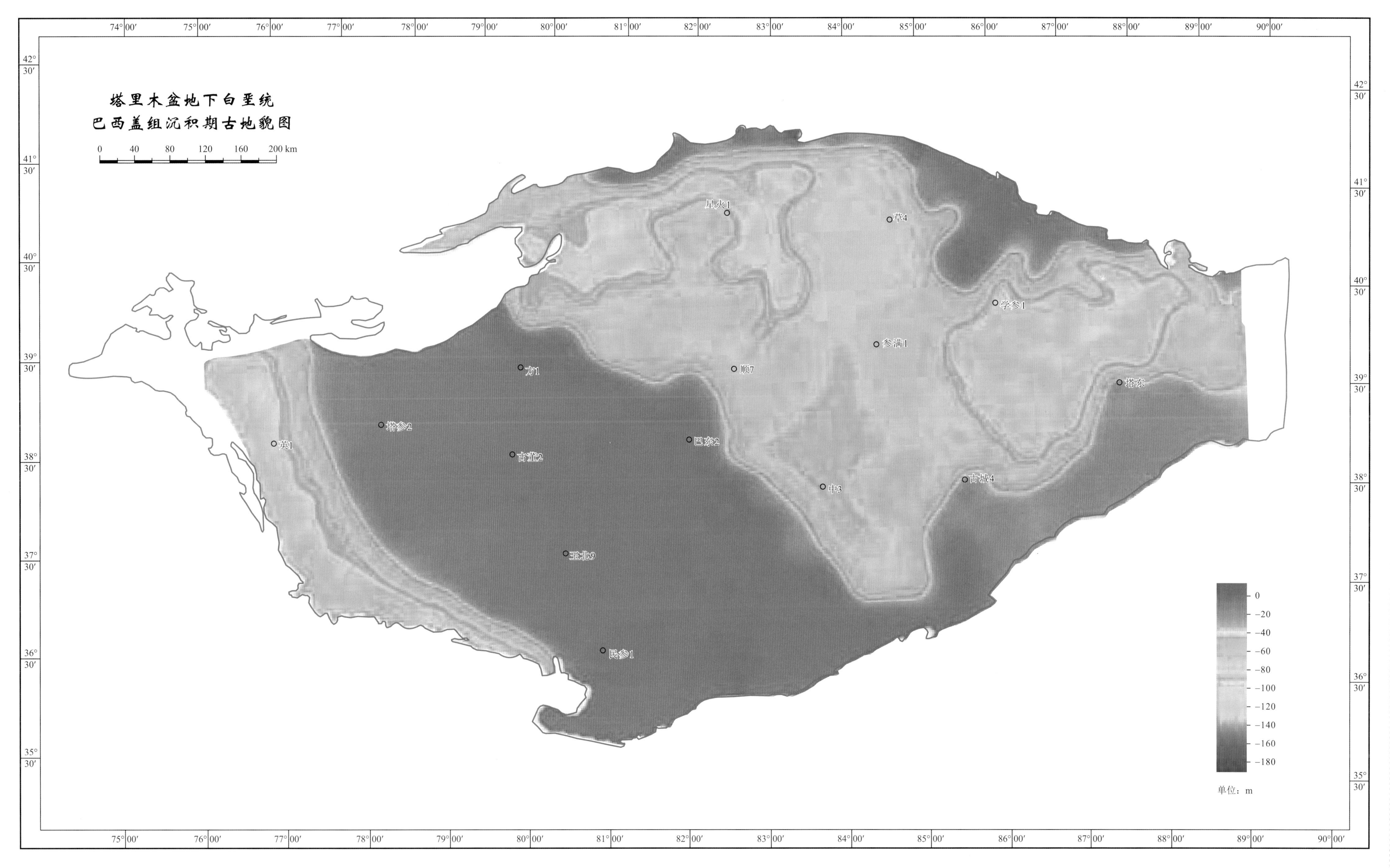

巴西盖组沉积期古地貌特征与下伏地层具继承性，总体表现为"南高北低、中-西高东、西低"，但地形地势更为宽缓。这一时期，盆地的隆拗格局不变，隆起依旧为北缘的天山隆起区，南缘的西昆仑隆起区和东昆仑—阿尔金隆起区以及盆内的塔西南隆起区；汇水区主要集中在盆地中东部拗陷区和塔西南断陷区，其中前者相对高差进一步缩小，其汇水中心大致位于库车拗陷、乌什拗陷—拜城拗陷—阳霞拗陷、沙雅隆起哈拉哈塘拗陷—顺托果勒低隆地区以及满加尔拗陷；后者汇水中心位置不变，但面积稍有减小。

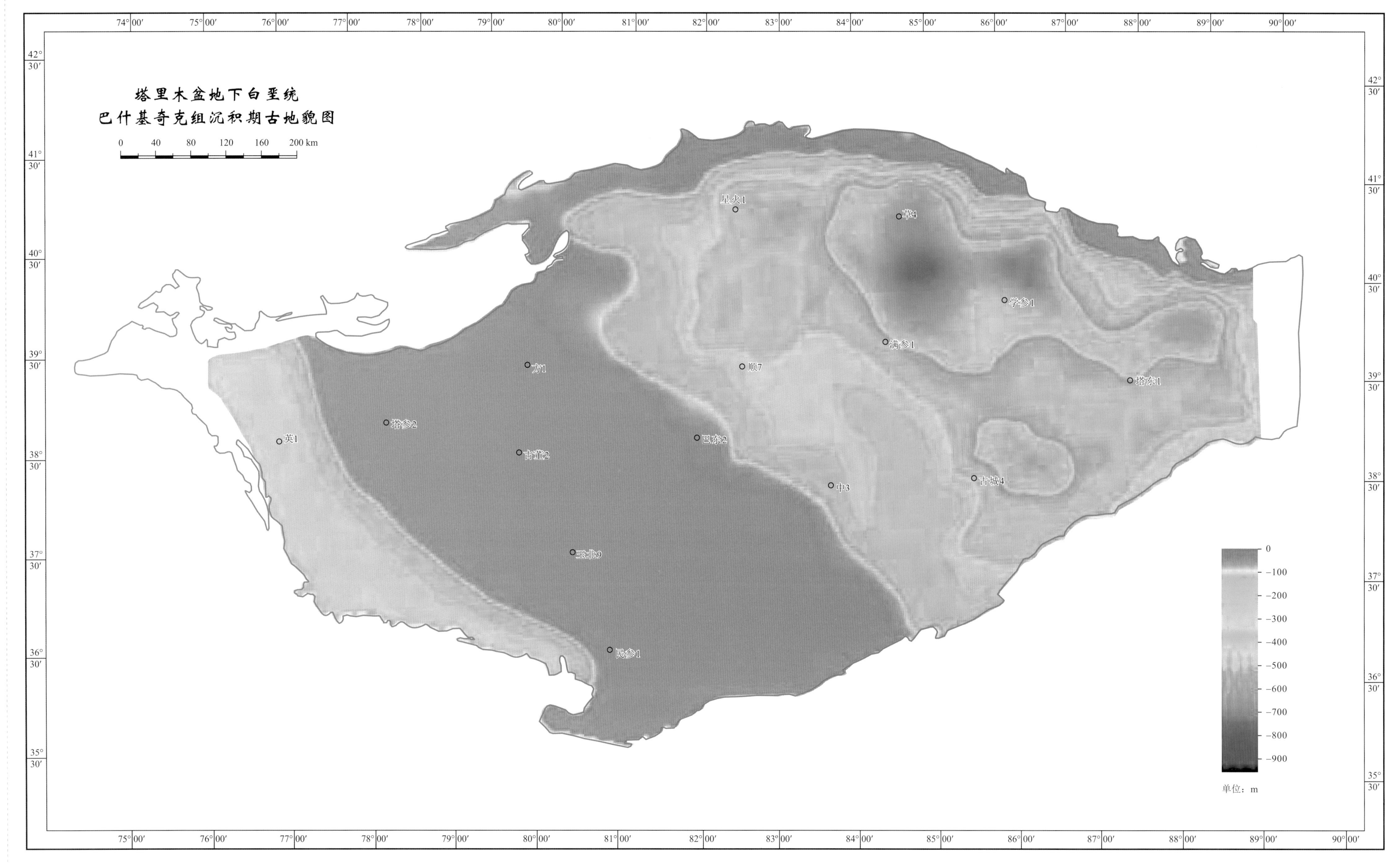

巴什基奇克组沉积期古地貌的总体格局与下伏地层保持一致，仍为“南高北低、中-西高东、西低”，但地形地势相对高差有所增大，导致周缘隆起供源能力明显增强。这一时期，盆地的隆拗格局不变，隆起区主要包括盆缘的天山隆起区、西昆仑隆起区和东昆仑—阿尔金隆起区以及盆内的塔西南隆起区；汇水区仍集中在盆地的中东部拗陷区和塔西南断陷区，其中中东部拗陷区的汇水中心更加统一和集中，主要位于满加尔拗陷及其邻近地区，而塔西南断陷区的汇水中心位置基本不变，但汇水面积有所增加。

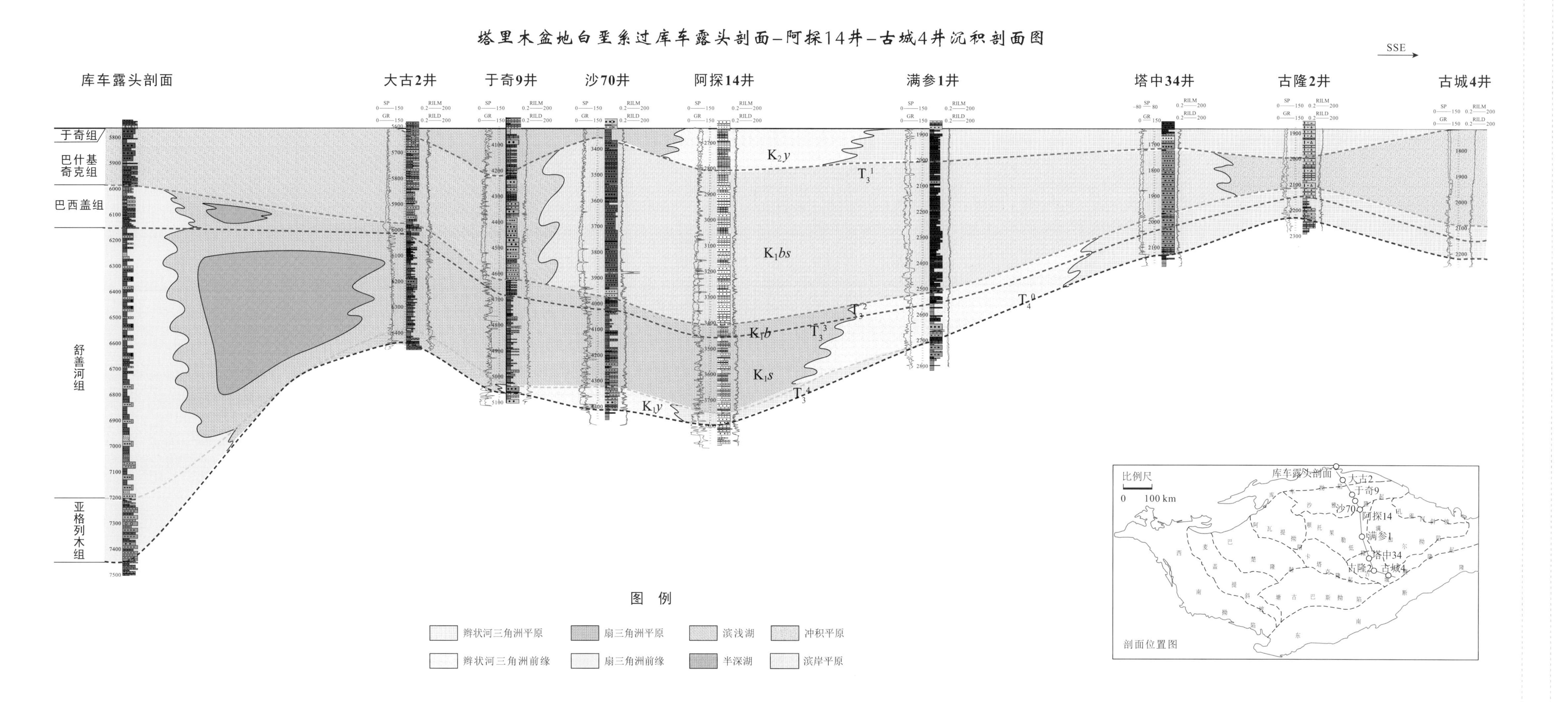
塔里木盆地白垩系过库车露头剖面–阿探14井–古城4井沉积剖面图
SSE
库车露头剖面
大古2井
于奇9井
沙70井
阿探14井
满参1井
塔中34井
古隆2井
古城4井
于奇组
巴什基奇克组
巴西盖组
舒善河组
亚格列木组
K2y
K1bs
K1b
K1s
K1y
图 例
辫状河三角洲平原
扇三角洲平原
滨浅湖
冲积平原
辫状河三角洲前缘
扇三角洲前缘
半深湖
滨岸平原
比例尺
0 100 km
剖面位置图

塔里木盆地白垩系典型钻井、露头剖面图

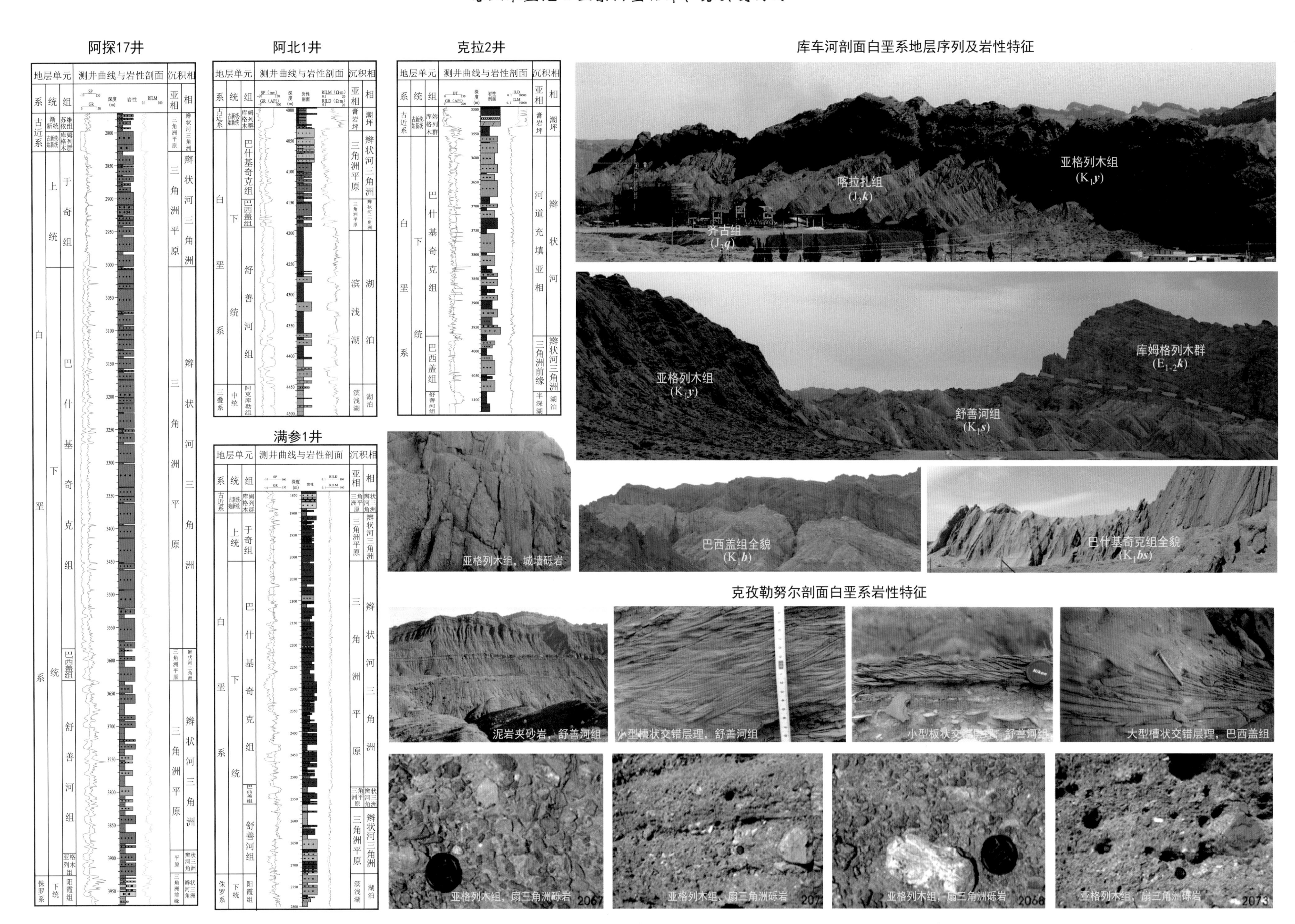

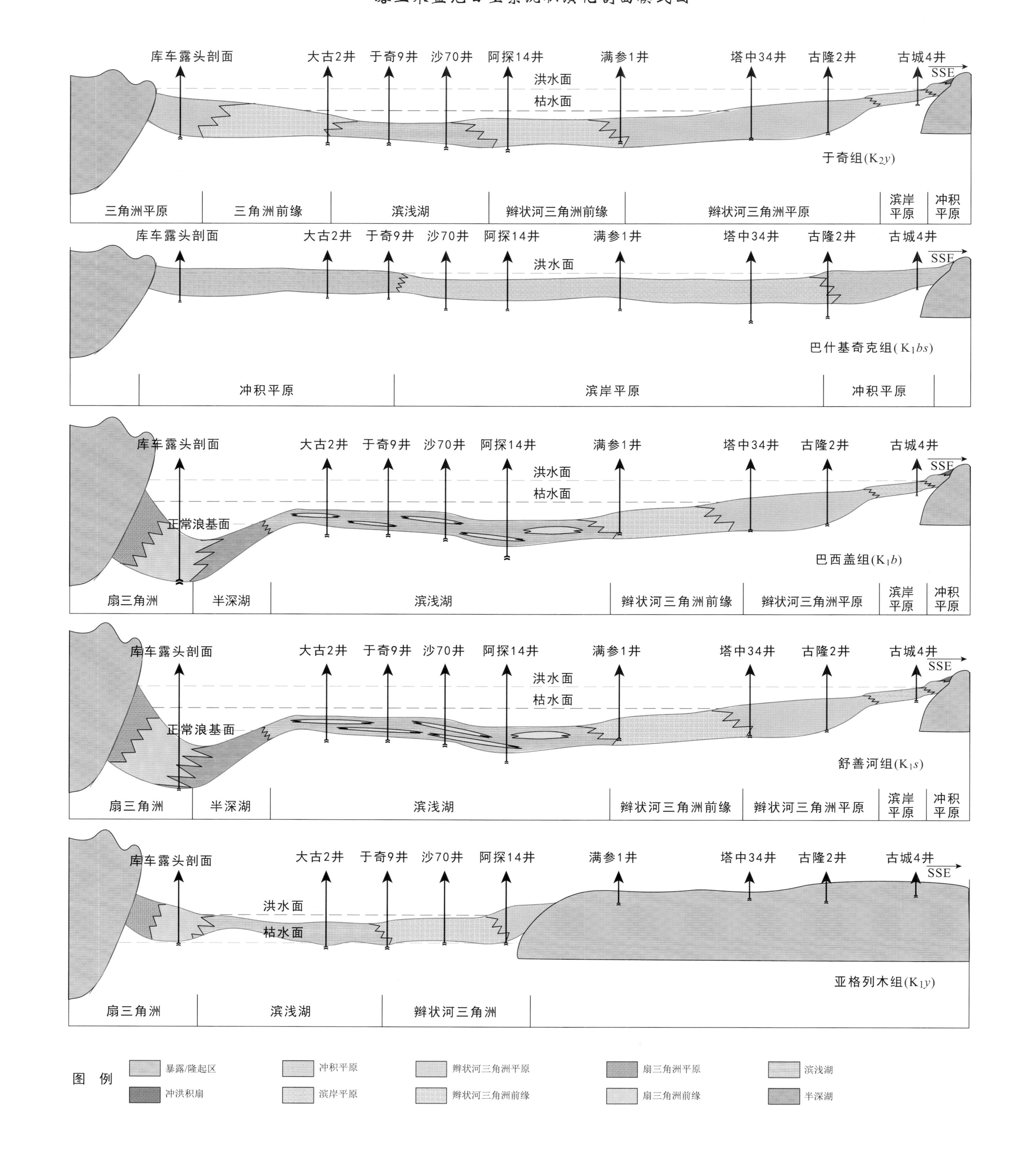

塔里木盆地白垩系沉积演化剖面模式图
库车露头剖面
大古2井
于奇9井
沙70井
阿探14井
满参1井
塔中34井
古隆2井
古城4井
SSE
洪水面
枯水面
于奇组(K2y)
三角洲平原
三角洲前缘
滨浅湖
辫状河三角洲前缘
辫状河三角洲平原
滨岸平原
冲积平原
巴什基奇克组(K1bs)
冲积平原
滨岸平原
冲积平原
正常浪基面
巴西盖组(K1b)
扇三角洲
半深湖
滨浅湖
辫状河三角洲前缘
辫状河三角洲平原
滨岸平原
冲积平原
舒善河组(K1s)
扇三角洲
半深湖
滨浅湖
辫状河三角洲前缘
辫状河三角洲平原
滨岸平原
冲积平原
亚格列木组(K1y)
扇三角洲
滨浅湖
辫状河三角洲
图 例
暴露/隆起区
冲洪积扇
冲积平原
滨岸平原
辫状河三角洲平原
辫状河三角洲前缘
扇三角洲平原
扇三角洲前缘
滨浅湖
半深湖

塔里木盆地白垩系沉积充填立体模式图

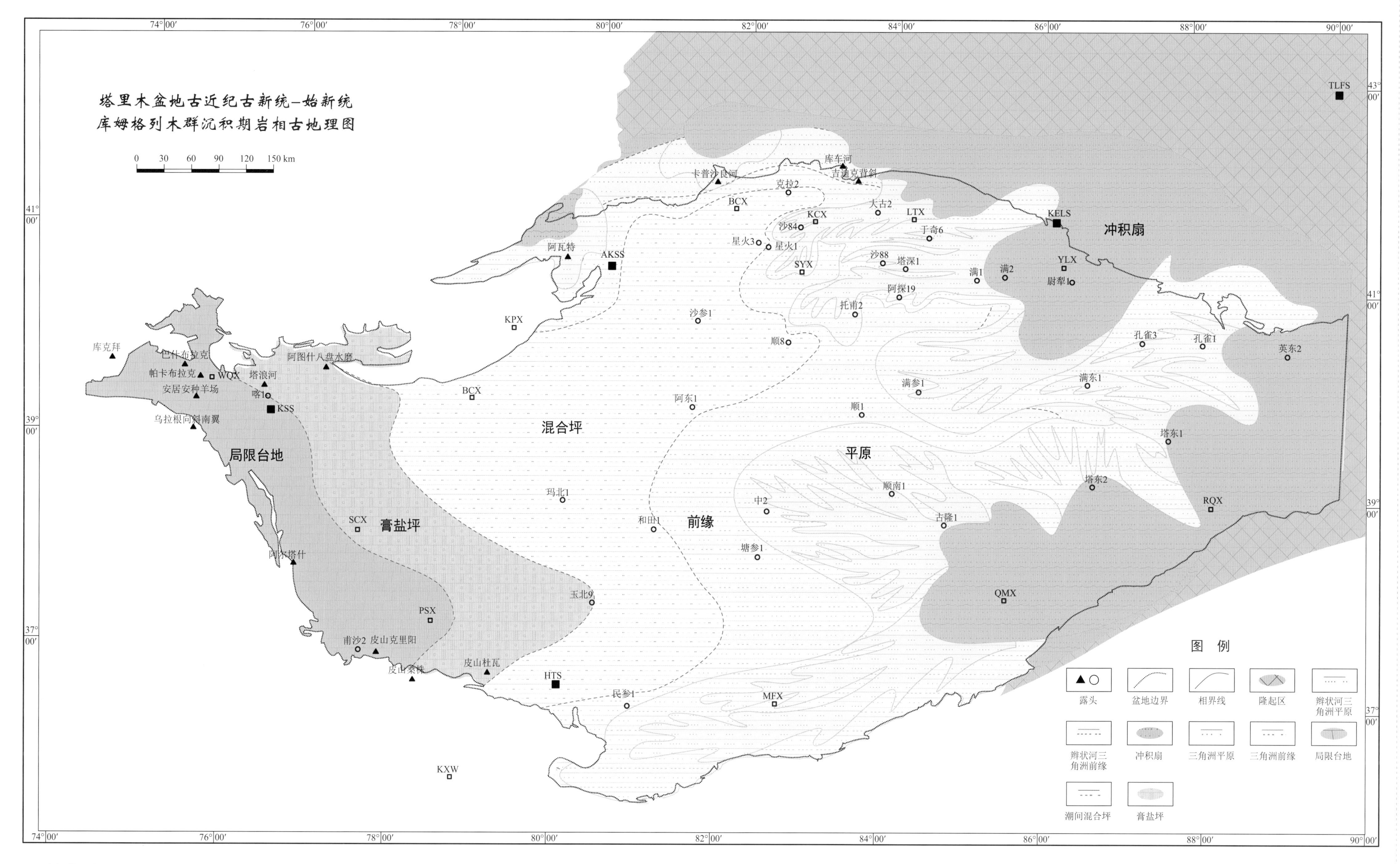

库姆格列木群沉积期塔里木盆地的沉积格局变化显著，由于晚白垩纪的海侵，导致塔里木盆地由前期的陆相湖盆沉积转化为海相沉积。晚白垩纪的海侵，至古新统-始新统规模有所扩大，主要影响塔西南及库车—阿瓦提局部地区，推测海水主体由西向东逐步推进。同时，古近纪古气候仍为干旱炎热，早期宽而浅的湖泊因这种更趋强烈的蒸发和浓缩作用而出现明显的咸化特征（局部称膏盐湖）。因此，这一时期的沉积类型多样，既包括盆地西部以局限台地、潮坪-潟湖为主的海相沉积，又包括盆地中部的海陆混合沉积（可进一步划分出膏盐坪、混合坪和砂坪），还包括盆地东部以冲积扇、辫状河三角洲为主的陆相沉积，其物源体系主要来自北部的天山隆起区以及南部的昆仑和阿尔金隆起区。沉积相带呈现出东向西分带、南北向展布的格局。

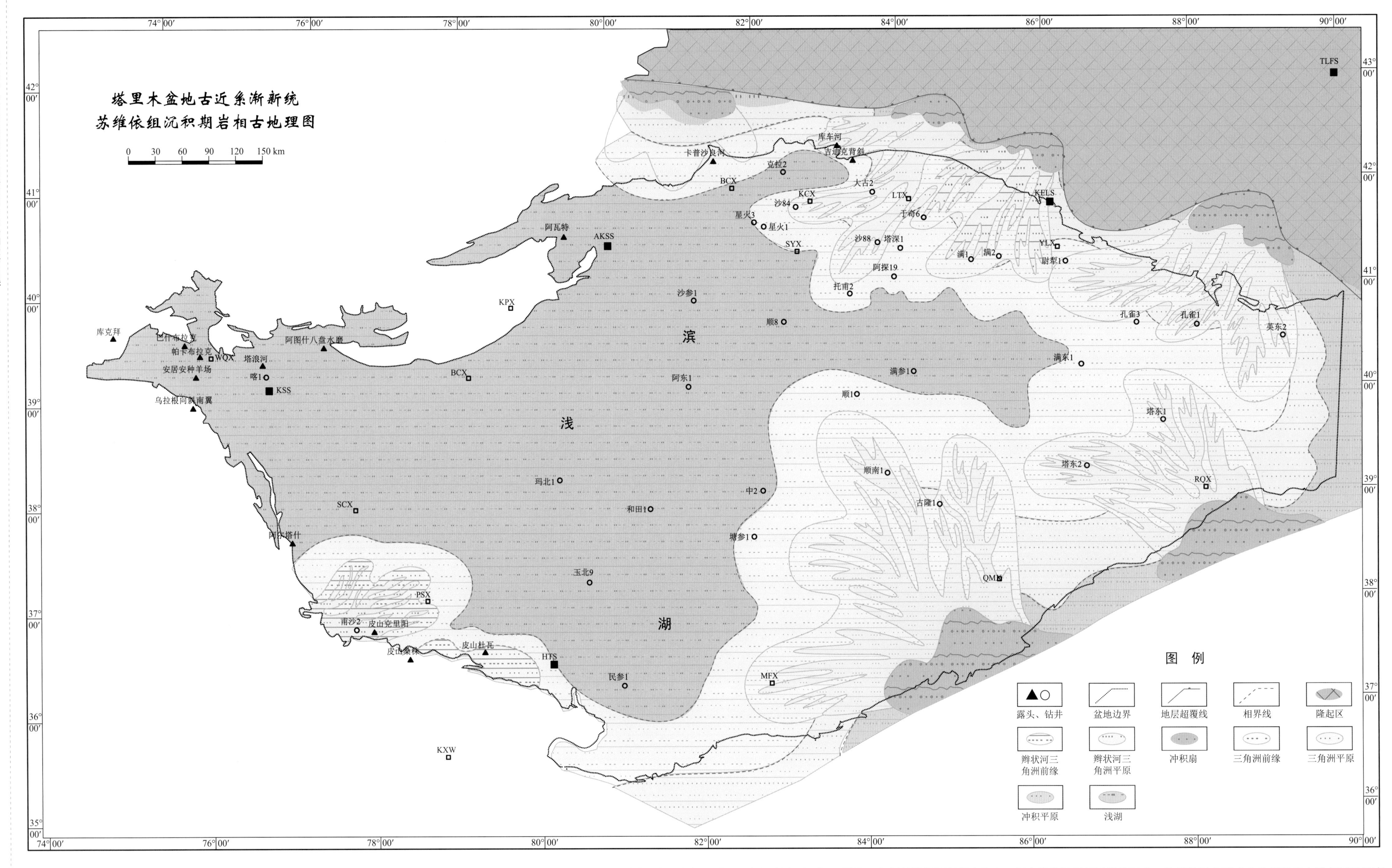

苏维依组沉积期，由于相对海平面下降，前期被局限台地、潮坪-潟湖所占据的范围均演变为陆相湖盆沉积，沉积范围和地层分布广泛，具全盆断陷—拗陷的原型性质，古地势“西低东高”，盆地整体形态表现出西部相对开阔、东部相对狭窄的特征。苏维依期，干旱炎热的古气候加上西部海盆的逐渐闭塞和海水的逐步退出使得盆地西部和中部地区咸化湖泊的特征极为明显，滨浅湖相广泛分布，仅在塔西南叶城拗陷西南等局部地区见少量辫状河三角洲沉积，推测其物源来自于盆外更南部。盆地东部广大地区则以冲洪积平原（冲积扇）-滨岸平原（河流）-辫状三角洲等陆相沉积组合为主，相应相带近平行于岸线展布，物源体系主要来自北部的天山隆起区以及南部的昆仑隆起区和阿尔金隆起区，多处供源，砂体较发育，具有远源、砂体厚度较大、含砂率较高、延伸较远的特点，主要砂体展布与下伏地层大体一致，但其整体规模有所减弱。因此，这一时期以陆相沉积为主。

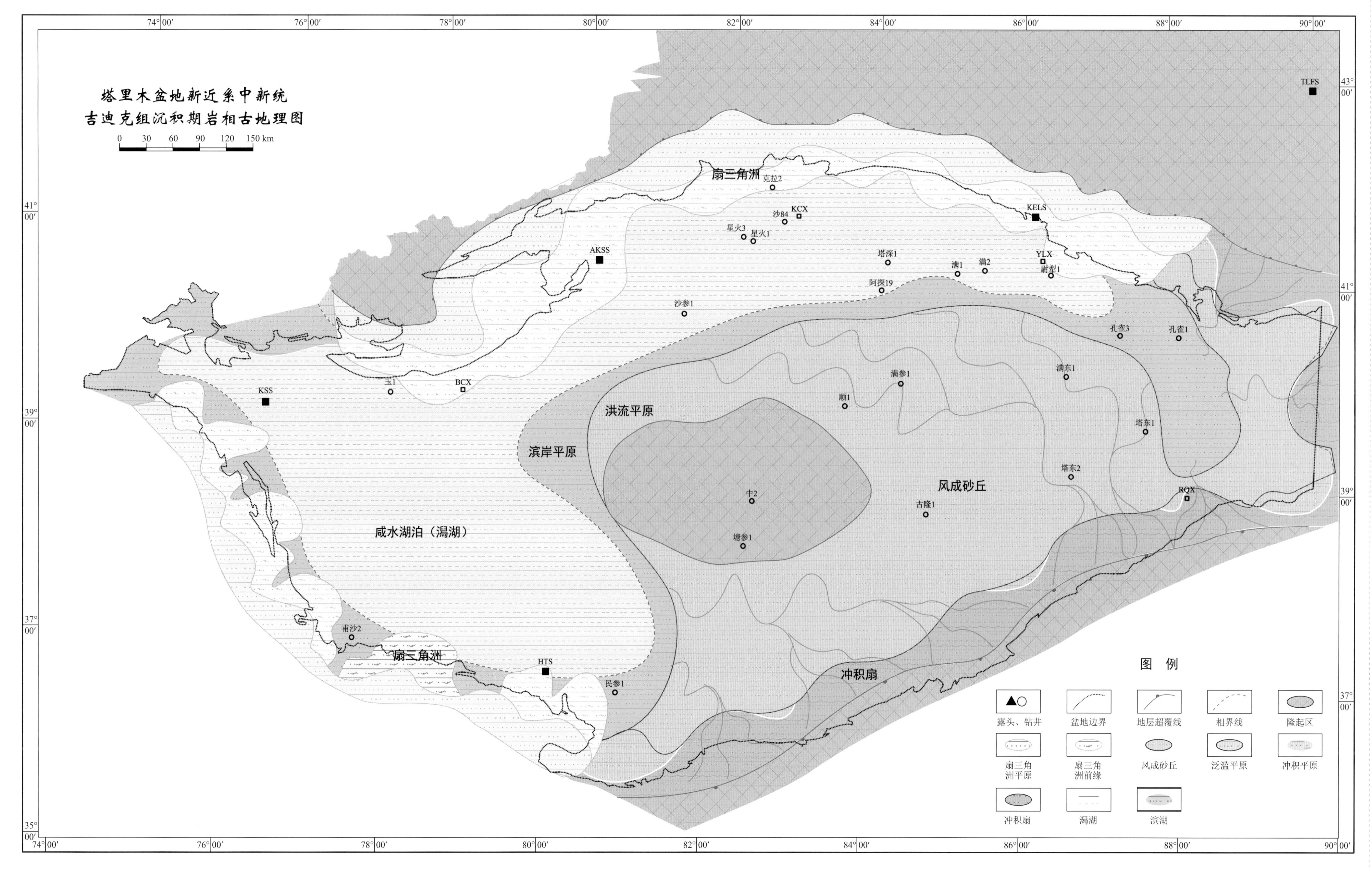

吉迪克组沉积期，塔里木盆地演化为一个统一的咸化湖盆沉积，这一时期，盆地发育多个物源体系，供源充足，因此相应的洪积、冲积、河流、扇三角洲等粗碎屑陆源沉积分布极为广泛，且多呈裙带状分布在湖盆边缘。沿各造山带的山前地带地势较陡，以冲积扇、扇三角洲的集中分布为主，然后向盆地内部的地势逐渐变缓，河流作用十分显著，盆地腹部出现一定范围的咸化滨浅湖区，沉积分布整体大致呈环带特点。此外，塔中局部地区在新近纪抬升隆起为暴露剥蚀区，晚期在其东侧发育风成砂丘沉积，沉积物分选、磨圆较好。

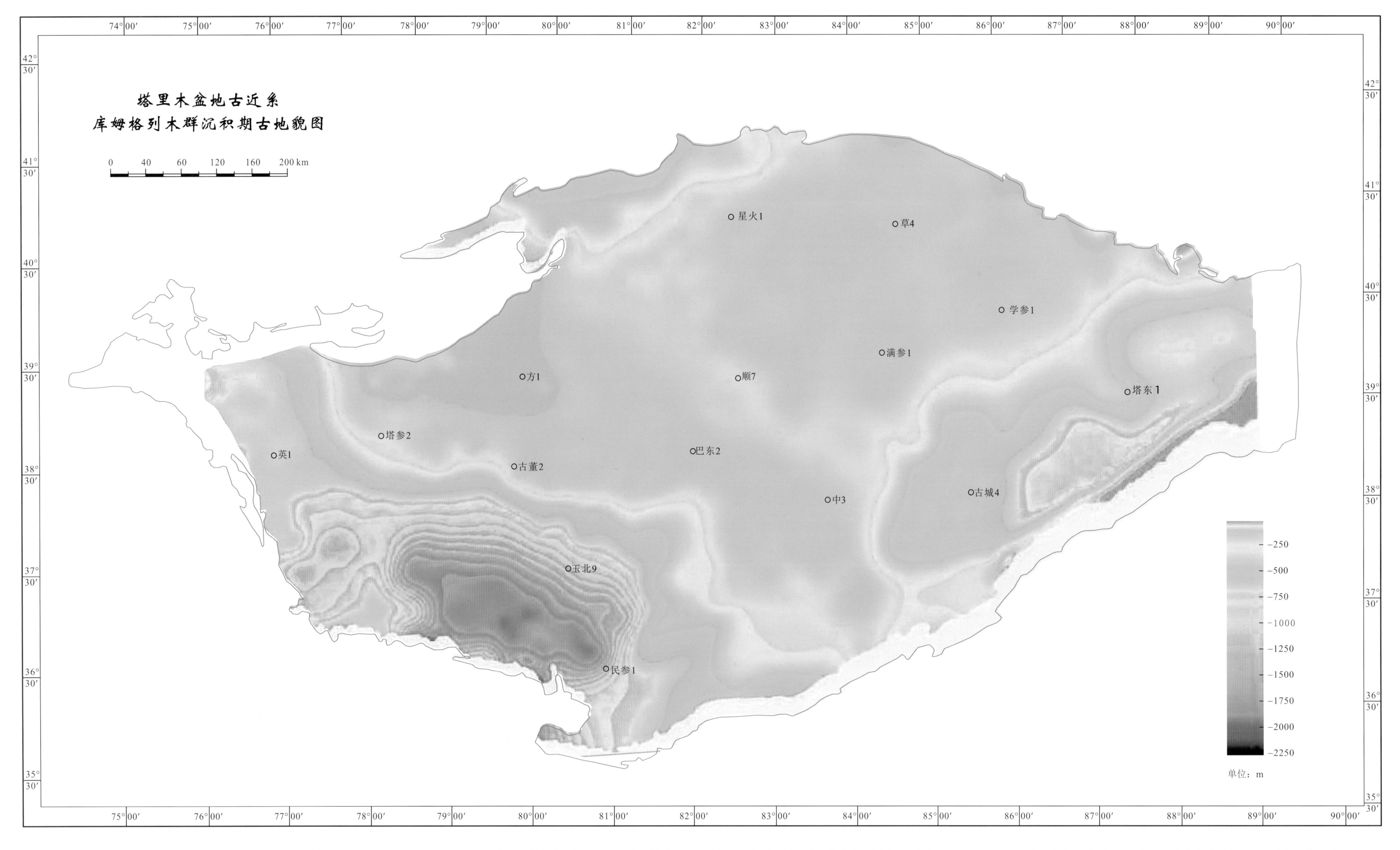

与白垩纪相比，古近系库姆格列木群沉积期塔里木盆地的古地貌发生了巨大变化，整体表现为"南北高中间低、东高西低"的特征，由东向西呈开口状。盆地北缘为天山隆起区，南缘主要出露东昆仑—阿尔金隆起区，其余暴露剥蚀区未见，应距离主要汇水区更远。这一时期，汇水区面积广阔，基本覆盖整个盆地边界，具3个明显的汇水中心，分别对应塔西南拗陷、库车拗陷和塔东南拗陷，其中塔西南拗陷的规模最大，其次为塔东南拗陷，再次为库车拗陷。3个汇水中心之间为盆地中部，包括现今卡塔克隆起、顺托果勒低隆等广大地区，其古水深和地层厚度相对较小。

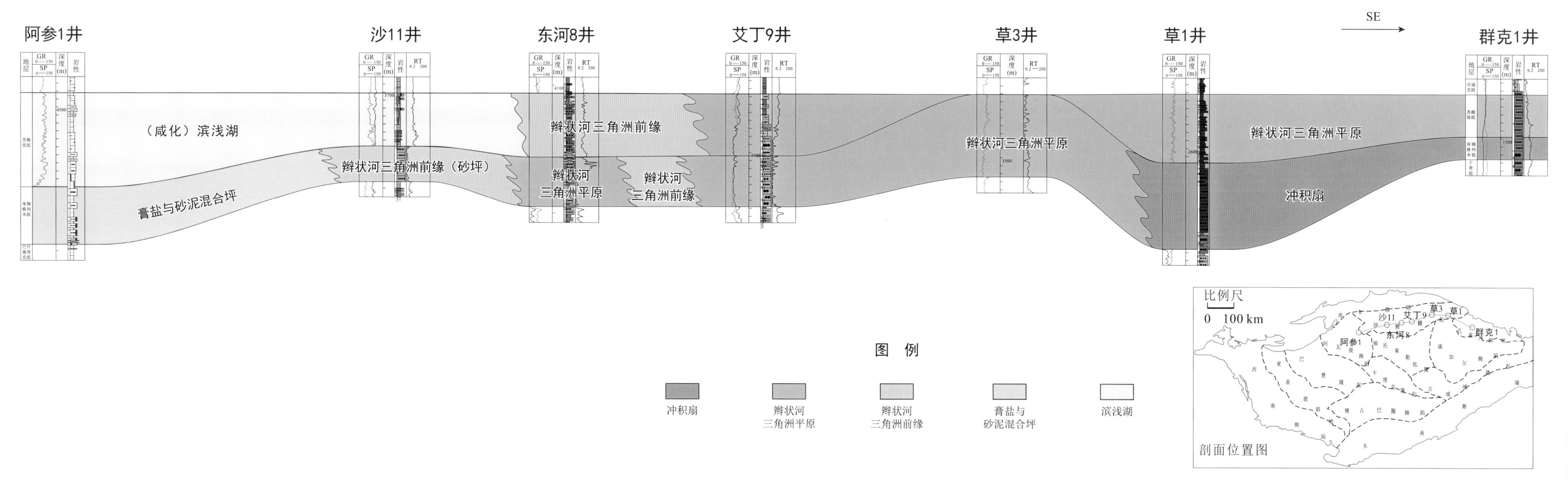
塔里木盆地古近系过阿参1井–艾丁9井–群克1井 沉积剖面图
阿参1井
沙11井
东河8井
艾丁9井
草3井
草1井
群克1井
SE
（咸化）滨浅湖
辫状河三角洲前缘
辫状河三角洲前缘（砂坪）
辫状河三角洲平原
膏盐与砂泥混合坪
冲积扇
图 例
冲积扇
辫状河三角洲平原
辫状河三角洲前缘
膏盐与砂泥混合坪
滨浅湖
比例尺
0 100 km
剖面位置图

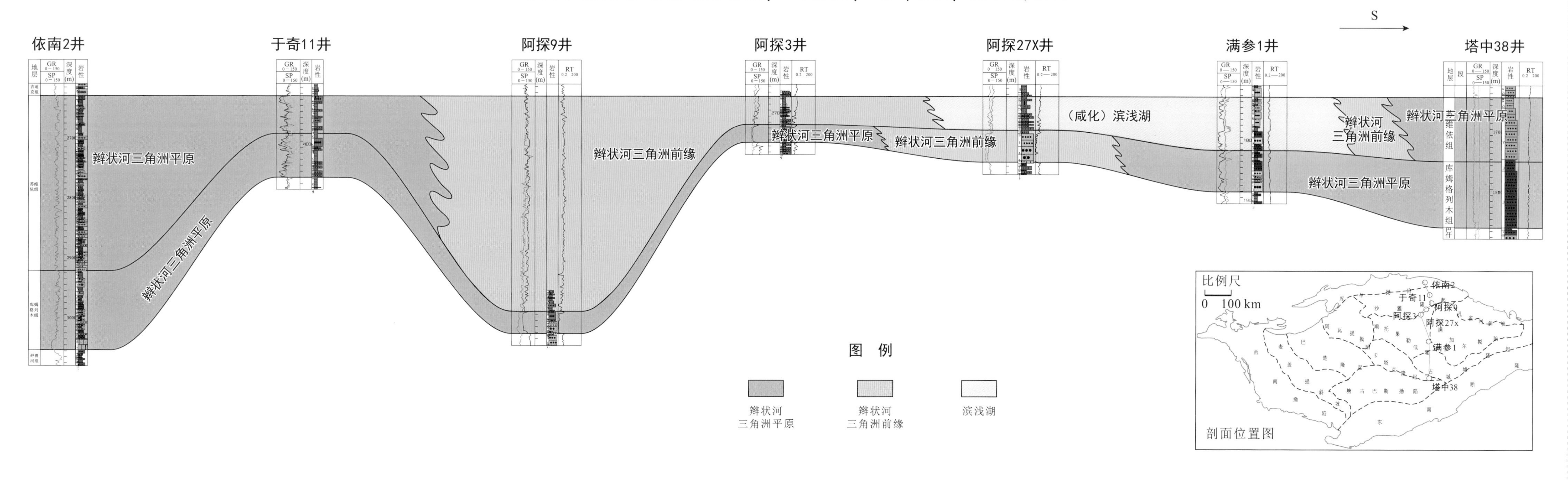
塔里木盆地古近系过依南2井–阿探3井–塔中38井 沉积剖面图
依南2井
于奇11井
阿探9井
阿探3井
阿探27X井
满参1井
塔中38井
S
辫状河三角洲平原
辫状河三角洲前缘
（咸化）滨浅湖
苏维依组
库姆格列木组
图 例
辫状河三角洲平原
辫状河三角洲前缘
滨浅湖
比例尺
0 100 km
剖面位置图

塔里木盆地新生界典型钻井及库车河露头剖面图

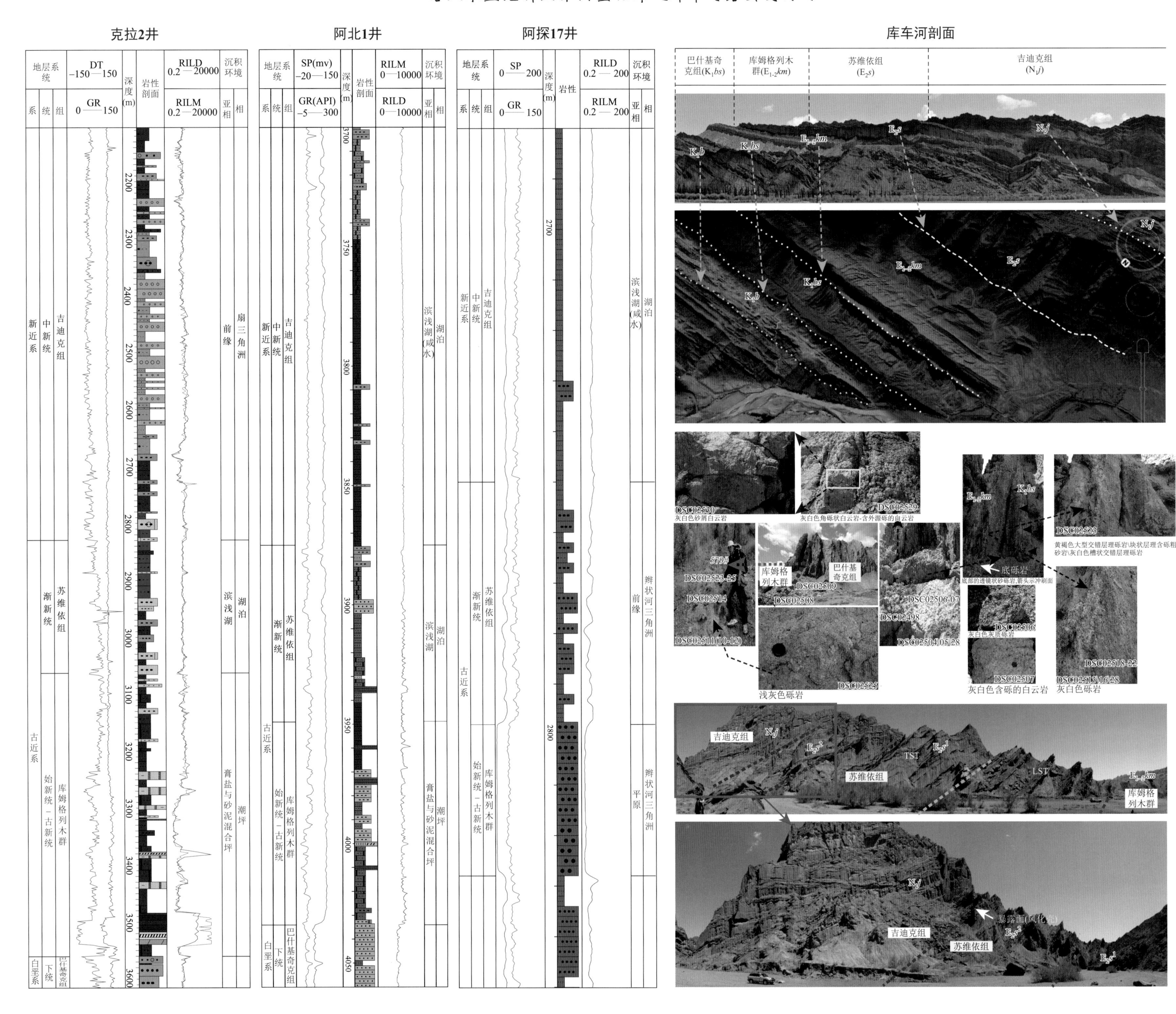

塔里木盆地新生界典型钻井及齐姆根露头剖面图

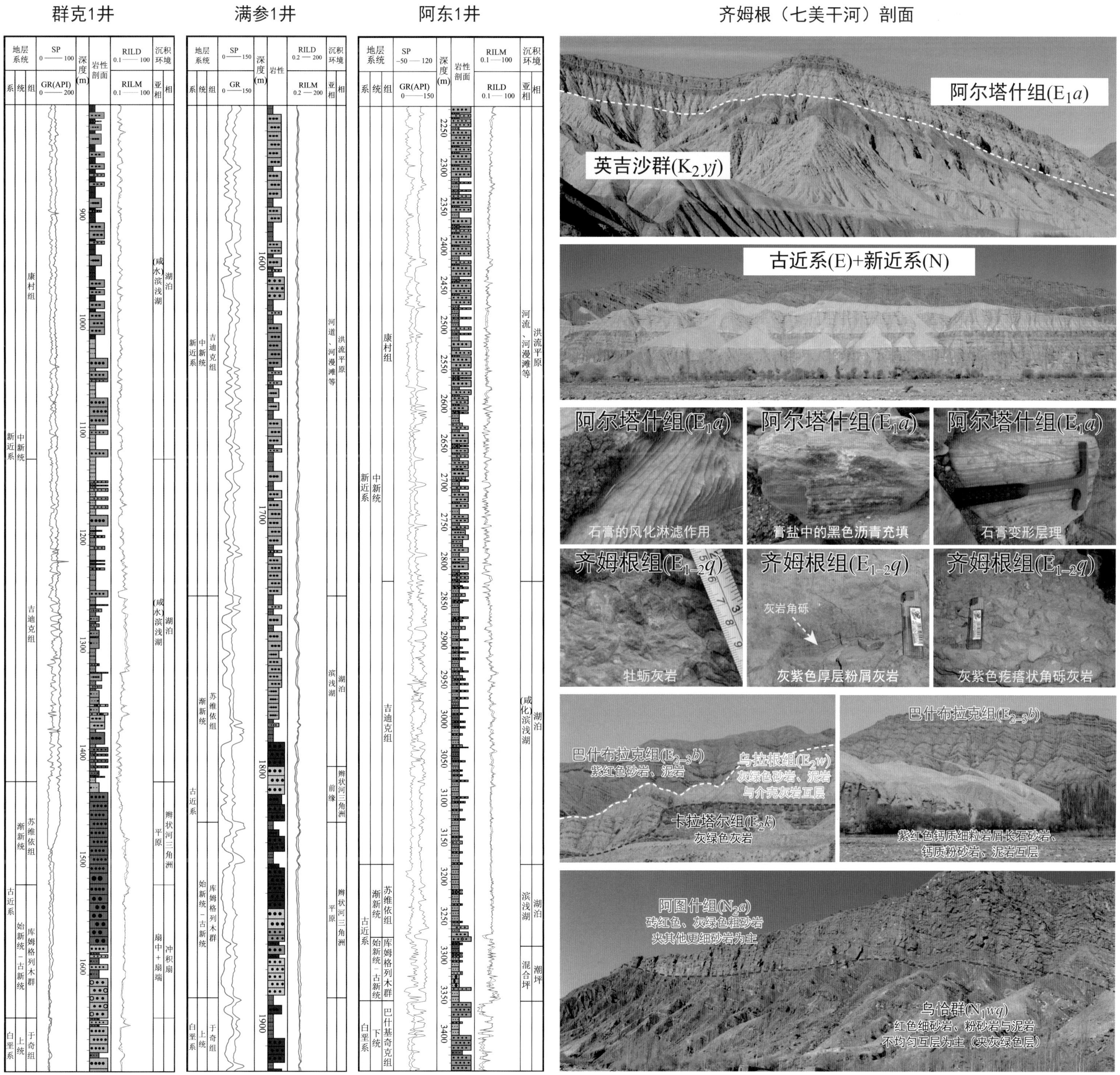

群克1井

地层系统（系、统、组）；SP 0—100；GR(API) 0—200；深度(m)；岩性剖面；RILD 0.1—100；RILM 0.1—100；沉积环境（亚相、相）

新近系 中新统 康村组：(咸水)滨浅湖，湖泊
新近系 中新统 吉迪克组：(咸水)滨浅湖，湖泊
古近系 渐新统 苏维依组：平原，辫状河三角洲
古近系 始新统-古新统 库姆格列木群：扇中+扇端，冲积扇
白垩系 上统 于奇组

深度：900、1000、1100、1200、1300、1400、1500、1600

满参1井

地层系统（系、统、组）；SP 0—150；GR 0—150；深度(m)；岩性；RILD 0.2—200；RILM 0.2—200；沉积环境（亚相、相）

新近系 中新统 吉迪克组：河道、河漫滩等，洪流平原
古近系 渐新统 苏维依组：滨浅湖，湖泊；前缘，辫状河三角洲
古近系 始新统-古新统 库姆格列木群：平原，辫状河三角洲
白垩系 上统 于奇组

深度：1600、1700、1800、1900

阿东1井

地层系统（系、统、组）；SP -50—120；GR(API) 0—150；深度(m)；岩性剖面；RILM 0.1—100；RILD 0.1—100；沉积环境（亚相、相）

新近系 中新统 康村组：河流、河漫滩等，洪流平原
新近系 中新统 吉迪克组：(咸化)滨浅湖，湖泊
古近系 渐新统 苏维依组：滨浅湖，湖泊
古近系 始新统-古新统 库姆格列木群：混合坪，潮坪
白垩系 下统 巴什基奇克组

深度：2250、2300、2350、2400、2450、2500、2550、2600、2650、2700、2750、2800、2850、2900、2950、3000、3050、3100、3150、3200、3250、3300、3350、3400

齐姆根（七美干河）剖面

阿尔塔什组(E_1a)
英吉沙群(K_2yj)

古近系(E)+新近系(N)

阿尔塔什组(E_1a)
石膏的风化淋滤作用

阿尔塔什组(E_1a)
膏盐中的黑色沥青充填

阿尔塔什组(E_1a)
石膏变形层理

齐姆根组($E_{1-2}q$)
牡蛎灰岩

齐姆根组($E_{1-2}q$)
灰岩角砾
灰紫色厚层粉屑灰岩

齐姆根组($E_{1-2}q$)
灰紫色疙瘩状角砾灰岩

巴什布拉克组($E_{2-3}b$)
紫红色砂岩、泥岩
乌拉根组(E_2w)
灰绿色砂岩、泥岩与介壳灰岩互层
卡拉塔尔组(E_2k)
灰绿色灰岩

巴什布拉克组($E_{2-3}b$)
紫红色钙质细粒岩屑长石砂岩、钙质粉砂岩、泥岩互层

阿图什组(N_2a)
砖红色、灰绿色粗砂岩夹其他更细砂岩为主

乌恰群(N_1wq)
红色细砂岩、粉砂岩与泥岩不均匀互层为主（夹灰绿色层）

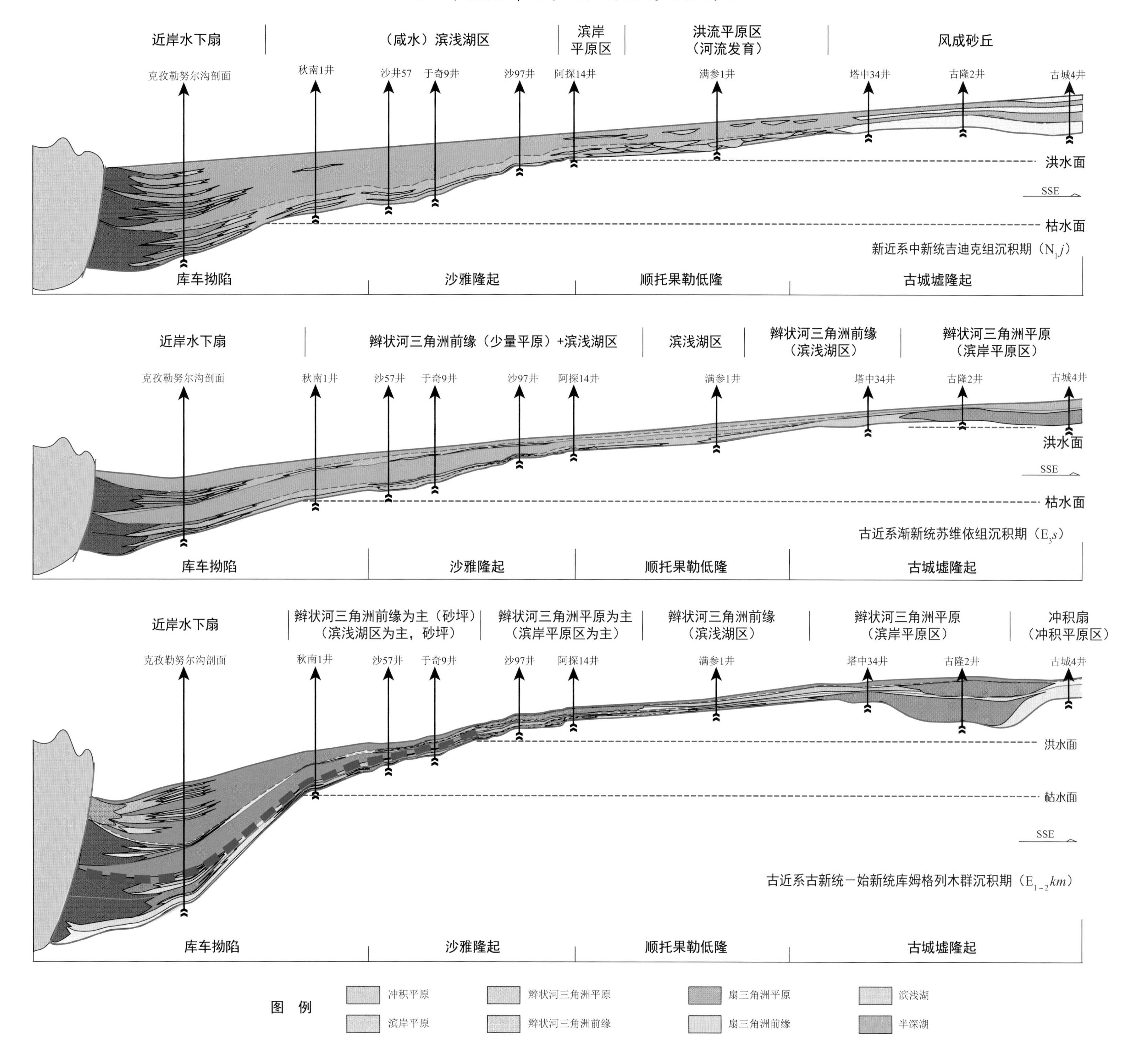

塔里木盆地新生界沉积演化剖面模式图
近岸水下扇
（咸水）滨浅湖区
滨岸平原区
洪流平原区（河流发育）
风成砂丘
克孜勒努尔沟剖面
秋南1井
沙井57
于奇9井
沙97井
阿探14井
满参1井
塔中34井
古隆2井
古城4井
洪水面
SSE
枯水面
新近系中新统吉迪克组沉积期（N_1j）
库车坳陷
沙雅隆起
顺托果勒低隆
古城墟隆起
近岸水下扇
辫状河三角洲前缘（少量平原）+滨浅湖区
滨浅湖区
辫状河三角洲前缘（滨浅湖区）
辫状河三角洲平原（滨岸平原区）
古近系渐新统苏维依组沉积期（E_3s）
辫状河三角洲前缘为主（砂坪）（滨浅湖区为主，砂坪）
辫状河三角洲平原为主（滨岸平原区为主）
辫状河三角洲前缘（滨浅湖区）
辫状河三角洲平原（滨岸平原区）
冲积扇（冲积平原区）
古近系古新统—始新统库姆格列木群沉积期（$E_{1-2}km$）
图例
冲积平原
滨岸平原
辫状河三角洲平原
辫状河三角洲前缘
扇三角洲平原
扇三角洲前缘
滨浅湖
半深湖

塔里木盆地古近系沉积充填立体模式图

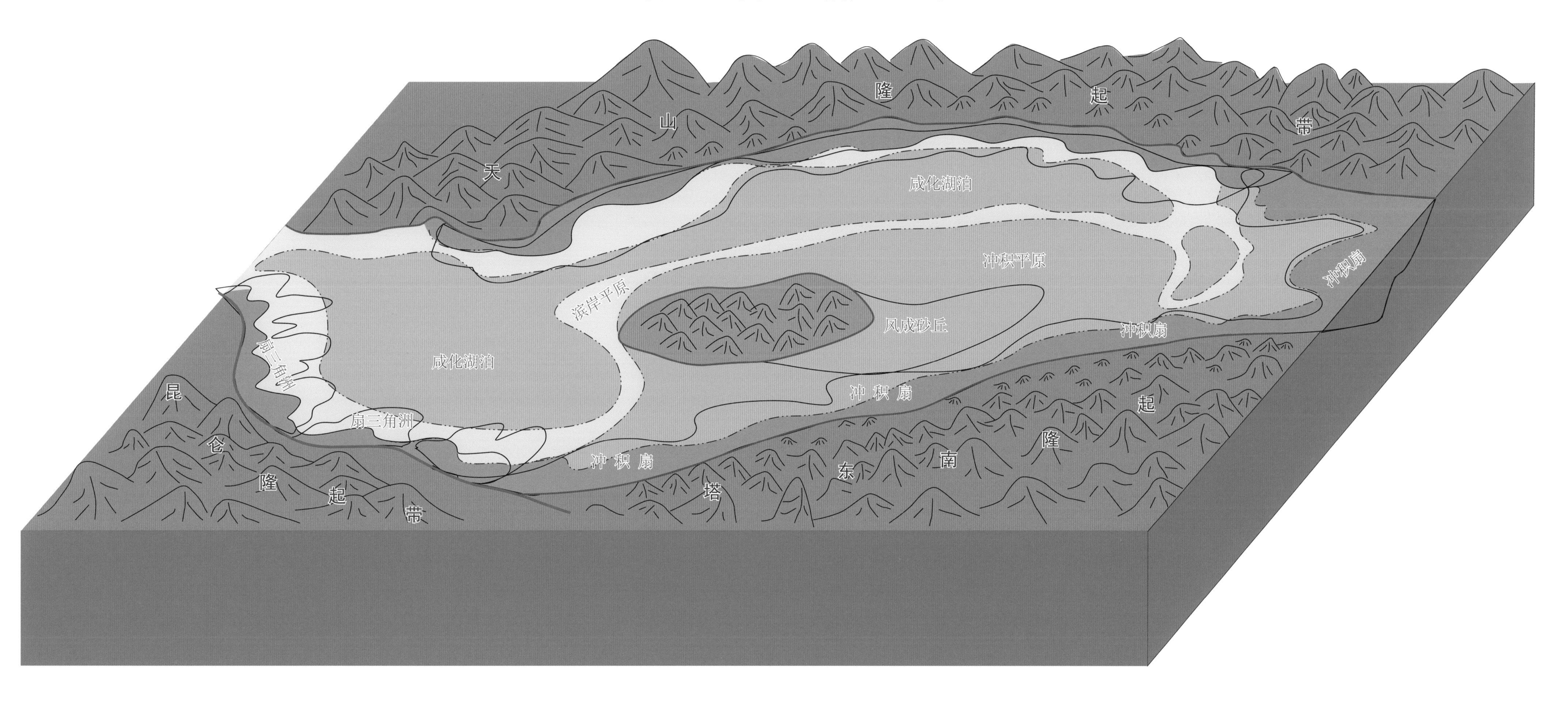

塔里木盆地新近系沉积充填立体模式图

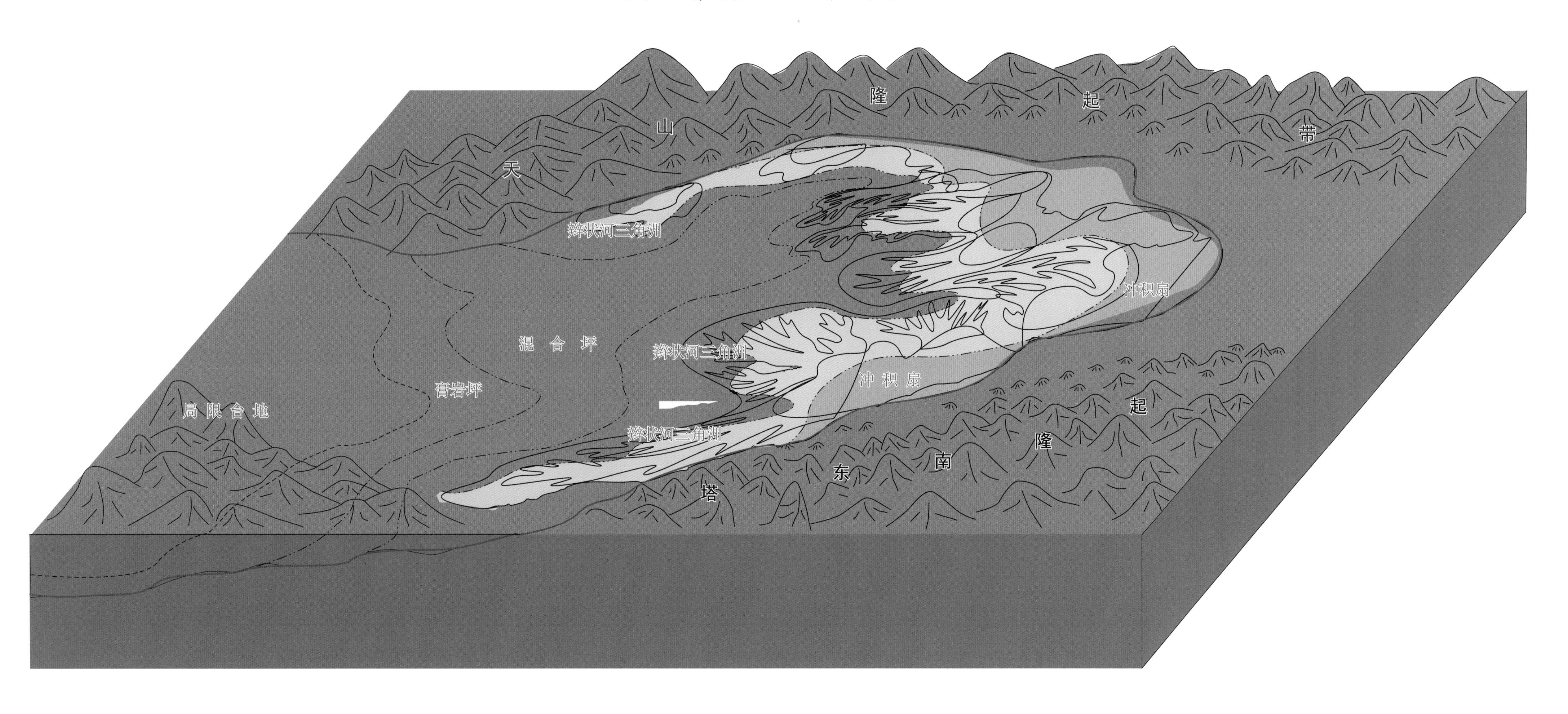

第 3 章

Chapter 3

成藏篇

图件清单

主要层位烃源岩分布及演化

塔里木盆地下寒武统玉尔吐斯组烃源岩厚度平面分布图
塔里木盆地中 - 下寒武统西大山组 - 莫合尔山组烃源岩厚度平面分布图
塔里木盆地中 - 下奥陶统黑土凹组烃源岩厚度平面分布图
塔里木盆地中 - 上奥陶统萨尔干组烃源岩厚度平面分布图
塔里木盆地寒武系烃源岩
塔里木盆地奥陶系烃源岩
塔里木盆地钻井埋藏史、热史图
塔里木盆地东西向地层成熟度演化剖面
塔里木盆地南北向地层成熟度演化剖面
塔里木盆地寒武系底界奥陶纪末等效镜质体反射率等值线图
塔里木盆地寒武系底界二叠纪末等效镜质体反射率等值线图
塔里木盆地寒武系底界白垩纪末等效镜质体反射率等值线图
塔里木盆地寒武系底界现今等效镜质体反射率等值线图
塔里木盆地中奥陶统顶界奥陶纪末等效镜质体反射率等值线图
塔里木盆地中奥陶统顶界二叠纪末等效镜质体反射率等值线图
塔里木盆地中奥陶统顶界白垩纪末等效镜质体反射率等值线图
塔里木盆地中奥陶统顶界现今等效镜质体反射率等值线图
塔里木盆地寒武系玉尔吐斯组烃源岩海西晚期生烃趋势图
塔里木盆地寒武系玉尔吐斯组烃源岩燕山晚期生烃趋势图
塔里木盆地中下奥陶统储层综合评价图

主要层位储层特征

塔里木盆地中下奥陶统储层分布及特征
塔河地区塔深 1 井白云岩缝洞型储层
塔河地区 T615 井奥陶系鹰山组喀斯特岩溶洞穴型储层
塔中地区中 1 井中下奥陶统岩溶缝洞型储层
顺北地区顺北 2 井奥陶系一间房组断控裂缝型碳酸盐岩储层
塔里木盆地下志留统柯坪塔格组（S_1k）储层综合评价图
塔里木盆地上泥盆统东河塘组（D_3d）储层综合评价图
巴楚地区巴开 8 井泥盆系东河塘组高能滨岸相孔隙型储层
塔里木盆地下石炭统卡拉沙依组（C_1kl）储层综合评价图
塔里木盆地三叠系阿克库勒组下段（T_2a）储层综合评价图

主要层位盖层特征

塔里木盆地寒武系阿瓦塔格组膏盐岩厚度分布图
塔里木盆地上奥陶统桑塔木组泥岩厚度分布图

重点区带油气藏特征

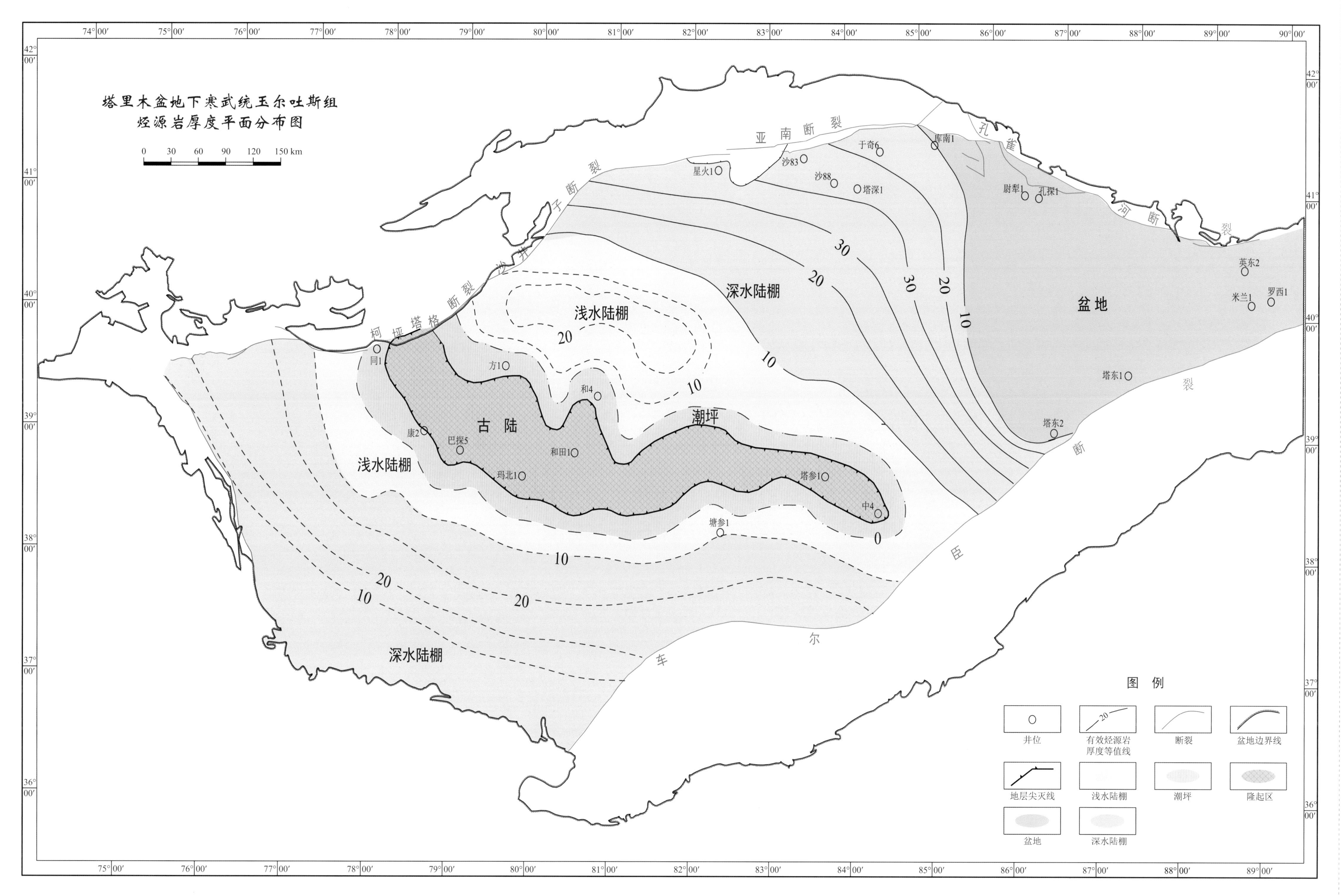
塔里木盆地下寒武统玉尔吐斯组
烃源岩厚度平面分布图
0 30 60 90 120 150 km
亚南断裂
孔雀河断裂
柯坪塔格断裂
沙井子断裂
车尔臣断裂
深水陆棚
浅水陆棚
盆地
古陆
潮坪
星火1
沙83
沙88
塔深1
于奇6
库南1
尉犁1
孔探1
英东2
米兰1
罗西1
塔东1
塔东2
同1
方1
和4
康2
巴探5
和田1
玛北1
塔参1
中4
塘参1
图例
井位
有效烃源岩厚度等值线
断裂
盆地边界线
地层尖灭线
浅水陆棚
潮坪
隆起区
盆地
深水陆棚

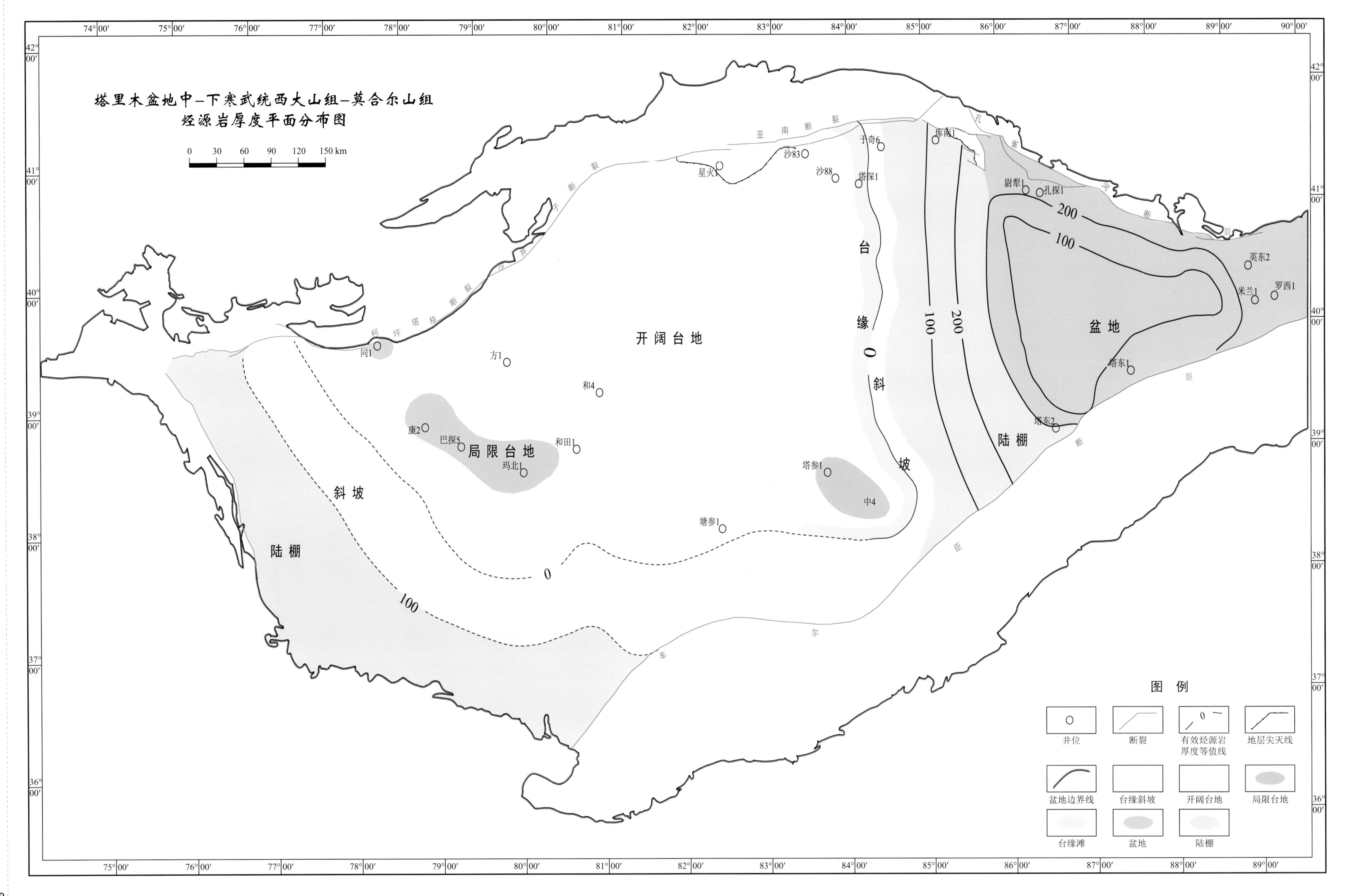
塔里木盆地中–下寒武统西大山组–莫合尔山组
烃源岩厚度平面分布图
0 30 60 90 120 150 km
开阔台地
局限台地
台缘斜坡
斜坡
陆棚
盆地
亚南断裂
孔雀河断裂
沙井子断裂
柯坪塔格断裂
车尔臣断裂
于奇6
库南1
沙83
星火1
沙88
塔深1
尉犁1
孔探1
英东2
米兰1
罗西1
塔东1
塔东2
同1
方1
和4
康2
巴探5
和田1
玛北1
塔参1
中4
塘参1
0
100
200
图例
井位
断裂
有效烃源岩厚度等值线
地层尖灭线
盆地边界线
台缘斜坡
开阔台地
局限台地
台缘滩
盆地
陆棚

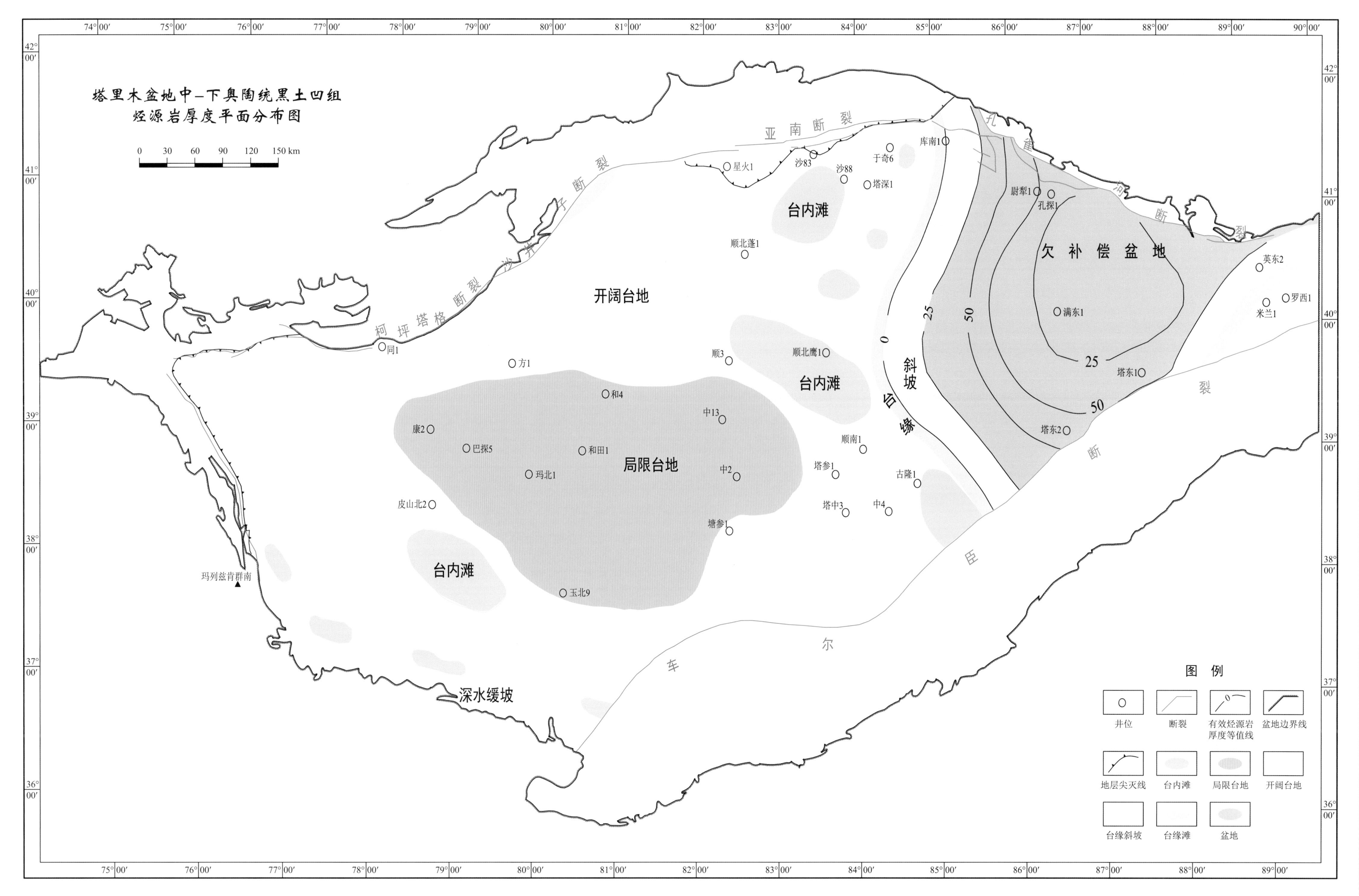

塔里木盆地中–下奥陶统黑土凹组
烃源岩厚度平面分布图
0 30 60 90 120 150 km
亚南断裂
柯坪塔格断裂
沙井子断裂
孔雀河断裂
车尔臣断裂
台内滩
开阔台地
局限台地
斜坡
台缘
欠补偿盆地
深水缓坡
0
25
50
星火1
沙83
沙88
于奇6
塔深1
库南1
尉犁1
孔探1
顺北蓬1
英东2
罗西1
米兰1
满东1
同1
方1
顺3
顺北鹰1
塔东1
和4
中13
康2
巴探5
和田1
玛北1
中2
顺南1
塔参1
古隆1
塔东2
皮山北2
塔中3
中4
塘参1
玛列兹肯群南
玉北9
图例
井位
断裂
有效烃源岩厚度等值线
盆地边界线
地层尖灭线
台内滩
局限台地
开阔台地
台缘斜坡
台缘滩
盆地

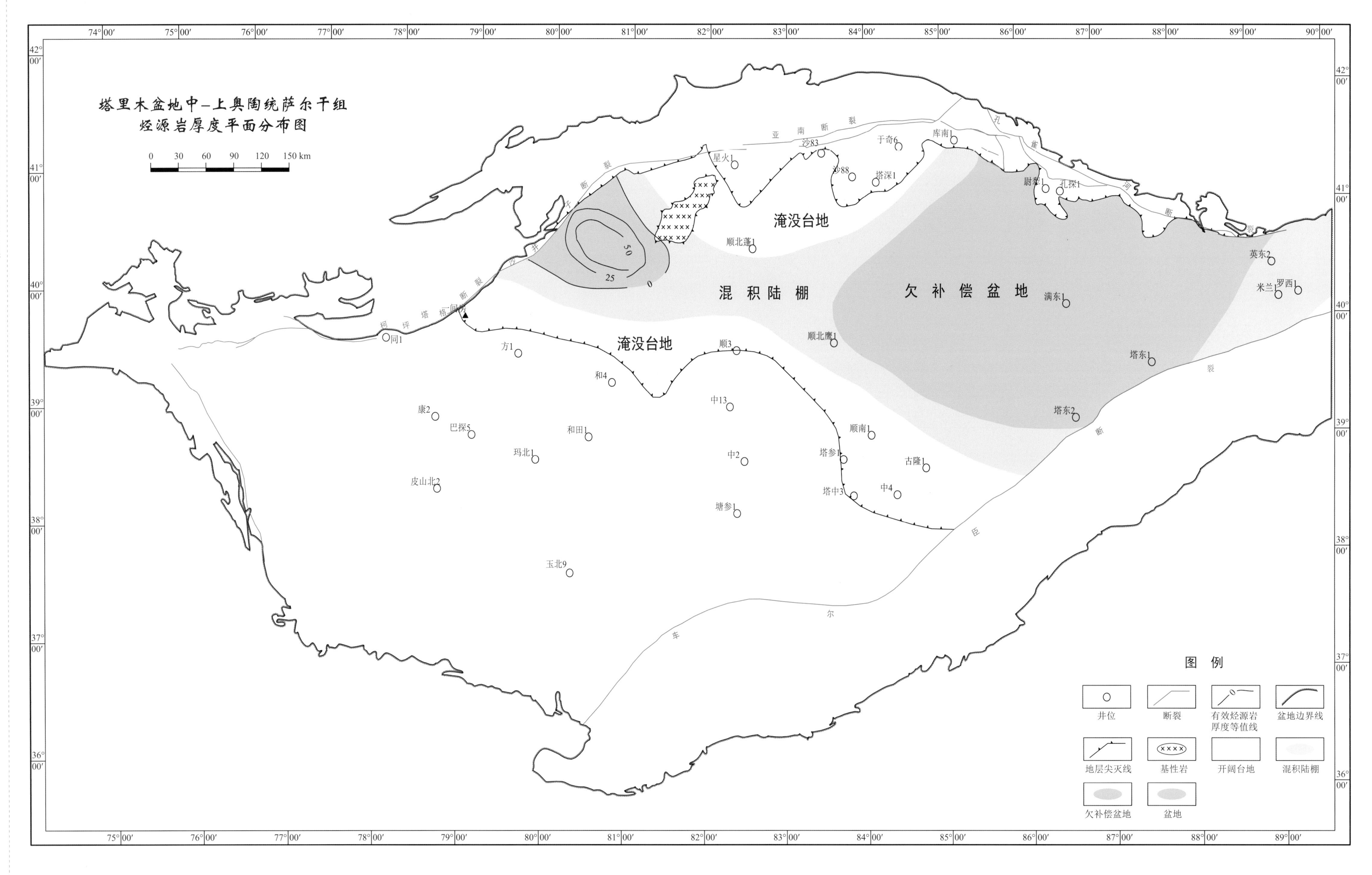
塔里木盆地中—上奥陶统萨尔干组
烃源岩厚度平面分布图
0 30 60 90 120 150 km
淹没台地
混积陆棚
欠补偿盆地
图例
井位
断裂
有效烃源岩厚度等值线
盆地边界线
地层尖灭线
基性岩
开阔台地
混积陆棚
欠补偿盆地
盆地

寒武系烃源岩

剖面：肖尔布拉克剖面
玉尔吐斯组，黑色碳质泥岩
TOC：2%～30%
有机质类型：Ⅰ
Ro：1.48%～1.63%

井：星火1井
玉尔吐斯组，黑色碳质页岩
TOC：1.0%～9.43%
有机质类型：Ⅰ
Ro：1.3%～2.0%

井：孔探1　　井深：3413m
西山布拉克组，黑色碳质泥岩
TOC：12.67%
有机质类型：Ⅰ
Ro：2.4%

早寒武世中晚期，塔里木台地继承了初期的玉尔吐斯组沉积期的沉积格局，总体表现为退积型的宽缓台地结构，并随着海水的快速退缩，中西部的碳酸盐岩台地分布范围扩大。整个阿瓦提地区、塔北隆起中西部、顺托果勒低隆西部、塔中北坡一古城墟西部地区，由初期的浅水斜坡相沉积相变为局限台地相的沉积，推测南部的塔西南西部也由初期的浅水斜坡相沉积相变为局限台地相的沉积，塔西南东南部一塘古巴斯地区仍保持浅水斜坡-深水斜坡陆棚相的沉积环境。台地克拉通内拗陷内部，由于发育张性断裂发育，形成多个半地堑式台内洼陷，主要为台内洼陷潟湖相的沉积。

从中下寒武统烃源岩的发育与分布来看，斜坡陆棚相、深水盆地相烃源岩主要发育于满加尔地区及其周缘地区，在库鲁克塔格的南雅尔当和却尔却克剖面、满加尔拗陷区的库南1、塔东1、塔东2、尉犁1、英东2、米兰1等井所见。南雅尔当和却尔却克剖面主要发育西大山组盆地相的黑色泥岩、泥晶灰岩等烃源岩，其中南雅尔当烃源岩厚度达53m，尉犁1井下寒武统西大山组岩性主要为黑色泥岩、灰色泥质灰岩，为深水斜坡陆棚相的沉积，烃源岩累计厚度达93m。库南1井岩性主要为泥质泥晶灰岩夹暗色灰质泥岩，为浅水斜坡相的沉积，TOC含量平均1.22%，烃源岩厚度可达206m。总体上来说，满加尔拗陷区烃源岩厚度一般在50～200m。以斜坡陆棚相烃源岩最为发育可达100～200m。塔西南东南部一塘古巴斯地区主要为斜坡陆棚相烃源岩，依据满加尔地区斜坡相烃源岩发育程度，推测该地区的烃源岩厚度一般可达50～100m。

奥陶系烃源岩

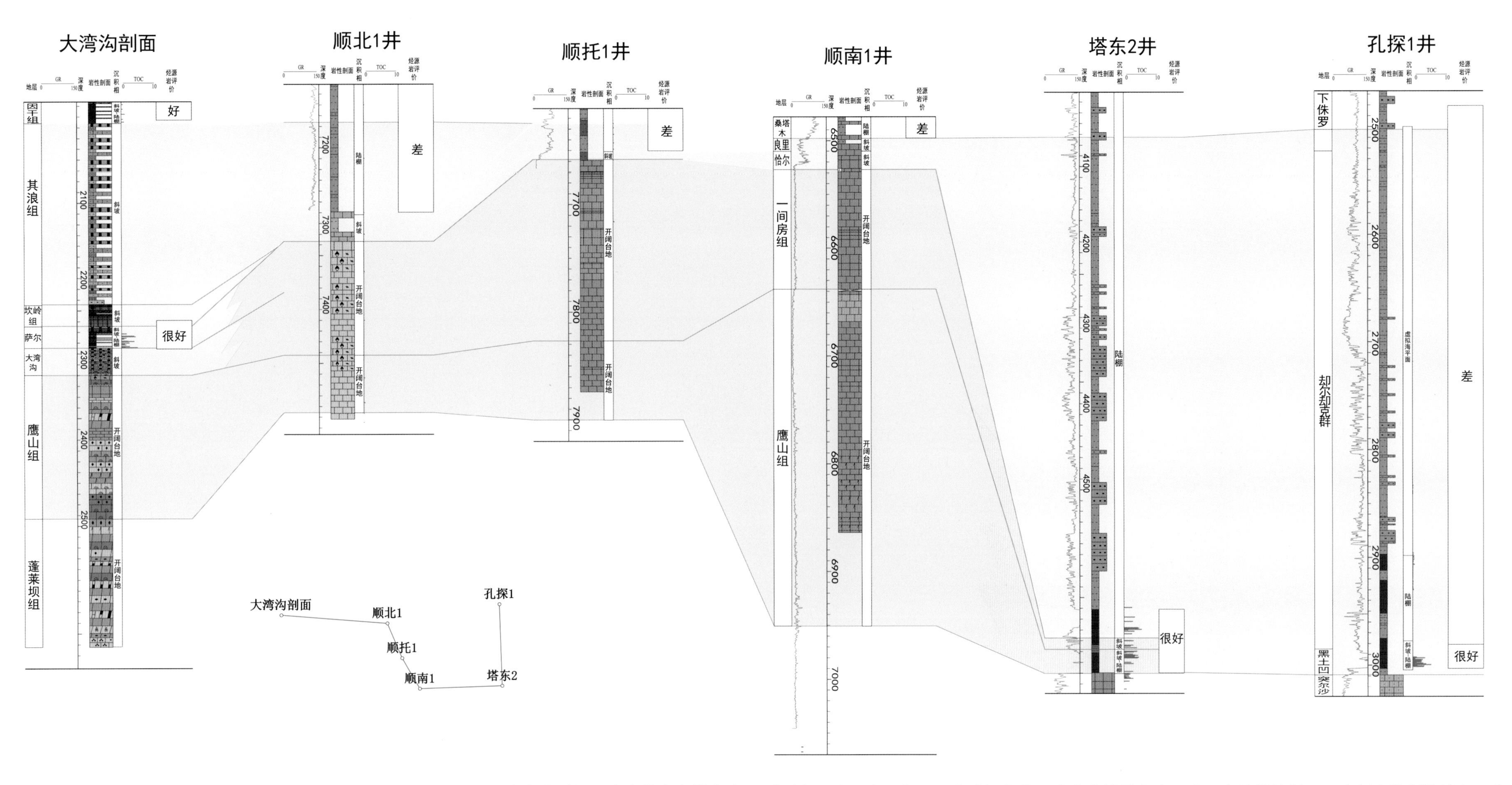

奥陶系是塔里木盆地台盆区另一套局部烃源岩，中国石油天然气集团公司前期研究认为奥陶系烃源岩在塔中卡塔克隆起及其周缘区最为发育，是塔中地区主力烃源层系。

从塔里木盆地台盆区整体来看，奥陶系烃源岩具有多层系、分片区分布的特点。烃源岩的分布范围受控于不同时期沉积环境的变迁，同一时期不同沉积相带发育于不同层段，形成不同类型的烃源岩，主要有中下奥陶统黑土凹组、中奥陶统萨尔干组、上奥陶统良里塔格组 - 印干组烃源岩之分。

早奥陶世晚期 - 中奥陶世，是塔里木盆地构造 - 沉积古地理格局处于被动大陆边缘向活动大陆边缘转化，碳酸盐台地与欠补偿深水盆地的分异向碳酸盐台地与超补偿盆地分异的转化时期；而且该时段又适逢全球性高海面的影响，由此形成分异性较强的三大构造 - 沉积古地理格局：①早奥陶晚期 - 中奥陶世的满东地区欠补偿深水盆地相沉积（黑土凹组）、塔西南 - 塘古巴斯地区的台间斜坡相沉积（相当于鹰山组下部）；②中奥陶世中南部（塔北、阿满过渡带、塔中）碳酸盐台地相、塔西南 - 塘古巴斯地区的台间斜坡相沉积（一间房组）；③中奥陶世东部满东地区的超补偿盆地早期沉积（却尔却克组下部）；西部（阿瓦提断陷－柯坪）闭塞 - 半闭塞陆源海湾盆地相沉积（萨尔干组），3 个构造 - 沉积单元中都有可能有高有机质丰度源岩发育，且黑土凹组、萨尔干组已经被露头、钻井所揭示。

晚奥陶世早中期的塔里木盆地，却进入了一个全新的构造－沉积演化阶段、出现了海相复理式沉积建造，沉积格局主要表现为：①东部满加尔地区、中部阿满过渡带、南部塘古巴斯地区为超补偿盆地相沉积（却尔却克组、桑塔木组）；②中部塔中－巴楚、北部塔北地区为碳酸盐岩台地相沉积（良里塔格组）；③西部柯坪－阿瓦提断陷西部区半闭塞陆源海湾盆地相沉积（印干组）。上述沉积格局中在台地的台内凹陷（良里塔格组）、半闭塞陆源海湾相（印干组）等沉积环境中具有较高丰度烃源岩发育。

总体上，奥陶系烃源岩分布于奥陶纪发育的不同沉积环境中，中下奥陶统黑土凹组烃源岩主要发育于东部满加尔地区，代表井有尉犁 1 井、塔东 1 井、塔东 2 井。尉犁 1 井源岩厚 46.5m，塔东 1 井源岩厚 48m，塔东 2 井源岩厚 54m；从沉积相与烃源岩关系认为满东地区中下奥陶统黑土凹组烃源岩厚度一般分布 50 ～ 100m。

中奥陶统烃源岩仅于柯坪大湾沟剖面、水泥厂剖面证实有萨尔干组烃源岩的存在，塔中北坡、玉北地区多口钻遇一间房组的钻井（如古隆 1、顺南 1、玉北 9 井）证实无烃源岩发育，从中奥陶世的沉积格局来看，在阿瓦提地区具有与柯坪地区相似的闭塞 - 半闭塞陆源海湾盆地相的沉积特征，大湾沟剖面萨尔干组黑色页岩、泥质泥晶灰岩，源岩厚度为 12 ～ 13.6m，水泥厂剖面萨尔干组源岩厚 4m。由此阿瓦提地区萨尔干组烃源岩也可能发育，厚度在 25 ～ 50m，满东地区可能发育中奥陶世早期静水期的盆地相泥岩烃源岩，主要分布于却尔却克组的下部，厚度一般在 50 ～ 100m。

据中国石油天然气集团公司多口钻井证实塔中隆起的塔中 I 号坡折带内侧的台内凹陷内发育上奥陶统良里塔格组烃源岩，在塔中北坡及塔中隆起西北端经多口钻井均未发现良里塔格组烃源岩，台内凹陷内的多口钻井的有机质丰度核查也显示，良里塔格组烃源岩的有机碳丰度中等，烃源岩厚度及分布面积较前期研究认识大大缩小，仅发育于中部地区，厚度 50 ～ 100m。柯坪地区大湾沟、因干剖面因干组页岩为半闭塞陆源海湾相的黑色泥岩夹页岩，有机碳含量平均 0.75%，源岩厚度达 97m，阿瓦提地区同样发育半闭塞陆源海湾相的因干组烃源岩，厚度在 50 ～ 100m。

塔里木盆地钻井埋藏史、热史图

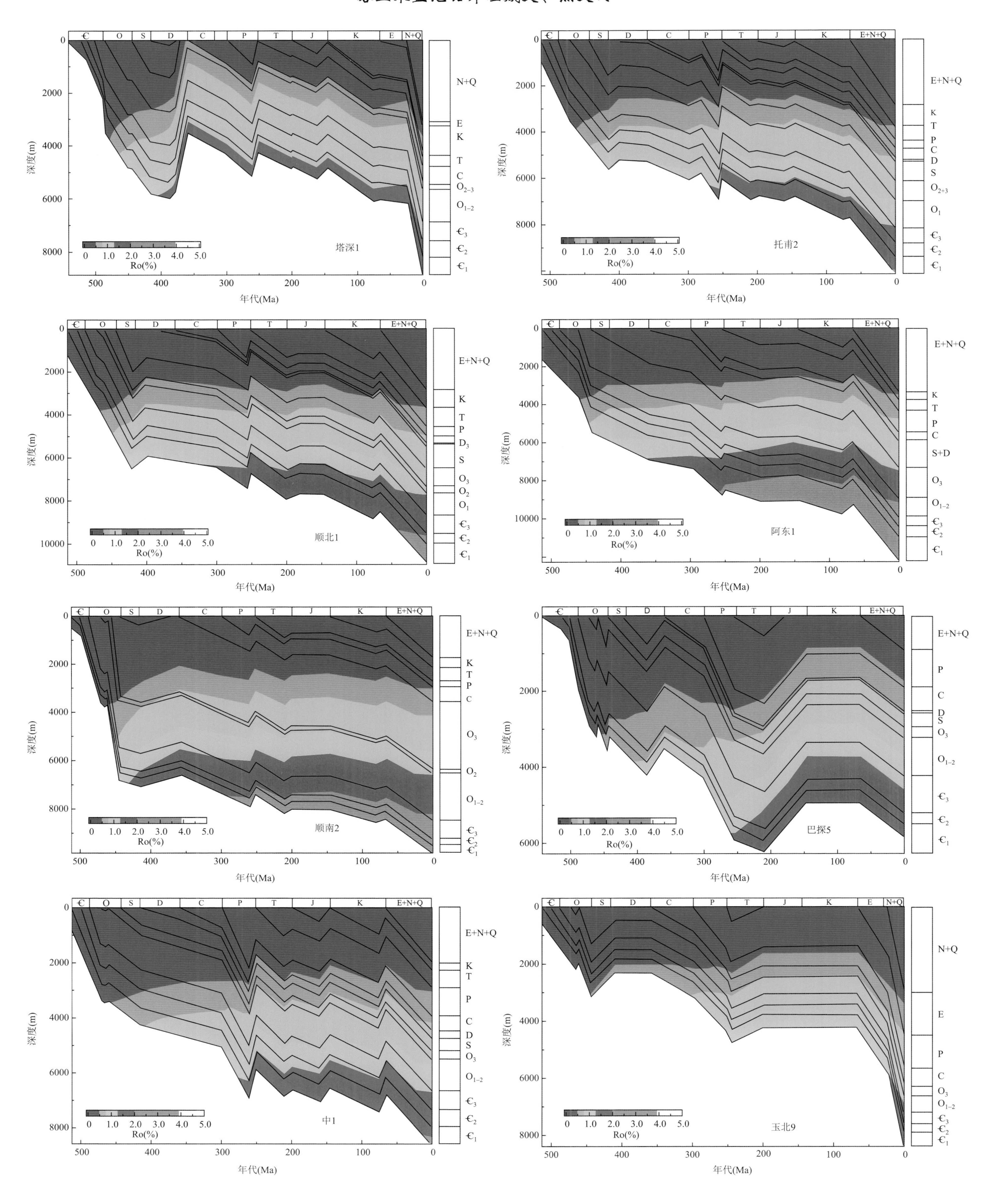

塔里木盆地东西向地层成熟度演化剖面

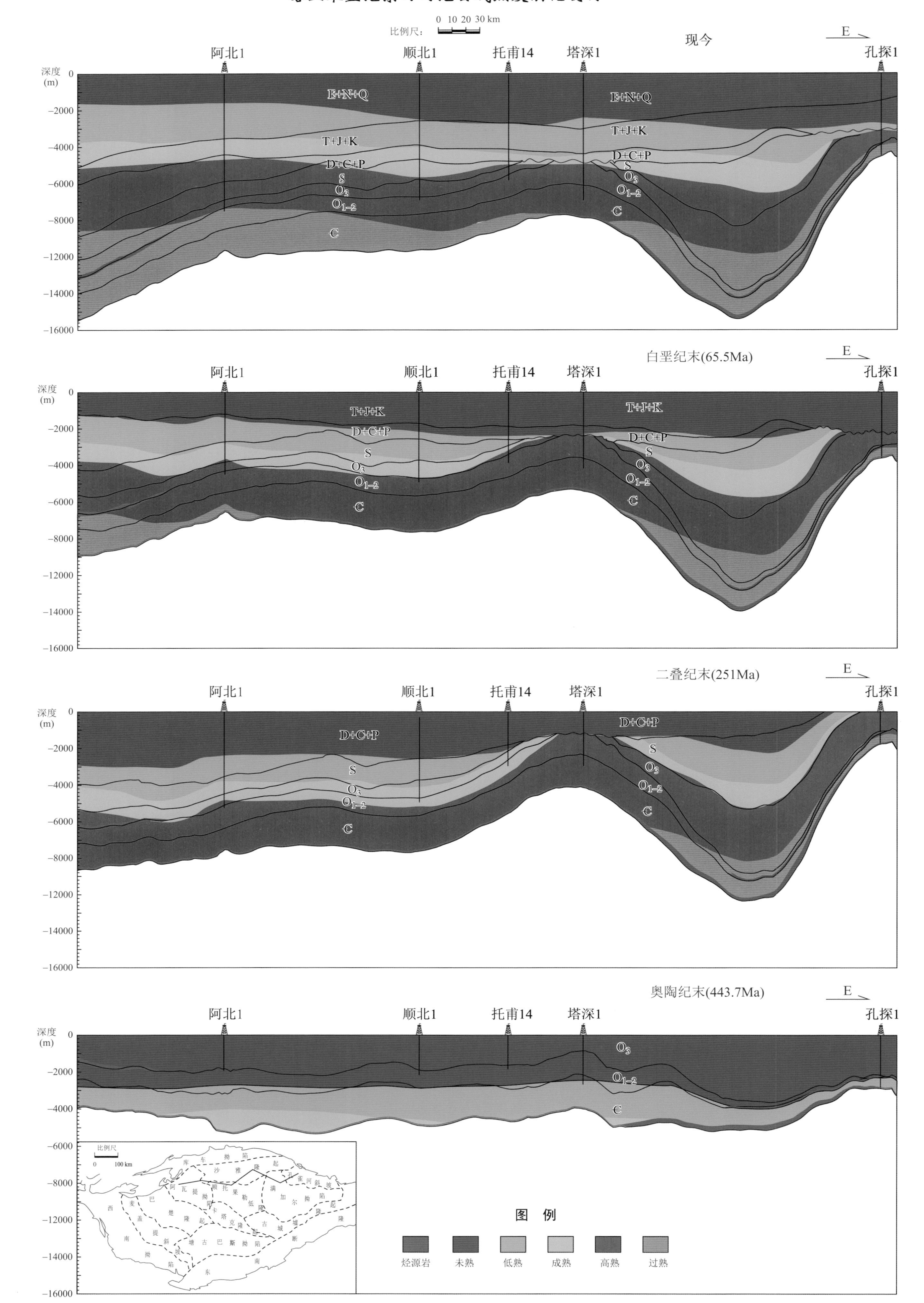

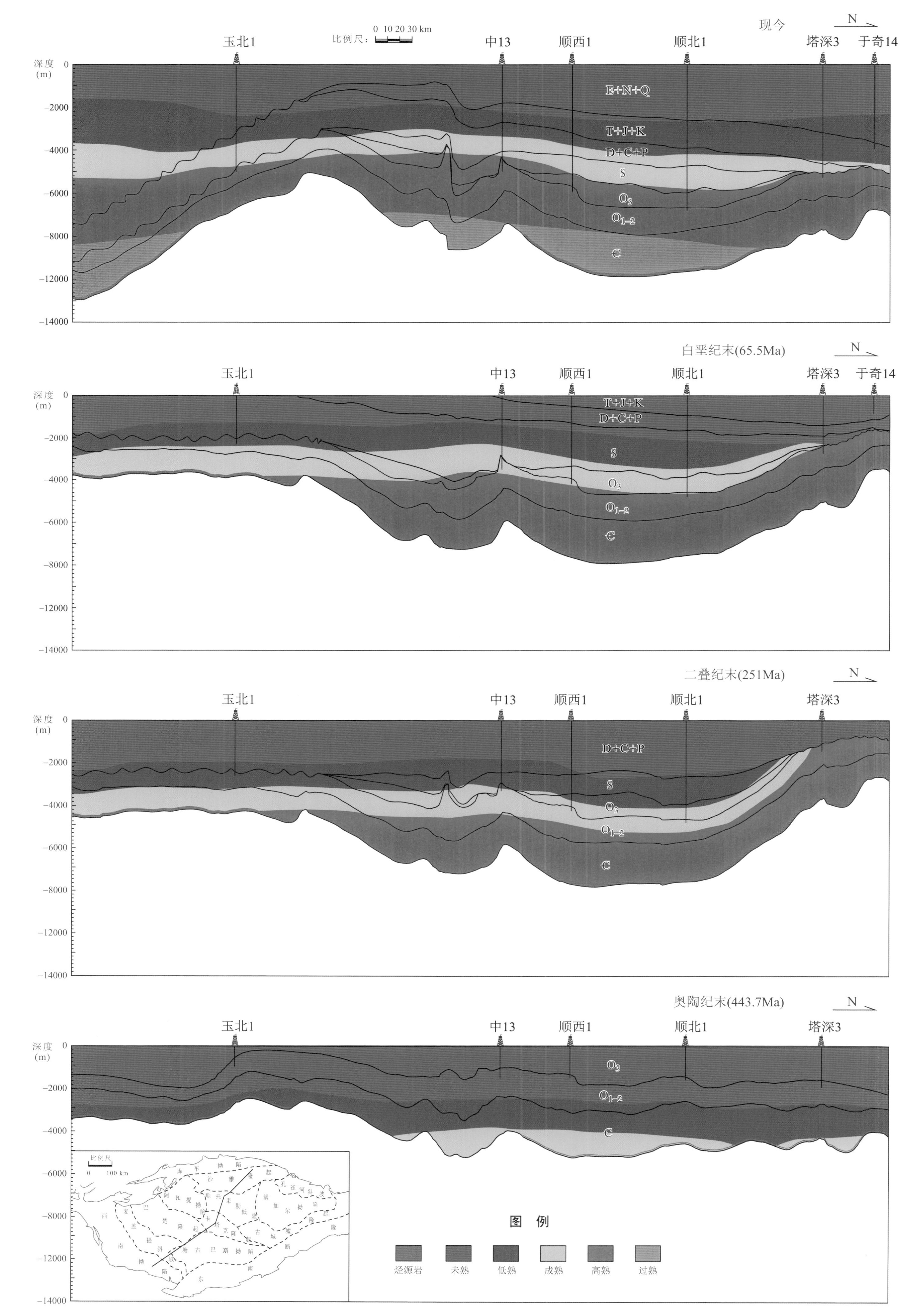
塔里木盆地南北向地层成熟度演化剖面
比例尺：0 10 20 30 km
现今
白垩纪末(65.5Ma)
二叠纪末(251Ma)
奥陶纪末(443.7Ma)
N
玉北1
中13
顺西1
顺北1
塔深3
于奇14
深度 (m)
0
-2000
-4000
-6000
-8000
-12000
-14000
E+N+Q
T+J+K
D+C+P
S
O_3
O_{1-2}
Є
图 例
烃源岩
未熟
低熟
成熟
高熟
过熟

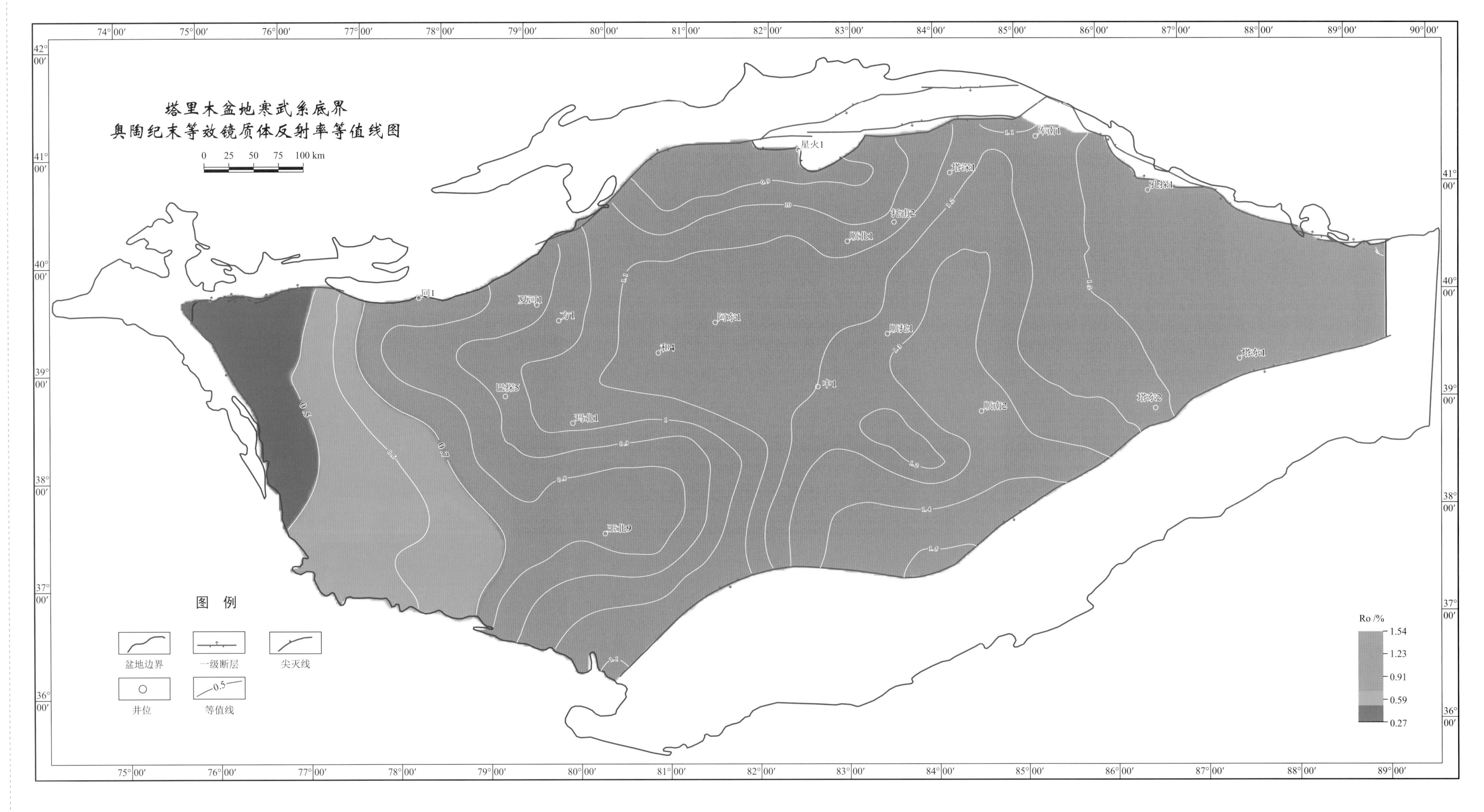

塔里木盆地寒武系底界
奥陶纪末等效镜质体反射率等值线图
0 25 50 75 100 km
星火1
库南1
塔深1
孔探1
托甫2
顺北1
同1
夏河1
方1
阿东1
顺托1
和4
塔东1
巴探5
中1
塔东2
顺南2
玛北1
王北9
图 例
盆地边界
一级断层
尖灭线
井位
等值线
Ro /%
1.54
1.23
0.91
0.59
0.27

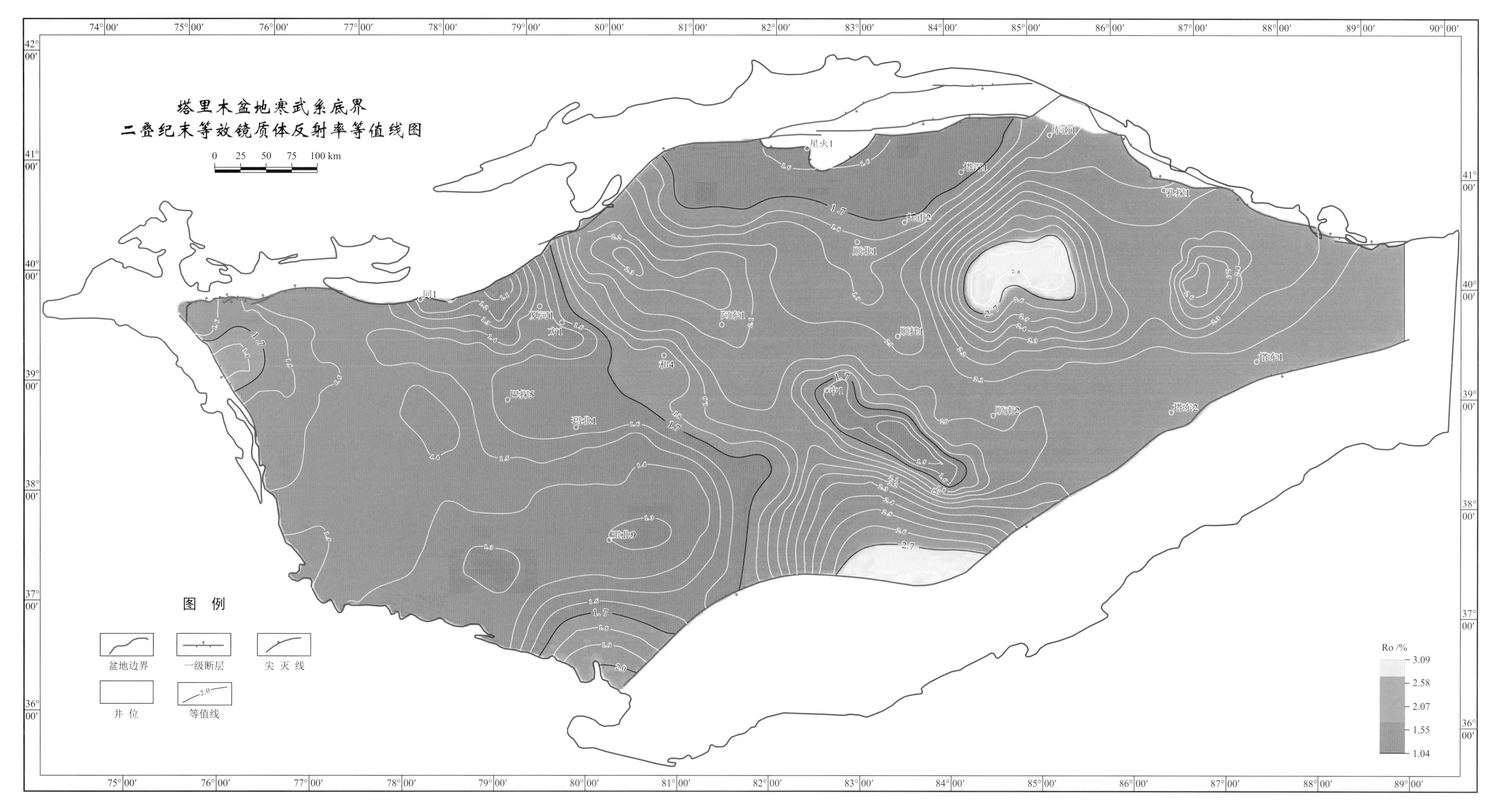
塔里木盆地寒武系底界
二叠纪末等效镜质体反射率等值线图
0 25 50 75 100 km
图 例
盆地边界
一级断层
尖 灭 线
井 位
等值线
Ro /%
3.09
2.58
2.07
1.55
1.04
星火1
塔深1
孔探1
顺北1
阿东1
夏河1
方1
和4
巴探5
玛北1
中1
顺南2
塔东1
塔东2
巴东北9
同1

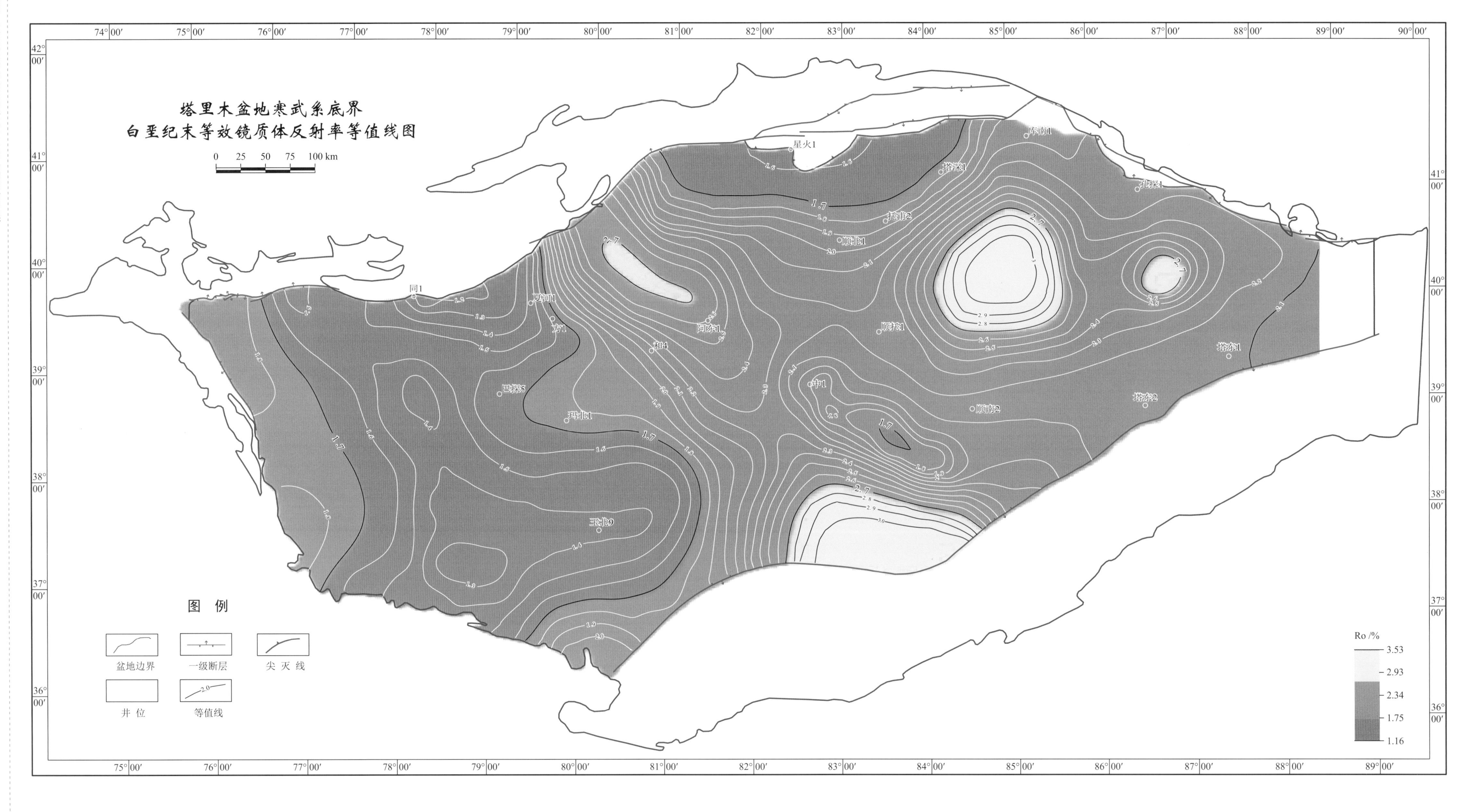
塔里木盆地寒武系底界
白垩纪末等效镜质体反射率等值线图
0 25 50 75 100 km
图 例
盆地边界
一级断层
尖灭线
井位
等值线
Ro /%
3.53
2.93
2.34
1.75
1.16
星火1
库南1
塔深1
孔探1
托甫2
顺北1
同1
夏河1
方1
阿满1
和4
顺托1
塔东1
巴探5
玛北1
中1
塔东2
顺南2
玉北9

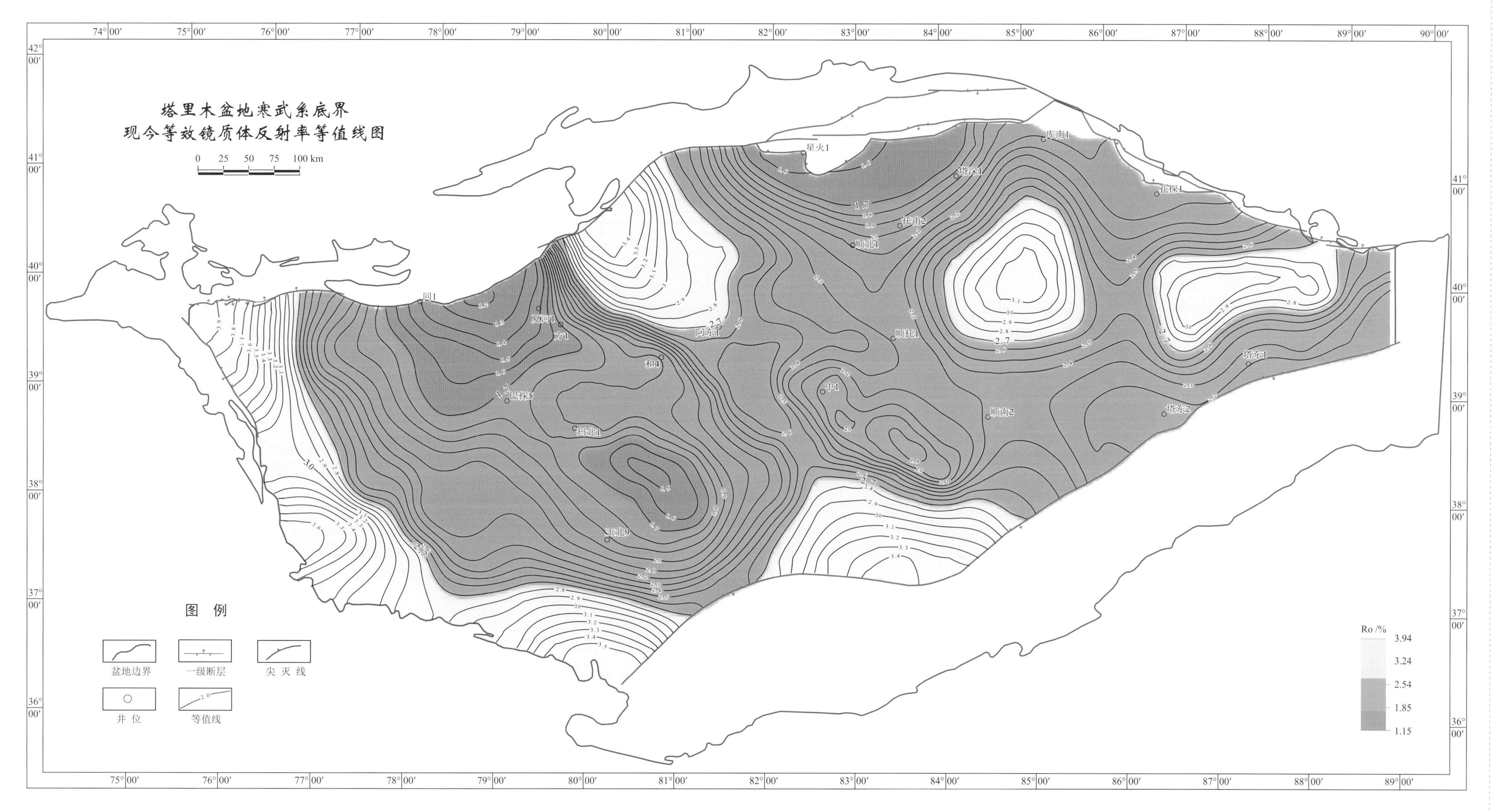
塔里木盆地寒武系底界
现今等效镜质体反射率等值线图
0 25 50 75 100 km
图 例
盆地边界
一级断层
尖灭线
井位
等值线
Ro /%
3.94
3.24
2.54
1.85
1.15
星火1
库南1
塔深1
孔探1
托普2
顺北1
同1
夏河1
方1
阿东1
和4
顺托1
塔东1
巴探5
中1
顺南2
塔东2
玛北1
玉北9

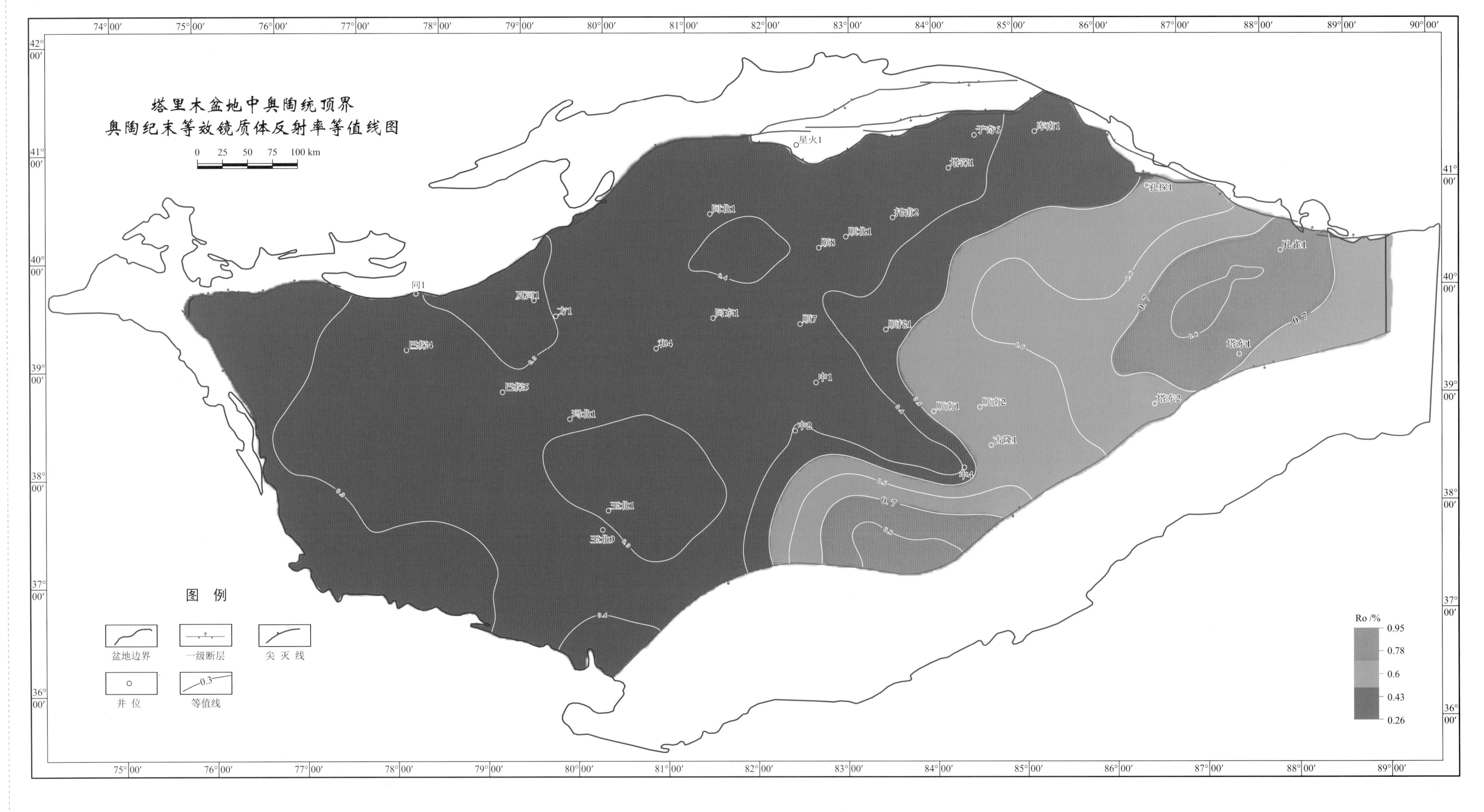

塔里木盆地中奥陶统顶界
奥陶纪末等效镜质体反射率等值线图
0 25 50 75 100 km
图 例
盆地边界
一级断层
尖 灭 线
井 位
等值线
Ro /%
0.95
0.78
0.6
0.43
0.26
星火1
于奇6
库南1
塔深1
孔探1
阿北1
托甫2
顺北1
顺8
孔雀1
同1
夏河1
方1
阿东1
顺7
顺托1
塔东1
巴探4
和4
中1
巴探5
玛北1
顺南1
顺南2
塔东2
中2
古隆1
中4

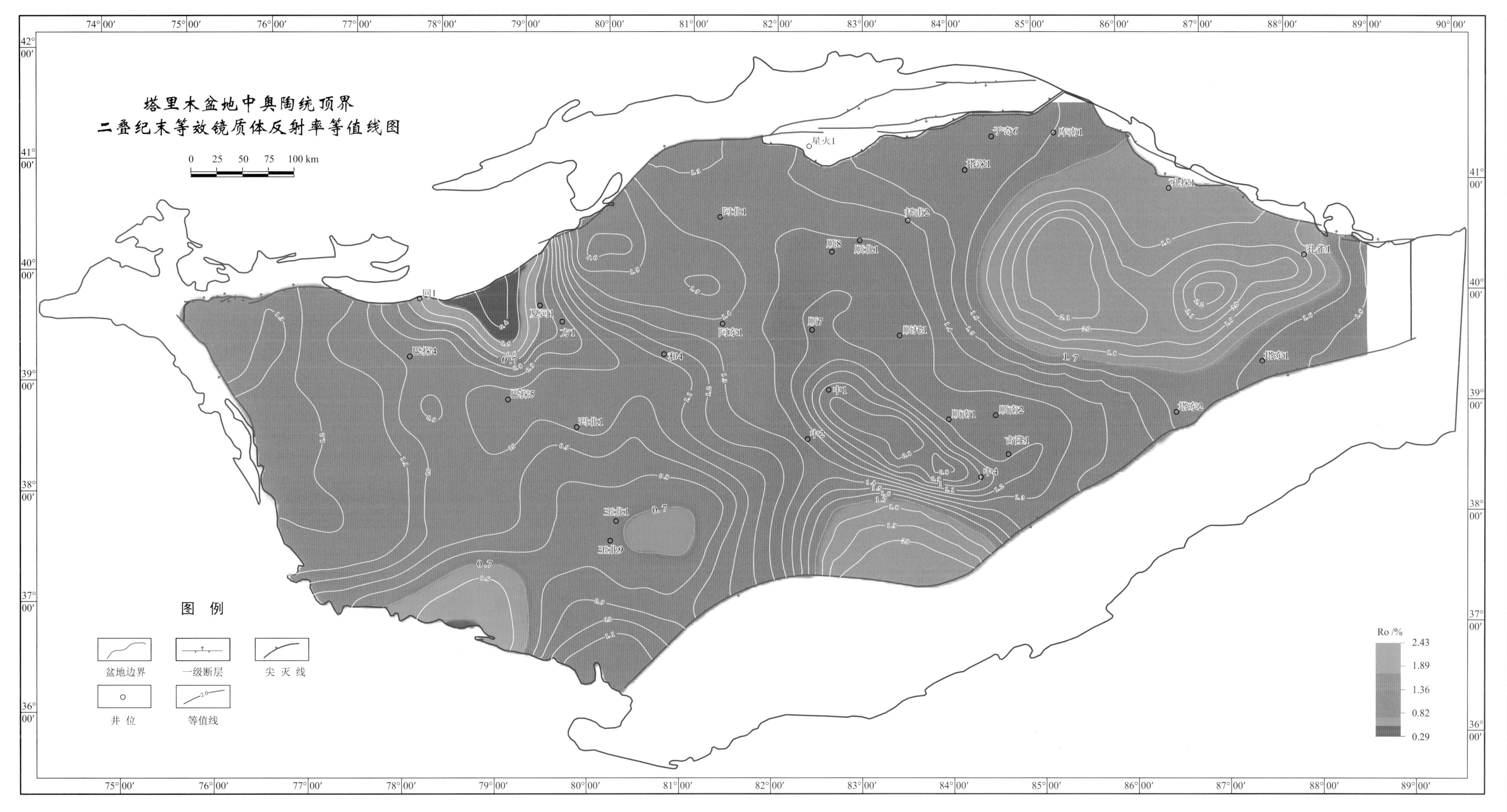
塔里木盆地中奥陶统顶界
二叠纪末等效镜质体反射率等值线图
0 25 50 75 100 km
图 例
盆地边界
一级断层
尖灭线
井位
等值线
Ro /%
2.43
1.89
1.36
0.82
0.29
星火1
于奇6
库南1
塔深1
阿北1
轮南2
顺8
顺北1
同1
夏河1
方1
阿东1
顺7
顺托1
巴探4
和4
巴探5
玛北1
中1
顺南1
顺南2
中2
古隆1
中4
玉北1
玉北9
孔雀1
塔东1
塔东2
0.7
1.7

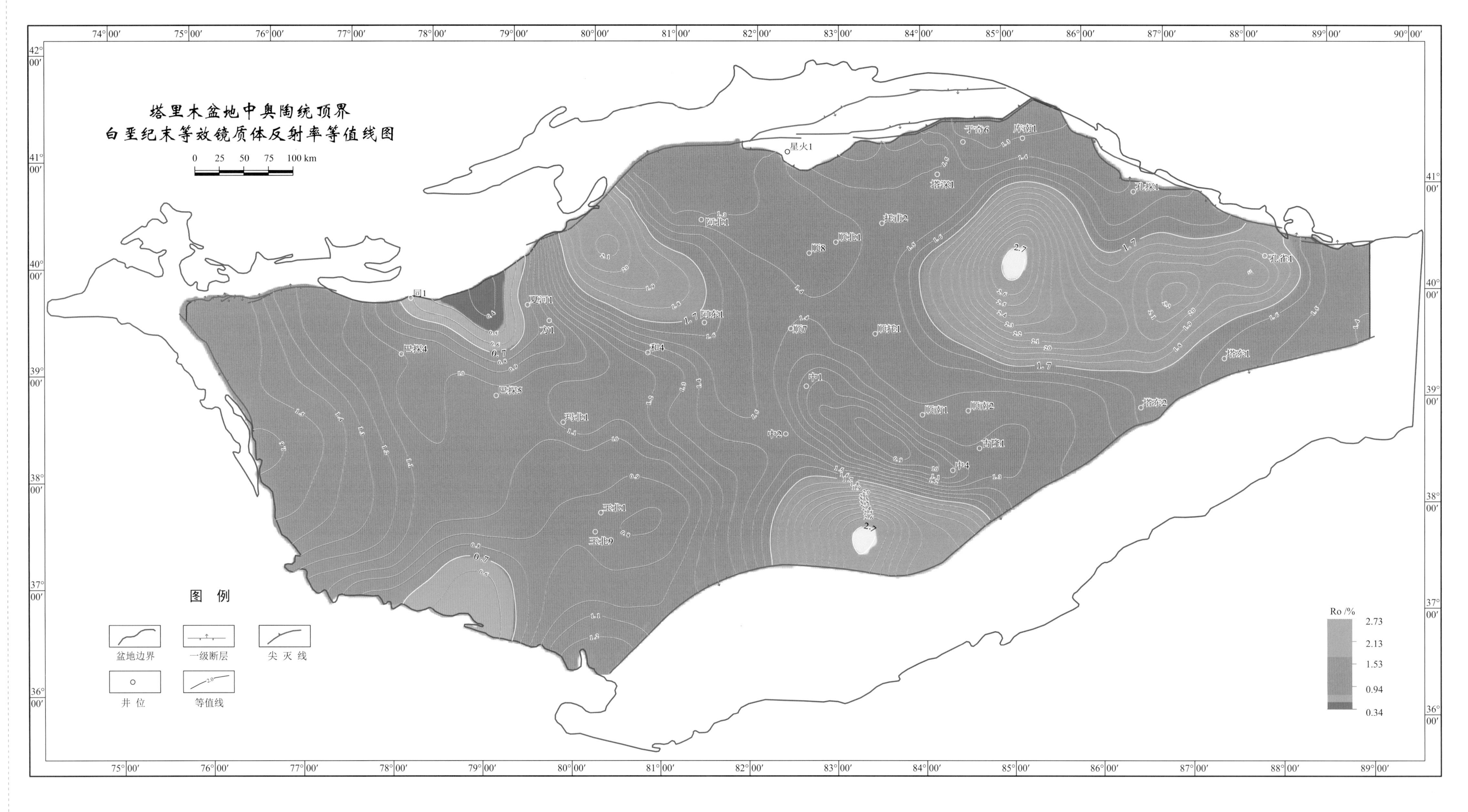
塔里木盆地中奥陶统顶界
白垩纪末等效镜质体反射率等值线图
0 25 50 75 100 km
图 例
盆地边界
一级断层
尖灭线
井位
等值线
Ro /%
2.73
2.13
1.53
0.94
0.34

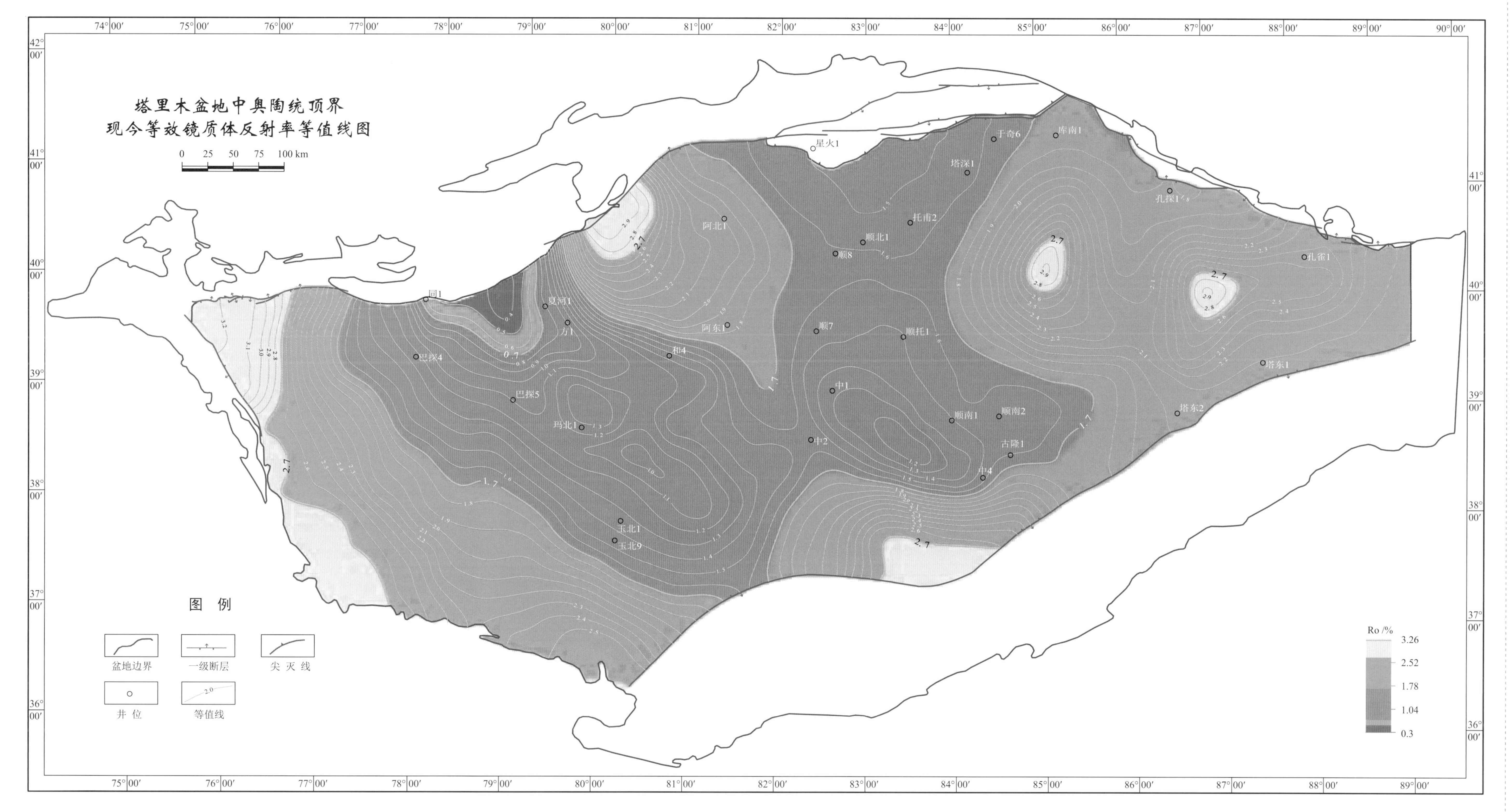
塔里木盆地中奥陶统顶界
现今等效镜质体反射率等值线图
0 25 50 75 100 km
星火1
于奇6
库南1
塔深1
孔探1
托甫2
阿北1
顺北1
顺8
孔雀1
同1
夏河1
方1
阿东1
顺7
顺托1
巴探4
和4
塔东1
中1
巴探5
顺南1
顺南2
塔东2
玛北1
中2
古隆1
中4
玉北1
玉北9
图 例
盆地边界
一级断层
尖灭线
井位
等值线
Ro /%
3.26
2.52
1.78
1.04
0.3

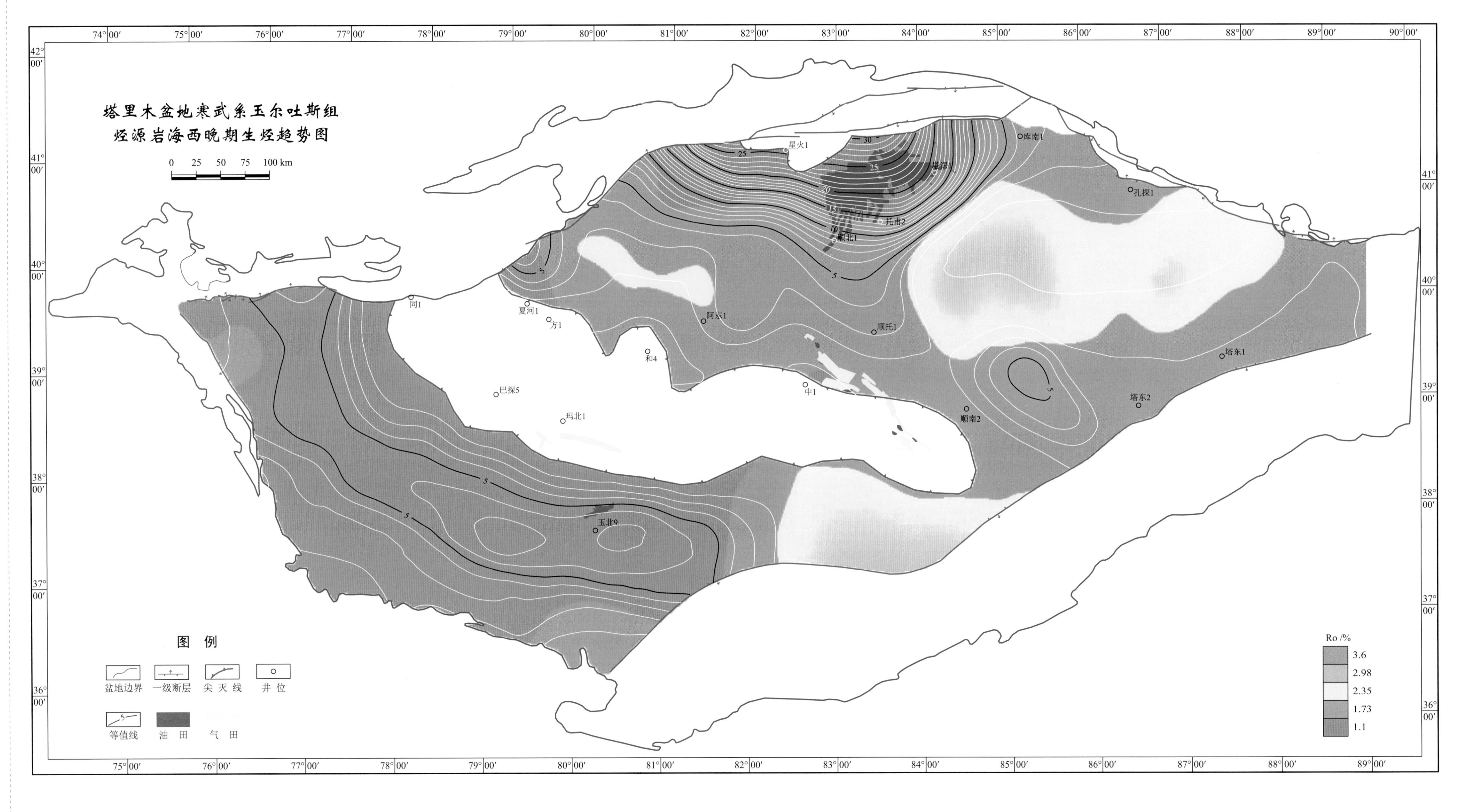
塔里木盆地寒武系玉尔吐斯组
烃源岩海西晚期生烃趋势图
0 25 50 75 100 km
星火1
库南1
塔深1
孔探1
托甫2
顺北1
同1
夏河1
方1
阿东1
顺托1
和4
塔东1
巴探5
中1
玛北1
顺南2
塔东2
玉北9
图例
盆地边界
一级断层
尖灭线
井位
等值线
油田
气田
Ro /%
3.6
2.98
2.35
1.73
1.1

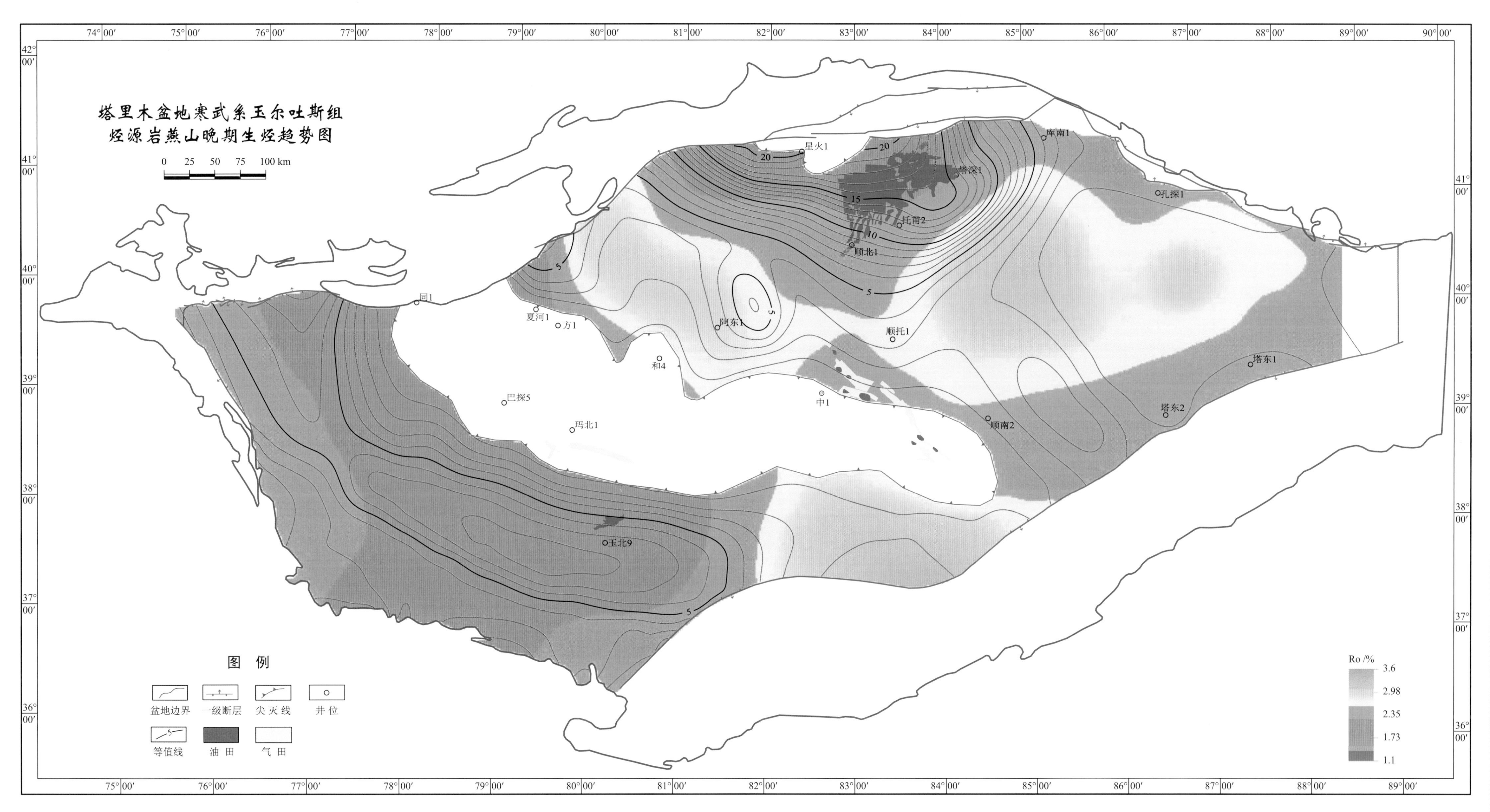
塔里木盆地寒武系玉尔吐斯组
烃源岩燕山晚期生烃趋势图
0 25 50 75 100 km
星火1
库南1
塔深1
孔探1
托甫2
顺北1
同1
夏河1
方1
阿东1
顺托1
和4
塔东1
巴探5
中1
塔东2
顺南2
玛北1
玉北9
图 例
盆地边界
一级断层
尖灭线
井位
等值线
油田
气田
Ro /%
3.6
2.98
2.35
1.73
1.1

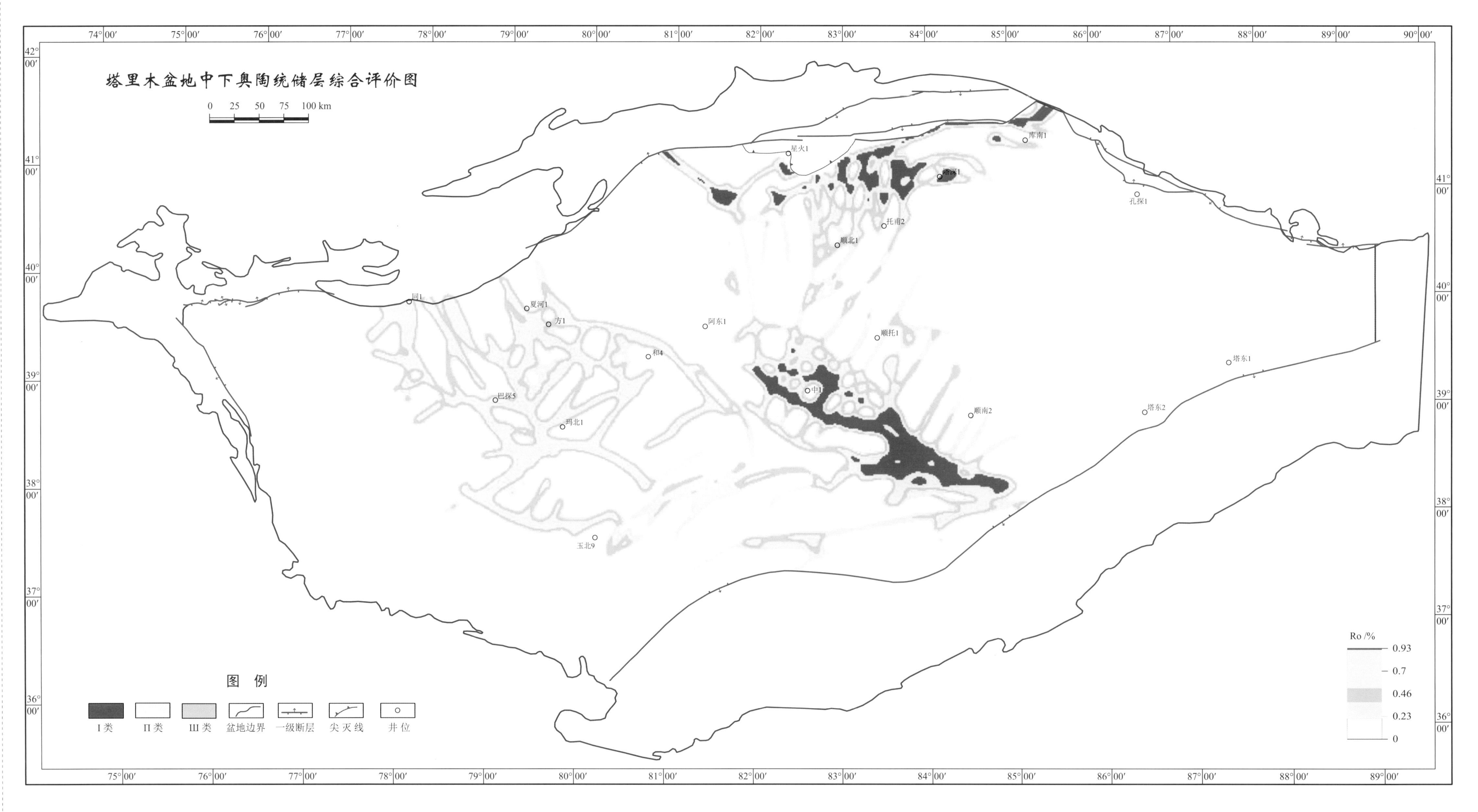

塔里木盆地下古生界发育多套碳酸盐岩储层，储集层成因类型多样，其中与大气水有关的岩溶作用、构造与断裂活动、白云岩化、深部及热液流体改造是储层发育的主控因素。不同地区、不同层系的储层受上述因素的控制程度不同，成岩演化过程也有差异。

塔河地区塔深1井白云岩缝洞型储层

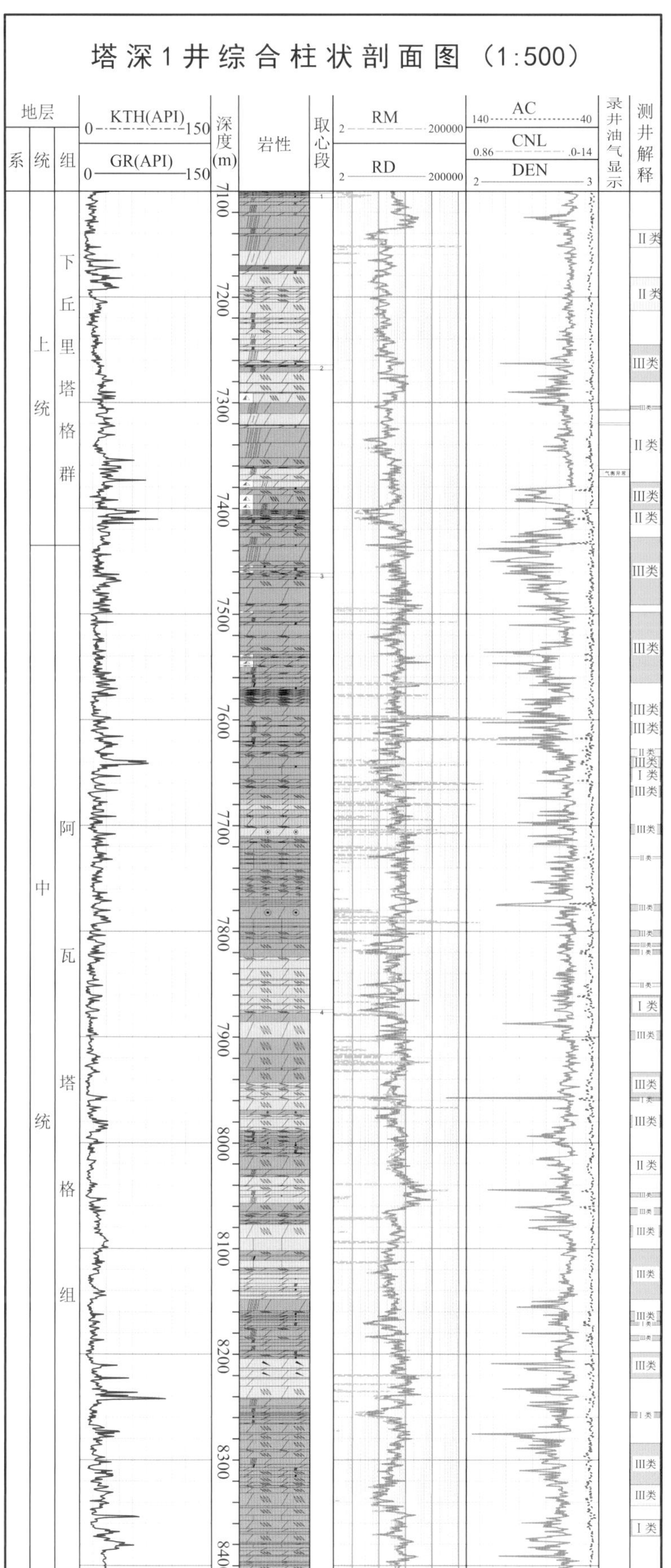

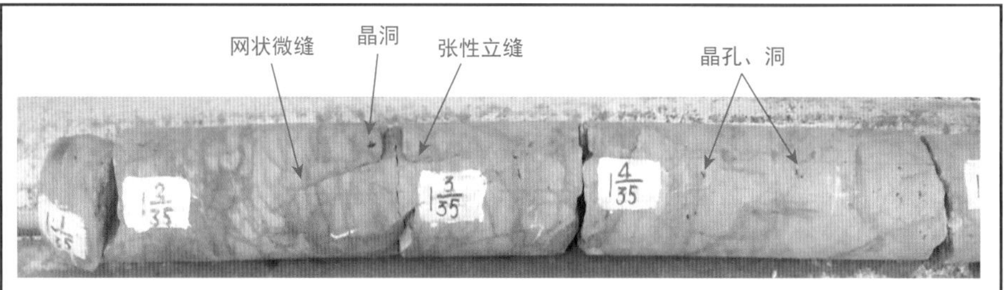

TS1井 €1 细晶白云岩，裂缝及溶蚀孔洞发育。

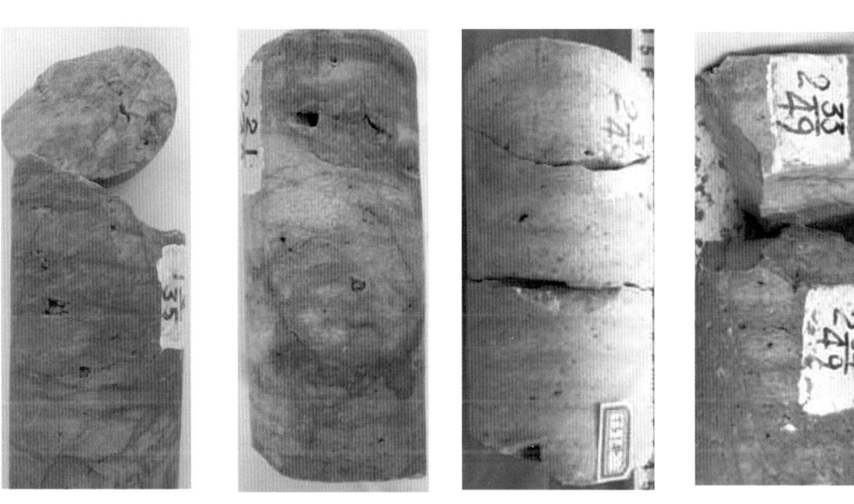

TS1井 €1 细晶白云岩，溶蚀孔发育。

TS1井 €3 砂砾屑白云岩，溶蚀孔缝发育，充填白色方解石。

TS1井 €4 粉晶白云岩，溶蚀孔洞发育，洞壁半充填白云石晶簇。

TS1井 €5 微粉晶白云岩，溶蚀孔洞发育，洞壁半充填白云石晶簇。

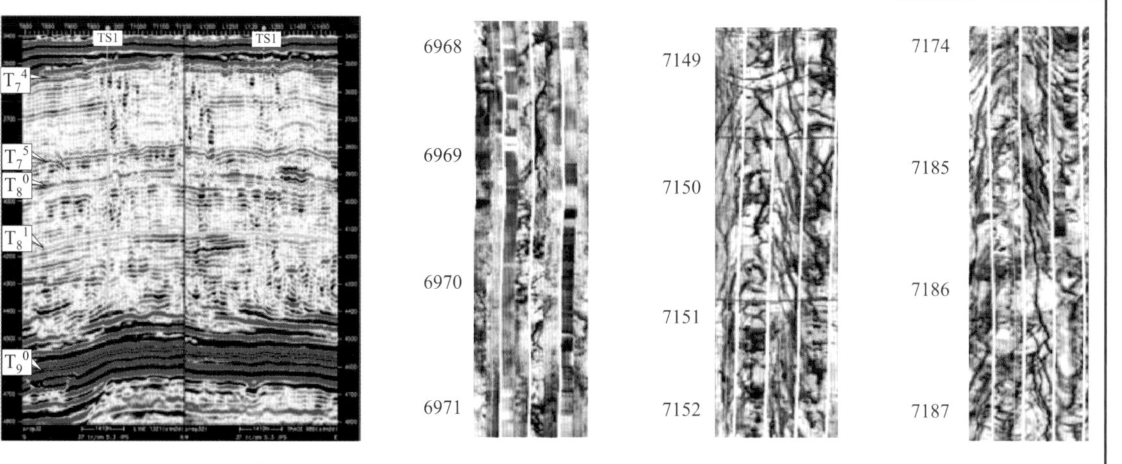

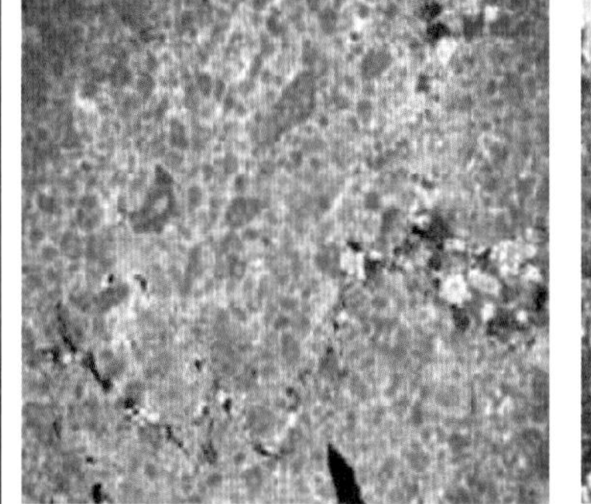

缝合线充填沥青，TS1，$€_3xq$，6380m，正交偏光，×50

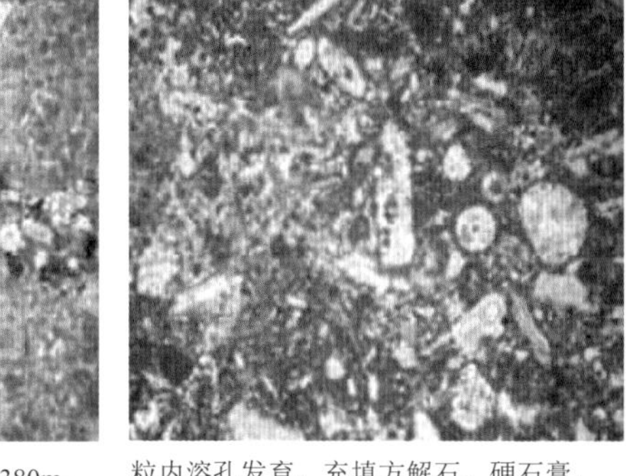

粒内溶孔发育，充填方解石、硬石膏，TS1，$€_3xq$，7325m，单偏光，×50

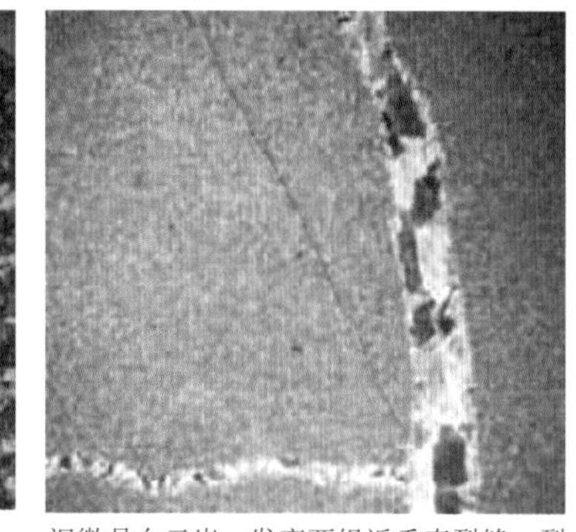

泥微晶白云岩，发育两组近垂直裂缝，裂缝中充填中晶白云石，TS1，$€_3xq$，7610m，正交偏光，×50

粒间胶结物晶间孔充填沥青，TS1，$€_3xq$，7701m，单偏光，×50

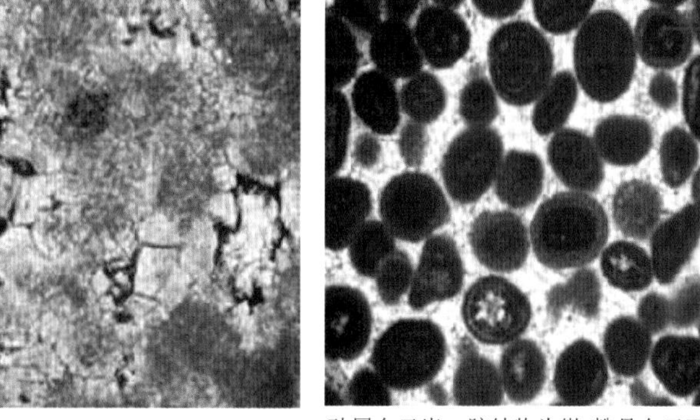
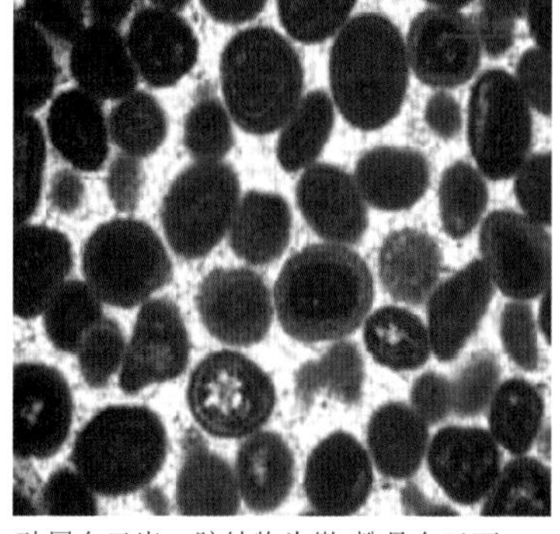

砂屑白云岩，胶结物为微-粉晶白云石，具世代胶结特征，TS1，7710m，$€_3xq$，正交偏光，×50

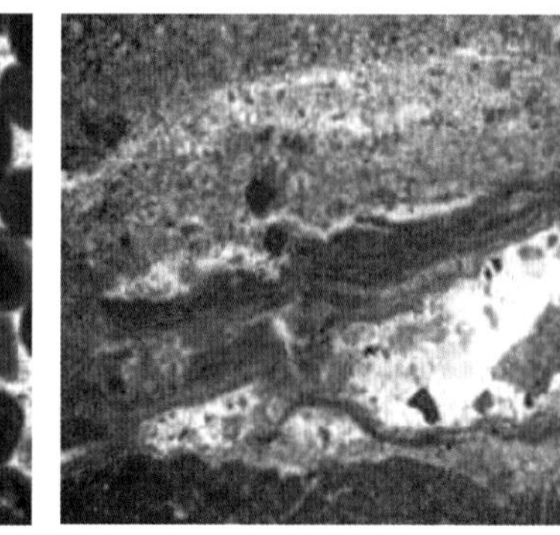

藻纹层白云岩，溶缝中充填细-中晶白云石，TS1，$€_3xq$，7757m，正交偏光，×50

残余颗粒粉晶白云岩，呈阶梯状、菱面体状、板状，晶体镶嵌接触，TS1，$€_3xq$，7874.35m，SEM，×500

书页状高岭石充填在白云石晶间孔中，TS1，$€_3xq$，8405.08m，SEM

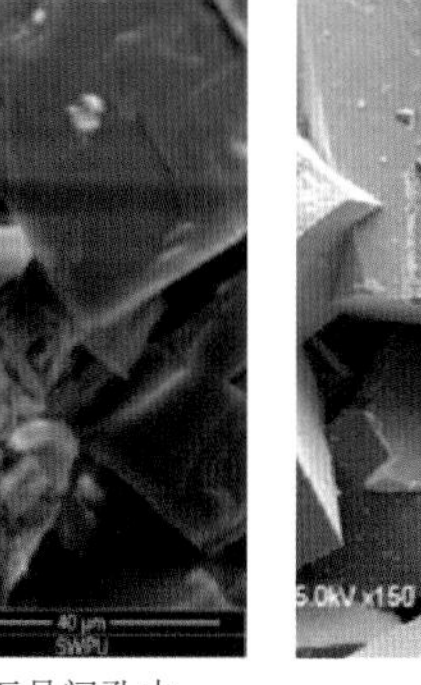

TS1 7874.36m 鞍型白云石

塔河地区T615井奥陶系鹰山组喀斯特岩溶洞穴型储层

T615井奥陶系鹰山组综合柱状图

T615井在奥陶系风化面之下14m发育一洞径达20m（5535～5555m井段）的大型溶洞，其中充填砂质。洞内被褐灰色油砂（细砂岩）全充填，统计66件物性样，孔隙度范围7.0%～23.4%。平均15.5%，渗透率范围$0.004\times10^{-3}\mu m^2$～$59.5\times10^{-3}\mu m^2$，平均$13.136\times10^{-3}\mu m^2$，属于中等容积、中等渗透率的储层，推测为东河段沉积时的海岸溶洞沉积。该段中测用6mm油嘴，日产油100m³。

T615井 6 41/46 642/46 6 46/46 泥微晶灰岩裂隙中充填砂泥质，缝面见半透明方解石。

T615 7 4–5/35 泥微晶灰岩裂隙充填围岩砾和绿灰色细砂泥质。

T615 8 12/33 8 18/33 8 22/33 9 7/74 9 15/74 9 53/74 洞穴沉积物（细砂岩），发育波状层理、变形层理和水平层理。

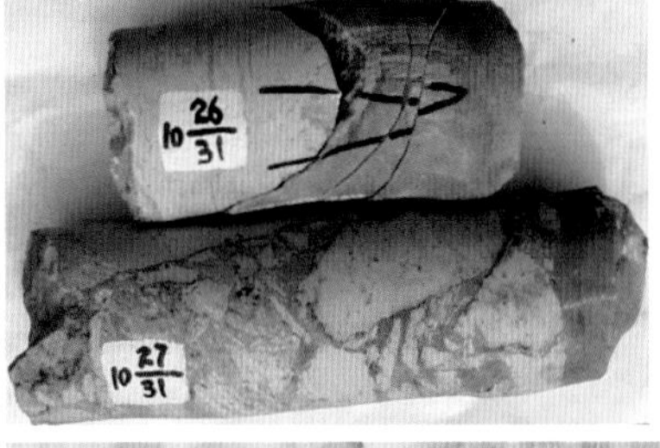

T615 10 26–27/31 砂屑泥晶灰岩裂隙充填灰岩角砾、细砂、泥质。

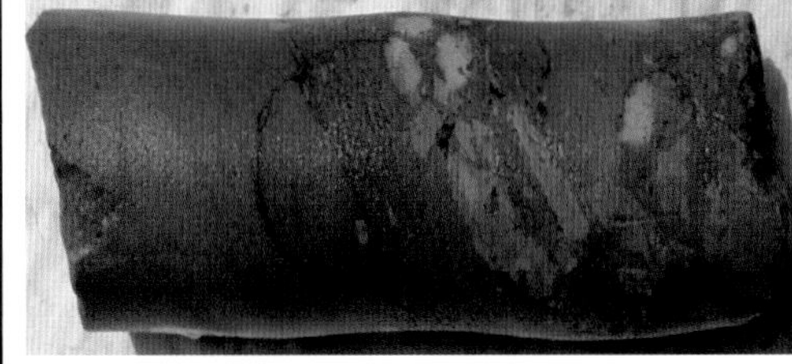

T615 11 28/36 一期裂缝灰岩角砾和砂质，二期裂缝充填细砂岩，三期裂缝充填砂泥质。

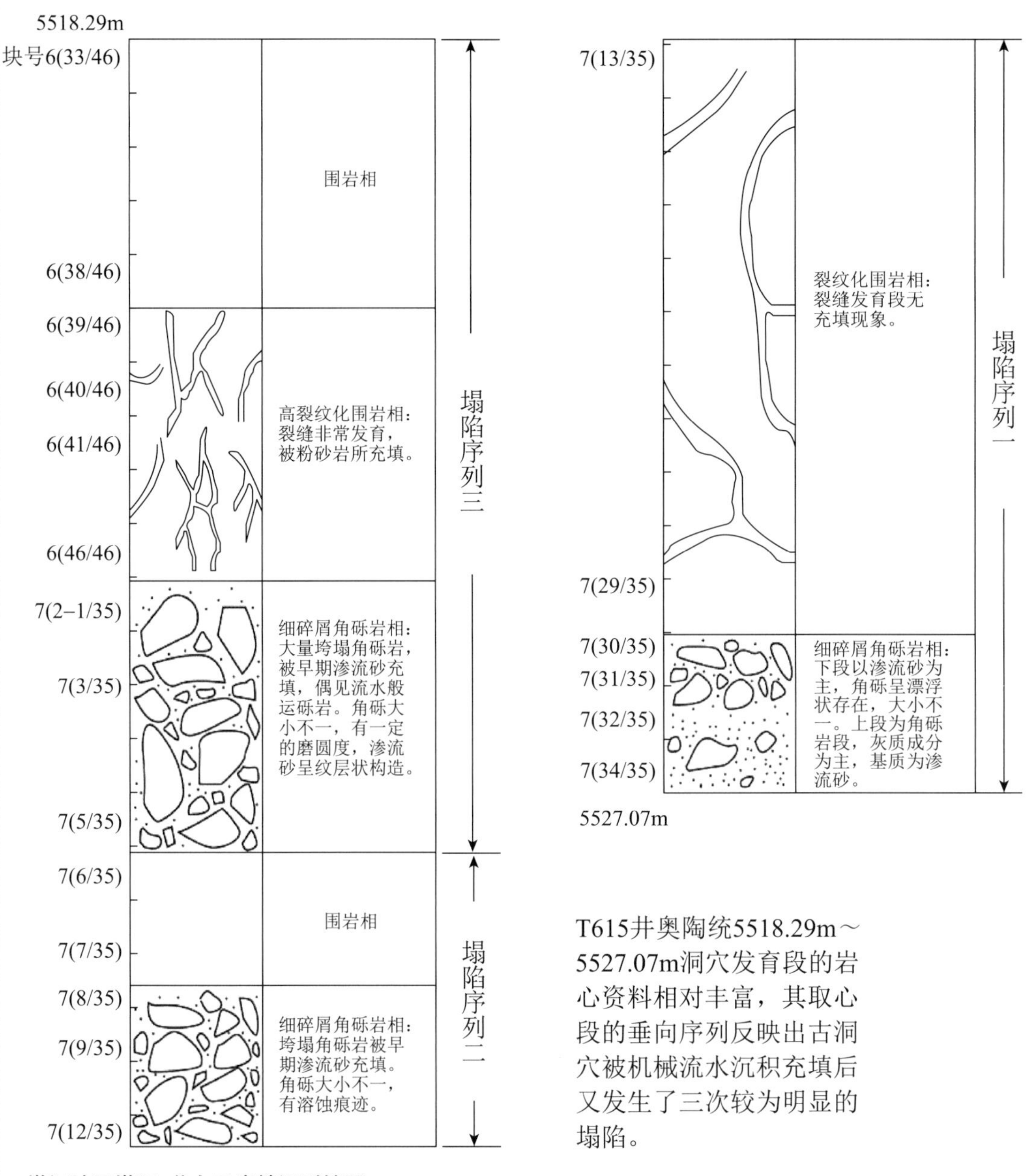

T615井奥陶统5518.29m～5527.07m洞穴发育段的岩心资料相对丰富，其取心段的垂向序列反映出古洞穴被机械流水沉积充填后又发生了三次较为明显的塌陷。

塔河地区塔深1井白云岩缝洞型储层

塔深1井在寒武系取岩心表明白云岩发育裂缝孔洞型储层，白云岩溶孔和裂缝的不规则边缘说明富镁热液溶蚀作用的存在，塔深1岩心和露头观察及物性测试表明热液改造对储层有建设性。塔河地区塔深1井以鞍型白云石为代表的成岩矿物（还包括石英、自形白云石胶结物、基质白云石）包裹体显微测温鞍型白云石包裹体均一温度明显高于石英和白云石胶结物，更高于基质白云石。

塔河地区T615井奥陶系鹰山组喀斯特岩溶洞穴型储层

塔河地区主体区（喀斯特型）岩溶作用发育，在加里东中期Ⅰ幕同生期性质岩溶改造基础上，伴随古隆起继承性发育，抬升幅度和地形高差变大，发育了加里东中期Ⅱ幕、加里东中期Ⅲ幕、加里东晚期-海西早期、海西晚期多期表生岩溶作用，北部塔河主体周缘处于岩溶斜坡相对高部位，发育了一些规模较大的缝洞系统，局部断裂带发育深度较大，可达300m以上，南部处于岩溶斜坡低部位，岩溶发育程度相对减弱，多发育于不整合面以下0～50m，岩溶作用持续时间较短，缝洞体总体规模较小，非均质性较强，缝洞系统仅发育于断裂带附近，断裂带间欠发育。T615井海西早期岩溶发育，距风化面之下14m发育20m高的大型洞穴，该井恰好处于东河砂岩滨岸相带，形成砂质滨岸充填在洞穴中，取心段可以清晰地看到机械流水沉积结构。

塔中地区中1井中下奥陶统岩溶缝洞型储层

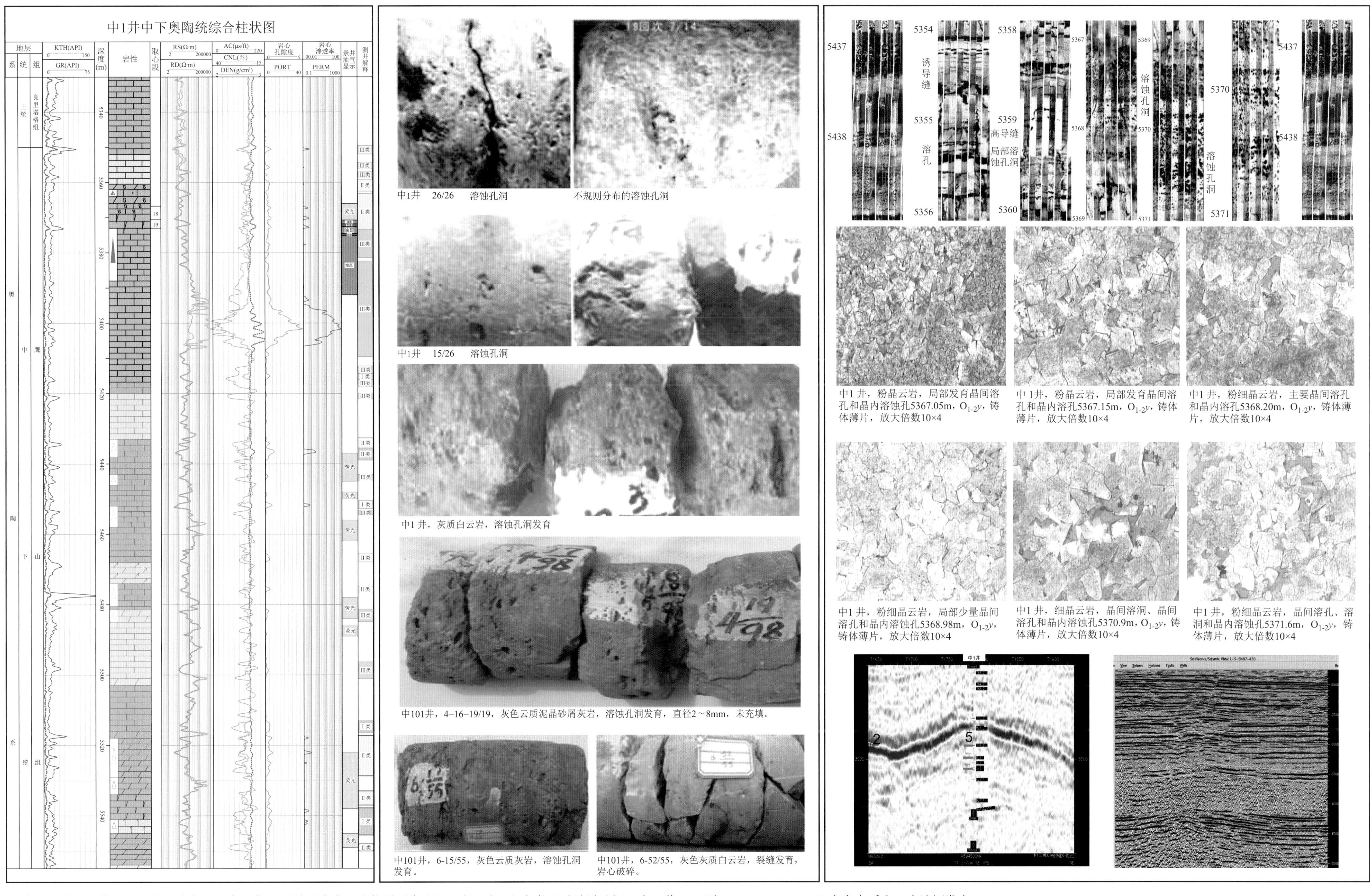

中1井 26/26 溶蚀孔洞

不规则分布的溶蚀孔洞

中1井 15/26 溶蚀孔洞

中1井，灰质白云岩，溶蚀孔洞发育

中101井，4-16-19/19，灰色云质泥晶砂屑灰岩，溶蚀孔洞发育，直径2～8mm，未充填。

中101井，6-15/55，灰色云质灰岩，溶蚀孔洞发育。

中101井，6-52/55，灰色灰质白云岩，裂缝发育，岩心破碎。

中1井，粉晶云岩，局部发育晶间溶孔和晶内溶蚀孔5367.05m，$O_{1-2}y$，铸体薄片，放大倍数10×4

中1井，粉晶云岩，局部发育晶间溶孔和晶内溶孔5367.15m，$O_{1-2}y$，铸体薄片，放大倍数10×4

中1井，粉细晶云岩，主要晶间溶孔和晶内溶孔5368.20m，$O_{1-2}y$，铸体薄片，放大倍数10×4

中1井，粉细晶云岩，局部少量晶间溶孔和晶内溶蚀孔5368.98m，$O_{1-2}y$，铸体薄片，放大倍数10×4

中1井，细晶云岩，晶间溶洞、晶间溶孔和晶内溶蚀孔5370.9m，$O_{1-2}y$，铸体薄片，放大倍数10×4

中1井，粉细晶云岩，晶间溶孔、溶洞和晶内溶蚀孔5371.6m，$O_{1-2}y$，铸体薄片，放大倍数10×4

加里东中期Ⅰ幕运动卡塔克隆起处于高部位，剥蚀强度大，直接暴露鹰山组下段云岩，但仍能形成溶蚀孔洞，中1井19回次5370.6～5371m深灰色灰质白云岩溶洞发育。

顺北地区顺北2井奥陶系一间房组断控裂缝型碳酸盐岩储层

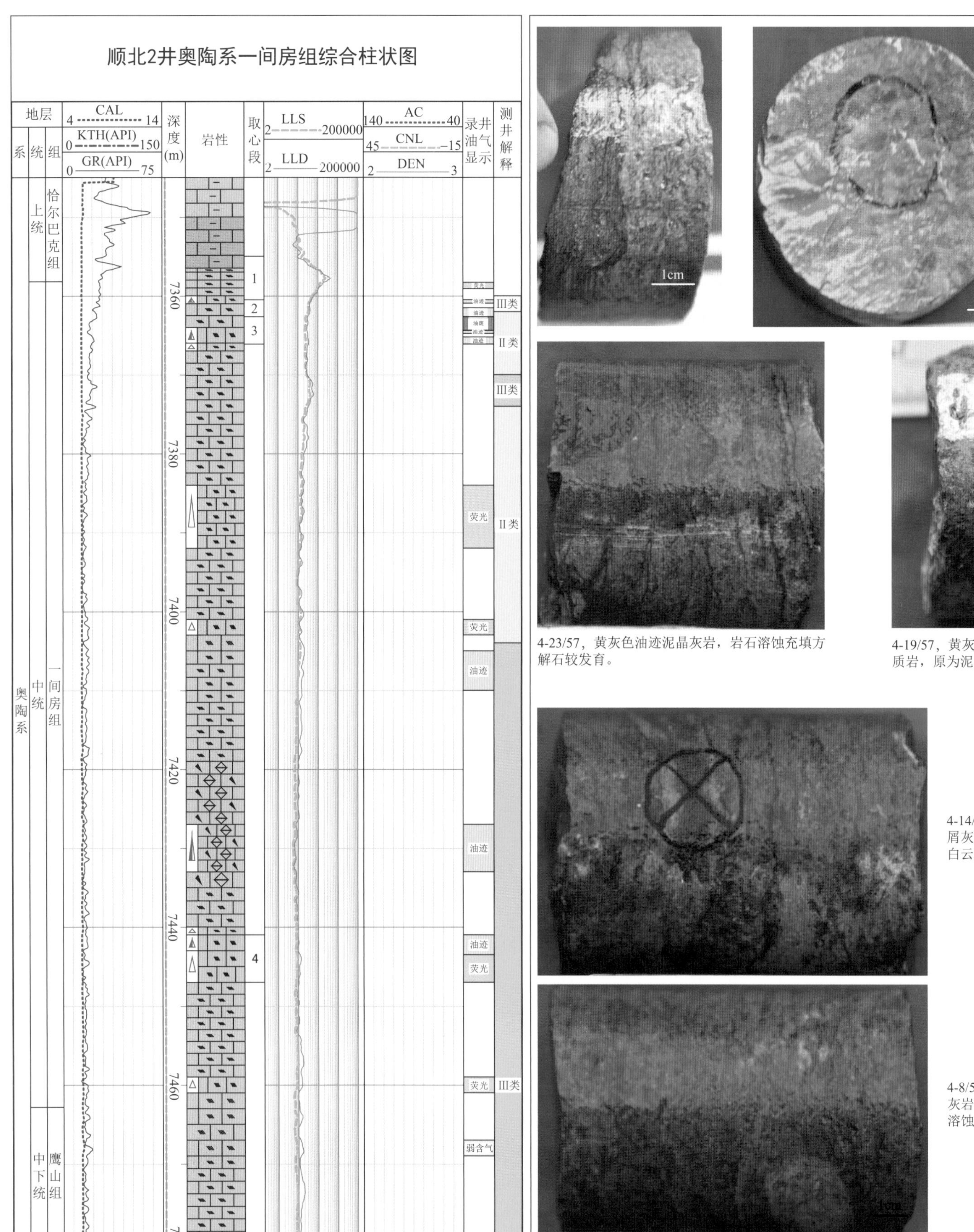

62-791/，深灰色藻屑灰岩，见藻纹层泥质条带。

4-23/57，黄灰色油迹泥晶灰岩，岩石溶蚀充填方解石较发育。

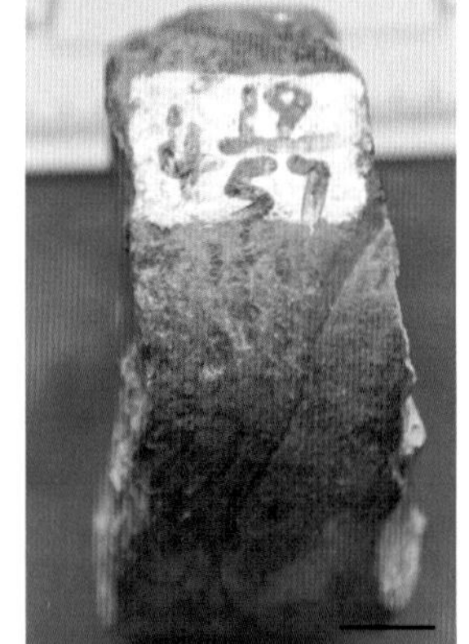

4-19/57，黄灰色含灰改造硅质岩，原为泥晶砂屑灰岩。

4-14/57，黄灰色泥晶砂屑灰岩，缝合线见沥青、白云石。

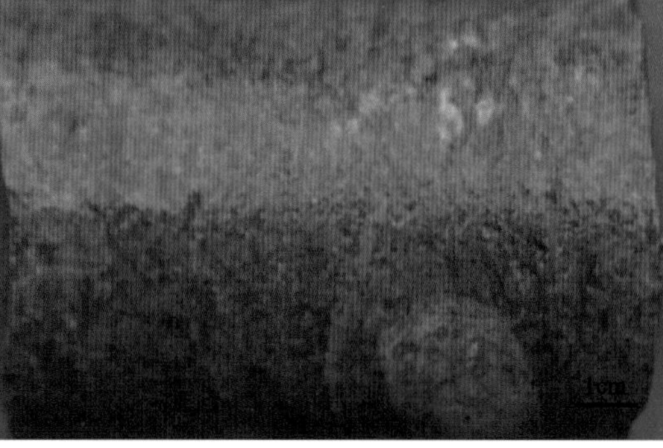

4-8/57，黄灰色亮晶藻屑灰岩，缝合线见沥青、溶蚀充填白云石。

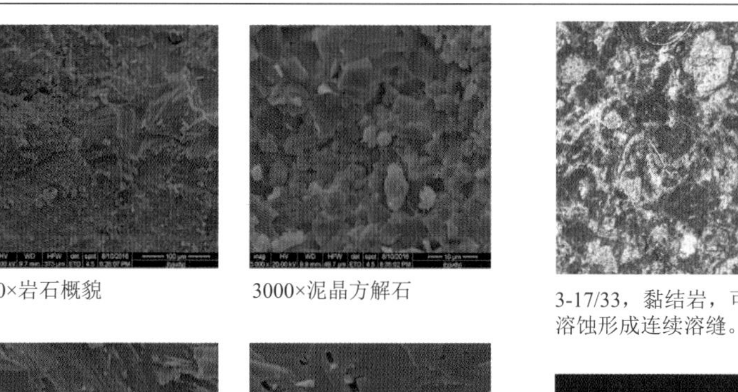

400×岩石概貌

3000×泥晶方解石

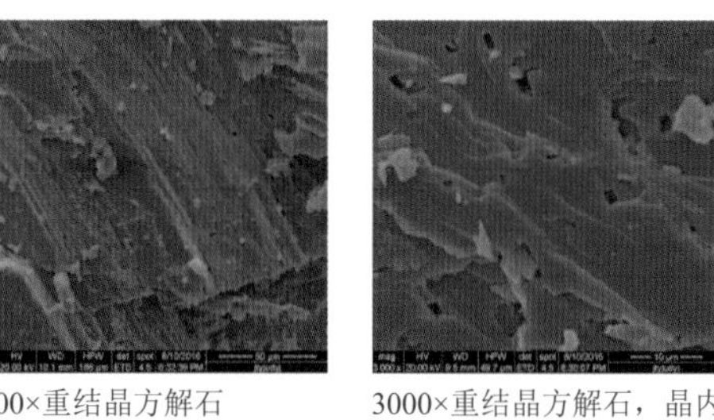

800×重结晶方解石

3000×重结晶方解石，晶内溶蚀孔

4-57/57，扫描电镜，岩石样品主要为泥晶方解石和重结晶方解石，空隙总体不发育。

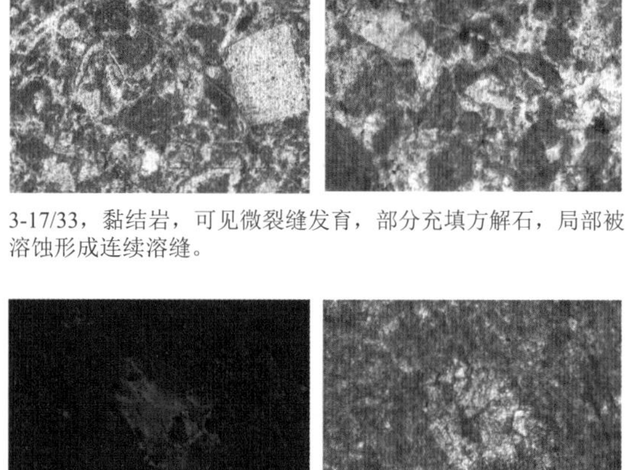

3-17/33，黏结岩，可见微裂缝发育，部分充填方解石，局部被溶蚀形成连续溶缝。

1-37/39，岩石整体发橘红色光，局部见两期重结晶的方解石发橘红色光。

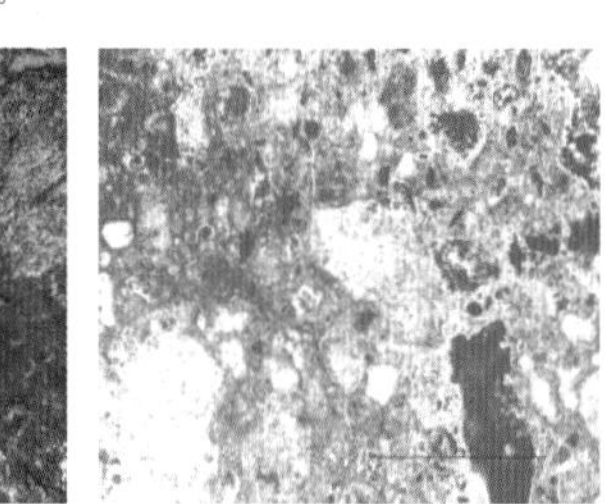

7362.8m，藻黏结灰岩，微裂缝发育

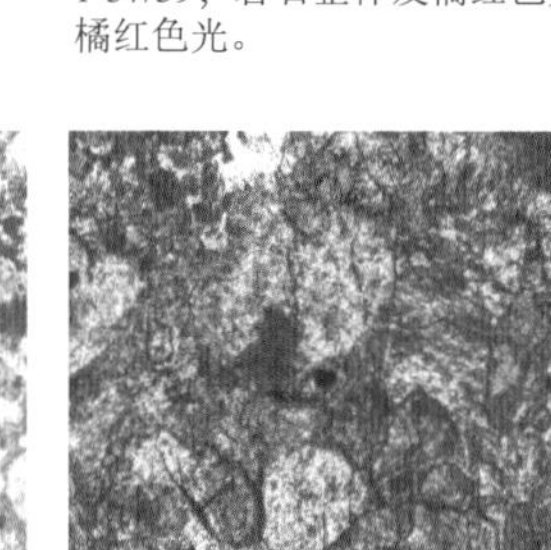

7442.65m，泥晶砂屑灰岩发生硅化，具残余砂屑结构，发育粒内溶孔

7441.05m，泥晶灰岩，方解石充填

7441.05m，泥晶灰岩，方解石充填

通过近年对顺北油田的研究认识与勘探实践，作者认识到顺北油田奥陶系岩溶储层发育条件差，基质物性差，但实钻及动态资料反映储集体与油藏纵向深度大，发育规模大，储集体与油气富聚于受较大规模的断裂所控制的裂缝-洞穴系统中。通过与湘西寒武系泥质白云岩与克拉玛依乌尔禾砂岩断控沥青矿进行对比，作者认为构造破裂作用也能形成规模储集体，并提出了断容储集体的概念。它是指巨厚致密碳酸盐岩内部主要由走滑断裂破裂作用形成的、由裂缝带及"空腔"型洞穴所构成的规模裂缝-洞穴型储集体，宽度一般较窄，但深度大，发育主要受断裂带控制，各类溶蚀作用对储集体贡献极为有限。该认识打破了传统碳酸盐岩规模储集体必须要有溶蚀改造的认识禁锢，其必将极大拓展勘探家的视野，对低隆、斜坡区的油气勘探与开发具有重要的意义。

在区域斜向挤压背景下，走滑断裂发生斜向走滑运动，走滑断层根据位移矢量方向可分解为走滑分量和倾滑分量，前者促使地层发生水平运动，后者促使地层发生垂向变形（插图）。应力-应变数值模拟表明，派生裂缝发育受断层性质、断层核宽度、断层分段组合样式及活动强度等因素控制：压扭断层较纯走滑断层派生裂缝发育范围更大，随断层核宽度增加，派生裂缝发育范围与断层核宽度比逐渐减小，在断裂端部、交汇部位及叠接拉分段派生裂缝发育程度更高，且裂缝发育强度与断层垂向断距之间呈正相关。

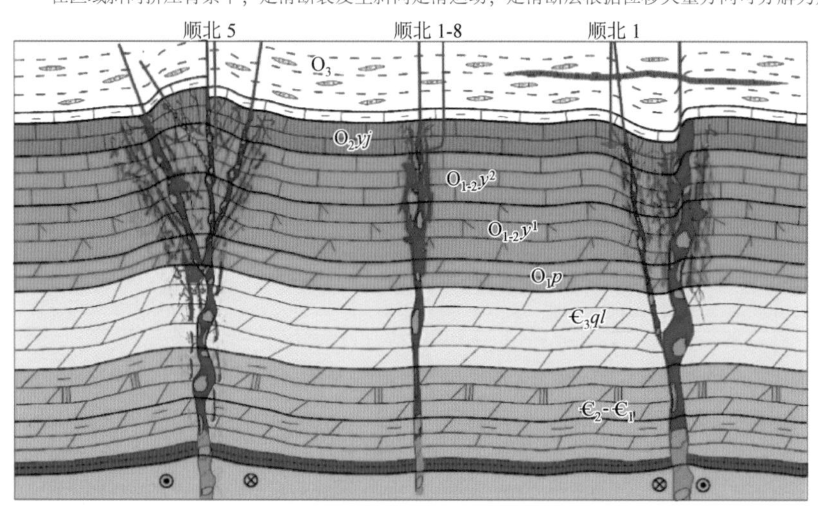

插图　顺北油气田走滑断裂带油气成藏模式图

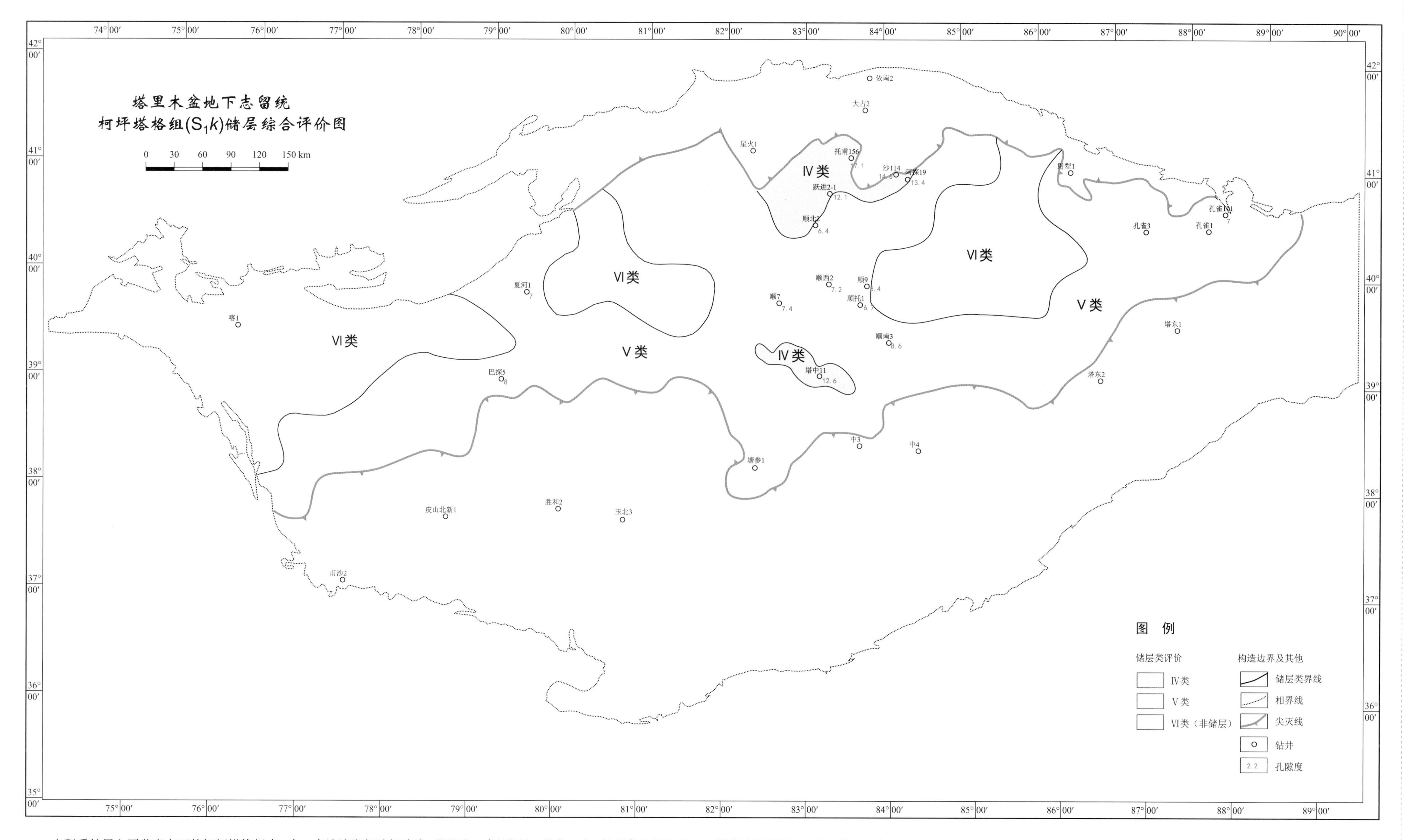

志留系储层主要发育在下统柯坪塔格组中，为一套滨浅海相浪控滨岸、潮坪和三角洲沉积。总体而言，储层普遍埋深大，储集物性较差，绝大多数以Ⅳ～Ⅴ类储层为主，致密砂岩储层所占比例较大。纵向上，柯坪塔格组上段砂岩物性相对好于下段，高能砂质滨岸相临滨－前滨砂体物性优于潮坪相砂岩。塔北隆起托甫台、艾丁地区和塔中10号构造带－中央主垒带附近物性较好，以Ⅳ类储层为主，如跃进2-1—托甫156井区、塔中11—塔中31井区，局部呈星点状分布少量III类储层。其余地区大面积分布Ⅴ类储层，岩性主要为三角洲平原－前缘、临滨、潮间带－潮上带砂岩－粉砂岩。巴楚西部地区、阿瓦提、满加尔—草湖地区主要为浅海陆棚，砂岩物性较差，基本为非储层。

泥盆系储层以东河塘组为代表，自东向西发育高能砂质滨岸 - 浅海陆棚相沉积，局部发育河口湾。砂岩储层物性相对志留系要好一些，III、IV类储层占比相对较大。但是储集性能在盆地内的不同地区有较大差异，纵向上各井也存在非均质性，物性特征极为复杂。沉积相对储层控制作用较为明显，从平面分布来看，塔中、塔北和满西地区大面积分布的前滨 - 临滨砂岩以及河口湾相砂岩储层物性较好，以卡塔克隆起中 1 井区、塔中 4 井区，以及东河塘油田、哈德逊油田为代表，大面积分布IV类储层，局部地区发育III类储层。塘北地区和西部的巴楚绝大部分地区为三角洲和临滨砂岩，储层物性相对较差，主要为V类储层，仅在夏河 1 井区发育小面积的IV类储层。巴楚以西为浅海陆棚相，以泥岩和粉砂岩为主，基本为非储层。

巴楚地区巴开8井泥盆系东河塘组高能滨岸相孔隙型储层

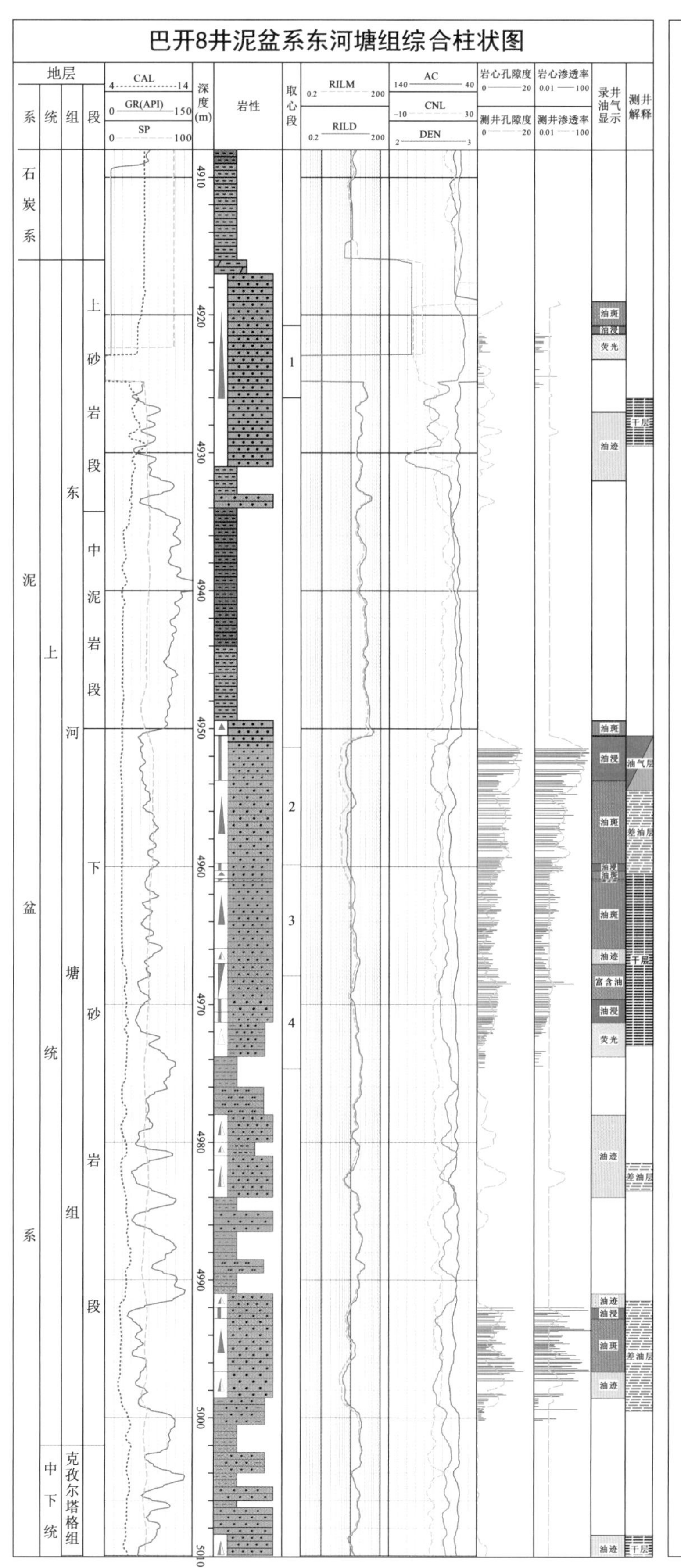

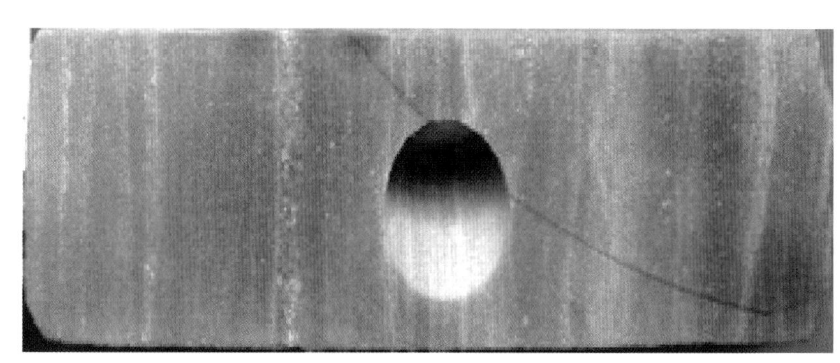

巴开8井，2-16/54，褐灰色油浸细粒石英砂岩，底界冲刷面，冲洗交错层理。

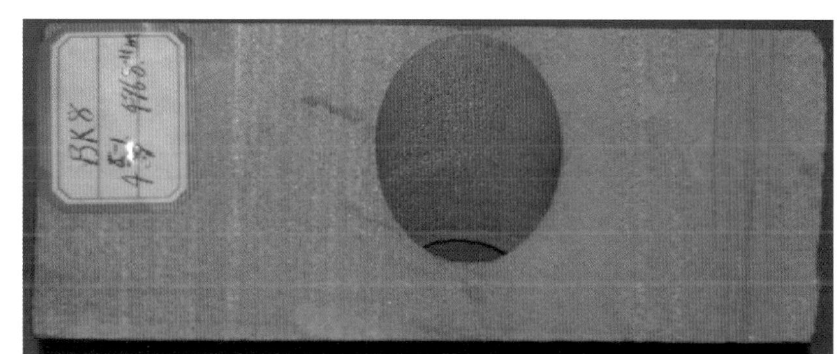

巴开8井，4-(8-1)/39，灰色细砂岩，平行层理。

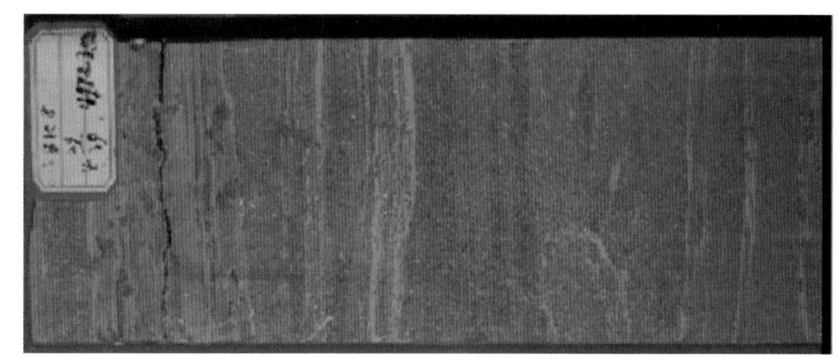

巴开8井，4-29/39，细砂岩夹泥质条带。

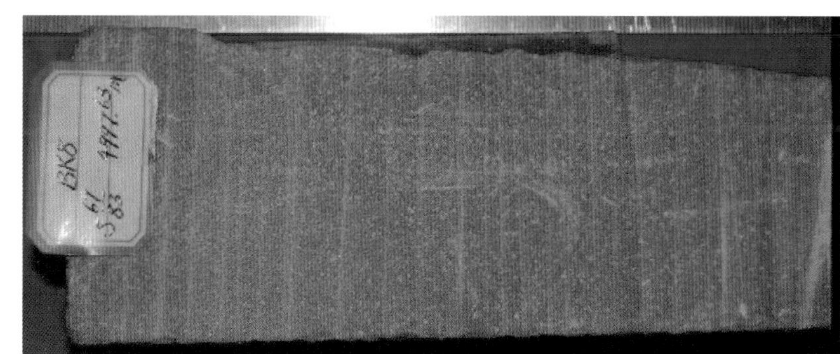

巴开8井，5-61/83，灰色中-细砂岩，冲洗交错层理。

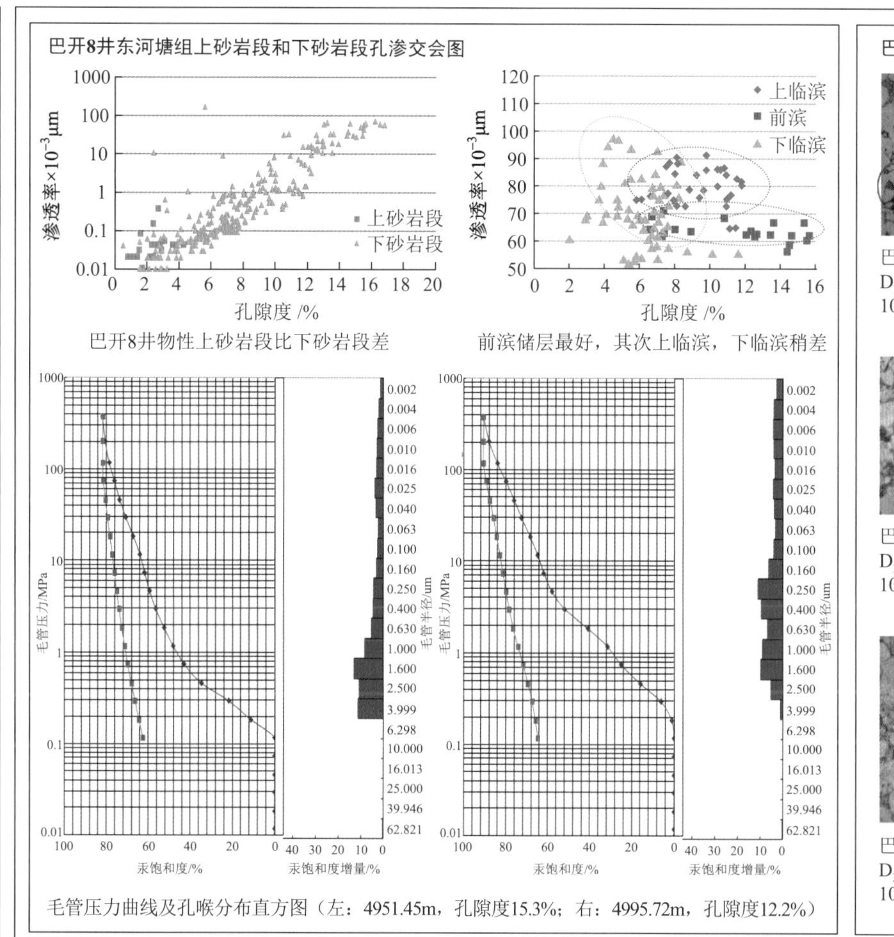

巴开8井物性上砂岩段比下砂岩段差

前滨储层最好，其次上临滨，下临滨稍差

毛管压力曲线及孔喉分布直方图（左：4951.45m，孔隙度15.3%；右：4995.72m，孔隙度12.2%）

巴开8井，4992.26m，D_3d^1，单偏光，10×，残余粒间孔

巴开8井，4963.8m，D_3d^1，单偏光，10×，粒间溶孔

巴开8井，4922.65m，D_3d^2，单偏光，10×，微裂缝

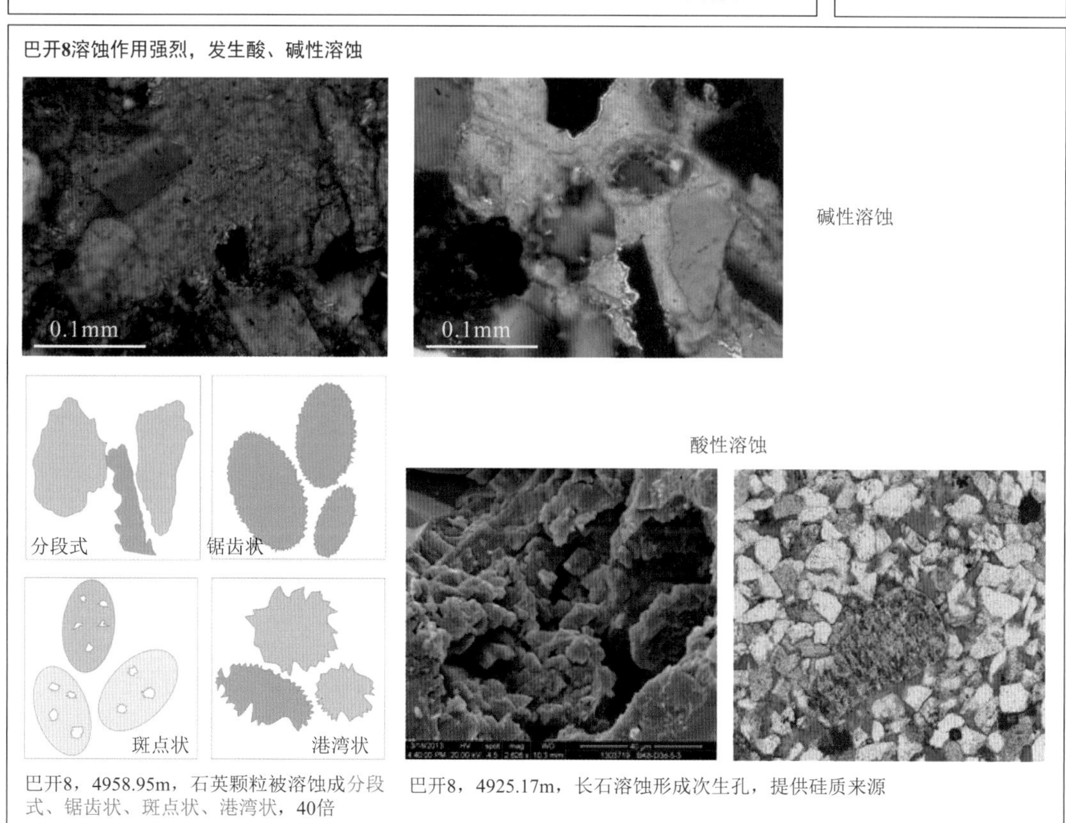

巴开8，4958.95m，石英颗粒被溶蚀成分段式、锯齿状、斑点状、港湾状，40倍

巴开8，4925.17m，长石溶蚀形成次生孔，提供硅质来源

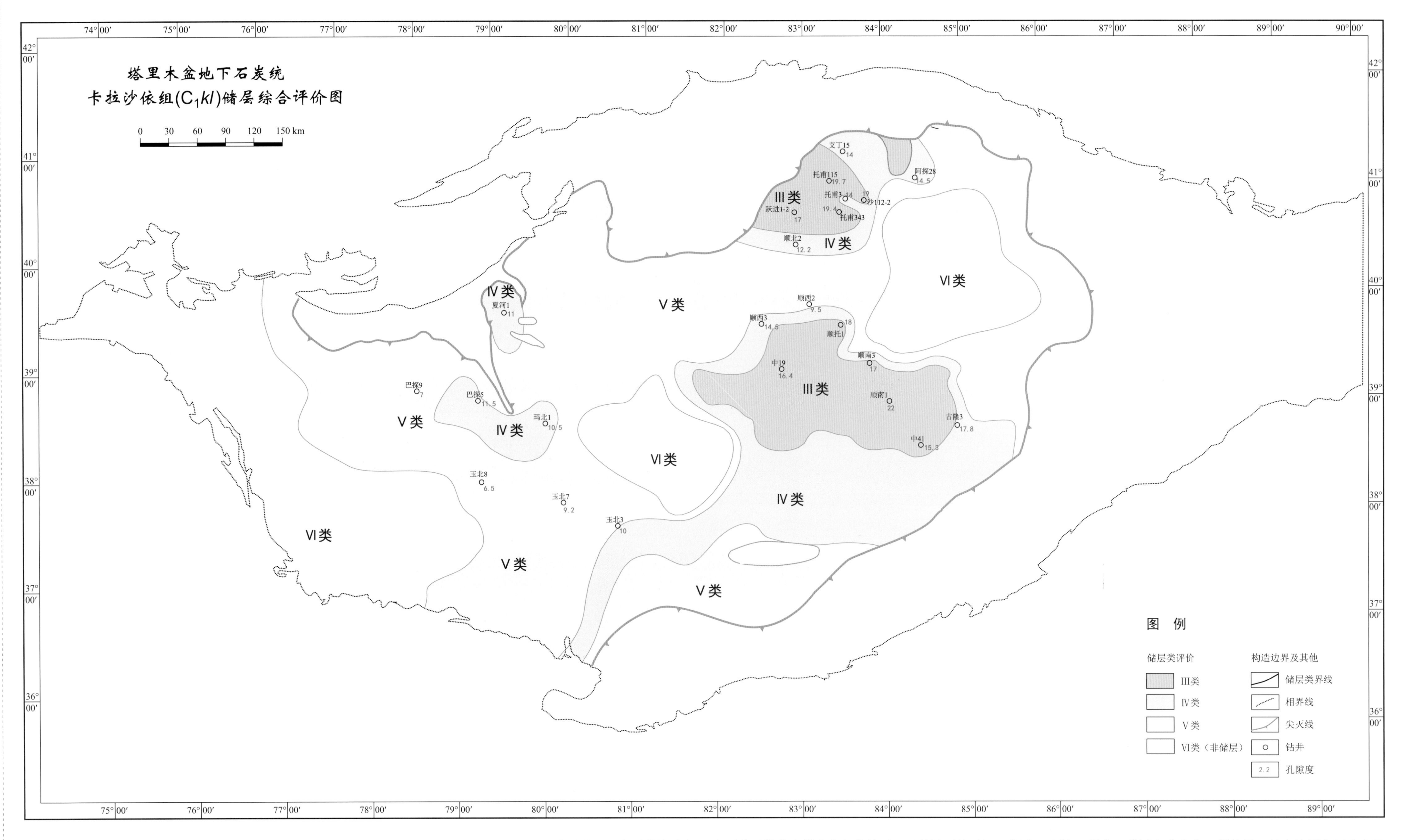

石炭系碎屑岩储层主要发育在下统卡拉沙依组砂泥岩段中，为一套潮坪—三角洲沉积，潮下带砂体和三角洲前缘砂岩储集物性相对较好。III类储层主要分布于卡塔克隆起中19-中1井区、塔中4井区、顺南-古隆地区、以及中41井区潮下带砂岩中。塔北地区主要分布于跃进1-沙112-托甫115井一线的潮坪-三角洲前缘砂体中。IV类储层分布比较广泛，基本覆盖了塔北和塔中大部分地区，巴楚地区的夏河1井区、巴探5-玛北1井区也分布有IV类储层。其余地区主要分布V类储层。满加尔地区和玉北地区东南部为潟湖相，以及巴楚西部的浅海陆棚相砂岩不发育，为非储层分布区。

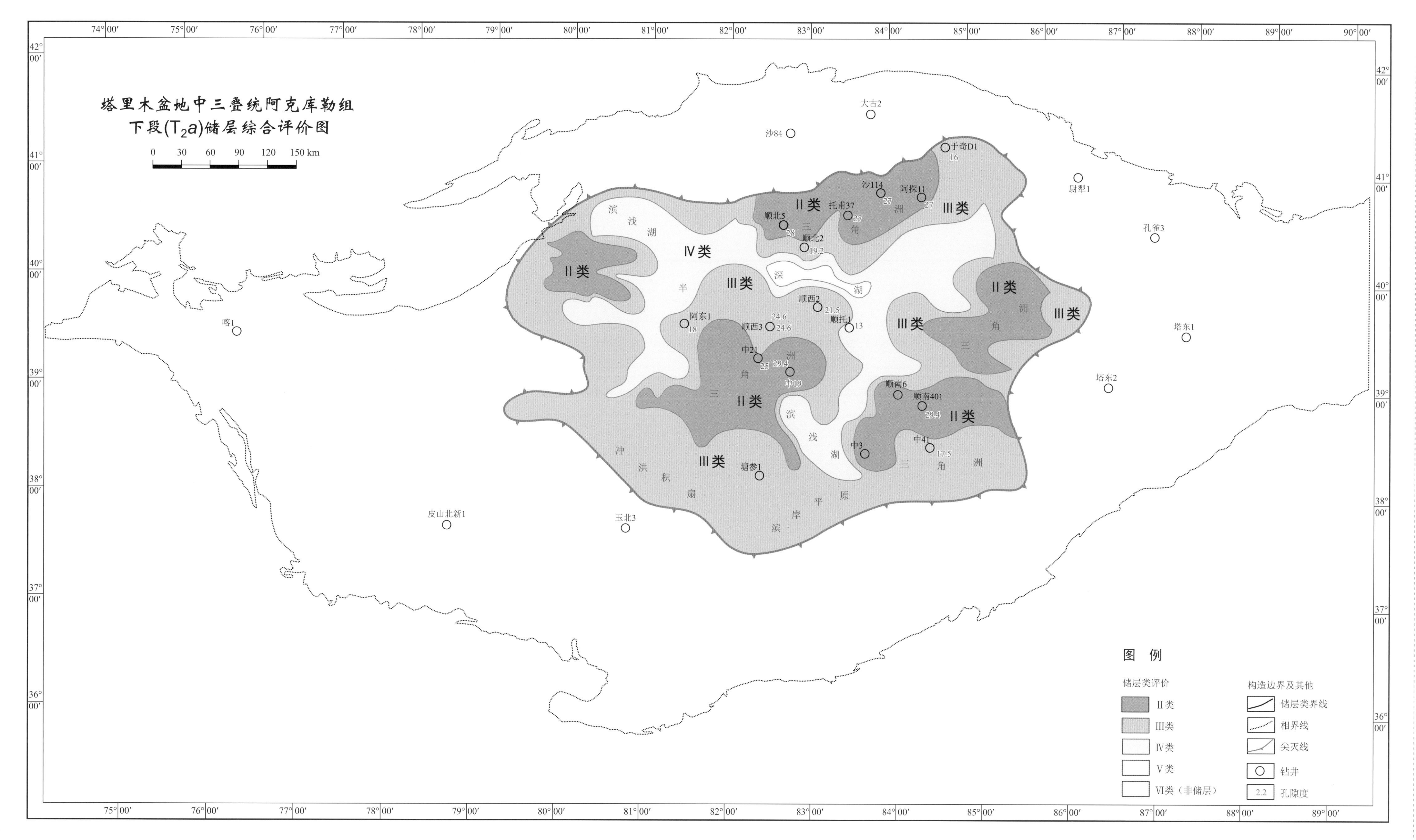

三叠系主要包括辫状河、辫状河三角洲、扇三角洲、湖底扇和湖泊沉积体系。相比古生界碎屑岩层系三叠系砂岩储层具有很大的差异性，一直处于浅埋藏阶段，所以压实作用不太强烈，砂岩物性普遍较好，为优质储集体。尤其是在塔河和塔中广大地区为三角洲平原 - 前缘亚相，分流河道及水下分流河道砂岩物性较好，受多起河道迁移的影响形成了垂向叠置、横向连片的大面积分布的砂体。以阿克库勒组为例，Ⅲ类储层占据绝对优势，Ⅱ类储层主要发育在三角洲前缘，以顺北5井区、塔河地区托甫37- 沙114- 阿探11井一线以及卡塔克隆起中1- 中20井区、顺南4- 顺南6井区为代表。前三角洲—滨浅湖发育Ⅳ类储层，在半深湖 - 深湖相，砂岩欠发育，以非储层为主。

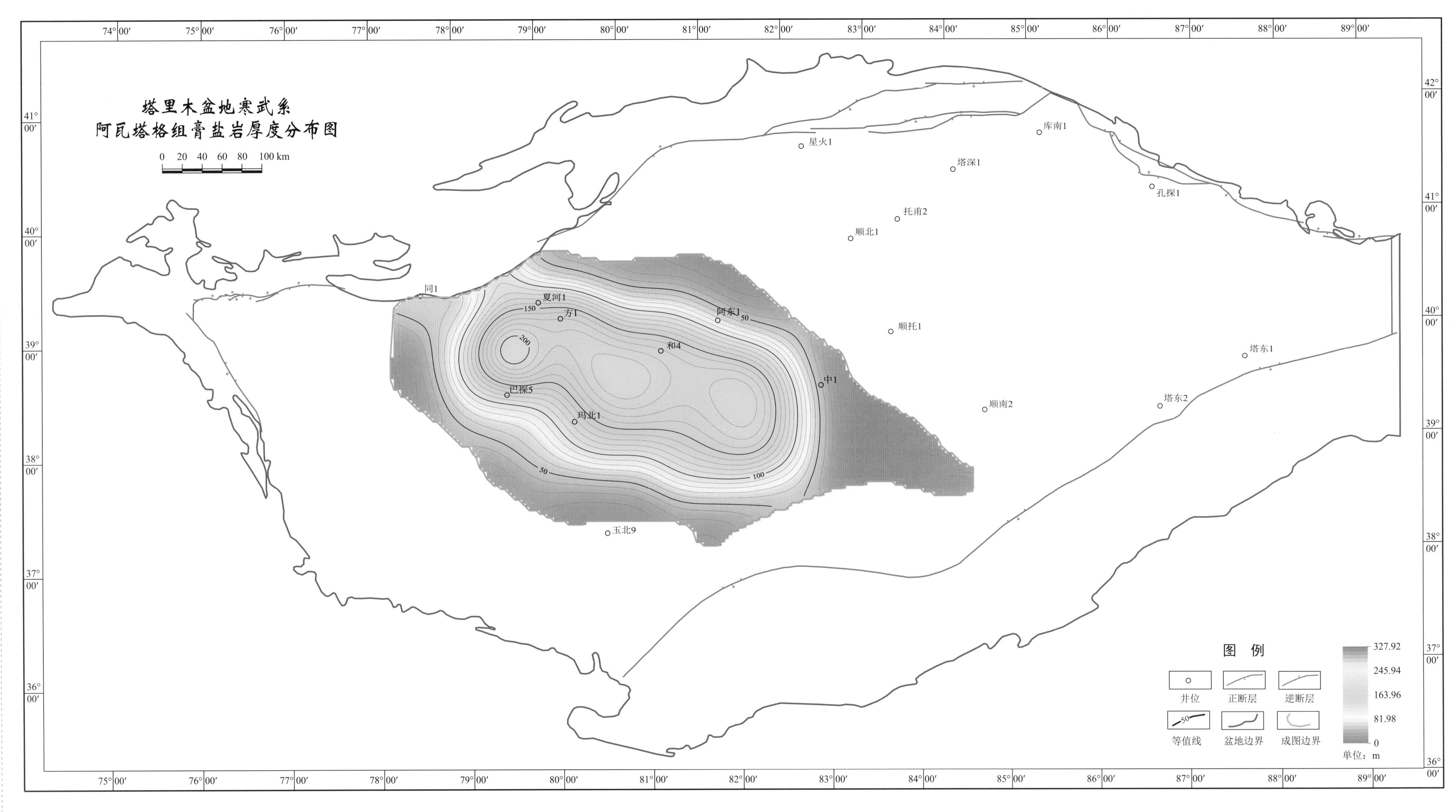

寒武系区域盖层盖层分布广泛，但厚度变化较大，受相带控制明显。纵向上主要发育在阿瓦塔格组和吾松格尔组，横向对比性较好，厚度变化较大。代表着蒸发台地 - 局限台地沉积环境。台盆区膏盐岩主要分布于盆地的中央隆起带及沙西凸起，厚度一般为 100 ～ 300m，最大厚度分布于阿瓦提断陷，中部可达 400m。膏岩封盖能力强，具有较高的突破压力，通常比普通泥岩高出几个数量级，由于膏盐岩的突破压力较高，蓬莱坝剖面野外含泥膏质云岩期实测封盖能力在 15.7Mpa，因而较小的厚度也可以具有较大的封闭能力，且抗压抗剪能力随着埋深增加有规律的增加，埋深条件下断裂也很难将膏盐完全破坏，因此可作为优质的盖层。

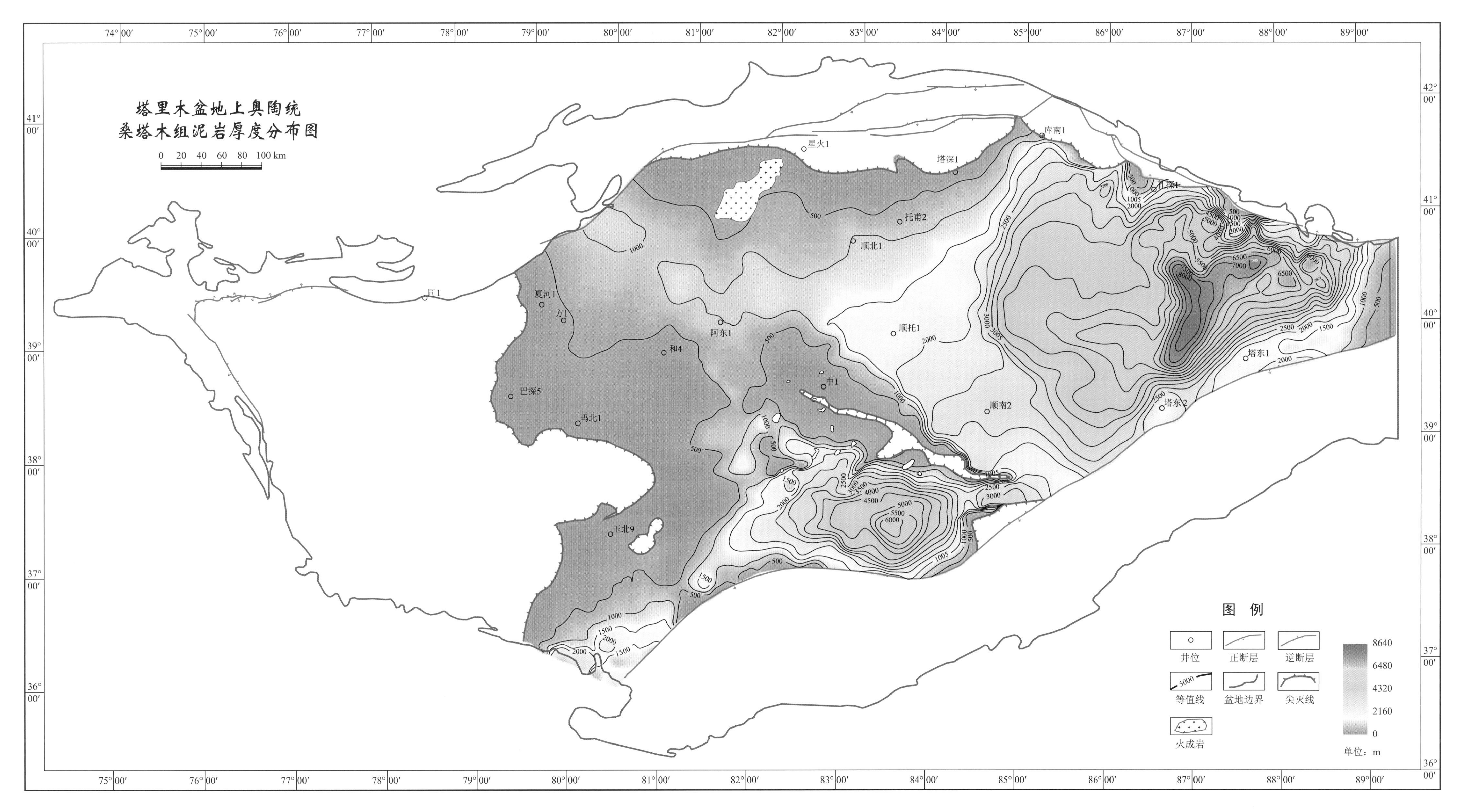

中-下奥陶统主要发育碳酸盐岩，上统以桑塔木组～却尔却克组泥岩在台盆区分布广泛，主要为较深水混积陆棚相沉积，除隆起高部位被剥蚀以外，其残余厚度在数百米到2000m，在满加尔拗陷，其厚度最厚可达8000m以上，是一套很好的区域性盖层。在塔北地区，厚度仅为50～200m的上奥陶统泥岩作为直接盖层，有效地封盖了下部的油气藏，该套盖层分布广泛、厚度大、岩性致密，是盆地最重要的区域盖层之一。

另外，中奥陶统的泥灰岩段也是比较好的局部盖层。中16井泥灰岩突破压力均值为14.3Mpa，泥质条带微晶灰岩突破压力均值为5.41Mpa，灰云岩最低为2.15Mpa，盖层性能受储层发育及断裂影响较大，一般可以作为中上奥陶统灰岩段内幕型含油气储层的局部盖层。

塔河南部—顺托果勒地区以桑塔木组为直接盖层，从塔河南部TP2井沉积-埋藏史分析，桑塔木组志留系末-泥盆系埋深达到1500～2000m，成岩温度60～70℃，处于中成岩早期，根据泥质岩封闭演化模式，具有了较好的封闭性能和泥岩可塑性。桑塔木组泥岩+志留系泥岩可对加里东中期奥陶系岩溶储层形成较好的封盖。

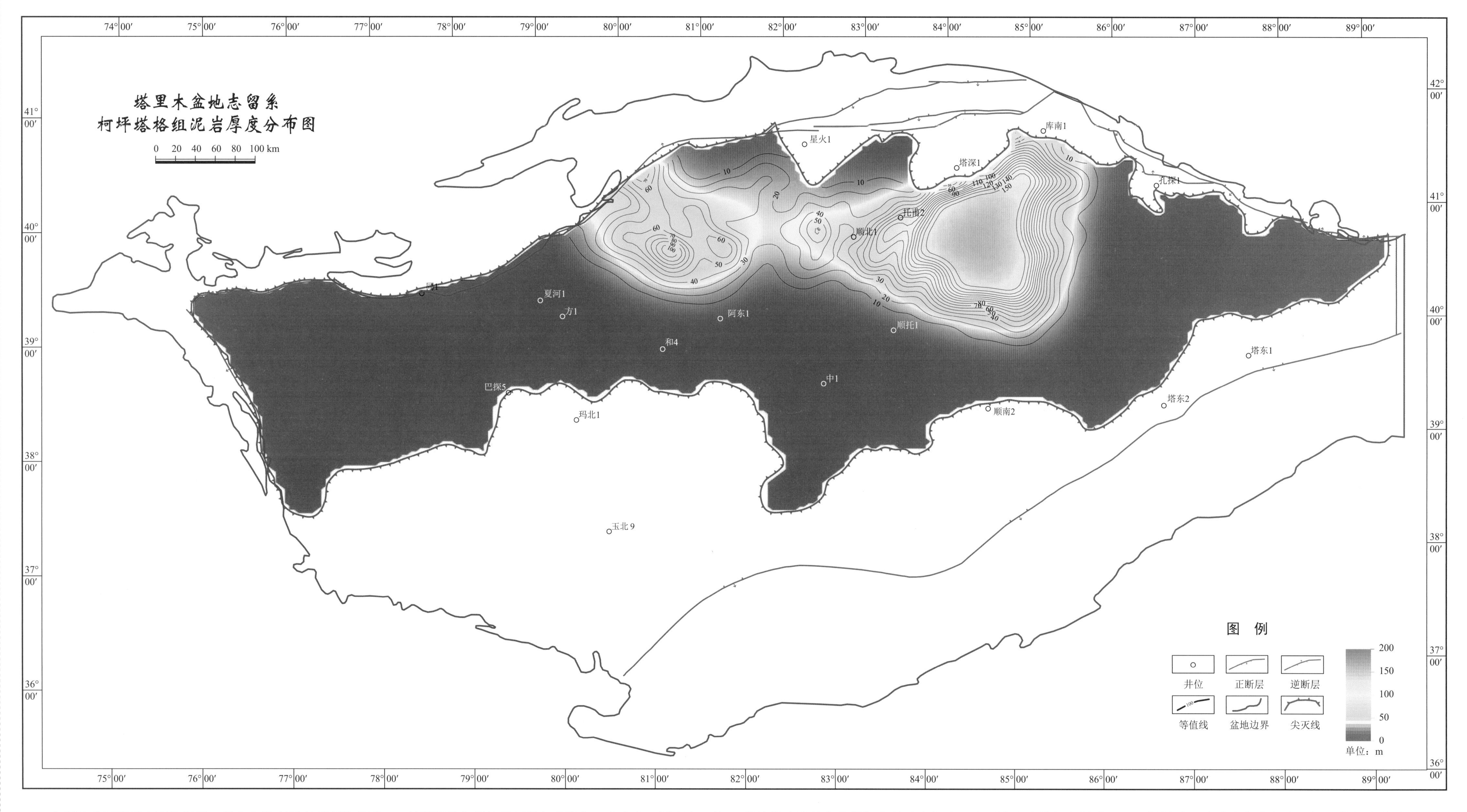

志留系盖层岩类主要为泥岩，纵向上发育两套重要的盖层：一是塔塔埃尔塔格组下段红色泥岩，分布广、厚度大，具有很强的连续性和稳定性，可以作为塔中隆起和顺托果勒低隆等地区的区域盖层，主要为潮上 - 潮间带沉积，岩相在平面上变化较快，封盖能力不佳，且具有地区差异性，阿克苏地区野外露头样品实际测试突破压力最大为 12MPa；二是柯坪塔格组中段浅海陆棚沉积的暗色泥岩，主要分布在满加尔拗陷、阿瓦提拗陷、沙雅隆起南部和顺托果勒低隆等地区，是柯坪塔格组下段砂岩的区域盖层，厚度稳定、质纯，为陆棚相沉积，封盖能力强；在顺 9 井区实测 6 件样品，突破压力 17 ～ 26MPa，平均为 21MPa。

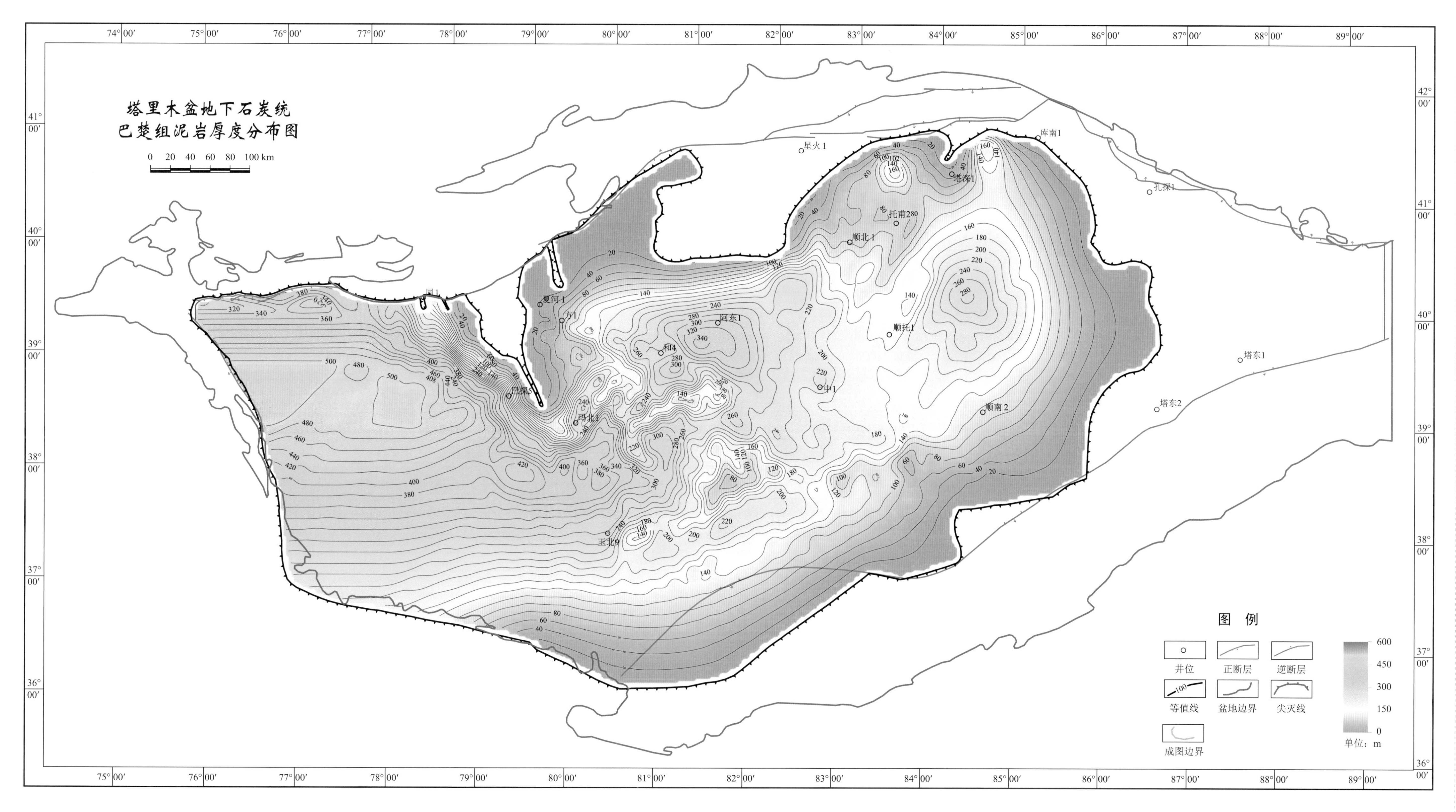

石炭系潮坪-潟湖-浅海环境的三套（含膏）泥岩盖层厚度稳定，主要发育层位巴楚组下泥岩段、中泥岩段以及卡拉沙依组上泥岩段，分布广泛。巴楚组下泥岩段厚度从塔北隆起南缘的零线向塔中、巴楚、麦盖提斜坡逐渐过渡到100多米，在塔北隆起区缺失。岩石类型主要为泥质岩，包括粉砂质泥岩，其次为泥岩和炭质泥岩，主要是一套潮坪相沉积。巴楚组中泥岩段是生屑灰岩储层的直接盖层，其岩石类型有蒸发岩（包括石膏、岩盐）、泥质岩、泥质粉砂岩，其中泥质岩盖层分布甚广。巴楚隆起、麦盖提斜坡北部等均有分布，巴麦西部地区最大厚度在300m以上，盆地腹部的塔中东部最大厚度为120多米。卡拉沙依组上泥岩段厚度分布在0～160m，巴楚东部、塔中东部及阿克库勒凸起中、南部区域厚度较大，均在60m以上。围绕着这一厚度分布中心，泥岩厚度向外围逐渐减小并尖灭。在巴楚隆起西部，受后期构造抬升剥蚀的影响，上泥岩段明显较巴楚中东部地区薄，并在古董山构造带以西与同1井一带剥蚀殆尽。总体上在巴麦地区呈中部厚度大，向西北剥蚀减薄、向南沉积减薄的变化趋势。

根据石炭系盖层厚度稳定、封盖性能好的特性，奥陶系岩溶储层解剖表明岩溶形成期主要在加里东晚期与海西早期，石炭系沉积是在其储层形成以后最大规模的海侵沉积，全面覆盖了碳酸盐岩储层，从而成为台盆区古生界非连续型油气储盖组中的优质盖层，对台盆区下古生界的油气资源具有重要控制作用。石炭系泥岩多处于中成岩作用阶段，通过现今盖层封盖能力参数实测、声波时差计算等都表明，盖层物性封盖性能较好。巴麦地区7口典型钻井实测20件样品，膏泥岩突破压力较大，含石膏白云岩突破压力最高为64MPa，泥岩突破压力最大为29MPa，是区域上的优质盖层。

塔里木盆地中下奥陶统原油地化剖面

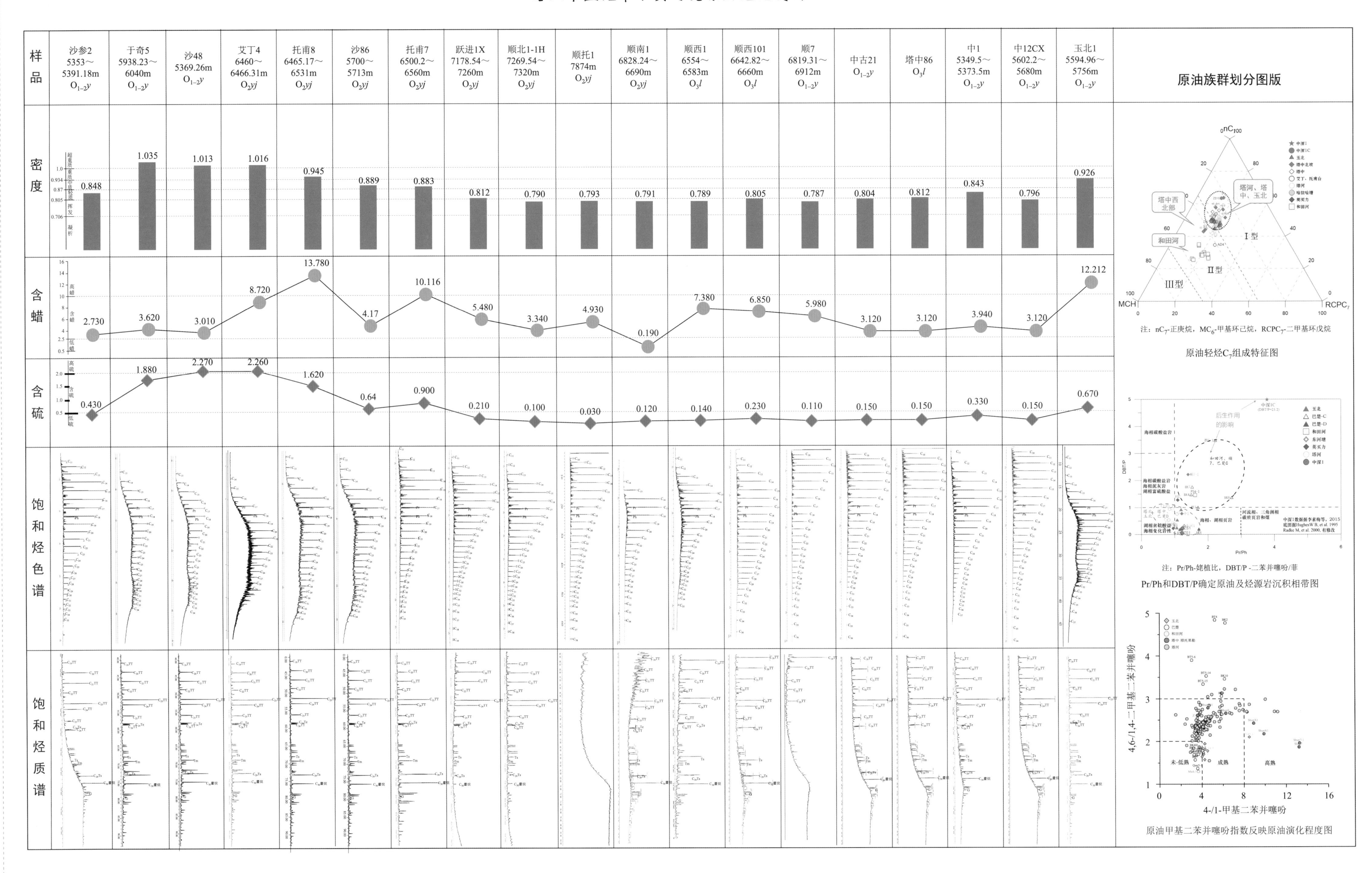

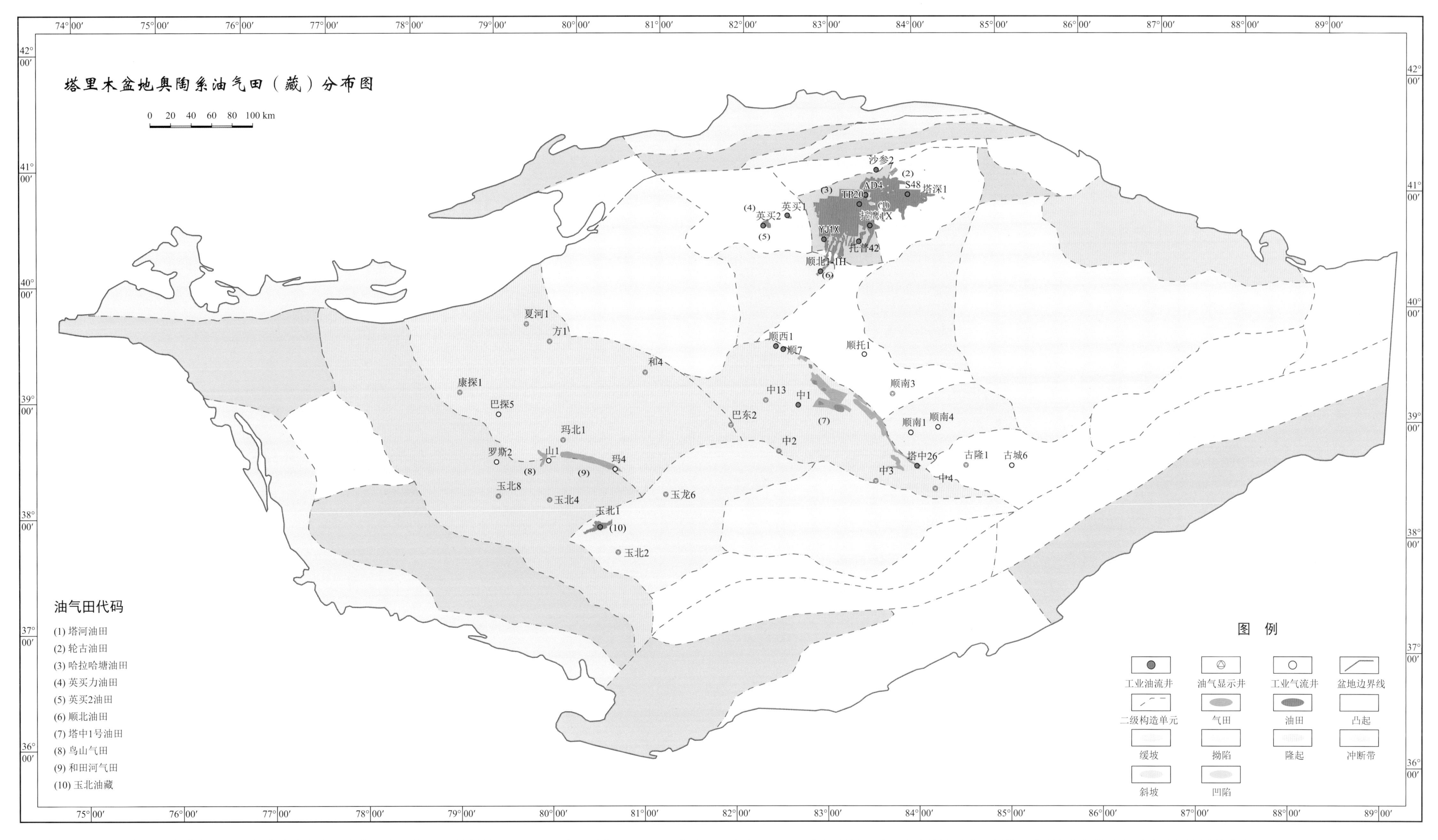

塔里木盆地经过50多年勘探，证明该盆地油气资源十分丰富，其中石油资源量 120.65×10^8t，天然气 $14.7\times10^{12}m^3$。目前共发现油气田30多个，其中大型油气田12个，累计探明油气地质储量约 23×10^8t，天然气储量 $2\times10^8m^3$，油气产量年产 3400×10^4t油当量，塔里木盆地已成为我国第一大天然气区和油气储产量快速增长的地区。

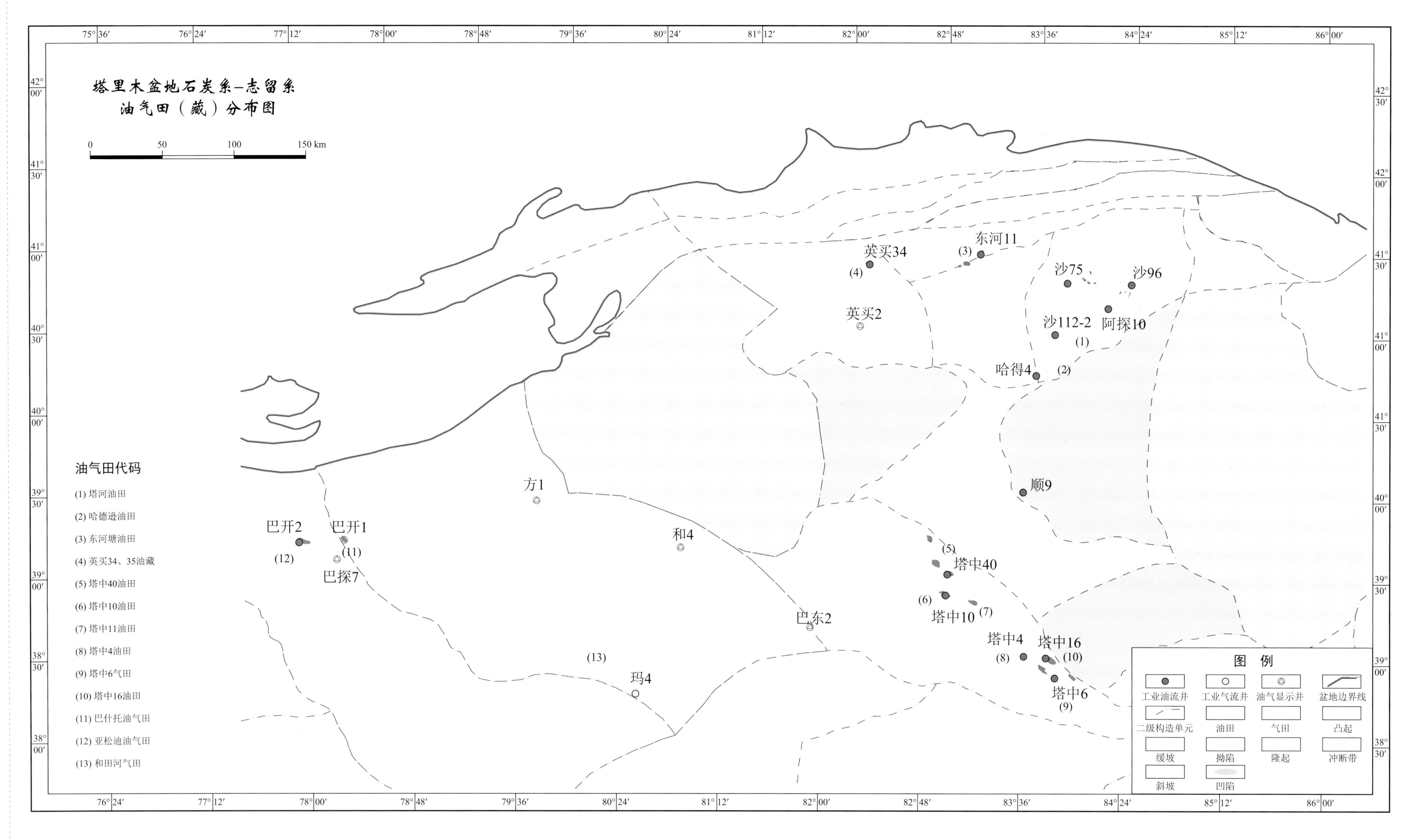
塔里木盆地石炭系–志留系
油气田（藏）分布图
0
50
100
150 km
油气田代码
(1) 塔河油田
(2) 哈德逊油田
(3) 东河塘油田
(4) 英买34、35油藏
(5) 塔中40油田
(6) 塔中10油田
(7) 塔中11油田
(8) 塔中4油田
(9) 塔中6气田
(10) 塔中16油田
(11) 巴什托油气田
(12) 亚松迪油气田
(13) 和田河气田
英买34
东河11
沙75
沙96
英买2
沙112-2
阿探10
哈得4
顺9
方1
巴开2
巴开1
巴探7
和4
塔中40
塔中10
巴东2
塔中4
塔中16
塔中6
玛4
图 例
工业油流井
工业气流井
油气显示井
盆地边界线
二级构造单元
油田
气田
凸起
缓坡
拗陷
隆起
冲断带
斜坡
凹陷

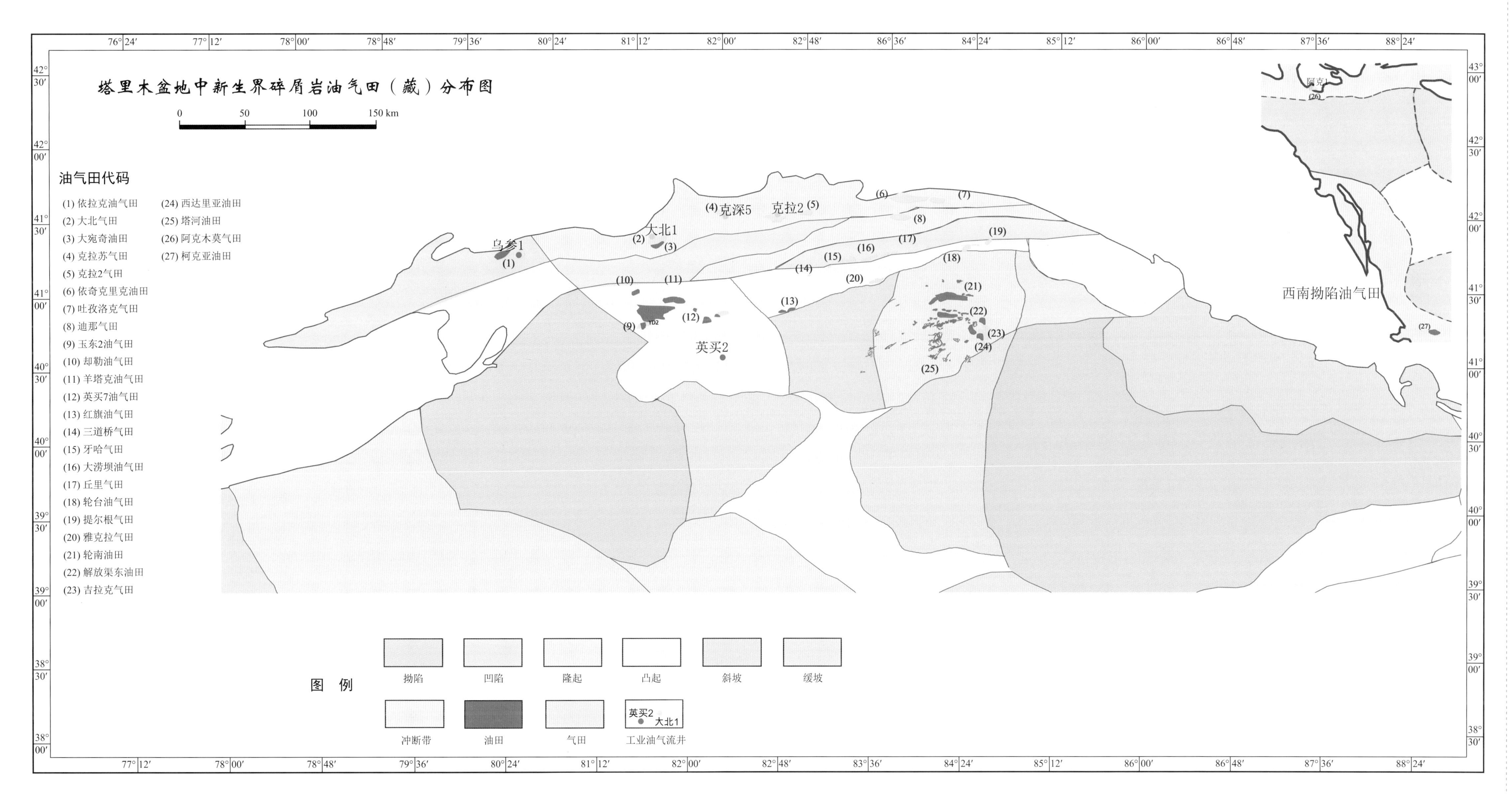
塔里木盆地中新生界碎屑岩油气田（藏）分布图
0 50 100 150 km
油气田代码
(1) 依拉克油气田
(2) 大北气田
(3) 大宛奇油田
(4) 克拉苏气田
(5) 克拉2气田
(6) 依奇克里克油田
(7) 吐孜洛克气田
(8) 迪那气田
(9) 玉东2油气田
(10) 却勒油气田
(11) 羊塔克油气田
(12) 英买7油气田
(13) 红旗油气田
(14) 三道桥气田
(15) 牙哈气田
(16) 大涝坝油气田
(17) 丘里气田
(18) 轮台油气田
(19) 提尔根气田
(20) 雅克拉气田
(21) 轮南油田
(22) 解放渠东油田
(23) 吉拉克气田
(24) 西达里亚油田
(25) 塔河油田
(26) 阿克木莫气田
(27) 柯克亚油田
乌参1
大北1
克深5
克拉2
英买2
西南拗陷油气田
图 例
拗陷
凹陷
隆起
凸起
斜坡
缓坡
冲断带
油田
气田
工业油气流井

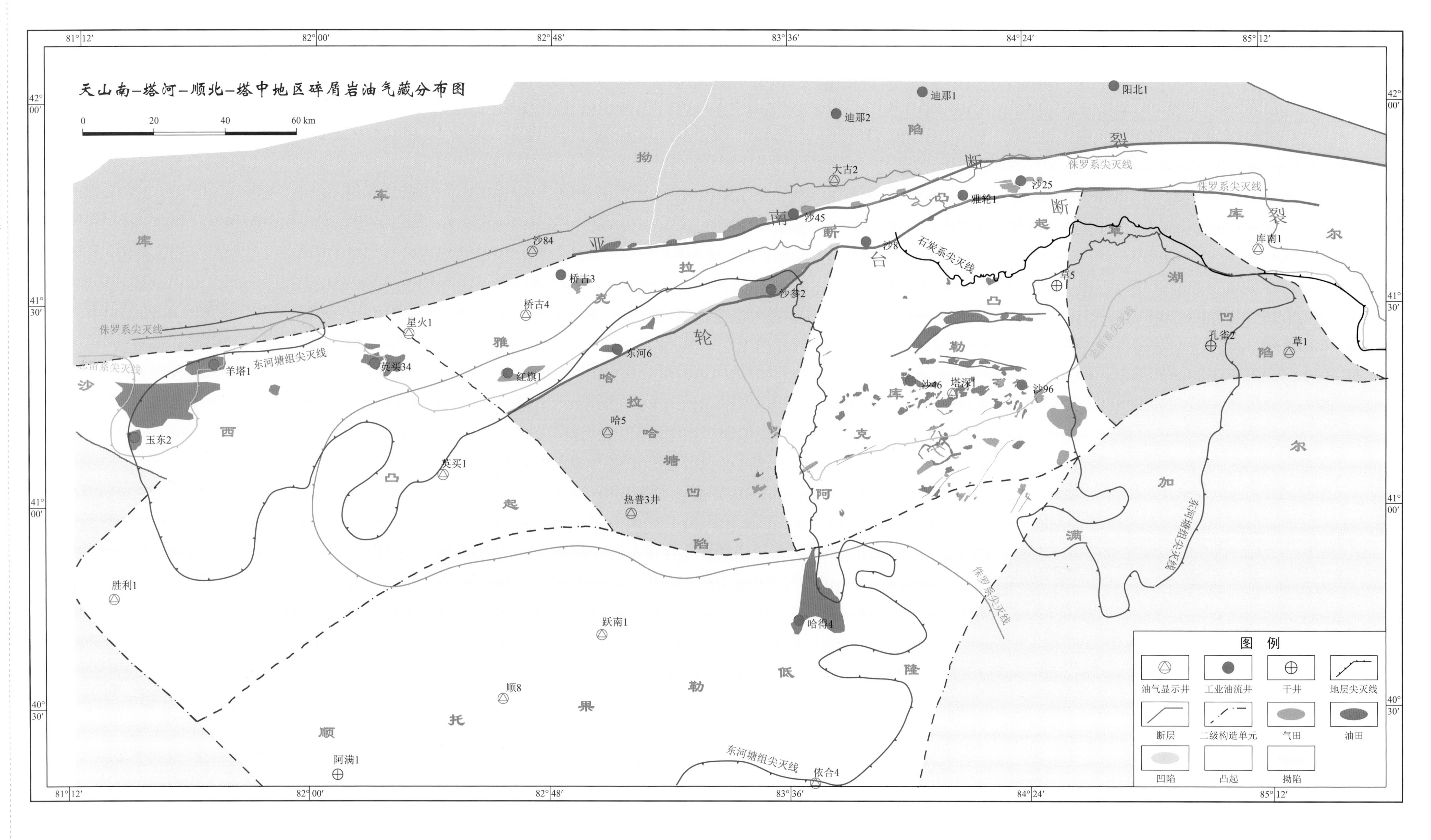
天山南–塔河–顺北–塔中地区碎屑岩油气藏分布图
0 20 40 60 km
迪那1
迪那2
阳北1
大古2
沙25
雅轮1
沙45
沙8
沙84
桥古3
桥古4
沙参2
星火1
东河6
红旗1
羊塔1
英买34
玉东2
哈5
英买1
热普3井
沙46
塔深1
沙96
库南1
草5
孔雀2
草1
胜利1
跃南1
哈得4
顺8
阿满1
依合4
侏罗系尖灭线
石炭系尖灭线
东河塘组尖灭线
志留系尖灭线
图例
油气显示井
工业油流井
干井
地层尖灭线
断层
二级构造单元
气田
油田
凹陷
凸起
拗陷

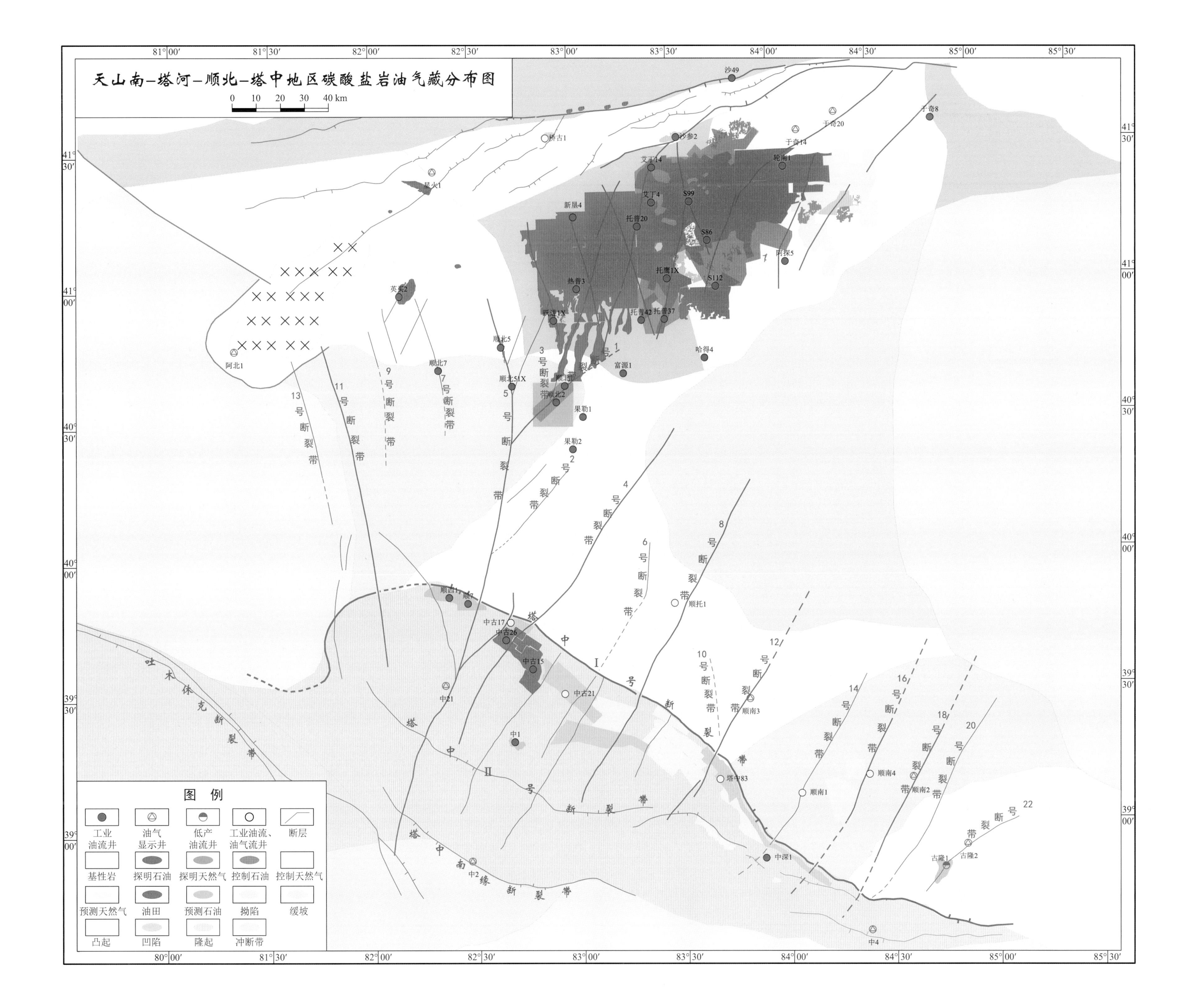
天山南–塔河–顺北–塔中地区碳酸盐岩油气藏分布图
0 10 20 30 40 km
图 例
工业油流井
油气显示井
低产油流井
工业油流、油气流井
断层
基性岩
探明石油
探明天然气
控制石油
控制天然气
预测天然气
油田
预测石油
拗陷
缓坡
凸起
凹陷
隆起
冲断带
沙49
沙参2
于奇8
于奇20
于奇14
轮南1
艾丁14
艾丁4
S99
新垦4
托普20
S86
阿探5
托普1X
S112
热普3
英买2
跃进1X
托普42
托普37
哈得4
顺北5
顺北7
富源1
顺北51X
顺北2
果勒1
果勒2
阿北1
星火1
桥古1
顺托1
顺西1
中古17
中古26
中古15
中古21
中21
中1
顺南3
塔中83
顺南1
顺南4
顺南2
古隆1
古隆2
中深1
中2
中4
塔中Ⅰ号断裂带
塔中Ⅱ号断裂带
塔中南缘断裂带
吐木休克断裂带

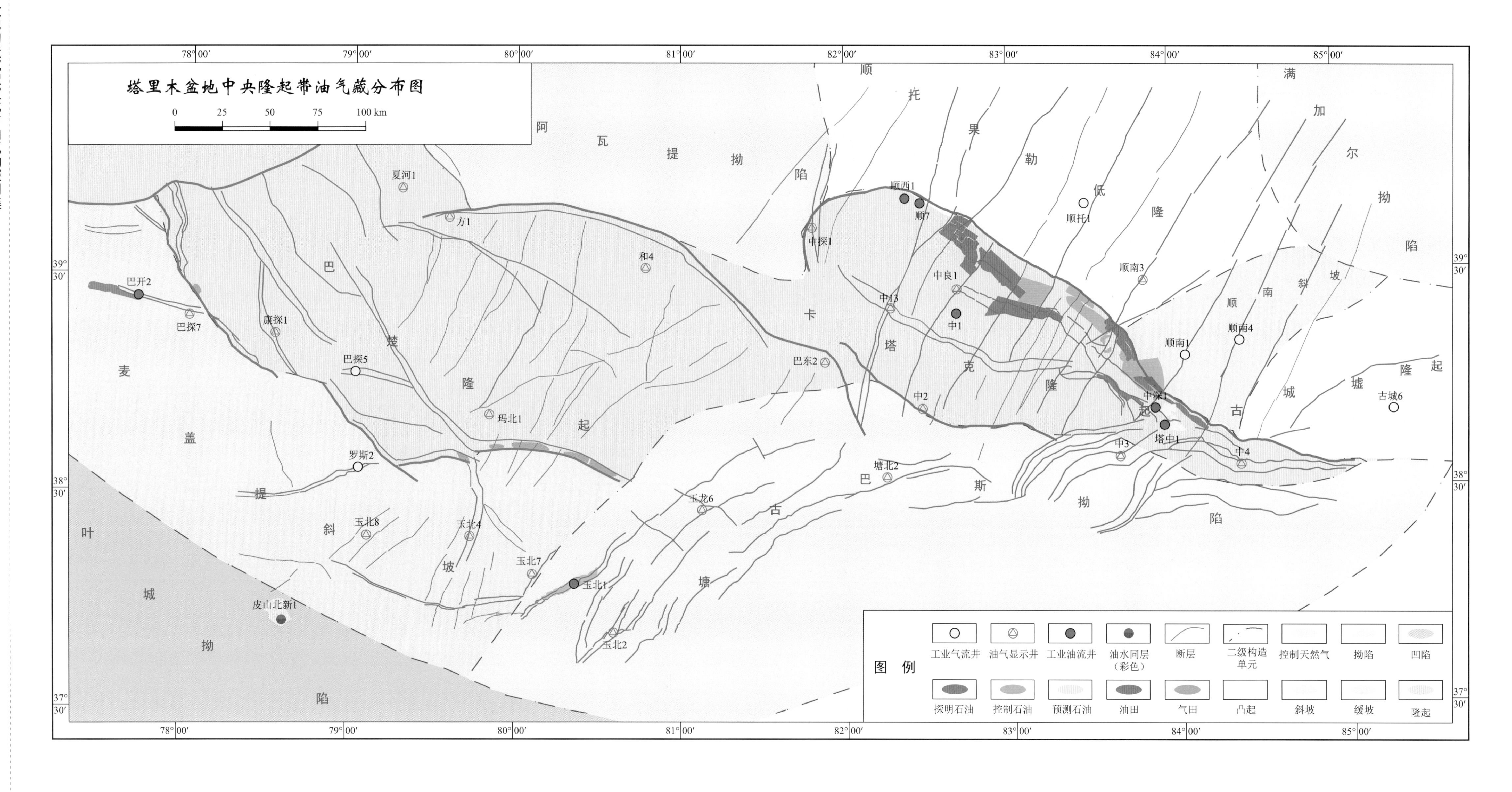
塔里木盆地中央隆起带油气藏分布图
0 25 50 75 100 km
78°00′
79°00′
80°00′
81°00′
82°00′
83°00′
84°00′
85°00′
39°30′
38°30′
37°30′
阿瓦提拗陷
顺托果勒低隆
满加尔拗陷
顺南斜坡
古城墟隆起
巴楚隆起
卡塔克隆起
麦盖提斜坡
叶城拗陷
巴斯古塘
塔中古
巴斯拗陷
夏河1
方1
和4
巴开2
巴探7
康探1
巴探5
玛北1
罗斯2
玉北8
玉北4
玉北7
玉北1
玉北2
玉龙6
皮山北新1
巴东2
中探1
顺西1
顺7
顺托1
中良1
中13
中1
中2
中3
中4
中深1
塔中1
顺南3
顺南1
顺南4
古城6
塘北2
图例
工业气流井
油气显示井
工业油流井
油水同层（彩色）
断层
二级构造单元
控制天然气
拗陷
凹陷
探明石油
控制石油
预测石油
油田
气田
凸起
斜坡
缓坡
隆起

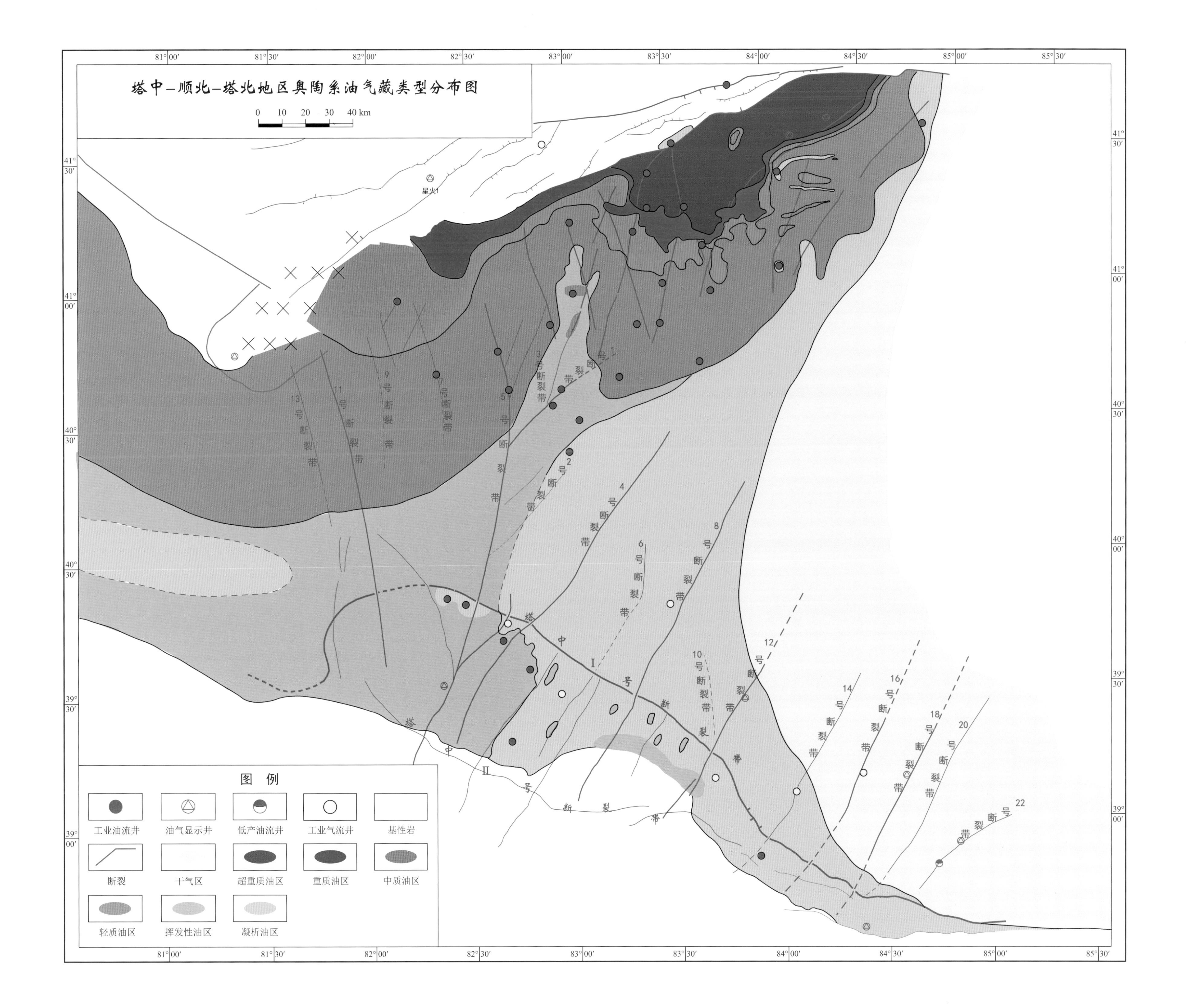
塔中–顺北–塔北地区奥陶系油气藏类型分布图
0 10 20 30 40 km
星火1
1号断裂带
2号断裂带
3号断裂带
4号断裂带
5号断裂带
6号断裂带
7号断裂带
8号断裂带
9号断裂带
10号断裂带
11号断裂带
12号断裂带
13号断裂带
14号断裂带
16号断裂带
18号断裂带
20号断裂带
22号断裂带
塔中Ⅰ号断裂带
塔中Ⅱ号断裂带
图 例
工业油流井
油气显示井
低产油流井
工业气流井
基性岩
断裂
干气区
超重质油区
重质油区
中质油区
轻质油区
挥发性油区
凝析油区

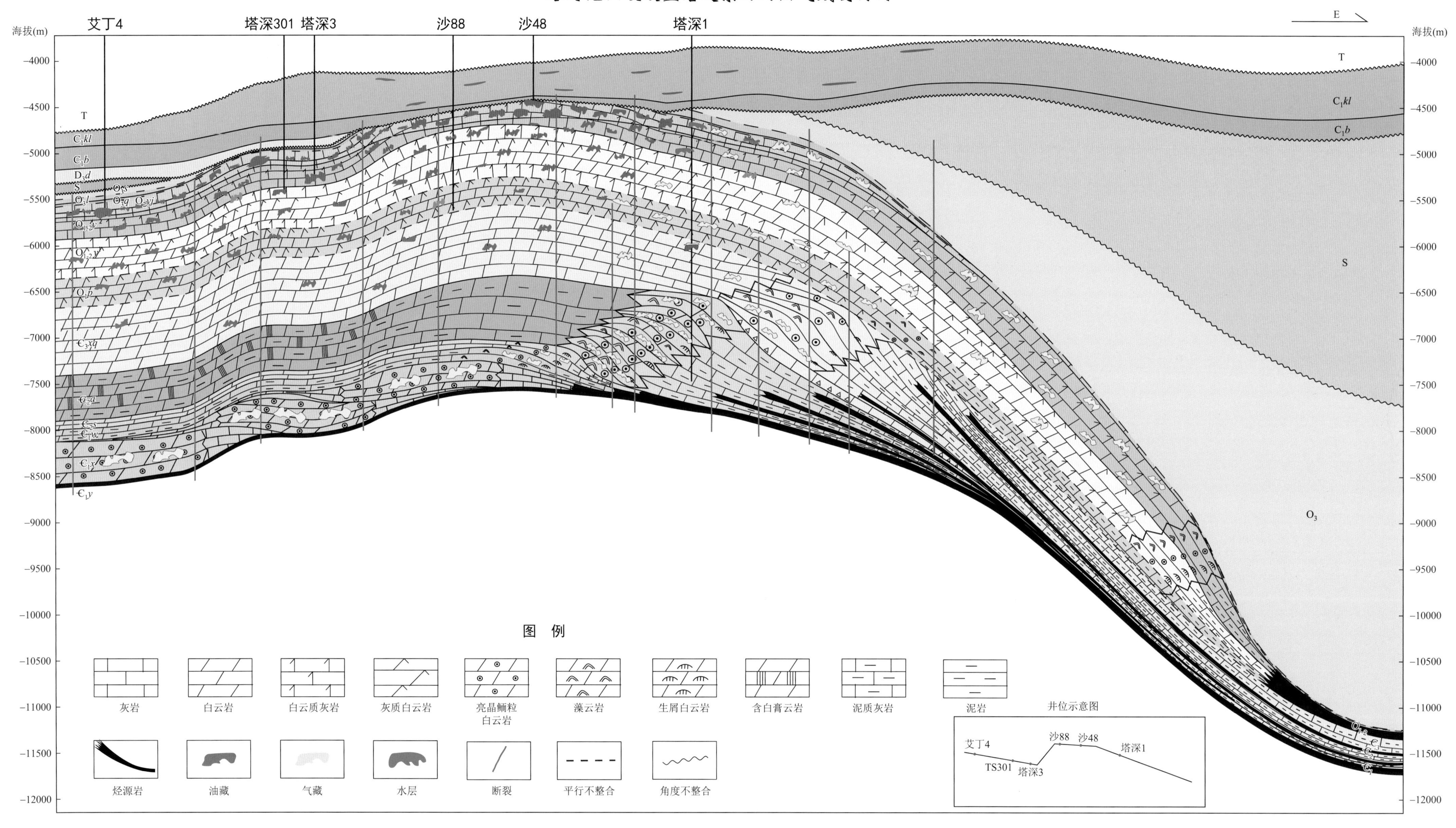

塔河－哈拉哈塘油气富集区是塔里木盆地油气最富集的油气产区之一，位于塔里木盆地北部的沙雅隆起上。目前，在塔河－哈拉哈塘油气富集区已发现了塔河油气田、轮古油气田、轮南油气田和哈拉哈塘油气田等多个以海相为主的亿吨级油气田（藏），集中分布于阿克库勒凸起和哈拉哈塘凹陷。沙雅隆起是在一个古生界海相残余古隆起上叠加了晚期前陆盆地前缘隆起发展而来的，具有海相、陆相多源供烃特征。海相油气主要来源于沙雅隆起本地玉尔吐斯组和北顺托果勒低隆、西满加尔拗陷区的寒武系－中下奥陶统烃源岩，部分来源于阿瓦提拗陷下寒武统－中上奥陶统烃源岩；陆相油气则来源于北部库车拗陷三叠系－侏罗系湖相以及煤系地层烃源岩。塔河－哈拉哈塘油气富集区以中下奥陶统顶部的碳酸盐岩岩溶缝洞型油气藏为主，受加里东中期、加里东晚期、海西早期多期构造运动影响，遭受不同程度的剥蚀和岩溶作用，形成了大量的岩溶缝洞储集体，桑塔木组及石炭系稳定分布的泥质岩为其提供了良好区域盖层条件。志留系－古近系沉积了潮坪相、滨岸相、三角洲相以及湖泊相等砂泥岩地层，受多期构造活动和沉积相带变化控制，形成了碎屑岩构造、岩性以及复合型圈闭，发育多个油气田藏。油气田多以奥陶系碳酸盐岩缝洞型油气藏为主，并与上覆多个层系、多种类型碎屑岩次生油气藏构成大型复式油气田群，在多个二、三级构造单元连片分布，在寒武－古近系多套层系复式聚集成藏。

塔河地区碳酸盐岩近南北向油气藏剖面图

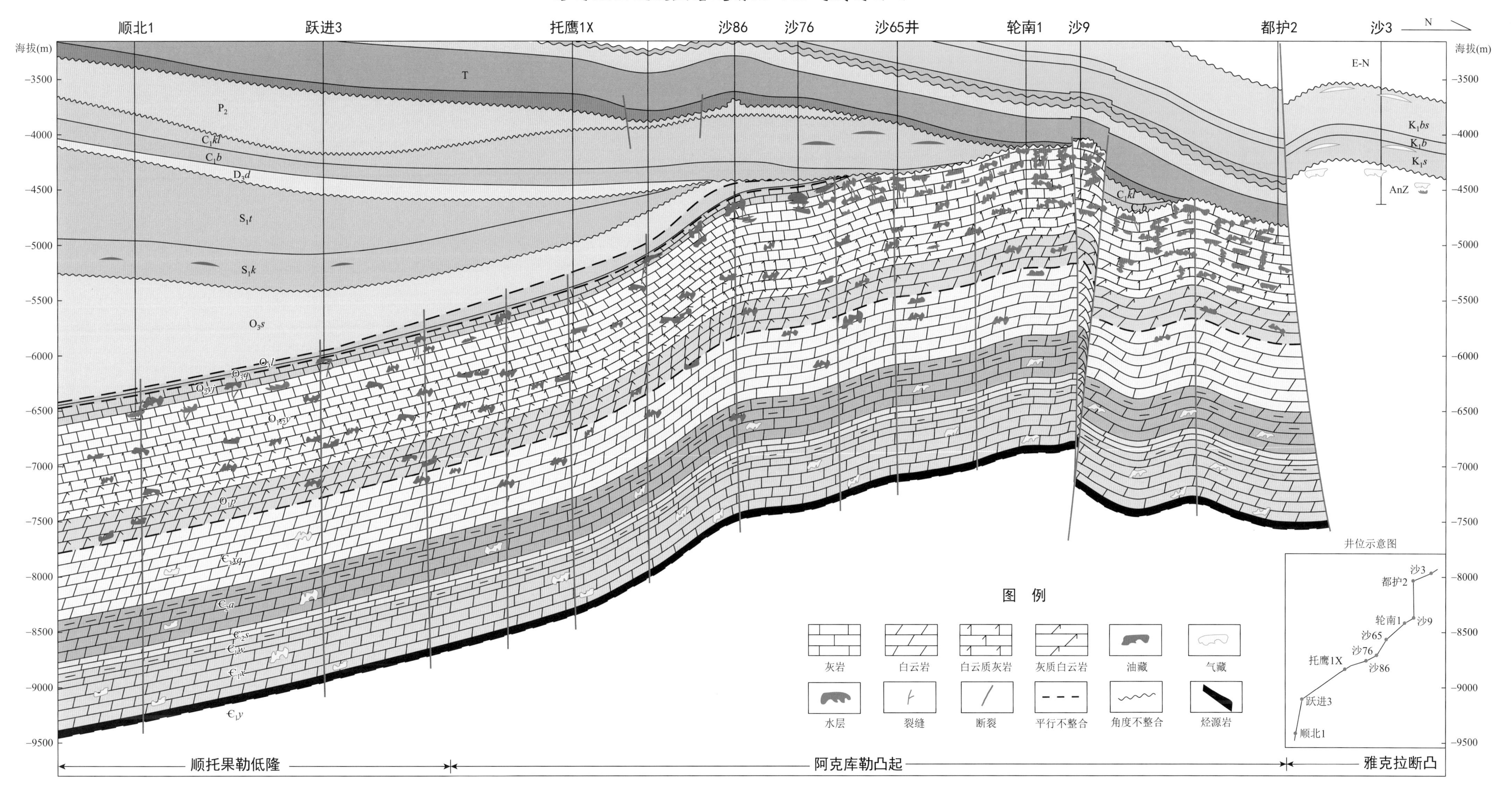

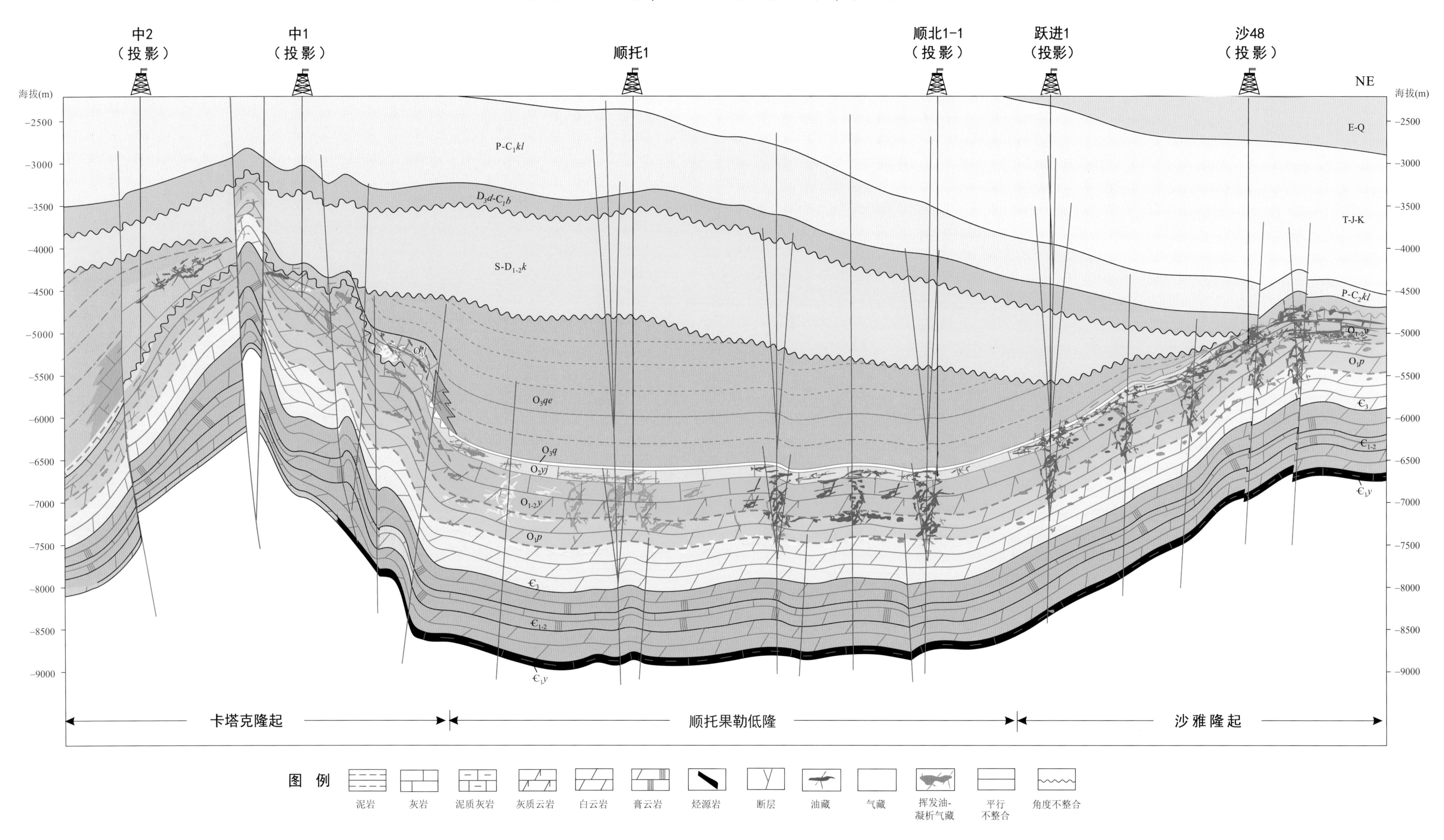
塔河–顺北–塔中地区碳酸盐岩油气藏剖面图
中2（投影）
中1（投影）
顺托1
顺北1-1（投影）
跃进1（投影）
沙48（投影）
NE
海拔(m)
-2500
-3000
-3500
-4000
-4500
-5000
-5500
-6000
-6500
-7000
-7500
-8000
-8500
-9000
E-Q
T-J-K
P-C₁kl
D₃d-C₁b
S-D₁₋₂k
P-C₂kl
O₃qe
O₃q
O₃yj
O₁₋₂y
O₁p
€₃
€₁₋₂
€₁y
卡塔克隆起
顺托果勒低隆
沙雅隆起
图例
泥岩
灰岩
泥质灰岩
灰质云岩
白云岩
膏云岩
烃源岩
断层
油藏
气藏
挥发油-凝析气藏
平行不整合
角度不整合

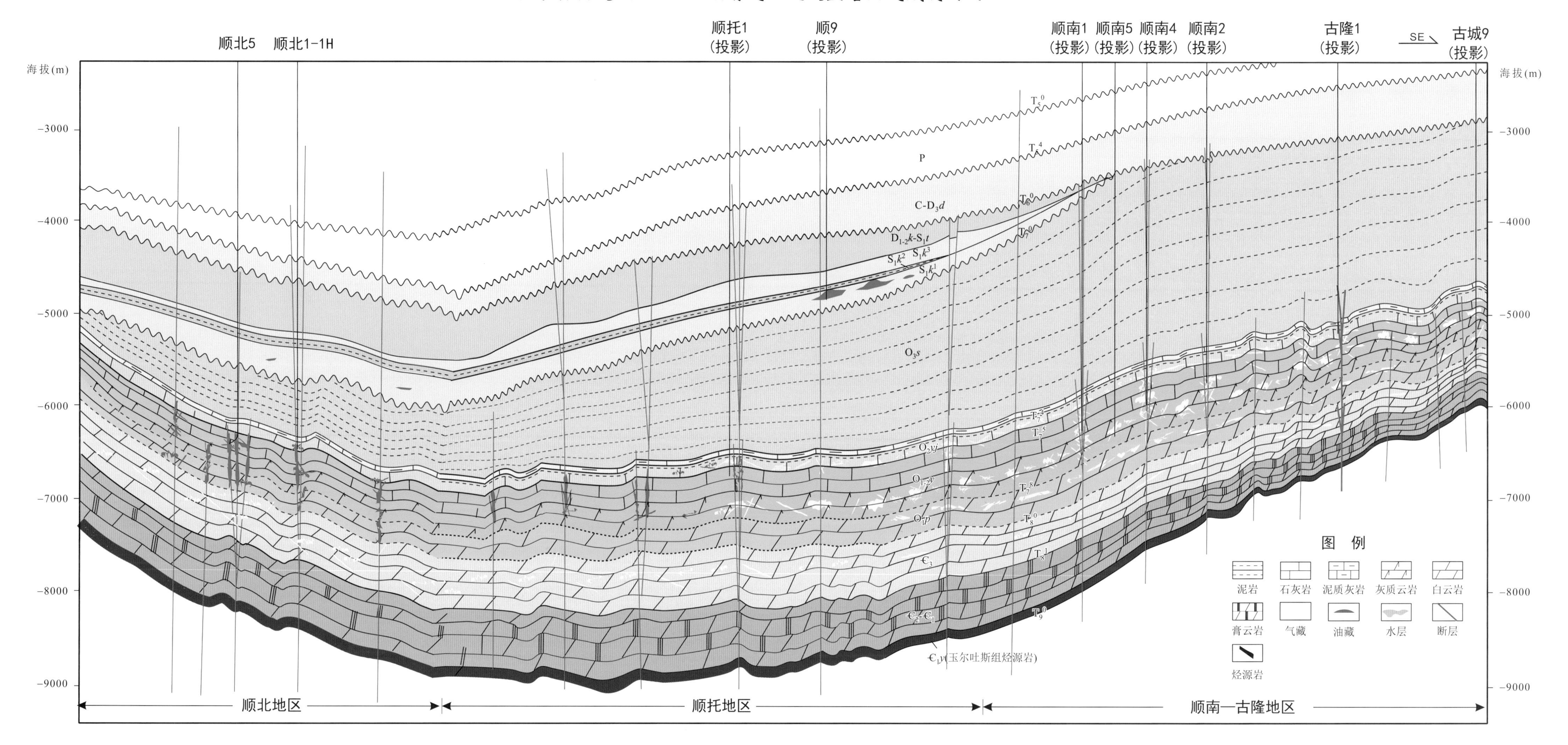

顺北—顺南油气富集区位于塔里木盆地中部顺托果勒隆起，属于两隆（沙雅隆起、卡塔克隆起）、两拗（阿瓦提拗陷、满加尔拗陷）夹持的似“马鞍形”低隆起上。油气分布于奥陶系碳酸盐岩和志留系碎屑岩两大层系中，以奥陶系碳酸盐岩断溶体油气藏为主，志留系油气藏局部分布。在顺北—顺南油气富集区已发现了顺北油田、顺9志留系油田以及顺南气田，其中顺北油田及顺南气田以碳酸盐岩裂缝洞穴型和孔洞 - 裂缝型油气藏为主，顺9志留系油田为海相滨岸相砂岩构造 - 岩性复合型油藏，主要分布于顺托果勒低隆和顺南缓坡构造带。受走滑断裂多期活动、上奥陶统泥质岩封盖能力以及碎屑岩构造 - 岩性圈闭分布控制，碳酸盐岩油气藏表现为沿断裂带连片分布，碎屑岩油藏呈现点状式分布。

总结顺北—顺南油气富集区的典型油气藏成藏特征，顺北—顺南地区具有“本地烃源、垂向输导、晚期成藏、断裂控富”的油气成藏特征。

加里东晚 - 海西早期，台地区下寒武统和满加尔拗陷寒武系 - 中下奥陶统烃源岩已达到生油高峰期，烃源岩成熟生排烃，大量成熟油（第一期油气充注）顺着北东向走滑断裂垂向运聚，中 - 下奥陶统碳酸盐岩缝洞型储层与上奥陶统却尔却克组巨厚泥岩、柯坪塔格组下段砂岩与柯坪塔格组中段泥岩、柯坪塔格组上段下亚段砂岩与柯坪塔格组上段中亚段暗色泥岩、塔塔埃尔塔格组下段红色泥岩构成良好的储盖组合，此时断裂带活动强度大，垂向和侧向输导能力较强，在奥陶系碳酸盐岩缝洞型圈闭及志留系柯坪塔格组下段、上段下亚段内聚集形成早期的油气藏，之后遭受大范围抬升剥蚀，由于经受氧化、水洗和降解而被破坏成稠油或沥青，导致古油藏基本破坏。

海西晚期，石炭系 - 二叠系持续埋藏，此时下寒武统和满加尔拗陷寒武系 - 中下奥陶统烃源岩处于生高成熟油阶段（轻质油、湿气），生成的油气通过不整合面、断裂和裂缝输导体系运移至南部高部位的顺南—古隆地区，奥陶系及志留系经历了第二期油气充注。同时桑塔木组巨厚泥岩和柯中段泥岩封盖能力已建立，由于走滑断裂活动强度减弱，断距减小，油气则可以在柯坪塔格组下段砂体中聚集成藏，形成顺9井区志留系油藏。

燕山 - 喜山期，巨厚的中、新生代地层沉积覆盖之下，地温不断升高，但顺北油区地温梯度相对较顺南气区低。此时，顺北油区由于喜山晚期陷快速深埋，烃源岩受短期高温高压影响，延缓了烃源岩热演化速率，顺托果勒隆起下寒武统玉尔吐斯组烃源岩处于持续大规模生轻质油 - 凝析油阶段，在上覆巨厚上奥陶统泥岩盖层之下，晚期生成的油气沿着深大断裂带在中 - 下奥陶统碳酸盐岩缝洞型圈闭中聚集形成油气藏。而顺南地区的下寒武统和满加尔拗陷寒武系 - 中下奥陶统烃源岩由于地温高，处于凝析油气和干气阶段，油气沿走滑断裂向上垂向运移，此时走滑断裂活动弱，由于桑塔木组巨厚泥岩和志留系多套泥岩盖层都达到最大封盖能力，早期轻质油发生局部调整，而凝析油气和干气仅在中 - 下奥陶统聚集成藏形成高气油比的凝析气藏。

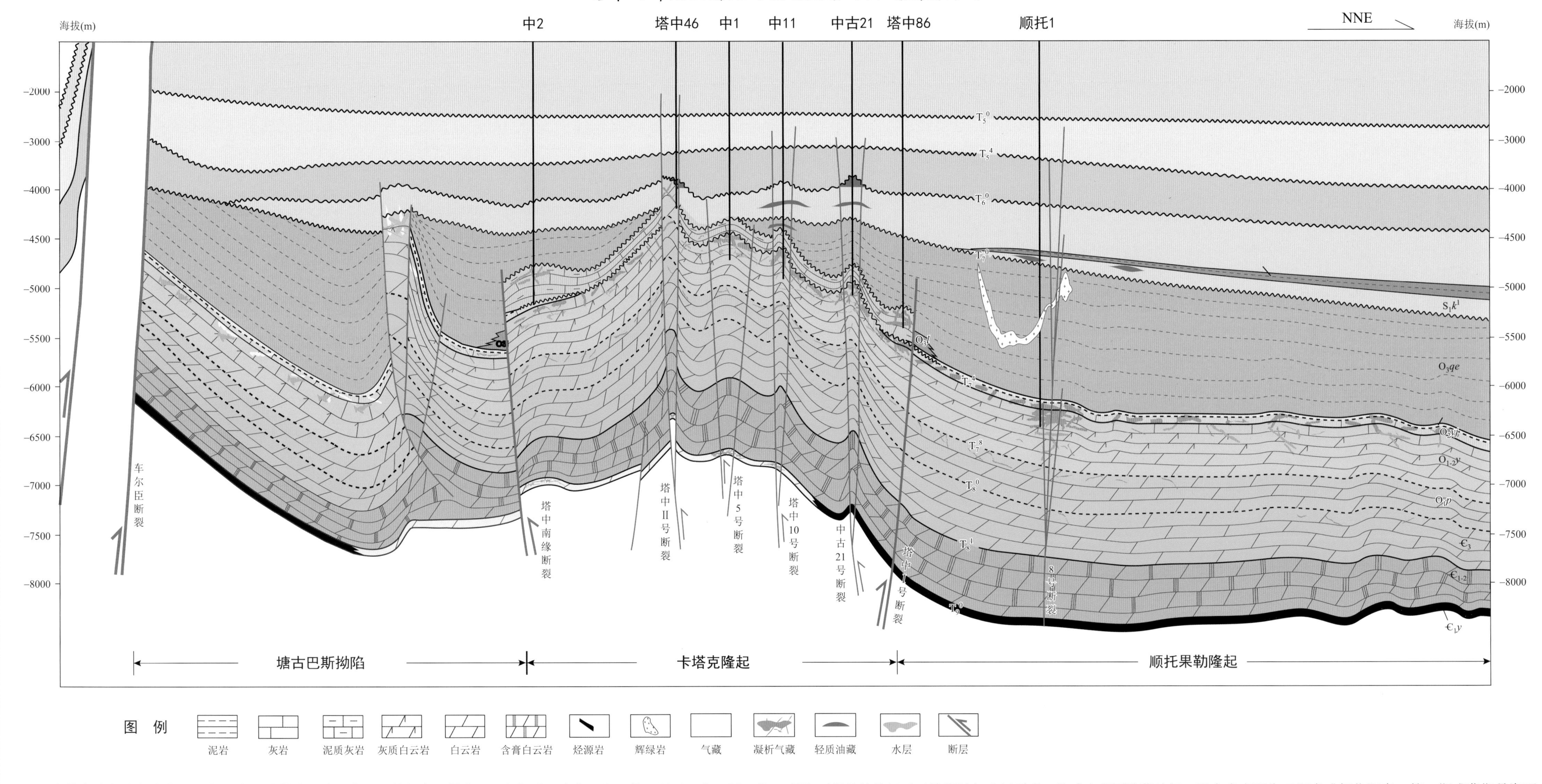

卡塔克隆起油气富集区是指以中石油塔中I油田为主，并包含了塔中4（志留系）油藏、中1井、顺西1井、顺7井等油藏的卡塔克隆起中东部的地区。北部以塔中I号断裂带为界，与顺北—顺南油气富集区相邻，南部基本上以塔中II号带为界。主要含油气层位有寒武系下统肖尔布拉克组、中下奥陶统一间房组-鹰山组、奥陶系上统良里塔格组、志留系柯坪塔格组和泥盆系东河塘组。

综合典型油气藏的成藏过程，卡塔克隆起区油气主要来自顺托果勒低隆和西满加尔拗陷下寒武统烃源岩，油气成藏具有“寒武供烃、侧源供给、断裂疏导、近断富集”特征。存在三期主要油气充注成藏过程。第一期为加里东晚期成藏，但早海西期的构造运动对该期油气破坏严重，造成大范围油藏破坏，现今多表现为干沥青或氧化沥青。第二期成藏期是海西晚期，以轻质原油充注为主，该成藏期断裂活动强度较大，轻质原油普遍充注成藏；在走滑断裂破碎带和拉张破碎带强度大的地区，充注的油气沿断裂自下而上垂向疏导，在寒武系-奥陶系碳酸盐岩缝洞发育区，志留系、泥盆系及石炭系有构造圈闭发育的地区均充注成藏。第三期成藏期为喜马拉雅期，该期下寒武统烃源岩达到生高过成熟凝析气-干气阶段，在烃源岩发育区沿断裂垂向充注，而塔中南部等烃源岩不发育区，油气主要由北往南侧向运移。

中央隆起带东西向地质结构及油气藏剖面图

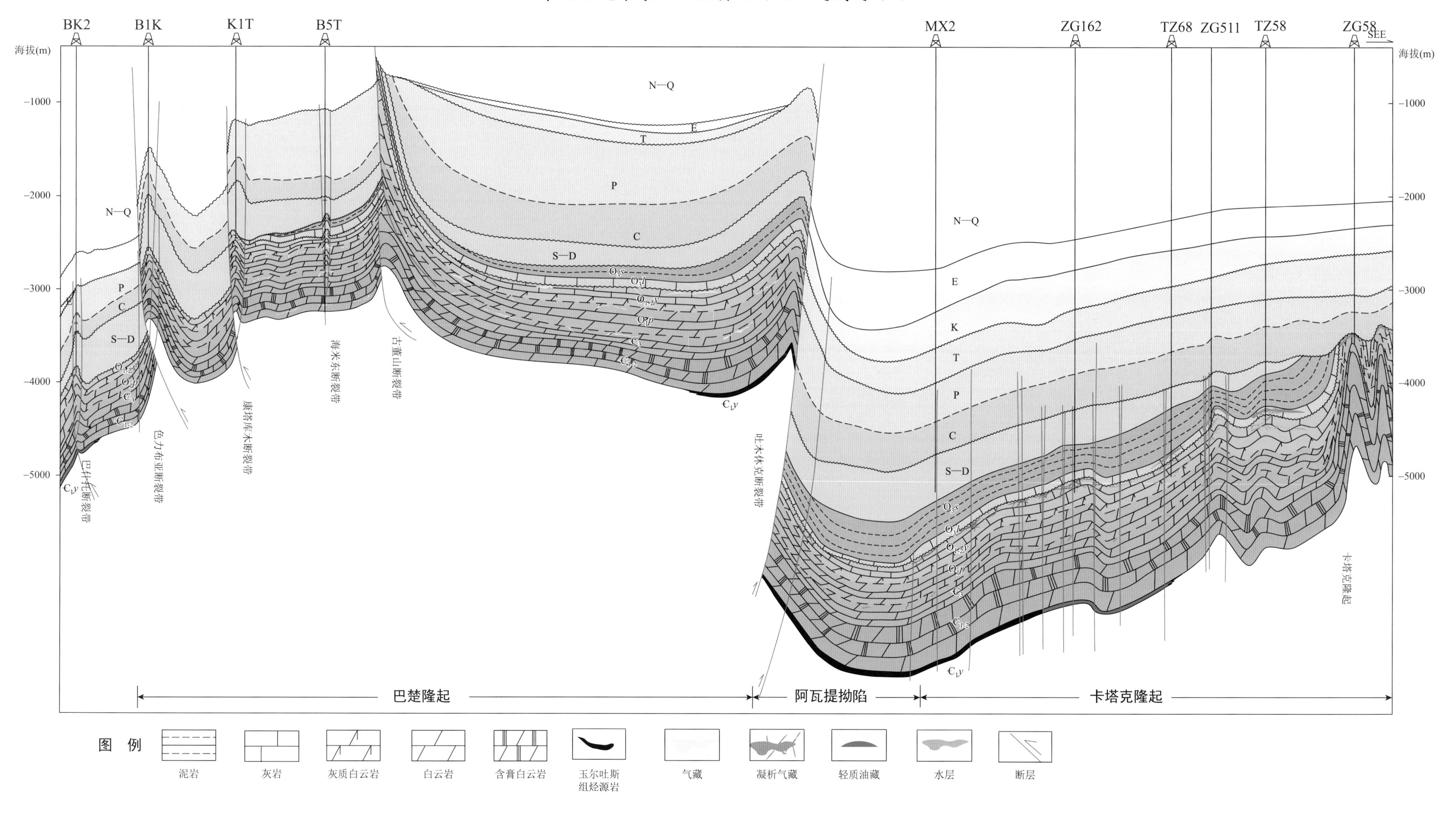

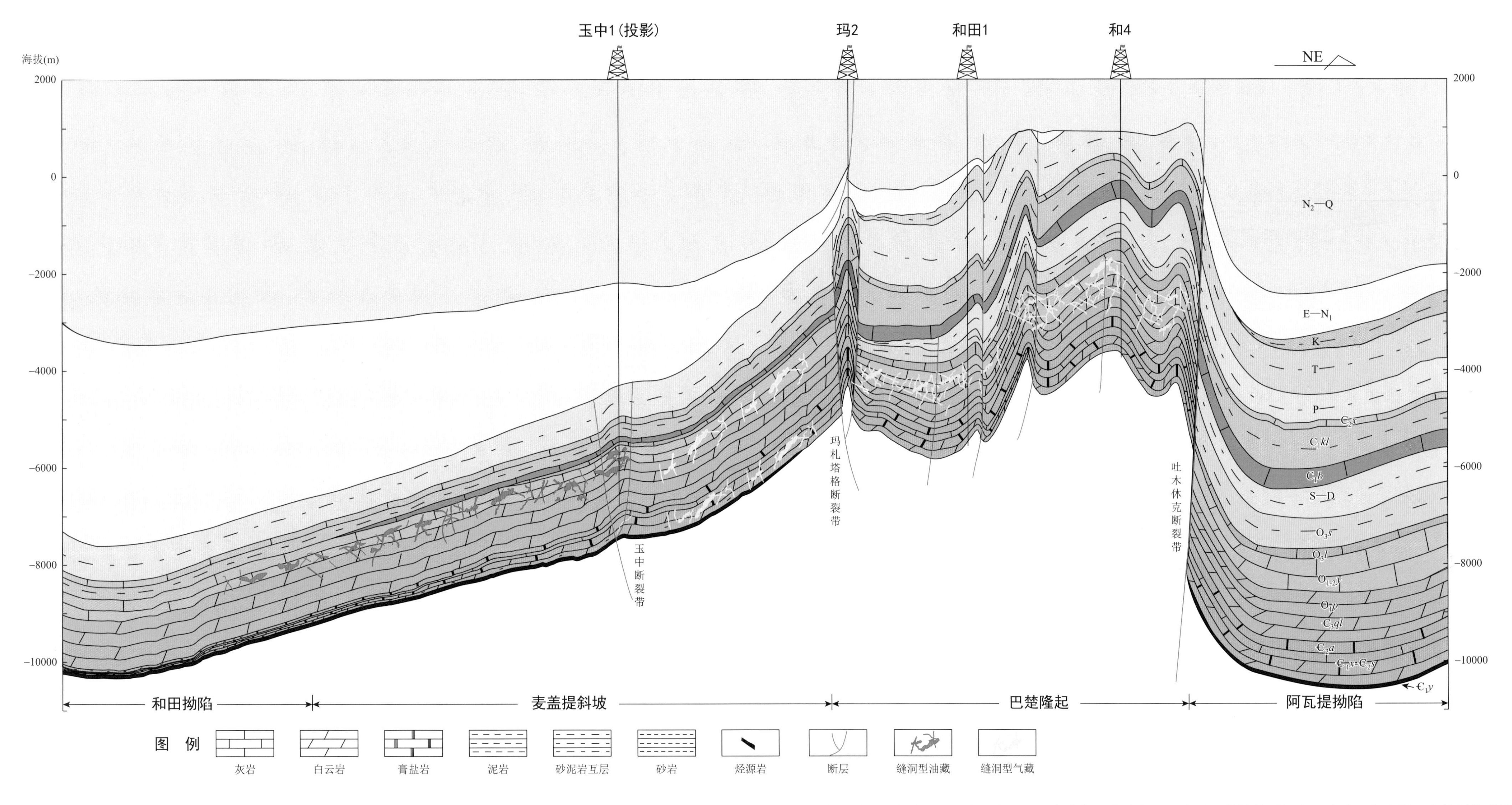

巴楚隆起—麦盖提斜坡油气富集区是塔里木盆地克拉通海相油气勘探的重要组成部分。目前发现的主要油气田藏有巴什托油气藏、亚松迪气藏、和田河气田、鸟山气藏、巴探5井奥陶系气藏、玉北奥陶系油气藏以及皮山北新1井白垩系油藏。

巴楚隆起在晚前寒武纪 - 早寒武世为基底古隆起，缺失寒武系玉尔吐斯组烃源岩沉积；麦盖提斜坡及塔西南拗陷此时为拗陷沉积。中寒武世巴麦地区延续了早寒武世末期沉积格局；晚寒武世 - 奥陶纪为塔西南古隆起—和田古隆起隆升及继承发展阶段，麦盖提斜坡位于和田古隆起主体 - 北部倾末端，志留纪 - 中泥盆世为和田古隆起持续隆升阶段，麦盖提斜坡东段缺失志留系 - 泥盆系沉积；海西晚期和田古隆起埋藏消亡，巴麦地区普遍接受沉积；印支 - 燕山期巴麦地区隆升剥蚀，整体缺失中生界沉积；喜山期巴麦地区构造反转，巴楚隆起强烈隆升，塔西南前陆盆地形成，麦盖提斜坡向西南部掀斜，基本形成了现今的构造格局。巴麦经历多期构造运动与断裂活动，发育了大型不整合、遭受了数次抬升剥蚀，长期的暴露溶蚀及构造应力作用，形成了多期次、多成因叠加改造的大型碳酸盐岩缝洞系统，与不同层系泥岩或致密碳酸盐岩组成多套储盖组合，为油气的富集提供了有利场所。